"十四五"普通高等教育本科部委级规划教材

U0174603

食品添加剂学

（第2版）

Shipin Tianjiajixue

白青云 陈学红 刘培玲◎主编

中国纺织出版社有限公司

内 容 提 要

本教材阐述了食品添加剂学的定义、研究对象、发展简史及研究方法等,并以食品添加剂的功能为主线论述食品添加剂在食品中的应用。全书共分六章,第一章为绪论,第二章至第六章分别从延长食品的贮藏期、提高食品的营养价值、改善食品的质构、增强食品的可接受性和方便食品的加工操作五个方面阐述食品添加剂的功能和作用,以便向学生提供为什么使用食品添加剂、怎样正确使用食品添加剂等方面的知识。本教材在第一版的基础上,进行了结构和内容的重新调整,确保结构新颖合理,内容紧跟食品科学研究前沿。

本书理论联系实际,深入浅出,重点突出,主次分明,不仅可作为高等院校食品类专业的基础教材,还可供食品相关从业人员参考、学习。

图书在版编目(CIP)数据

食品添加剂学 / 白青云,陈学红,刘培玲主编. --
2 版. -- 北京:中国纺织出版社有限公司,2022.7
"十四五"普通高等教育本科部委级规划教材
ISBN 978-7-5180-9572-8

Ⅰ.①食… Ⅱ.①白… ②陈… ③刘… Ⅲ.①食品添加剂—高等学校—教材 Ⅳ.①TS202.3

中国版本图书馆 CIP 数据核字(2022)第 095958 号

责任编辑:郑丹妮 国 帅 责任校对:寇晨晨
责任印制:王艳丽

中国纺织出版社有限公司出版发行
地址:北京市朝阳区百子湾东里 A407 号楼 邮政编码:100124
销售电话:010— 67004422 传真:010— 87155801
http://www.c-textilep.com
中国纺织出版社天猫旗舰店
官方微博 http://weibo.com/2119887771
北京市密东印刷有限公司印刷 各地新华书店经销
2022 年 7 月第 2 版第 1 次印刷
开本:787×1092 1/16 印张:19.75
字数:458 千字 定价:58.00 元

普通高等教育食品专业系列教材
编委会成员

第2版前言

《食品添加剂学》一书自2014年出版以来，深受读者欢迎。本教材将食品添加剂作为一门学科，阐述了食品添加剂学的定义、研究对象、发展简史及研究方法等，并以食品添加剂的功能为主线论述了食品添加剂在食品中的应用。随着《中华人民共和国食品安全法》的修订和GB 2760—2014《食品安全国家标准　食品添加剂使用标准》的颁布和实施，本着知识的继承和更新，体现教材的先进性和可读性，《食品添加剂学》第2版在第1版的基础上，重点在以下方面进行了修订提高：

①根据联合国粮农组织和世界卫生组织(FAO/WHO)最新制定的食品添加剂法典、我国食品安全和食品添加剂相关标准的最新内容，更新了相关的法律、法规、标准，补充了新内容和相关文献。

②随着数字化技术在网络教学中的应用与普及，增加了与教材相对应的演示文稿(PPT)，有助于提高教学质量和学习效果。

③随着课程思政建设在全国高校各学科专业的全面推进，在每章增附课程思政案例，寓价值观引导于知识传授和能力培养之中，帮助学生塑造正确的世界观、人生观和价值观。

本教材第1版由徐州工程学院秦卫东教授主编，负责全书统稿，在此感谢秦教授的付出。常熟理工学院的刘晶晶老师、韶关学院的钟瑞敏老师、内蒙古科技大学的莎娜老师和徐州市产品质量监督检验所的蒋德林工程师均参与了第1版的编写工作，由于工作原因，第2版未能参与修订，在此，感谢他们在第1版做出的贡献。第2版教材主要由淮阴工学院白青云副教授、徐州工程学院陈学红教授、内蒙古工业大学刘培玲副教授、淮阴工学院赵立副教授、郑州轻工业大学赵电波副教授、淮阴工学院卢河东博士参与修订。编写分工如下：第一章由陈学红教授修订；第二章由刘培玲副教授和赵电波副教授修订；第三章由赵电波副教授修订；第四章由白青云副教授修订；第五章由陈学红教授和刘培玲副教授修订；第六章由赵立副教授和卢河东博士修订。

全书由白青云负责统稿，陈学红和刘培玲审核。全书的编写过程中，得到了淮阴工学院赵希荣教授的大力支持和帮助，对此表示衷心感谢！

由于编者知识面和水平有限，书中难免存在不足及疏漏之处，敬请专家、读者不吝赐教，以便再版时更正和提高，不胜感谢！

编者
2022年2月于江苏淮安

第1版前言

食品添加剂课程是食品科学与工程专业的一门重要专业课。自20世纪80年代起，我国轻工、化工、农业、商业、粮食院校中的食品相关专业均开设了食品添加剂课程。1973年原天津轻工业学院编写《食品添加剂》一书，于1978年由轻工业出版社出版，1985年修订再版。这是我国大陆第一本食品添加剂的教材。21世纪以来，我国出版的有关食品添加剂的高校教材已多达20余种，为食品科学与工程专业的教学提供了一定的保障。

食品添加剂作为食品工业的重要加工原料或辅料，是食品工业的重要组成部分。"没有食品添加剂就没有现代食品工业"已为食品业界的广泛认同。食品添加剂在食品工业中起着"延长贮藏期限、提高营养价值、改善组织结构、增强可接受性、方便加工操作"的作用，由此可见食品添加剂对于食品工业的重要性。一方面，食品添加剂的发展依赖于食品工业的发展；另一方面，食品添加剂也在推动着食品工业的创新发展。但是，近年来出现的一些食品安全事件，包括在食品中非法使用非食用化学品和超范围、超限量滥用食品添加剂事件，使食品添加剂本身蒙受不白之冤，甚至成为食品安全事件的"替罪羊"，以至于消费者谈"剂"色变，甚至对食品添加剂产生了恐惧感。显然，这种现象是对食品添加剂的误解。在食品中非法使用非食用化学品是源于对食品添加剂的无知，而超范围、超限量滥用食品添加剂则是在食品添加剂的选择和使用方法上存在错误。

事实上，人类使用食品添加剂的历史非常悠久，人类在起源时起就开始从自然现象中发现、模拟直到制造食品添加剂，尽管初期他们对食品添加剂并不了解。可以说，食品添加剂始终伴随着人类的进化、社会的进步和科技的发展的整个过程。在食品添加剂自身发展的同时，也逐渐形成了独有的理论体系，这种体系与许多学科密切相关，如化学、生物学、微生物学、食品工艺学、营养学、化学工程学、毒理学等。正是在这些学科的支撑下，食品添加剂学如今已经成为了食品科学的重要分支。

目前，我国出版的食品添加剂相关教材多关注其物质属性，即将食品添加剂作为"为改善食品品质和色、香、味以及为防腐或根据加工工艺的需要而加入食品中的化学合成或者天然物质"，并以食品添加剂的分类为主线，介绍了各类食品添加剂中主要品种的分子式、性质、制法、毒性、使用规定等内容。鉴于食品添加剂的发展状况及现实中人们对食品添加剂的担忧，本教材以食品添加剂在食品加工中的功能为主线，遵循了《食品安全国家标准 食品添加剂使用标准》(GB 2760—2011)和《食品安全国家标准　食品营养强化剂使用标准》(GB 14880—2012)的相关规定，着重阐述"为什么要使用食品添加剂""使用什么食品添加剂"和"怎样使用食品添加剂"等问题，减少有关食品添加剂的资料性内容的篇幅，并将其命名为"食品添加剂学"。

本教材共分六章内容，由徐州工程学院、淮阴工学院、郑州轻工业学院、常熟理工学院、韶关学院、内蒙古工业大学、内蒙古科技大学和徐州市产品质量监督检验所的教师和技术人员负责编写，参加本书编写的人员及分工如下：

第一章　绪论

第一节　食品添加剂学的研究对象　徐州工程学院秦卫东教授

第二节　食品添加剂学的发展　徐州工程学院秦卫东教授

第三节　食品添加剂学的研究方法　徐州工程学院秦卫东教授

第四节　食品添加剂的安全性与评价　徐州市产品质量监督检验所蒋德林高级工程师

第五节　食品添加剂的管理　徐州市产品质量监督检验所蒋德林高级工程师、徐州工程学院秦卫东教授

第二章　延长食品的贮藏期限　徐州工程学院秦卫东教授、内蒙古工业大学刘培玲、内蒙古科技大学莎娜、郑州轻工业学院赵电波

第三章　提高食品的营养价值　徐州工程学院秦卫东教授、郑州轻工业学院赵电波教授

第四章　改善食品的组织结构　淮阴工学院白青云博士

第五章　增强食品的可接受性　徐州工程学院陈学红博士、常熟理工学院刘晶晶教授、韶关学院钟瑞敏教授

第六章　方便食品的加工操作

第一节　酶制剂　徐州工程学院秦卫东教授

第二节　消泡剂　徐州市产品质量监督检验所蒋德林高级工程师

第三节　其他加工助剂　徐州市产品质量监督检验所蒋德林高级工程师

全书的统稿工作由秦卫东负责。

在本书的编写过程中，并得到了教育部食品科学与工程类教学指导委员会秘书长、江南大学食品学院教授、博士生导师夏文水的指导，徐州工程学院的相关教师以及北方霞光食品添加剂有限公司及《食品添加剂市场》编辑部、徐州海成食品添加剂有限公司、徐州天雷德食品科技有限公司的鼎力协助，同时，在本教材的编辑、出版过程中也得到了中国纺织出版社科技图书分社国帅分社长和彭振雪编辑的大力支持，在此一并表示感谢。

以"食品添加剂学"的方式编写该教材是一种新的尝试，限于作者的水平，书中出现的错误、不当及不足之处，敬请读者不吝赐教，以便再版时更正和提高。

编者

2013 年 7 月于彭城

目　录

第一章　绪论

本章主要内容：掌握食品添加剂学的定义；熟悉食品添加剂学的研究对象；了解食品添加剂学的发展过程，熟悉各发展阶段的特点；掌握食品添加剂在食品加工中的作用，了解食品添加剂学的一般研究方法；熟悉食品添加剂的安全评价方法；熟悉有关食品添加剂监管的法律法规及相应的标准，了解违法使用食品添加剂及非法添加的处罚规定。

第一节　食品添加剂学的研究对象

一、食品添加剂学的定义

食品添加剂本身有两种含义：其一是"物质"的概念，即食品添加剂是由化学物质组成的单体或复合体，在按相关规定食品中使用的一类物质的总称。根据 GB 2760—2014《食品安全国家标准　食品添加剂使用标准》，食品添加剂指为改善食品品质和色、香、味，以及为防腐、保鲜和加工工艺的需要而加入食品中的人工合成或者天然物质。食品用香料、胶基糖果中基础剂物质、食品工业用加工助剂也包括在内。其二是"学科"的概念，即应称之为"食品添加剂学"。食品添加剂学是食品科学的一个重要组成部分，有专门的理论体系。

食品添加剂学是以化学、物理化学、生物化学、食品化学、食品加工学、营养学、毒理学等为基础，研究食品添加剂的性质与制备、食品添加剂对食品品质和安全性的影响、食品添加剂在食品加工中的应用，以及食品添加剂的检测等的一门学科，是食品科学的重要组成部分。

正是由于化学，特别是有机合成化学的迅猛发展，食品添加剂才有了坚实的后盾。自1856 年人们首次合成有机色素苯胺紫以来，有机合成工业在食品添加剂的制备方面一直起着重要的作用，直到今日仍是生产食品添加剂的一种重要手段。同时，食品添加剂与化学的关系还表现在人们对其特性和纯度的了解、分析与检验方面等。

物理化学、生物化学、食品化学和食品加工学等是食品添加剂在食品产品中作用的理论基础。作为食品产品的组成成分，食品添加剂也必然在产品中表现出一定的功能特性或者工艺特性，或者可以通过与食品的组分及其变化的初级产物发生某种相互作用，而改善或保护食品的品质，所有这些方面，都与物理化学、生物化学、食品化学的知识相关。而食品加工学则与食品添加剂的使用方法、使用效果、稳定性及安全性有关，换言之，食品添加剂的使用效果和安全性取决于食品加工的工艺条件。

毒理学也是与食品添加剂关系较密切的学科。这是因为食品添加剂作为由化学物质组成的单体或复合体，同时又是食品原料的外源组分，特别是其中含有大量化学合成的物质,其自身的毒性大小和在加工过程中的变化等是影响其安全性的重要因素。因此,必须通过严格的安全性毒理学评价,才能确定消费者的安全。

二、食品添加剂学科的研究对象

食品添加剂学科的研究对象包括以下几个方面:

①食品添加剂的化学和物理化学性质。

②食品添加剂的作用机理。

③食品添加剂对食品品质的影响。

④食品添加剂的安全性。

⑤食品添加剂的制备。

⑥食品添加剂的分析与检测。

第二节　食品添加剂学的发展

一、食品添加剂的发展简史

尽管人们对食品添加剂的系统认识较晚,但对食品添加剂的利用却可以追溯到几千年前。回顾食品添加剂的发展历程,可以将其分为三个阶段,具体介绍扫二维码可得。

食品添加剂的发展简史

二、食品添加剂的发展趋势

我国食品添加剂行业自 1992 年提出了大力开发"天然、营养、多功能添加剂"的发展方针,至今功能性食品添加剂已成为各省、市、区广大企业和科教单位研究开发和选择课题的重点。2002 年原国家计委(现更名为国家发展和改革委员会)、原国家经济贸易委员会和原农业部联合发布的全国食品工业"十五"发展规划中指出,我国食品添加剂发展的方向是天然营养多功能,且安全可靠。全国食品工业"十一五"发展规划提出重点加强对天然资源的研究开发,发展有助于提高食品产量,改良质量的产品。全国食品工业"十二五"发展规划中指出,加快发展功能性食品添加剂,鼓励和支持天然色素、植物提取物、天然防腐剂和抗氧化剂、功能性食品配料等行业的发展,继续发展优势出口产品。全国食品工业"十三五"发展规划指出发展以农副产品为原料的食品添加剂和配料,发展生产传统主副食品所需的食品添加剂和配料,发展复合食品添加剂。

纵观近年来国际市场食品添加剂品种和数量的变化,食品添加剂发展呈下列趋势:

一是添加剂的安全问题已经成为人们选择食品的重要因素,安全无毒或基本无毒的天然食品添加剂将越来越受到消费者青睐。合成添加剂引起中毒事件的频繁发生,使食品消费者对合成添加剂抱有排斥态度。尽管各国政府机构和学术界对现有食品添加剂品种进行了严格、细致的毒理学研究和评价,制定了相应的法规和详细的使用标准,来保证消费者的食用安全,但出于对健康的关注,消费者更崇尚以天然动植物为原料,经加工获得的天然食品添加剂。比如甜菜根粉就是天然的色素,姜黄粉是天然的抗氧化剂,还有真空包装、全面杀菌、低温冻干等技术,都是最大限度地保证食品的安全。即便是合成食品添加剂,也朝着安全无毒方向发展。

二是低热量、低吸收品种具有较大的市场优势。当今世界由肥胖而引起的生理功能障碍的人越来越多,据 WHO 统计,20 世纪 80 年代初,全球有 3000 万糖尿病患者,10 年以后,全球糖尿病患者已超过了 1 亿。因此,高甜度、低热量甜味剂和脂肪代用品越来越受到市场欢迎,阿斯巴甜、阿力甜、三氯蔗糖、安赛蜜、糖醇类物质等甜度大、热量低、无毒安全的甜味剂和蔗糖聚脂肪酸酯、山梨酸聚酯等代脂类产品应运而生,而且市场前景看好。

三是具有特定保健功能的食品添加剂品种发展迅速。从发展来看,食品的功能性很多是通过食品添加剂来实现的,即功能性食品添加剂赋予了食品的特殊功能,目前功能性食品添加剂已经成为国际食品添加剂的发展方向之一。发展的重点是:营养强化剂,主要有氨基酸、脂肪酸、维生素、具有功能的着色剂和具有功能的抗氧化剂;功能糖,如木糖醇、麦芽糖醇等;具有一定功能的天然提取物,如叶黄素等。

四是用量少,作用效果明显的复配型产品市场潜力巨大。功能多元、风味优化的复合食品大量增加,形成了对复配型添加剂的潜在需求。经过近年来的快速发展,复合食品添加剂已经成为国际食品添加剂的一个发展方向,欧美等发达国家和国际著名的食品添加剂大企业都纷纷加大了对复合食品添加剂的研发力度,已经成为行业的科技创新点和经济增长点,许多新型复合食品添加剂都是高科技的集合体,附加值很高。复合食品添加剂具有协同性、互补性、增效性等一系列特点,也越来越受到消费者的欢迎。如复合甜味剂:甜蜜素本身的甜度是蔗糖的 40 倍,但与蔗糖复合就可以提高到 80 倍,与糖精钠复合还可以掩盖糖精钠的苦味;安赛蜜与阿斯巴甜复合也可以增加 20% 的甜度;其他复合甜味剂不仅可以增加甜度,还可以改善口感和风味,减少用量,提高安全性,所以在食品中实际应用的高倍甜味剂一般都是复合产品。使用复合食品添加剂还可以给用户带来很大方便,提高产品质量,降低生产成本。复合食品添加剂的品种越来越多,如复合营养强化剂、复合着色剂等。复合食品添加剂发展的重点是:复合防腐剂、复合甜味剂、复合稳定剂、复合凝胶剂、复合营养强化剂、复合着色剂等。

三、食品添加剂学科的发展

食品添加剂学科的发展

第三节 食品添加剂学的研究方法

一、食品添加剂学是食品科学的重要组成部分

食品科学是研究食品体系的化学、结构、营养、毒理以及食品体系在处理、转化、制作和保藏中发生的变化的一门学科,而食品添加剂作为食品的组成部分,其化学和物理化学性质、与食品组分的相互作用及对食品品质的影响、在食品加工和贮藏中的变化等也是食品科学研究的重要内容。此外,在食品加工过程中,食品添加剂起到了至关重要的作用,食品添加剂对食品加工过程的影响,特别是对加工参数的影响是食品加工学必须考虑和研究的内容。

因此,食品添加剂学是食品科学和食品加工学的重要组成部分,从某种意义上说,食品添加剂学的研究、生产和应用水平反映了食品科学和食品加工的技术水平。

二、食品添加剂在食品加工中的作用

食品添加剂作为食品工业的重要组成部分,可以说是食品工业的"灵魂"。越是食品工业发达的国家和地区,食品添加剂工业也越发达。在我国,人们已经充分认识到:食品添加剂是现代食品工业技术创新的重要推动力,"没有食品添加剂,就没有现代食品工业。"

具体地,食品添加剂在食品中的作用可以归纳为以下几点:

①延长食品的贮藏期限。

②提高食品的营养价值。

③改善食品的组织结构。

④增强食品的可接受性。

⑤方便食品的加工操作。

以上各种功能并不是由单一种类的食品添加剂所表现出来的,应该说食品添加剂在食品产品中的各种作用及功能是由不同种类的食品添加剂共同或协同作用的结果。例如,延长食品的贮藏期限需要包括防腐剂、抗氧化剂等的共同作用,调节食品的质构特性则需要

亲水胶体、乳化剂、持水剂等的单独和/或协同作用。

三、食品添加剂学科的研究方法

食品包含多种成分,包括水、碳水化合物、脂类、蛋白质、维生素、矿物质、色素、风味物质及其他成分,这些成分相互构成了由多相体系(如真溶液、悬浮液、乳浊液、胶体溶液、凝胶体、泡沫体系等)组成的复杂系统。这些成分和体系在加工和贮藏过程中会发生许多反应和变化,而这些反应和变化之间可能存在着密切的关联或制约关系。这样,会给食品添加剂学的研究带来诸多不便。因此,食品添加剂学的研究是以模拟体系或简单体系进行。根据模拟体系的研究结果,在食品真实体系中考虑食品的成分对食品添加剂作用的影响,确定食品添加剂的应用效果。

(一)化学的研究方法

食品在加工和贮藏过程的各种反应和变化是由各个组分独立或共同发生的,而这些反应和变化大多数属于化学反应,如脂类的自动氧化、褐变反应、色素变化等。

化学的研究方法就是通过对食品或品质变化的化学分析,揭示其反应或变化机理,明确抑制或延缓这些反应发生的途径,从而为利用食品添加剂阻断反应进行或降低反应速率提供理论依据。

(二)质构学的研究方法

食品中含有多种大分子组分,如蛋白质、多糖、脂类等,这些成分赋予了食品产品特有的质构特征(流变性、黏弹性、咀嚼性、胶凝性等),也构成了食品产品的重要质量指标。食品添加剂中的亲水胶体和乳化剂均能影响或改变食品的质构特性,从而影响食品产品的质量。利用质构学的方法研究食品添加剂的流变、黏弹、胶凝特性以及添加到食品中后的变化,可以更好地选择和利用不同特性的食品添加剂,达到改善食品品质的目的。

(三)化学动力学的研究方法

食品加工和贮藏过程中的反应和变化受许多因素的影响,包括食品本身的组成、pH值、水分活度等,以及环境的温度和经历的时间。

1. 温度对食品化学反应或变化的影响

在中等温度范围内,食品的各种反应或变化一般遵循 Arrhenius 方程[式(1-1)]:

$$K = Ae^{-\Delta E/RT} \tag{1-1}$$

式中:K——反应速率常数;

A——反应物分子间的碰撞频率;

ΔE——反应的活化能;

R——摩尔气体常数;

T——热力学温度。

因此,温度对食品的加工和贮藏过程的反应和变化影响非常显著。但是,当温度过高或过低时,食品的反应或变化会偏离 Arrehnius 方程。这是因为在高温或低温环境下,有可能出现食品物理体系的变化(如浓缩、冷冻等)、反应途径的改变(如油脂的高温裂解等)、酶活性的减小或失活(影响反应速度常数)。

2.时间对食品化学反应或变化的影响

通常,食品在加工和贮藏中的各种反应大多数遵循零级或一级动力学模型,如式(1-2)、式(1-3)所示:

零级动力学模型:

$$\frac{\mathrm{d}A}{\mathrm{d}t} = K \qquad\qquad (1-2)$$

一级动力学模型:

$$\frac{\mathrm{d}A}{\mathrm{d}t} = KA \qquad\qquad (1-3)$$

式中:A——反应或变化的食品成分或品质指标;

t——反应时间;

K——反应速率常数。

时间对食品贮藏过程中的反应或变化的影响至关重要。了解和掌握食品成分或品质变化的动力学模型,就能够准确地预测食品的品质变化趋势,从而为食品添加剂的应用提供帮助,使食品产品在一定的时间内保持应有的质量属性。

第四节　食品添加剂的安全性与评价

近几年,在我国陆续出现了"苏丹红""瘦肉精""三聚氰胺"等食品安全事件,人们对食品添加剂的安全性提出了质疑,认为食品添加剂是造成食品安全问题的"罪魁祸首",甚至认定食品添加剂是"有毒物质"。这就需要我们正确认识食品添加剂的安全性。

所谓毒性,即某种物质对人体的损害能力。毒性与物质的化学结构密切关联,但也与其浓度或剂量、作用时间及频率、人的机体状态等有关。毒性大表示用较小的剂量即可造成损害;毒性小则必须有较大的剂量才能造成损害。因此,某种物质对人体的毒害强度,不仅取决于其毒性强弱,还取决于其剂量大小,或者更重要的是取决于其剂量—效应关系。

食品添加剂是食品工业的灵魂,在食品加工中具有不可替代的作用。但食品添加剂不是食品中的固有组分,且大都具有一定的毒性,使用不当则可能造成对人体的危害。因此,必须按照相关的规定使用食品添加剂。而上述提到的"苏丹红""瘦肉精""三聚氰胺"等不是食品添加剂,而是属于非食用化学品,不应与食品添加剂混为一谈。

一、食品添加剂的安全性

FAO/WHO 食品法规委员会的下设组织——食品添加剂与污染物法规委员会对各种食品添加剂制定了毒理学指标,为各国制定食品添加剂的最大使用量提供依据。

这些毒理学指标包括以下几种：

1. 半数致死量 LD_{50}（50%lethal dose, LD_{50}）

半数致死量指受试动物经口一次或 24 h 内多次喂饲某物质后，受试动物半数死亡的剂量，单位为 mg/kg。LD_{50} 是衡量化学物质急性毒性的基本数据，我国将各种物质对大鼠经口半数致死量的大小分为极毒、剧毒、中等毒、低毒、实际无毒和无毒 6 大类（表 1-1）。

表 1-1　急性毒性（LD_{50}）剂量分级

级别	大鼠口服 LD_{50}/（mg·kg^{-1}）	相当于人的致死剂量	
		mg/kg	g/人
极毒	<1	稍尝	0.05
剧毒	1~50	500~4000	0.5
中等毒	51~500	4000~30000	5
低毒	501~5000	30000~250000	50
实际无毒	5001~15000	250000~500000	500
无毒	>15000	>500000	2500

通常，对动物毒性较低的物质，对人的毒性也较低。作为食品添加剂，其 LD_{50} 多属于实际无毒或无毒级别，仅个别品种为中等毒性级别，如亚硝酸钠（LD_{50} 值为 220 mg/kg）。

2. 最大无副作用量 MNL（maximum no-effect level, MNL）

最大无副作用量，又称最大耐受量、最大安全量，指动物长期摄入受试物而无任何中毒表现的每日最大摄入量，单位为 mg/kg。最大无副作用量是食品添加剂长期摄入对本代健康无害，并对下代生长无影响的重要指标。

3. 每日允许摄入量 ADI（acceptable daily intake, ADI）

每日允许摄入量是指人体每天摄入的某种添加剂的最大量，单位为 mg/kg。ADI 是最具代表的国际公认的毒性评价指标，也是制定食品添加剂使用卫生标准的重要依据。

ADI 是由 JECFA 根据各国所用食品添加剂的毒性报告和有关资料制定的。考虑到人与动物之间的种间差异、人与人之间的个体差异，人体的 ADI 实际是在动物试验的 MNL 基础上考虑一个安全系数确定的，该系数一般为 100 倍，即：

$$ADI = MNL \times 1/100$$

4. 最大使用量

最大使用量是指食品添加剂使用时所允许的最大添加量，单位为 g/kg。最大使用量是食品企业使用添加剂的重要依据。

确定某种食品添加剂的 ADI 值后，通过人群膳食调查，根据各种食品的每日摄入量，确定不同食品中该食品添加剂的最高允许量。

5. 一般公认安全 GRAS(generally recognized as safe,GRAS)

一般公认安全是美国食品与药品管理局(FDA)对食品添加剂(不包括香料)进行安全性分类的一种表示方法。凡列入 GRAS 名单的食品添加剂,被认为是安全性较大的。

根据 FDA 的规定,GRAS 物质应满足以下条件之一:

①某天然食品中存在。

②已知在人体内极易代谢(一般剂量范围内)。

③化学结构与某已知安全物质非常近似。

④在较大范围内证实已有长期安全食用历史,如在某国家已使用 30 年以上,或者符合下述第⑤条。

⑤同时具备以下各点。

A. 在某一国家最近已使用 10 年以上。

B. 在任何最终食品中平均最高用量不超过 10 mg/kg。

C. 在美国的年消费量低于 454 kg。

6. 最大残留量

食品添加剂或其分解产物在最终食品中的允许残留水平。

FAO/WHO 食品添加剂法典委员会(CCFA)根据安全评价资料,将食品添加剂依据安全性分为 A、B、C 三类,每类再细分为两类。

(1)A 类——食品添加剂联合专家委员会(JECFA)已经制定人体每日允许摄入量(ADI)和暂定 ADI。

A_1 类:JECFA 评价认为毒理学资料清楚,已经制定出 ADI 值或认为毒性有限无须规定 ADI 值者。

A_2 类:JECFA 暂定 ADI 值,毒理学资料不够完善,暂时允许用于食品者。

(2)B 类——JECFA 曾经进行过安全评价,但未建立 ADI 值或者未进行安全评价。

B_1 类:JECFA 进行过安全评价,因毒理学资料不足未制定 ADI 值者。

B_2 类:JECFA 未进行过安全评价者。

(3)C 类——JECFA 认为在食品中使用不安全或者应严格限制。

C_1 类:JECFA 认为在食品中使用不安全者。

C_2 类:JECFA 认为应严格限制在某些食品中作特殊应用者。

由于食品添加剂的安全性随着毒理学及分析技术等的发展有可能发生变化,因此其所在的安全性评价类别也可能发生变化。

二、食品添加剂的评价

要评估食品添加剂的毒性情况,需进行一定的毒理学试验。GB 15193.1—2014《食品安全国家标准 食品安全性毒理学评价程序》规定了食品安全性毒理学评价的程序,评价对象包括食品添加剂(含营养强化剂)。标准规定我国食品(包括食品添加剂)安全性毒理

学评价试验的内容:

　　①急性经口毒性试验。

　　②遗传毒性试验。

　　③28天经口毒性试验。

　　④90天经口毒性试验。

　　⑤致畸试验。

　　⑥生殖毒性试验和生殖发育毒性试验。

　　⑦毒物动力学试验。

　　⑧慢性毒性试验。

　　⑨致癌试验。

　　⑩慢性毒性和致癌合并试验。

　　我国根据"食品安全性毒理学评价程序",对食品添加剂的安全性毒理学评价试验的选择如下:

食品安全性毒理学评价程序

第五节　食品添加剂的管理

　　新中国成立以后,我国政府对食品添加剂的生产和使用一直十分重视,在不同时期分别制定和分布了一系列相关的法律、法规及管理办法。

食品添加剂的管理

复习思考题

　　1. 什么是食品添加剂? 什么是复配食品添加剂?

　　2. 简述食品添加剂的发展趋势。

　　3. 简述食品添加剂在食品中的作用。

4. 食品添加剂的使用和监管为什么需要实施法治化管理？

5. 什么是 LD_{50}？有何意义？

6. 什么是 ADI 值？有何意义？

7. 比较 GB 2760—2014 和 GB 2760—2011 的主要变化。

课件

思政小课堂

中华人民共和国
食品安全法

食品安全国家标准
食品添加剂使用标准

食品安全国家标准
食品营养强化剂使用标准

第二章　延长食品的贮藏期

本章主要内容：熟悉食品变质的主要原因。掌握延长食品贮藏期的食品添加剂的类别、作用机理、性能评价及评价方法，熟悉保藏用各类食品添加剂的复配原则、使用时的注意事项及规则，掌握常用于保藏的食品添加剂（食品防腐剂、食品抗氧化剂、食品褐变抑制剂）的性能，了解果蔬可食性涂膜保鲜的原理及常用涂膜材料的特点。

第一节　概述

食品含有丰富的营养物质和特有的风味。在加工、贮藏和流通过程中容易失去原有的色、香、味及形，引起营养物质的损失或破坏，最终造成食品食用性的下降或丧失，甚至产生一些有毒有害物质，对人体产生一定的危害。

引起食品品质变化和/或贮藏期限缩短的主要因素有：微生物的繁殖代谢、内源酶类的催化作用及化学反应的发生等。

微生物繁殖代谢是影响食品贮藏期和安全性最重要的因素。细菌、酵母菌和霉菌等各种微生物可以在好氧和/或厌氧条件下以碳水化合物、脂类或蛋白质为底物进行代谢，催化各种营养素及其他食品组分。不仅各种营养素的含量减少，而且微生物的增殖、代谢和催化作用也会在食品中积累一定的有毒物质。

内源酶类也是引起食品营养素损失和贮藏期缩短的重要因素。在食品加工过程中，一定的单元操作（如加热、杀菌等）可导致内源酶的失活。最值得关注的是果蔬原料，因为果蔬原料采收后仍有完整的生命特征，仍可在各种内源酶的作用下进行呼吸作用。各种酶作用的结果，会造成果蔬的颜色（脂肪氧合酶、多酚氧化酶、叶绿素酶）、质构（淀粉酶、果胶酶、纤维素酶）、风味（脂肪氧合酶、过氧化物酶）和营养价值（脂肪氧合酶、抗坏血酸氧化酶、硫胺素酶、核黄素水解酶等）的破坏。另外，果蔬质构的破坏，通常表现为果蔬原料的软化，这将使其失去固有的免疫体系，为微生物的侵蚀创造条件。

化学反应是造成食品营养素损失和贮藏期缩短的又一因素，特别是氧化反应。食品中天然的物质发生氧化时，不仅会产生异味（如油脂氧化产生的哈喇味），而且会产生大量的自由基和有害物质（如胆固醇氧化产物中的胆固醇环氧化物和氢过氧化物），自由基等具有致癌和致突变作用。脂类氧化是食品中一类重要的反应。其不仅可以发生在富含动植物油脂的食品中，也可以发生在新鲜或加工的豆类、谷物及一些蔬菜中。脂类的不饱和程度越高，越容易发生氧化作用。脂类氧化后可在食品中生成过氧化物及环氧化物，并向食品体系中释放出氧，造成其他组分如维生素、色素和风味物质的破坏。此外，油脂氧化后也会生成具有致癌和致突变作用的毒性化合物。

因此,在食品加工和贮藏中,有效地抑制微生物繁殖代谢、控制内源酶的催化作用、防止氧化反应的发生具有重要的意义。

在食品加工和贮藏过程中,有多种方法可以保持食品新鲜和达到延长食品贮藏期的目的,而使用食品添加剂是其中较为简便的方式。常用的食品添加剂有防腐剂、抗氧化剂、食品褐变抑制剂、可食性涂膜材料及其组合等。

第二节　抑制微生物的生长

能够抑制或杀灭微生物生长的食品添加剂称作食品防腐剂。它有化学合成和天然物质两种类型。

防腐剂对微生物的作用有两种,一种是抑制作用,另一种是杀灭作用。但是这两种作用之间没有严格的界限,主要取决于使用浓度、作用时间和微生物种类。通常,在高浓度下多表现为杀菌,而在低浓度下常表现为抑菌;作用时间长时表现杀菌,而作用时间短时则表现抑菌;对一定的微生物具有杀菌作用,而对另外的微生物则只有抑菌作用或无作用。

具有抑制微生物生长或者杀灭微生物作用的物质很多,根据它们的结构和来源主要分为四大类:

第一类是无机化合物,主要包括亚硫酸及其盐类、二氧化碳、硝酸盐及亚硝酸盐类、次氯酸盐等。

第二类是有机化合物,主要包括苯甲酸及其盐类、山梨酸及其盐类、对羟基苯甲酸酯类、乳酸等。

第三类是生物抑菌素,这类物质主要是由微生物代谢产生的细菌素组成的,主要包括乳酸链球菌素、纳他霉素及各种抗生素等。

第四类是植物杀菌素,主要存在于天然植物提取物中,如植物精油、各种酚类物质等。

尽管抑制或杀灭微生物的物质有很多,但作为食品防腐剂使用的只是其中的一部分。我国批准使用的食品防腐剂主要是有机防腐剂和生物防腐剂(乳酸链球菌素和纳他霉素)。

一、防腐剂的作用机理

食品防腐剂对细菌的抑制作用可以通过影响其细胞的亚结构而实现。这些亚结构包括细胞壁、细胞膜、与代谢有关的酶、蛋白质合成系统及遗传物质。由于每个亚结构对于菌体而言都是必需的,因此,理论上食品防腐剂只要能作用于其中的一个亚结构,便可达到抑菌的目的。

目前,有关防腐剂的抑菌机理普遍认为有以下两个方面:

一是对微生物细胞膜的影响,防腐剂可以破坏微生物细胞膜的结构或者改变细胞膜的渗透性,使微生物体内的酶类和代谢物逸出,导致微生物正常的生理平衡被破坏而失活。

微生物的生物膜系统是微生物进行生命活动的主要场所,其结构的完整性保证了细胞能量代谢及对物质选择透过性等生命活动的正常进行。当防腐剂分子中的疏水基团结合于生物膜相后,一方面破坏了细胞膜结构的完整性,扰乱了微生物的正常生命活动;另一方面生物膜中的脂溶性成分代谢速率较低,不易被微生物自身的酶系分解,从而延缓了微生物的生长。

二是防腐剂进入微生物细胞内,通过与酶的作用干扰微生物体的正常代谢,对原生质的各种组分产生影响,从而影响微生物的生存和繁殖。

许多研究都证实了苯甲酸或苯甲酸钠可选择性地抑制微生物细胞的呼吸酶活性,特别是阻碍乙酰辅酶 A 缩合反应;山梨酸或山梨酸钾可与微生物酶系中的巯基结合而破坏许多重要酶系的作用,干扰传递机能;对羟基苯甲酸酯类可抑制微生物的呼吸酶系和电子传递酶系。或者是改变原生质体的 pH 值,引起蛋白质、核酸和磷酸酯结构的改变,并且影响一些酶的作用速度。另外,进入细胞的有机酸可使胞质 pH 值降低,为了恢复到原来胞质的 pH 值,多余的质子必须经胞膜渗出,这个过程就要消耗细胞的能量,影响菌体的生理活动,从而起到抑菌作用。

另外,有人从化学渗透理论分析了防腐剂的作用机理。这一理论认为,细胞被一层质子不能渗透过的膜包围,质子若通过膜转运到外面就要通过空间定位系统(例如电子传递链)产生电化学势,也称作质子移动力。这种电化学势被定义为 $\Delta p = \Delta \varphi - Z \Delta$,其中 $\Delta \varphi$ 和 Δ 分别代表电动势和膜两侧 pH 值的变化。$Z = 2.3RT/F$,其中 R、T 和 F 分别代表气体常数、绝对温度和 Faraday 常数。进入细胞的有机酸可使胞质 pH 值降低,为了恢复到原来胞质的 pH 值,多余的质子必须经胞膜渗出,这个过程就要消耗细胞的能量,影响菌体的生理活动,从而起到抑菌作用。

从抑制微生物生长的角度考虑,由于微生物菌体细胞是一个整体,因而生长抑制作用是一个总的结果,而不仅仅是防腐剂作用于哪一个目标的结果。因此,防腐剂分子必须同时具备亲水基团和易溶于生物膜相的疏水基团。防腐剂透过细胞壁进入菌体的能力与水相中的溶解度直接有关,抑菌性则取决于防腐剂在菌体细胞膜双磷脂层中的溶解度。

二、防腐剂的构效关系

防腐剂的抑菌能力与其结构之间有密切关系。如前所述,防腐剂分子应具有双亲性才能表现出抑菌活性。此外,一些研究者还探讨了防腐剂的抑菌能力与其化学结构的关系。

酚类化合物具有抗菌活性,且随烷基侧链上双键数的增加,抗菌活性增强。长链脂肪族醇的抗菌活性与亲水性羟基的链长有关。显示最强抗菌活性分子的链长低于 C14,但应尽可能接近 C14,同时,脂肪族基团中双键的位置、数量及立体结构会以一定方式影响抗菌活性,疏水部分的体积也有一定的影响。

防腐剂分子的基团空间位阻是抗菌活性中心发挥抗菌活性的第一限制因素。食品防腐剂的抗菌性能,本质上取决于防腐剂分子与微生物分子间相互作用时的电子行为。只有抗菌剂的抗菌活性中心与微生物的活性功能域间进行有效碰撞,才能产生抗菌作用。抗菌剂反应活性中心周围空间位阻越小,其抗菌活性中心参与反应的概率就越大,则其抗菌活性也相对越大。分子中电子接受中心和电子供给中心组成的电子中继系统是食品防腐剂体现抗菌活性的必备条件,且该电子中继系统相距 0.25 nm 时分子的抗菌效果最有效。因此,α,β-不饱和羰基结构是食品防腐剂表现抗菌活性的有效功能结构,如常用的食品防腐剂苯甲酸盐及其酯类、山梨酸盐类、富马酸及其酯类、肉桂醛类等分子中均含有 α,β-不饱和羰基结构,这些分子由羰基氧和 α-碳组成相距 0.25 nm 左右的电子中继系统,另外这些分子中的羰基 p 电子与相邻的烯键 π 电子之间形成共轭效应,具有强的电子缓冲能力,增强了分子的抗菌活性。而对于醋酸、丙酸和乳酸等有机酸而言,其电子中继系统相距约 0.14nm,且分子中无共轭体系,故这些有机酸的抑菌活性明显弱于上述分子。

分子的亲油性和空间效应是决定其抑菌活性的两个关键指标,具有以下关系,如式(2-1)所示。

$$\log(1/c) = a\log P + bEs + c \qquad (2-1)$$

式中:c——抑菌的摩尔浓度;

    P——脂水分配系数;

    Es——Taft 空间常数;

 a,b,c——相关系数。

三、防腐剂的抑菌效力

判断防腐剂抑菌效力的指标主要是抑菌谱范围和抑菌能力。

1. 抑菌谱(inhibition spectrum)

抑菌谱指一种或一类防腐剂所能抑制微生物的类、属、种范围。通常,防腐剂只对一定的微生物种类起到抑制作用,因此,要判断防腐剂的抑菌效力,必须首先确定其抑菌范围,即抑菌谱。

2. 最小抑菌浓度(minimum inhibitory concentration,MIC)

防腐剂抑菌特性之一,指防腐剂在特定培养条件下抑制微生物生长的最低浓度,常采用肉汤稀释分析法确定防腐剂的 MIC(图 2-1)。

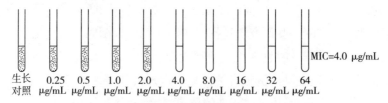

图 2-1 防腐剂最小抑菌浓度(MIC)的确定

在肉汤稀释分析法中,防腐剂被逐次稀释,并以单一浓度添加到非选择性肉汤培养基的培养试管中。防腐剂的浓度通常采用双倍稀释(如 128 μg/mL、64 μg/mL、32 μg/mL、16 μg/mL、8 μg/mL),浓度间隔要保证得到狭小范围内的实际 MIC。在试管中接种大约

log 5.7 CFU/mL 的供试菌种,对照试管中不添加防腐剂。试管在供试菌种的最佳生长温度下培养 16~24 h,培养时间取决于试验时的环境条件。

3. 最大抑菌圈直径

这是一种传统的确定防腐剂抑菌能力的方法。在该方法中,将含一定防腐剂的滤纸圆片放在固体琼脂培养基表面皿的中央。由于防腐剂在琼脂表面的扩散,形成了从滤纸圆片向外逐渐减小的防腐剂浓度梯度。在这种培养基中接种微生物时,会出现一个环绕在滤纸圆片周围的无微生物生长的区域(图 2-2),该区域称作"抑菌圈"。防腐剂的抑菌能力由抑菌圈的直径表示,其大小取决于防腐剂的扩散速度和微生物的生长速率。

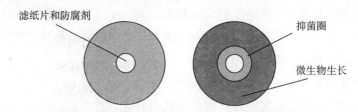

图 2-2 滤纸圆片扩散法确定防腐剂的抑菌圈

在这种方法中,评价的防腐剂不能是高度疏水性的,因为疏水性防腐剂不能扩散,造成观测到极小的抑制作用或无抑制作用。选择的试验微生物必须快速且均匀地生长,生长太慢的微生物将导致较大的抑菌圈。另外,该方法也不适用于对厌氧微生物的抑制试验。

四、防腐剂的增效与复配

由于防腐剂作用的有限性,即每种防腐剂仅能对一定的微生物群有抑制作用,因此,在食品中使用单一防腐剂是不能达到完全抑制微生物生长的目的,也就不能有效地延长食品的贮藏期限。这就有必要采用不同的防腐剂进行共同作用,即进行防腐剂的复配。

当两种不同的防腐剂共同作用时,存在着三种效应:相加、增效和拮抗。"相加效应"是指两种防腐剂共同作用的效果等于其分别作用效果的和,即 1+1=2;"增效效应"是指两种防腐剂共同作用的效果大于其分别单独使用效果的和,即 1+1>2;"拮抗效应"指两种防腐剂共同作用的效果小于其分别单独使用效果的和,即 1+1<2。在防腐剂的复配时,应防止具有拮抗效应防腐剂的搭配。

不同种类的防腐剂之间的协同作用通常应遵循以下规律:

1. 针对不同微生物有抑制作用的防腐剂之间的复配

如苯甲酸钠和山梨酸钾是两种常用的食品防腐剂,它们的抑菌特征不同。苯甲酸钠对产酸性细菌的抑制作用较弱,而山梨酸钾则对厌气菌和嗜酸乳杆菌无抑制作用。单独使用其中之一,往往不能完全抑制微生物的生长,将两者复配使用,则能起到良好的抑菌效果。

例如,在面酱中添加最大允许使用量的苯甲酸钠(0.5 g/kg),25~37℃下 6 d 后的抑菌率仅为45.7%,而将苯甲酸钠与山梨酸钾1:1混合后仍以0.5 g/kg添加,同条件下6 d后的抑菌率达到100%。

对羟基苯甲酸酯类的抑菌情况与其碳链长度有关。烷基链短的品种抑制革兰氏阴性菌的效果好,抑制革兰氏阳性菌的效果差;烷基链长的品种的抑菌效果则相反。因此,不同碳链长度的对羟基苯甲酸酯类的复合,具有良好的增效作用。

2. 不同抑菌机理的防腐剂之间的复配

防腐剂的抑菌机理之一是抑制微生物体内代谢酶的活性,而微生物的代谢途径有多种,如糖代谢的EMP途径、TCA途径和HMS途径。EMP途径将葡萄糖降解为丙酮酸,TCA途径合成各种氨基酸骨架,HMS途径则合成核酸、辅酶、维生素等所必需的戊糖骨架。每一种代谢途径都需要不同的酶参与。若两种防腐剂分别抑制微生物代谢的不同途径,则它们之间就可能存在着显著的增效作用。

3. 有助于保持主要防腐剂作用的复配

苯甲酸及其盐、山梨酸及其盐只有在分子状态时才有抑菌活性,苯甲酸及钠盐、山梨酸及钾盐的最适抑菌pH值范围分别为2.5~4.0和5~6,超出此pH值范围,它们的抑菌能力受到极大限制。当它们分别与有机酸复配时,能够保持有效抑菌作用,增强抑菌效果。

4. 有助于拓宽防腐剂抑菌谱的复配

乳酸链球菌素是从乳酸链球菌发酵产物中提制的一种多肽抗生素类物质,可以抑制细胞壁中肽聚糖的生物合成,使细胞膜和磷脂化合物的合成受阻,导致细胞内物质外渗,引起细胞裂解。它主要抑制大部分革兰氏阳性菌,特别是细菌的芽孢,对于酵母、革兰氏阴性菌等无抑制能力。这是因为革兰氏阴性细菌的细胞壁肽聚糖含量少,主要包括磷脂、蛋白质和脂多糖等,十分致密,仅允许相对分子质量小于600的分子通过,而乳酸链球菌素的相对分子质量为3500左右,无法正常通过革兰氏阴性细菌细胞壁,因此也就无法到达细胞膜。一些研究表明,500 IU/mL的乳酸链菌素菌与20 mM的EDTA二钠联合使用时,则能完全抑制醋酸杆菌属,对沙门氏菌和其他革兰氏阴性菌也有抑制作用。另外,磷酸盐等螯合剂也能促使乳酸链球菌素抑制革兰氏阴性菌。Phillips和Duggan指出,这些螯合剂通过键合微生物细胞壁中脂多糖层上的镁离子导致脂多糖和脂类损失,从而改变了革兰氏阴性菌细胞壁的透性,结果使乳酸链球菌素可以进入。

五、常用的食品防腐剂

我国批准使用的食品防腐剂主要包括有机酸及其盐类防腐剂、有机酸酯类、脂肪酸酯类、微生物菌素和其他类。

(一)有机酸及其盐类

有机酸及其盐类,是最常用的食品防腐剂,包括苯甲酸及其钠盐,山梨酸及其钾盐,丙酸及其钠盐和钙盐,脱氢醋酸及其钠盐,双乙酸钠。其中苯甲酸及钠盐的使用历史较长,早在 1875 年就发现了其抗菌作用,1908 年即被美国批准作为食品防腐剂。

这类防腐剂的抑菌谱是随品种而异,作为弱酸性防腐剂,有机酸及其盐类是以分子态的形式起抑菌作用,即只有分子态有机酸能够透过细胞壁而进入内部干扰各种酶的活性。有机酸及其盐类的抑菌有效性取决于解离常数(pK_a),若要具有完全抑菌作用就必须保证体系中含有 50% 的未解离酸分子。

有机酸在不同 pH 值下解离情况可用式(2-2)表示:

$$\alpha = 1 - \frac{K_a}{10^{-pH} + K_a} \qquad (2-2)$$

式中:α——解离有机酸的比例;

K_a——酸性防腐剂的解离常数。

根据上式,有机酸及其盐类的使用通常限制在 pH<5.0 的食品中,因为大多数有机酸的 pK_a 在 3~5 之间。但脱氢醋酸及其钠盐,以及双乙酸钠的抑菌能力不受 pH 值的影响。少于 7 个碳的酸在低 pH 值下较有效,而 8~12 个碳的有机酸在中性及以上有效。脱氢醋酸含有 8 个碳,因而抑菌的 pH 值范围较宽。

1. 苯甲酸及苯甲酸钠

苯甲酸($pK_a = 4.19$)自然存在于苹果、肉桂、丁香、小红莓、梅子、李子、草莓和其他浆果中。苯甲酸钠是一种稳定的、无味、白色粒状或结晶粉末,溶于水(66.0 g/100 mL,20℃)和乙醇(0.81 g/100 mL,15℃)。苯甲酸是无色针状或叶状,与苯甲酸钠相比在水中的溶解度非常低(0.27%,18℃)。因此,大多数食品使用时首选苯甲酸钠。

在酸性介质和中性介质中对微生物有效的苯甲酸浓度分别为 0.1% 和 0.2%,而在碱性介质中是无效的。未离解的苯甲酸($pK_a = 4.19$)是最有效的抗菌剂,该化合物在酸性溶液中的效力是中性溶液中的 100 倍。因此,苯甲酸盐在 pH 值为 2.5~4.0 时最有效,pH 值大于 4.5 时明显失去效力。

苯甲酸是通过质子进入细胞造成细胞质膜破坏而达到抑菌效果的。苯甲酸盐也可以抑制细菌细胞中的酶,如控制乙酸代谢和氧化磷酸化的酶类,柠檬酸循环中的 α-酮戊二酸和琥珀酸脱氢酶,荧光假单胞菌(*Pseudomonas fluorescens*)产生的脂肪酶和大肠杆菌(*Escherichia coli*)的三甲胺-N-氧化还原酶活性。在真菌中黄曲霉产生的 6-磷酸果糖激酶的活性被抑制。

苯甲酸和苯甲酸钠是美国 FDA 允许在食品中使用的第一个抗菌剂,也是 GRAS 防腐剂(FDA-21 CFR 184.1021;FDA-21 CFR 184.1733)。在大多数国家,苯甲酸和苯甲酸钠的最大允许使用浓度为 0.15% 和 0.25%。我国对苯甲酸和苯甲酸钠的使用规定见表 2-1。

表 2-1 苯甲酸及苯甲酸钠的使用规定（GB 2760—2014）

食品分类号	食品名称	最大使用量/（g·kg⁻¹）	食品分类号	食品名称	最大使用量/（g·kg⁻¹）
03.03	风味冰、冰棍类	1.0	14.02.02	浓缩果蔬汁（浆）（仅限食品工业用）	2.0
04.01.02.05	果酱（罐头除外）	1.0			
04.01.02.08	蜜饯凉果	0.5	14.02.03	果蔬汁（肉）饮料（包括发酵型产品等）	1.0
04.02.02.03	腌渍的蔬菜	1.0			
05.02.01	胶基糖果	1.5	14.03	蛋白饮料类	1.0
05.02.02	除胶基糖果以外的其他糖果	0.8	14.04	碳酸饮料	0.2
11.05	调味糖浆	1.0	14.08	风味饮料	1.0
12.03	醋	1.0			
12.04	酱油	1.0			
12.05	酱及酱制品	1.0	14.05	茶、咖啡、植物饮料类	1.0
12.10	复合调味料	0.6			
12.10.02	半固体复合调味料	1.0	15.02	配制酒	0.4
12.10.03	液体复合调味料（不包括12.03,12.04）	1.0	15.03.03	果酒	0.8

2. 山梨酸及其盐类

山梨酸及其钾、钙、钠盐统称为山梨酸盐。山梨酸是德国化学家 A. W. Hoffman 在 1859 年首次从花楸树的浆果分离得到的。1880 年确定了山梨酸的结构，并在 1900 年被首次合成。然而，直到 20 世纪 30 年代后期和 20 世纪 40 年代前期，才分别由德国的 E. Miller 和美国的 C. M. Gooding 发现山梨酸的抗菌和防腐特性，1945 年开始作为有效的抑制剂用于食品，能够抑制产生毒素的真菌和某些细菌。山梨酸（$pK_a = 4.75$）是一个反式不饱和羧基脂肪酸（$CH_3—CH=CH—CH=CH—COOH$），微溶于水（0.15 g/100 mL，20℃）。山梨酸钾的盐易溶于水（58.2 g/100 mL，20℃）。

目前，山梨酸及其水溶性较好的盐，尤其是山梨酸钾，统称为山梨酸盐，在世界各地广泛用作各种食品的防腐剂。山梨酸盐能够抑制或延缓众多微生物包括酵母菌、霉菌和细菌的生长。然而，山梨酸盐对微生物的抑制取决于微生物的种类和菌株的差异、底物特性和环境因素。

山梨酸盐在大多数食品中的有效抗菌浓度在 0.02%~0.30% 之间，当山梨酸盐的作用减少或消除时，残存的微生物可恢复生长导致食品变质。

山梨酸盐抑制细胞生长和增殖，抑制产芽孢细胞的萌发的相关机理与以下因素有关：微生物的种类、食品的类型、环境条件和食品加工的类型。一定的条件下，山梨酸盐会改变微生物细胞的形态和外表，并可在酵母细胞中观察到磷蛋白质颗粒增多、不规则的核、线粒体和液泡的数量增加、大小改变。山梨酸盐处理的生孢梭菌(*Clostridium sporogenes*)内部细胞壁增厚,导致在许多其他区域缺少外细胞壁。在 pH 值为 7.0 条件下,用山梨酸盐处理腐败假单胞菌(*Alteromonas putrefaciens*)后,细胞的疏水性增加,细胞壁溶解,溶菌酶暴露。也有证据表明在山梨酸盐处理细胞时损伤了其他膜。

山梨酸盐也可以通过影响酶活性而抑制微生物的生长。山梨酸盐可以抑制包含在脂肪氧化中的脱氢酶,添加山梨酸导致 β-不饱和脂肪酸积累,而 β-不饱和脂肪酸是真菌引起的脂肪氧化的中间产物,这阻碍了脱氢酶的功能继而抑制了真菌的代谢和生长。山梨酸是巯基酶的抑制剂,包括延胡索酸酶、琥珀酸脱氢酶和酵母乙醇脱氢酶。山梨酸盐是通过与半胱氨酸硫醇基的加成反应与巯基酶进行反应,形成稳定的复合体。其他的机理包括干扰烯醇酶、蛋白酶和过氧化物酶,或者通过与乙酰辅酶 A 形成中的醋酸盐竞争性作用而抑制呼吸作用。

有效使用山梨酸盐的方法包括直接添加到产品中、浸泡、喷洒、擦涂及并入包装材料。山梨酸及钾盐为 GRAS 防腐剂(FDA-21 CFR 182.3089;FDA-21 CFR 181.23;FDA-21 CFR 182.3640)。我国关于山梨酸及山梨酸钾的使用规定见表 2-2。

表 2-2 山梨酸及山梨酸钾的使用规定(GB 2760—2014)

食品分类号	食品名称	最大使用量/(g·kg⁻¹)	食品分类号	食品名称	最大使用量/(g·kg⁻¹)
02.02.01.02	人造黄油及其类似制品(如黄油和人造黄油混合品)	1.0	05.02.01	胶基糖果	1.5
			05.02.02	除胶基糖果以外的其他糖果	1.0
03.03	风味冰、冰棍类	0.5	06.04.02.02	其他杂粮制品(仅限杂粮灌肠制品)	1.5
04.01.01.02	经表面处理的鲜水果	0.5			
04.01.02.05	果酱	1.0	06.07	方便米面制品(仅限米面灌肠制品)	1.5
04.01.02.08	蜜饯凉果	0.5	07.01	面包	1.0
04.02.01.02	经表面处理的新鲜蔬菜	0.5	07.02	糕点	1.0
04.02.02.03	腌渍的蔬菜	1.0	07.04	焙烤食品馅料及表面用挂浆	2.0
04.03.02	加工食用菌和藻类	0.5	08.03	熟肉制品	0.075
04.04.01.03	豆干再制品	1.0	08.03.05	肉灌肠类	1.5
04.04.01.05	新型豆制品(大豆蛋白膨化食品、大豆素肉等)	1.0	09.03	预制水产品(半成品)	1.0
			09.06	其他水产品及其制品	1.0

续表

食品分类号	食品名称	最大使用量/ (g·kg⁻¹)	食品分类号	食品名称	最大使用量/ (g·kg⁻¹)
10.03	蛋制品(改变其物理性状)	1.5	14.03.01.03	乳酸菌饮料	1.0
11.05	调味糖浆	1.0	15.02	配制酒	0.4
12.03	醋	1.0		配制酒(仅限青稞干酒)	0.6 g/L
12.04	酱油	1.0	15.03.01	葡萄酒	0.2
12.05	酱及酱制品	0.5	15.03.03	果酒	0.6
12.10	复合调味料	1.0	16.01	果冻	0.5②
14.0	饮料类(14.01 包装饮用水类除外)	0.5①	16.03	胶原蛋白肠衣	0.5

①固体饮料按冲调倍数增加使用量;②如用于果冻粉,按冲调倍数增加使用量。

3. 丙酸及丙酸钙

丙酸($pK_a = 4.87$)和丙酸盐的使用主要针对霉菌。一些酵母和细菌,特别是革兰氏阴性菌也能被丙酸和丙酸盐抑制。丙酸盐的抑菌活性取决于食品的 pH 值。面包面团中引起芽孢形成的微生物枯草芽孢杆菌(*Bacillus subtilis*)在 pH = 5.8 和 pH = 5.6 时,分别可被 0.19% 和 0.16% 的丙酸盐抑制。

丙酸抑制微生物机理的研究显示,丙酸钠通过添加 β-丙氨酸抑制大肠杆菌。丙酸作用的主要模式也可能与其他短链有机酸相似,即由未解离酸对细胞质的酸化及抑制。

丙酸和丙酸盐在焙烤食品和奶酪中用作抗菌剂。丙酸盐也可以直接添加到面包面团中,因为它们对焙烤用酵母的活性没有影响。食品中允许使用的丙酸盐用量通常低于 0.4%。

我国关于丙酸及其盐类的使用规定见表 2-3。

表 2-3 丙酸及其盐类的使用规定(GB 2760—2014)

食品分类号	食品名称	最大使用量/ (g·kg⁻¹)	食品分类号	食品名称	最大使用量/ (g·kg⁻¹)
04.04	豆类制品	2.5	07.02	糕点	2.5
06.01	原粮	1.8	12.03	醋	2.5
06.03.02.01	生湿面制品(如面条、饺子皮、馄饨皮、烧卖皮)	0.25	12.04	酱油	2.5
07.01	面包	2.5	16.07	其他(杨梅罐头加工工艺用)	50.0

4. 乙酸及乙酸钠

乙酸($pK_a = 4.75$)，俗名醋酸，是醋的主要成分。醋酸和醋酸盐在食品中被广泛地用作酸化剂和抗菌剂。醋酸抑制酵母和细菌比抑制霉菌有效。只有产醋酸、乳酸和丁酸的细菌对醋酸有明显的耐受性。

醋酸及其盐类作为抗菌剂已成功被应用到食品中。在禽类热烫用水中添加 0.1% 的醋酸，可以降低纽波特沙门菌(Salmonella newport)、鼠伤寒沙门氏菌(Salmonella typhimurium)和空肠弯曲杆菌(Campylobacter jejuni)的 D 值 5～10 倍。将醋酸增加到 1.0%，可以使这三种微生物失活。1.5%～2.5% 的醋酸已被用作肉类胴体的喷雾杀菌剂及牛肉、羊肉和鱼片有效的抗菌浸泡液。在面包面团中添加 0.1% 的醋酸可以抑制 30℃ 贮藏的小麦面包中形成芽孢的枯草芽孢杆菌(Bacillus subtilis)。用醋酸将虾酱和番茄酱分别酸化到 pH 值为 4.2 和 4.6 时，26℃ 下贮藏 8 w 后，产品中没有明显的肉毒杆菌(Clostridium botulinum)生长和毒素产生。

醋酸钠(又名乙酸钠)在 pH 值为 3.5～4.5 时是焙烤食品中产芽孢的芽孢杆菌(Bacillus)和黄曲霉(Aspergillus flavus)、烟曲霉(Aspergillus fumigatus)、黑曲霉(Aspergillus niger)、灰绿曲霉(Aspergillus glaucus)、扩展青霉(Penicillium expansum)和微小毛霉(Mucor pusillus)等霉菌的抑制剂。由于对焙烤用酵母没有影响，醋酸钠被用于焙烤工业。

醋酸钠在 0.1%～2.0% 浓度下可有效地抑制软干酪中霉菌的生长。一定条件下，0.45% 的醋酸钠显示出对单核细胞增生李斯特菌(Listeria monocytogenes)、大肠杆菌、荧光假单胞菌、肠炎沙门氏菌(Salmonella enteritidis)和腐败希瓦菌(Shewanella putrefaciens)有抵制作用。

我国批准乙酸钠作为防腐剂使用，GB 2760—2014 规定：乙酸钠可用于复合调味料(食品分类号 12.10)和膨化食品(食品分类号 16.06)，最大使用量分别为 10.0 g/kg 和 1.0 g/kg。

5. 双乙酸钠

0.5% 水平的双乙酸钠在麦芽糖浆中是有效的。0.1%～2.0% 水平的双乙酸钠可延迟软奶酪中霉菌的生长，阻止含有黄油的包装器中霉菌的生长。双乙酸钠在烘焙行业同样是有效的，可防止面包霉菌和形成丝状的细菌如糖化菌(Bacillus mesentericus)的生长，而对酵母属(Saccharomyces)的面包酵母影响较小。pH 值为 3.5 时，浓度为 0.05%～0.4% 的双乙酸钠可以抑制黄曲霉、烟曲霉、黑曲霉、灰绿曲霉和展青霉(Penicillium expansum)。

温度和酸浓度之间显现出相互作用效应，降低酸的浓度和温度可以抑制微生物的生长。双乙酸钠的抑菌效力比醋酸更强，这是因为抑菌效应依赖于双乙酸盐自身而不是单独依赖于 pH 值。

浓度 0.1%～0.3% 的双乙酸钠与浓度 2%～3% 的乳酸钠是同样有效的肉类抗李斯特菌化合物，且对产品的 pH 值和感官特性影响不大。研究表明，在 5℃ 和 10℃ 贮藏的牛肉大腊肠中单独或者联合使用 2.5% 乳酸钠和 0.2% 双乙酸钠时,均可以减少多株单核细胞增生李斯特杆菌。

我国关于双乙酸的使用规定见表 2-4。

表 2-4　双乙酸的使用规定(GB 2760—2014)

食品分类号	食品名称	最大使用量/$(g \cdot kg^{-1})$	食品分类号	食品名称	最大使用量/$(g \cdot kg^{-1})$
04.04.01.02	豆干类	1.0	09.04	熟制水产品(可直接食用)	1.0
06.01	原粮	1.0			
06.05.02.04	粉圆	4.0	12.0	调味品	2.5
07.02	糕点	4.0	12.10	复合调味料	10.0
08.02	预制肉制品	3.0	16.06	膨化食品	1.0
08.03	熟肉制品	3.0			

6. 脱氢乙酸

脱氢乙酸(dehydroacetic acid, DHA)在酸化剂中具有最高的解离常数($pK_a = 5.27$)因而在较高的 pH 值范围内保持有效抗菌性。脱氢乙酸大鼠经口的 LD_{50} 为 1000 mg/kg。尽管 DHA 在 0.005% ~ 0.1% 浓度下对真菌具有抑制作用,但在 0.3% 和 0.1% 水平分别对产气肠杆菌(Enterobacter aerogenes)和胚芽乳杆菌(Lactobacillus plantarum)有抵制作用。脱氢乙酸钠在 pH = 5.0 时对啤酒酵母的有效性是苯甲酸钠的 2 倍,对灰绿青霉和黑曲霉的有效性是苯甲酸钠的 25 倍。

脱氢乙酸或其钠盐按照良好生产规范使用时是 GRAS。用脱氢乙酸钠溶液浸泡水果特别是浆果或在表面喷雾可有效地降低呼吸作用,延迟成熟。

我国关于脱氢乙酸及钠盐的使用规定见表 2-5。

表 2-5　脱氢乙酸及钠盐的使用规定(GB 2760—2014)

食品分类号	食品名称	最大使用量/$(g \cdot kg^{-1})$	食品分类号	食品名称	最大使用量/$(g \cdot kg^{-1})$
02.02.01.01	黄油和浓缩黄油	0.3	07.02	糕点	0.5
04.02.02.03	腌渍的蔬菜	1.0	07.04	焙烤食品馅料及表面用挂浆	0.5
04.03.02.03	腌渍的食用菌和藻类	0.3	08.02	预制肉制品	0.5
04.04.02	发酵豆制品	0.3	08.03	熟肉制品	0.5
06.05.02	淀粉制品	1.0	12.10	复合调味品	0.5
07.01	面包	0.5	14.02.01	果蔬汁(浆)	0.3

各种有机酸(盐)类防腐剂的安全性见表2-6。

表 2-6　有机酸(盐)类防腐剂的安全性

防腐剂	毒理学指标		
	LD_{50}	ADI	GRAS
苯甲酸	2530 mg/kg,大鼠经口	0~5 mg/kg	FDA-21CFR 184.1021
苯甲酸钠	6300 mg/kg,大鼠经口 5100 mg/kg,小鼠经口	0~5 mg/kg	FDA-21CFR 181.23,181.1733
山梨酸	7360 mg/kg,大鼠经口	0~25 mg/kg	FDA-21CFR 181.23,182.3089
山梨酸钾	4920 mg/kg,大鼠经口	0~25 mg/kg	FDA-21CFR 182.3640
丙酸	5600 mg/kg,大鼠经口		FDA-21CFR 184.1081
丙酸钙	3340 mg/kg,小鼠经口	无需规定	FDA-21CFR 181.23,184.1784
丙酸钠	6300 mg/kg,大鼠经口 5100 mg/kg,小鼠经口		FDA-21CFR 181.23,184.1221
脱氢乙酸	1000 mg/kg,大鼠经口		FDA-21CFR 172.130
脱氢乙酸钠	794 mg/kg,小鼠经口		
双乙酸钠	3310 mg/kg,小鼠经口 4960 mg/kg,大鼠经口	0~15 mg/kg	FDA-21CFR 184.1754

(二)尼泊金酯和脂肪酸酯类

1. 尼泊金酯

尼泊金酯(parabens)又称对羟基苯甲酸酯(alkyl esters *p*-hydroxybenzoic acid),是一系列苯甲酸羧基酯化产物的统称,其结构如图2-3所示,主要包括甲酯、乙酯、丙酯、丁酯和庚酯。20世纪20年代,尼泊金酯就被确认具有抗菌活性。

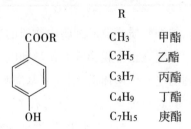

	R	
	CH_3	甲酯
	C_2H_5	乙酯
	C_3H_7	丙酯
	C_4H_9	丁酯
	C_7H_{15}	庚酯

图 2-3　尼泊金酯的结构

尼泊金酯具有广泛的抑菌能力,包括对革兰氏阴性菌和阳性菌均有抑制作用,其抑菌活性随烷基链长度的增加而增大。对于革兰氏阳性菌而言,尼泊金酯的抑菌活性随着极性的减弱而增大,但革兰氏阴性菌不如阳性菌明显。Eklund 和 Freese 等人认为这可能是由于革兰氏阴性菌的细胞壁脂多糖层产生的屏蔽作用。Fukahori 等人发现尼泊金酯显示抑菌活性所需的浓度与烷基链长的对数成反比。

与细菌相比,真菌对尼泊金酯更敏感。尼泊金酯对一些与食品相关的真菌的抑菌有效性见表 2-7。尼泊金酯抗真菌活性也与其烷基链长有关,烷基链长越长,活性越大。研究表明,尼泊金甲酯、乙酯、丙酯和丁酯对曲霉菌属、青霉菌属和镰刀菌属的产毒素菌株的抑制活性中,丙酯和丁酯最有效,MIC 为 1.0~2.0 mM。

表 2-7　尼泊金酯在 pH 值为 7.0~7.2 时对不同细菌的最小抑菌浓度(mg/kg)

类别	甲酯	乙酯	丙酯	丁酯
革兰氏阳性菌				
蜡状芽孢杆菌	1500	1000	350	150
巨大芽孢杆菌	1500	1500	350	150
枯草芽孢杆菌黑色变种	850	650	200	100
藤黄八叠球菌	2500	2000	400	200
白色葡萄球菌	2000	2000	450	200
金黄色葡萄球菌	1000	750	350	150
革兰氏阴性菌				
粪产碱杆菌	1000	800	350	200
大肠杆菌	850	700	400	300
绿铜假单胞菌	2000	1500	900	1500
猪霍乱沙门氏菌	1000	650	500	350
黏质沙雷菌	800	650	450	300

尼泊金酯主要作用于细菌的细胞质膜造成细胞内物质的泄漏,泄漏量与尼泊金酯的烷基链长成正比。这种泄漏能中和建立正常膜梯度的化学和电子势,抑制细胞质膜的输送体系。尼泊金酯也能够抑制细菌的电子传递体系,引起氨基酸吸收的降低。

真菌细胞中的脂类组成与其对尼泊金酯的抵抗力有关,总脂和磷脂酰甘油比例越大,环丙烷脂肪酸越少,抵抗力越强。由于羧基的酯化,尼泊金酯在较宽的 pH 值范围内可以保持分子状态,因而其有效的抑菌范围为 pH 3~8。

尼泊金酯比苯甲酸的毒性低,其 ADI 值为 0~10 mg/kg,而苯甲酸的 ADI 值为 0~5 mg/kg;尼泊金酯小鼠经口 LD_{50} 分别为:甲酯 8 g/kg、乙酯 5 g/kg、丙酯 3.7 g/kg、丁酯 17.1 g/kg,丙酯 13.18 mg/kg,苯甲酸小鼠经口 LD_{50} 为 3.33 g/kg。

抑制各种真菌所需尼泊金酯的浓度范围见表 2-8。

表 2-8　抑制各种真菌所需尼泊金酯的浓度范围(vg/mL)

真菌菌种	甲酯	乙酯	丙酯	丁酯	庚酯
格链孢霉菌	—	—	100	—	50~100
黄曲霉	—	—	200	—	—
黑曲霉	1000	400~500	200~250	125~200	—
纯黄丝衣霉	—	—	200	—	—
白色念珠菌	1000	500~1000	125~250	125	—
汉逊德巴利酵母	—	400	—	—	—
指状青霉	500	250	63	<32	—
产黄青霉	500	250	125~200	63	—
黑根霉	500	250	125	63	—
贝酵母	930	—	220	—	—
酿酒酵母	1000	500	125~200	32~200	25~100
产蛋白圆酵母	—	—	200	—	25
软假丝酵母	—	700	—	—	—
拜耳接合酵母	—	400	—	—	—
双孢接合酵母	—	900	—	—	—
鲁氏接合酵母	—	400	—	—	—

注　"—"表示未检测相关数据。

　　我国批准尼泊金甲酯及钠盐、尼泊金乙酯及钠盐作为食品防腐剂使用,使用规定见表 2-9。

表 2-9　尼泊金酯使用规定(GB 2760—2014)

食品分类号	食品名称/分类	最大使用量/(g·kg^{-1})	备注
04.01.01.02	经表面处理的鲜水果	0.012	
04.01.02.05	果酱(罐头除外)	0.25	
04.02.01.02	经表面处理的新鲜蔬菜	0.012	
07.04	焙烤食品馅料(仅限糕点馅)	0.5	
10.03.02	热凝固蛋制品(如蛋黄酪、松花蛋肠)	0.2	
12.03	醋	0.1	
12.04	酱油	0.25	以对羟基苯甲酸计
12.05	酱及酱制品	0.25	
12.10.03.04	耗油、虾油、鱼露等	0.25	
14.02.03	果蔬汁(肉)饮料	0.25	
14.04.01	碳酸饮料	0.2	
14.08	风味饮料(仅限果味饮料)	0.25	

2. 中-短链脂肪酸及酯类

中-短链脂肪酸及相关酯是一类属于天然防腐剂的抗菌物质,早在 20 世纪 20 年代就发现了中-短链脂肪酸及相关酯类的抑菌能力。Walker 在 20 世纪 20 年代中期发现,肺炎球菌(*Pneumococcus*)对月桂酸盐、油酸盐、亚油酸盐和亚麻酸盐等脂肪酸盐非常敏感,而链球菌(*Streptococci*)则在更高浓度的脂肪酸盐下被杀死。脂肪酸的抗真菌作用取决于脂肪酸的链长、浓度和介质的 pH 值。

关于脂肪酸及其酯类的防腐作用机制,国外已经做了大量研究工作。岩波等提出脂肪酸及其酯首先接近对象菌的细胞膜表面,然后亲油部分的脂肪酸及其酯刺透细胞膜。这种状态下,在物理方面细胞膜的脂质机能低下,最终导致其细胞机能终止。从对微生物呼吸作用的影响上来看,脂肪酸甘油酯在一定程度上可中断基质运输和氧化磷酸化与电子传递系统的偶联,并能部分抑制电子传递系统本身。总之,它主要是通过抑制细胞对氨基酸、有机酸、磷酸盐等物质的吸收来抑制微生物的生长繁殖。脂肪酸的结构与抑菌活性的关系如下:

①除短链脂肪酸(<8C)外,脂类不影响革兰氏阴性菌。

②饱和脂肪酸活性最强的是 C12;单不饱和脂肪酸是 C16:1,多不饱和脂肪酸为 C18:2。

③长链脂肪酸(>12C)中双键的位置和数量比短链脂肪酸(<12C)重要。

④顺式结构有活性,反式结构无活性。

⑤与烯式脂肪酸相比,炔式脂肪酸对真菌更具活性。

⑥酵母受到比影响革兰氏阳性菌更短的短链脂肪酸(C10~C12)的影响。

⑦酯化成单羟基醇的脂肪酸无活性;酯化成多醇的脂肪酸活性增强。

脂肪酸及其酯类对各类微生物均有一定的抑制作用,且不受 pH 值的影响。脂肪酸酯与常用食品防腐剂的抑菌能力比较见表 2-10~表 2-12。单辛酸甘油酯的使用规定见表 2-13。

表 2-10 单辛酸甘油酯、山梨酸钾和苯甲酸钠的相对抑菌能力比较

pH	单辛酸甘油酯			山梨酸钾			苯甲酸钠		
	细菌	酵母	霉菌	细菌	酵母	霉菌	细菌	酵母	霉菌
5	100	100	100	62.5	81.7	48.7	77.8	64.0	37.5
6	95	94.4	97	34.4	20.5	7.4	26.5	10.5	4.1
7	92.5	92.5	97	25.5	5.8	1.0	1.0	2.2	0
8	92.5	92.5	97	0	0	0	0	0	0

表 2-11 脂肪酸酯与某些常用防腐剂抗真菌活性的比较

食品添加剂	最小抑菌浓度/($\mu g \cdot mL^{-1}$)		
	黑曲霉	产朊假丝酵母	酿酒酵母
一癸酸甘油酯	123	123	123

续表

食品添加剂	最小抑菌浓度/(μg·mL^{-1})		
	黑曲霉	产朊假丝酵母	酿酒酵母
一月桂酸甘油酯	137	69	137
对羟基苯甲酸丁酯	200	200	200
月桂醇硫酸酯钠盐	100	400	100
山梨酸	1000	1000	1000
脱氢乙酸	100	200	200

表 2-12　脂肪酸酯与某些常用防腐剂抗细菌活性的比较

食品添加剂	最小抑菌浓度/(μg·mL^{-1})		
	枯草芽孢杆菌	蜡状芽孢杆菌	金黄色葡萄球菌
二辛酸甘油蔗糖酯	74	74	148
一癸酸甘油酯	123	123	123
一月桂酸甘油酯	17	17	17
对羟基苯甲酸丁酯	400	200	200
月桂醇硫酸酯钠盐	100	100	50
山梨酸	4000	4000	4000

表 2-13　单辛酸甘油酯的使用规定(GB 2760—2014)

食品分类号	食品名称/分类	最大使用量/(g·kg^{-1})
06.03.02.01	生湿面制品(如面条、饺子皮、馄饨皮、烧卖皮)	1.0
07.02	糕点	1.0
07.04	焙烤食品馅料(仅限豆馅)	1.0
08.03.05	肉灌肠类	0.5

(三)微生物菌素类

乳酸链球菌素(Nisin)和纳他霉素是目前广泛使用的两种微生物菌素类食品防腐剂。

乳酸链球菌素是在 1928 年首先由 Rogers 和 Whittier 确认的,1947 年被 Mattick 和 Hirsh 分离、特性化和命名。该化合物是由一株乳品发酵剂 *Lactococcus lactis* ssp. *lactis* 产生的肽。乳酸链球菌素的相对分子质量是 3500,它通常是相对分子质量为 7000 的二聚物形式。乳酸链球菌素是一种含有脱氢丙氨酸(dehydroalanine)、脱氢酪氨酸(dehydrobutyrine)、羊毛硫氨酸(lanthionine)和 β-甲基羊毛硫氨酸(β-methyl-lanthionine)4 个特殊氨基酸且由 34 个氨基酸构成的肽(图 2-4)。Nisin 有 6 种类型,分别为 A、B、C、D、E 和 Z,其中对 Nisin A 和 Nisin Z 的研究最活跃。两者仅在 27 位氨基酸残基有差别,A 为 His,而 Z 为 Asp。两者的抗菌特性几乎无差别。

纳他霉素是1955年首次从南非纳塔尔(Natal)的土壤中发现的微生物纳塔尔链霉菌(*Streptomyces natalensis*)培养分离出的。世界卫生组织批准的通用名称为纳他霉素。纳他霉素($C_{33}H_{47}NO_{13}$;相对分子质量为665.7)是一种多烯大环内脂类抗生素(图2-4)。纳他霉素是两性的,拥有一个碱性和一个酸性基团。纳他霉素在水(30~100 mg/L)和极性有机溶剂有较低的溶解性,几乎不溶于非极性溶剂。Raab报道了纳他霉素的等电点为6.5。

乳酸链球菌素和纳他霉素具有不同的抑菌机理。

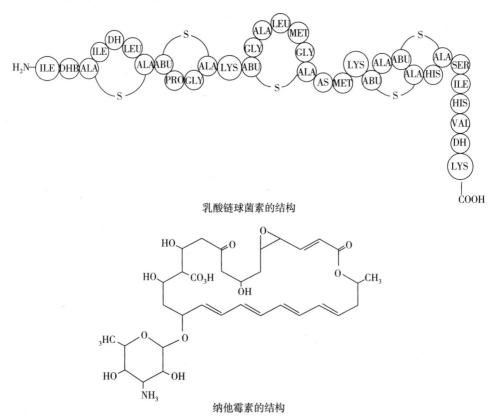

乳酸链球菌素的结构

纳他霉素的结构

图2-4　乳酸链球菌素和纳他霉素的化学结构

微生物营养细胞的细胞质膜是乳酸链球菌素的主要作用位置,其作用机理是:乳酸链球菌素单体结合到目标膜上;乳酸链球菌素插入膜中;乳酸链球菌素分子聚合,在填满水的孔周围形成像桶一样的空穴。乳酸链球菌肽的分子也可能在插进膜之前聚集。有研究报道,膜电位和/或pH梯度(具有较碱性的内部pH值)对于增加由各种磷脂构成的模型脂质体的渗透率是必要的。外部pH值越低,消耗质子动力所需的$\Delta\Psi$越低。因此有可能随着pH梯度的增加,乳酸链球菌素活性对$\Delta\Psi$的依赖变低。

纳他霉素的作用方式是结合到真菌细胞膜的麦角固醇和其他甾醇基团。通常,纳他霉素通过结合甾醇类而抑制麦角固醇的生物合成,使细胞膜变形并产生渗漏。纳他霉素也可以通过抑制糖酵解和呼吸作用而对细胞膜产生效应。

乳酸链球菌素具有较窄的抑菌谱,仅对革兰氏阳性菌有效,通常不能抑制革兰氏阴性菌、酵母和霉菌(表2-14)。乳酸链球菌素在抑菌方面的一个突出特点是对芽孢杆菌具有较强的抑制作用。例如,乳酸链球菌素在pH值为6.5~6.6的猪肉中对产芽孢梭状芽孢杆菌(*Clostridium sporogenes*)的抑制浓度为5~75 μg/mL。当乳酸链球菌素与螯合剂(如EDTA)或三聚磷酸钠组合使用时,抑菌谱可以拓展到革兰氏阴性菌。

表2-14 细菌对乳酸链球菌素的敏感性

微生物	敏感菌株/实验菌株数	MIC/$(\mu g \cdot mL^{-1})$
链球菌组 *Streptococci groups* A–M exe. C. D. L	17/17	0.00625~0.1
肺炎球菌 *Pneumococcus*	4/4	0.00625~2.5
葡萄球菌 *Staphylococcus*	33/33	ND
酿脓葡萄球菌 *Staphylococcus pyogenes*	6/6	2.5
肠球菌 *Enterococcus*	26/26	ND
奈瑟氏菌属 *Neisseria*	3/3	0.05~1.25
芽孢杆菌 *Bacillus*	6/6	0.05~0.1
梭状芽孢杆菌 *Clostridium*	8/8	0.00625~2
棒状杆菌 *Corynebacterium*	12/12	0.1~3
放线菌 *Actinomyces*	6/6	0.025~0.25
结核杆菌 *Mycobacterium tuberculosis*	6/6	2.5~12.5
单核细胞增生红斑丹毒丝菌 *Erysipelothrix monocytogenes*	3/3	0.05
单核细胞增生李斯特氏菌 *Listeria monocytogenes*	9/9	18.5~2950
片球菌属 *Pediococcus*	30/30	ND
明串珠菌属 *Leuconostoc*	18/18	ND
乳杆菌属 *Lactobacillus*	31/35	ND

纳他霉素对几乎所有的霉菌和酵母都有活性,但对细菌或病毒无效。0.5~6 μg/mL的纳他霉素可抑制大多数霉菌。对于大多数酵母菌,抑制所需的纳他霉素浓度为1.0~5.0 μg/mL。纳他霉素不仅可以抑制霉菌的生长,还可以抑制霉菌产毒。纳他霉素对霉菌产生毒素的抑制效果大于菌丝体生长。

乳酸链球菌素的溶解度取决于溶液的pH值。pH=2.2的溶解度是56 mg/mL,pH=5.0的溶解度是356 mg/mL,pH=11的溶解度是156 mg/mL。pH=3的乳酸链球菌素溶液在115℃以下加热20 min保留最大的活性(97.5%)。pH值低于或高于该值,活性都将下降。pH值为7.0时室温下会发生失活。

影响纳他霉素稳定性和抗真菌活性的几个因素包括pH值、温度、光、氧化剂和重金属。虽然pH值没有明显影响抗真菌活性,但影响其稳定性。例如,纳他霉素的活性在pH值为5~7时保留100%,pH值为3.6时接近保留85%,pH值为9.0时只有大约75%的活性。在大多数食品的pH值范围内,纳他霉素是非常稳定的。在正常的储存条件下,温度对天然液相悬浮液体中纳他霉素的活性几乎没有影响。50℃几天或100℃短时间内纳他霉素的活性很少或没有发生减少。相比之下,纳他霉素的稀溶液不稳定,容易水解。阳光照射,接触某些氧化剂(如有机过氧化物和巯基)和所有重金属都会影响纳他霉素溶液或悬浮液的稳定性。Van Rijn等人报道,纳他霉素络合一个或多个蛋白质(如乳清),或氨基酸,可增加其抗真菌活性。活性的增加是由于改进了溶解度,纳他霉素的复合物也不易水解。

乳酸链球菌素和纳他霉素早期在欧美主要用于奶酪的防腐。

乳酸链球菌素第一次用作食品防腐剂是1951年Hirsch等人用来防止由酪丁酸梭状芽孢杆菌(*Clostridium tyrobutyricum*)和丁酸梭状芽孢杆菌(*Clostridium butyricum*)引起的瑞士式奶酪产气泡。随后在瑞士式奶酪的防腐中得到类似的应用。乳酸链球菌素可以防止液体奶中腐败菌和致病菌的生长。罐装巧克力牛奶添加2.5 μg/mL的乳酸链球菌素后,杀菌时间从12.0 min减少到3.3 min,仍然可以阻止嗜热脂肪芽孢杆菌(*Bacillus stearothermophilus*)和产芽孢梭状芽孢杆菌(*Clostridium sporogenes*)PA 3679的生长。乳酸链球菌素可将储存在-18℃的3%和10%的脂肪冰激凌中单核细胞增生李斯特氏菌细胞降低到不能检出的水平。

乳酸链球菌素在食品中的另一个重要作用是抑制肉制品和低酸性罐头食品中肉毒杆菌的生长,乳酸链球菌素也被认为是肉类腌制中抑制梭状芽孢杆菌生长的亚硝酸盐的补充。纳他霉素被用于抑制水果和肉类中真菌的生长。

研究报道指出,将肉在乳酸链球菌素溶液(250 μg/mL)浸泡10 min,显著降低了附着于肉的乳酸乳球菌(*Lactococcus lactis*)、金黄色葡萄球菌(*Staphylococcus aureus*)和单核细胞增生李斯特氏菌的数量。Rayman等人发现,75 μg/g乳酸链球菌素在抑制猪肉、牛肉和火鸡肉浆中生孢梭菌(*Clostridium sporogenes*)芽孢子分枝比150 μg/g的亚硝酸盐更有效。在低酸性罐头产品中使用乳酸链球菌素可以减少等效致死率的商业杀菌强度,保持食品的质构和风味。

纳他霉素被用于抑制水果中真菌的生长。10~50 μg/mL的纳他霉素可减少贮藏3~5 d后的草莓中的真菌,50 μg/mL纳他霉素可保持贮藏9 d草莓的真菌数等于或小于初始含量。

我国对乳酸链球菌素和纳他霉素的使用规定见表2-15。

表2-15　乳酸链球菌素和纳他霉素的使用规定(GB 2760—2014)

食品分类号	食品名称/分类	最大使用量/(g·kg⁻¹)		备注
		乳酸链球菌素	纳他霉素	
01.0	乳及乳制品(01.01.01及13.0涉及品种除外)	5.0	0.3	纳他霉素仅限于01.06干酪
04.03.02.04	食用菌和藻类罐头	0.2		

食品分类号	食品名称/分类	最大使用量/(g·kg⁻¹)		备注
		乳酸链球菌素	纳他霉素	
06.04.02.01	八宝粥罐头	0.2		
07.02	糕点		0.3	
08.02	预制肉制品	0.5		
08.03	熟肉制品	0.5	0.3	纳他霉素除 08.03.07 熟肉干制品、08.03.08 肉罐头、08.03.09 可食用动物肠衣，以及 08.03.10 其他肉及肉制品
12.10.02.01	蛋黄酱、沙拉酱		0.02	
14.0	饮料类(14.01 包装饮用水除外)	0.2	0.3	纳他霉素仅限于 14.02.01 果蔬汁(浆)
15.03	发酵酒		0.01g/L	

六、防腐剂在食品中的应用

在食品中使用防腐剂时应注意以下问题：

1. 正确鉴别食品中的主要腐败微生物种类

不同食品中的腐败微生物种类各不相同，即使同一类食品，也会因配料、生产工艺的不同而表现出不同的腐败微生物。由于不同腐败微生物种类对同一种防腐剂的抵抗力也不相同，因此，准确掌握食品中的腐败微生物种类，对于正确选择使用适宜防腐剂以延长产品的贮藏期是至关重要的。

2. 熟悉防腐剂的抑菌谱

抑菌谱是化合物(防腐剂)对不同类型的微生物(如细菌、酵母、霉菌)和这些微生物的形式(营养细胞或芽孢)的抑制活性。甚至微生物的种类、菌株及革兰氏反应(阴性或阳性)都会对防腐剂表观的抑菌活性产生较大的影响。通常，具有抑菌广泛活性的防腐剂种类较少，只有少数防腐剂可以抑制几种不同类型、物种或菌株的微生物。

因此，在使用防腐剂剂时，必须熟悉其基本抑菌谱特性，才能较好地达到使用效果。

3. 食品必须具有良好的质量

没有一种防腐剂能够保护已经受到严重污染的食品。大多数情况下，尽管防腐剂可以延长某些微生物的生长诱导期或钝化某些微生物，但它们的效果将受到污染程度的限制。通常，防腐剂不能掩盖食品的腐败，而且，防腐剂也不能无限期地保护食品，随着贮藏条件和时间变化，添加防腐剂的食品也会最终变质或变得不安全。

4. 充分注意食品的特性

对于某特定食品，要选择适当的防腐剂不是一个容易的过程，除了要鉴定出上述的目标微生物或腐败微生物,掌握各种防腐剂的抑菌谱外,还要通过模型研究和评价防腐剂的有效性。因为食品的组分和特性可以极大地改变抗生素的抑菌谱和活性。

例如,对于酸性防腐剂,主要的抑菌作用是由分子态形式体现的,这种分子态形式的数量常因环境 pH 值的不同而变化(图 2-5)。要使酸性防腐剂发挥抑菌效果,必须使其分子态(未解离态)比例达到 50% 以上。根据图 2-5 可知,苯甲酸应在 pH≤4、山梨酸应在 pH≤5 的环境中使用才有效。

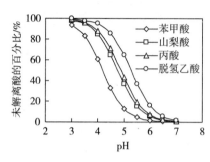

图 2-5　几种防腐剂解离度与 pH 值的关系

此外,还要了解食品的基本特性,防止与防腐剂发生相互作用。一些食品中含有 CO_2 或需要生成 CO_2,如饼干等,这类产品中不宜使用丙酸钙作为防腐剂。因为膨松剂产生的 CO_2 会与丙酸钙作用生成 $CaCO_3$,从而降低 CO_2 的生成量,导致疏松度下降。

5. 必须掌握防腐剂的毒理学安全性和使用规则

在我国,每一种允许使用的食品防腐剂都已经通过了严格的毒理学评价:首先要通过动物实验确定其对受试动物不显示任何毒副作用的最大摄入量,这个量称为"最大无作用剂量";然后,再将这个最大无作用剂量缩小 100 倍,定为人的每日允许摄入量(ADI);最后,再根据各国人民生活习惯规定出某种食品防腐剂可以添加的食品种类及其最大添加量。

我国对防腐剂的使用有着严格的规定,明确规定防腐剂应该符合以下标准:

①合理使用,对人体健康无害。

②不影响消化道菌群。

③在消化道内可降解为食物的正常成分。

④不影响药物抗生素的使用。

⑤对食品热处理时不产生有害成分。

此外,GB 2760—2014《食品安全国家标准　食品添加剂使用标准》对防腐剂的添加范围和添加量都有严格的规定。

第三节　抑制食品的氧化变质

在食品品质的劣变过程中,氧化起着一个很重要的作用,尤其是对油脂产品或含油脂的食品来说更为重要。氧化除了可使食品中的油脂酸败外,还会发生各种变化。这些变化几乎都朝着食品品质劣变的方向发展,如食品褪色、褐变等,引起食物中毒。因此,如何防止食品的氧化已成为现代食品工业中的一个重要课题。

一、食品的氧化变质

食品的氧化变质包括油脂及含油食品的氧化酸败、食品的氧化变色,以及维生素的破坏等过程,这些变化最终导致食品的外观、风味和营养价值遭到破坏,甚至还会由于氧化而产生一些有害的物质。

1. 油脂和含油食品的氧化酸败

油脂和含油食品的氧化酸败是食品中非常重要的氧化反应,整个过程分为不饱和脂质氧化成相应的氢过氧化物、氢过氧化物分解、聚合成挥发性组分和不挥发性组分,即:

不饱和脂质 $\xrightarrow{\quad O_2 \quad}$ 脂质氢过氧化物 $\longrightarrow$ 不挥发组分(C)
(A)   (B) $\searrow$ 挥发组分(D)

这一过程是一个动态平衡,在不饱和脂质氧化生成氢过氧化物的同时,也在进行着氢过氧化物的分解与聚合,当氢过氧化物的浓度达到一定值时,分解与聚合的速率也增大(图2-6)。

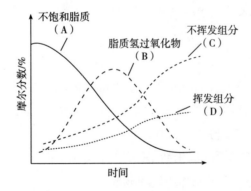

图2-6 脂质的氧化变化过程

2. 食品的氧化褐变

食品的氧化褐变是食品中的酚类物质在多酚氧化酶(polyphenoloxidase,PPO,邻二酚:氧-氧化还原酶,EC 1.10.3.1)的催化下氧化成醌,继而聚合生成类黑素的反应,又称酶促褐变(enzymatic browning)。基本反应式如下:

$$\text{邻苯二酚} \xrightarrow{\quad O_2 \quad} \text{邻苯醌} \longrightarrow \text{类黑素}$$

3. 维生素的氧化破坏

食品中的许多维生素极易受氧化而破坏,特别是维生素 C。

维生素 C 的氧化涉及两个电子转移历程或一个双电子反应,基本反应式如下:

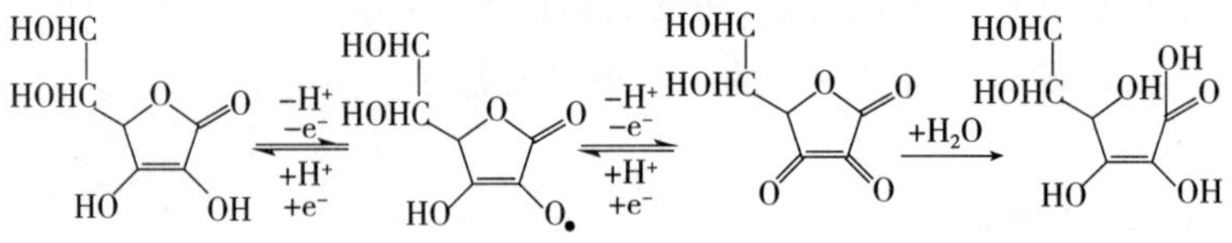

二、油脂氧化的机理

油脂的氧化有三种形式:自动氧化;光敏氧化;酶促氧化。不论何种途径,油脂氧化后最终会产生氢过氧化物($ROOH$),其可以分解成不同的自由基,继而损害食品的品质。

1. 油脂的自动氧化

油脂的自动氧化遵循自由基链式传递机制,包括三个阶段:

①引发阶段。

$$RH \longrightarrow R \cdot + \cdot H$$

②传递阶段。

$$R \cdot + O_2 \longrightarrow ROO \cdot$$

$$ROO \cdot + RH \longrightarrow ROOH + R \cdot$$

③终止阶段。

$$ROO \cdot + R \cdot \longrightarrow ROOR$$

$$R \cdot + R \cdot \longrightarrow R - R$$

其中,引发阶段直接决定着油脂的氧化速度和程度。而在一般情况下,油脂(RH)直接生成自由基 $R \cdot$ 和 $H \cdot$ 的可能性相当小。因此,需要诱发剂(如光、酶和金属离子等)启动或诱导自动氧化反应,其中变价金属起着重要的作用。

变价金属离子是一类重要的催化剂,其可以在 ppm(1 ppm $= 10^{-6}$)水平诱导脂质自由基($R \cdot$)的产生或加速氢过氧化物($ROOH$)的分解:

$$M^{n+} + RH \longrightarrow M^{(n-1)+} + H^+ + R \cdot$$

$$M^{n+} + ROOH \longrightarrow M^{(n+1)+} + OH^- + RO \cdot$$

$$M^{n+} + ROOH \longrightarrow M^{(n-1)+} + H^+ + ROO \cdot$$

在无变价金属存在时,RH 与氧生成 $R \cdot$ 和 $ROO \cdot$ 的活化能为 146 kJ/mol,而当变价金属存在时,RH 与氧生成 $R \cdot$ 和 $ROO \cdot$ 的活化能则变为 -60 kJ/mol。

2. 油脂的光敏氧化

油脂的光敏氧化是单线态氧通过环氧加成反应机理与不饱和脂肪酸直接生成氢过氧化物的反应。

$$RHC = CH - CH - R + {}^1O_2 \longrightarrow \underset{\underset{OOH}{|}}{RHC} - CH = CH - R$$

氧在基态时为三线态,即未成对电子的角动量分为三部分。如上所述,RH 不能直接与基态氧反应生成过氧化物,需要催化剂的参与。

叶绿素和肌红蛋白是不同于变价金属的一类催化剂,它们能够在活化后将能量传递给基态氧使之变成单线态氧,因而称作光敏剂。

$$Sen \xrightarrow{h\upsilon} Sen*$$
$$Sen* + O_2 \longrightarrow {}^1O_2$$

3. 油脂的酶促氧化

除化学氧化外,油脂还可以在酶的催化下发生氧化反应。催化油脂氧化的酶为脂肪氧合酶(lipoxygenase,LOX),它是以 Fe 作为辅助因子的,活化时,Fe^{2+} 转变为 Fe^{3+}。催化过程为:LOX 从底物 1,4-戊二烯体系夺取氢原子,氧化氢原子成质子;戊二烯自由基结合到酶上,重排成共轭二烯体系,然后接受氧;形成的过氧化自由基被酶还原,接受质子,释放出氢过氧化物。

$$R—CH_2—CH=CH—CH_2—CH=CH—R + O_2 \longrightarrow R—CH_2—\underset{\underset{OOH}{|}}{CH}—CH=CH—CH=CH—R$$

三、油脂氧化的抑制

1. 油脂氧化的抑制机理

如前所述,不论是何种途径,油脂氧化后都会产生氢过氧化物,随后氢过氧化物分解产生自由基,从而进入自动氧化酸败的自由基链式反应。因此,阻止氧化酸败的最有效手段就是消除自由基。能够抑制或延缓油脂氧化的物质称为抗氧化剂,通常提供氢原子而显示抗氧化能力,即:

$$AH + R· \longrightarrow AH + A·$$
$$ROO· + AH \longrightarrow ROOH + A·$$

其中,AH 为抗氧化剂。抗氧化剂向自由基提供氢原子后,生成的抗氧化剂自由基 A· 不能参与链式传递,或自身形成二聚体,或与过氧化自由基 ROO· 结合形成稳定的化合物,即:

$$A· + A· \longrightarrow A—A$$
$$ROO· + A· \longrightarrow ROOA$$

供氢消除自由基是最重要的抗氧化机理,除此之外,还有另一类抗氧化机理,即通过螯合金属离子而延长油脂氧化的引发期,从而延缓油脂的氧化。如柠檬酸、EDTA、植酸、磷酸盐等。

2. 抗氧化剂的效力

抗氧化剂的抗氧化效力是指抗氧化剂对氧化反应的抑制能力。即添加抗氧化剂后,使油脂稳定性延长的能力。

（1）确定油脂氧化稳定性的两种方法。

①活性氧法（active oxygen method，AOM）。AOM广泛用于试验温度下为液体的油脂，而不应用于固体原料。在AOM试验中，空气以气泡通往加热的试验样品，以加速氧化缩短试验时间。定期分析，确定过氧化值达到酸败点的时间。该酸败点对于动物脂为20 meq/kg，植物油为70 meq/kg。

②烘箱贮藏试验（oven storage tests，也称schaal oven test）。烘箱贮藏试验是在高温烘箱中进行的简单的贮存试验，通常的试验温度为62.8℃。通常定期评价风味，也进行化学分析，以确定达到酸败点的时间。

（2）评价抗氧化剂效力的三个指标。

①稳定因子F。稳定因子用添加抗氧化剂前后油脂达到酸败点的时间比来衡量。

$$F = \frac{IP_{inh}}{IP_0}$$

其中，IP_{inh}和IP_0分别是添加抗氧化剂后和未添加抗氧化剂的油脂氧化的诱导期（即达到酸败点的时间）。显然，F越大，抗氧化效力越高。

②IC_{50}。IC_{50}是指对氧化反应的抑制率达到50%所需的抗氧化剂浓度。在一定浓度范围内，抗氧化剂的效力与其浓度之间存在着线性关系，可以根据这种关系求出IC_{50}值。具体地，取不少于4个浓度的抗氧化剂溶液，分别测定其氧化抑制率，通过回归计算求出抑制率（I）与抗氧化剂浓度（C）之间的关系，即$I=aC+b$，式中，a，b分别为回归系数。要求该回归方程的R^2不小于0.93，计算公式如下。

$$IC_{50} = \frac{50-b}{a}$$

根据定义，IC_{50}值越小，抗氧化能力越强。

③氧化速率比（oxidantion rate tatio，ORR）。

$$ORR = \frac{W_{inh}}{W_0}$$

其中，W_{inh}和W_0分别是添加抗氧化剂后和未添加抗氧化剂的油脂氧化速率。

在以上参数中，F和IC_{50}反映了抗氧化剂的有效性，而ORR则反映了抗氧化剂强度的倒数。ORR越低，抗氧化剂效力越强。

3. 抗氧化剂的构效关系

抗氧化剂的主要作用机理是供氢以消除自由基，其活性或效力主要取决于两个方面：一是抗氧化剂的供氢能力；二是形成的抗氧化剂自由基的稳定性。

有多种理论描述抗氧化剂的供氢能力。

①抗氧化剂形成半醌自由基前后的生成热差（ΔHOF）。许多研究都已证实，ΔHOF越低，生成的自由基越稳定，抗氧化效力越强。

如对于结构相近的槲皮素、桑色素和儿茶素，三者在B环8′位羟基去氢前后的ΔHOF

分别为 157.34 kJ/mol、170.30 kJ/mol 和 148.04 kJ/mol,三者的抗氧化效力大小比较为儿茶素>槲皮素>桑色素。

②酚羟基 O—H 的键能大小。由于要清除自由基需要提供氢,而酚羟基 O—H 抽氢活性与其键能有关。键能越高,酚羟基 O—H 越不易抽氢。因此酚羟基 O—H 的键能越高,酚类化合物的抗氧化效力越低。

此外,一些研究者也指出抗氧化剂分子中的羟基数量对其抗氧化效力也有影响。这种影响一方面表现在与金属离子的螯合能力,即多羟基具有螯合性;另一方面则与形成的抗氧化剂自由基的稳定性相关。当存在邻位羟基时,生成的抗氧化剂半醌自由基可以通过与邻羟基之间的氢键作用而稳定化。

4. 抗氧化剂的增效作用

(1)增效作用。

当两种抗氧化剂共同使用时表现出的超出两种抗氧化剂单独作用效果之和的效力,或抗氧化剂与其他物质作用时表现出更强的抗氧化效力,称作抗氧化剂的增效作用,即增效参数(S),表示为:

$$S = IP_{1,2} - (IP_1 + IP_2) > 0$$

其中,$IP_{1,2}$ 是两种抗氧化剂共同作用时的诱导期,IP_1 和 IP_2 分别是两种抗氧化剂单独使用时的诱导期。

抗氧化剂之间的增效率可由下式计算:

$$增效率 = \frac{IP_{1,2} - (IP_1 + IP_2)}{IP_1 + IP_2} \times 100\%$$

(2)增效机理。

①使主抗氧化剂还原。当两种抗氧化剂共同使用时,效力高者起到清除自由基的作用,称作主抗氧化剂。而效力低者则会使作用后的主抗氧化剂自由基还原,保持清除自由基能力,其被称作增效剂。这种作用的模式如下:

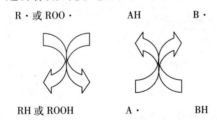

②不同抗氧化机理抗氧化剂之间的协同增效。将清除自由基抗氧化剂(AH)与金属离子螯合剂(如 EDTA、柠檬酸、磷酸盐等)共同使用时,由于它们分别作用于不同的氧化因子,因而可以提高抗氧化效力。

四、常用的食品抗氧化剂

在食品中广泛使用的抗氧化剂包括合成抗氧化剂和天然抗氧化剂两类。

（一）合成抗氧化剂

较普遍流行使用的一些合成抗氧化剂均为酚类化合物，如丁基羟基茴香醚（butylated hydroxyanisol，BHA）、二丁基羟基甲苯（butylated hydroxytoluene，BHT）、没食子酸酯（propyl gallate，PG）和特丁基对苯二酚（tertiary butylhydroquinone，TBHQ）。合成的酚类抗氧化剂总是由烷基取代以改善它们在油脂中的溶解性。常用合成抗氧化剂的结构见图2-7。

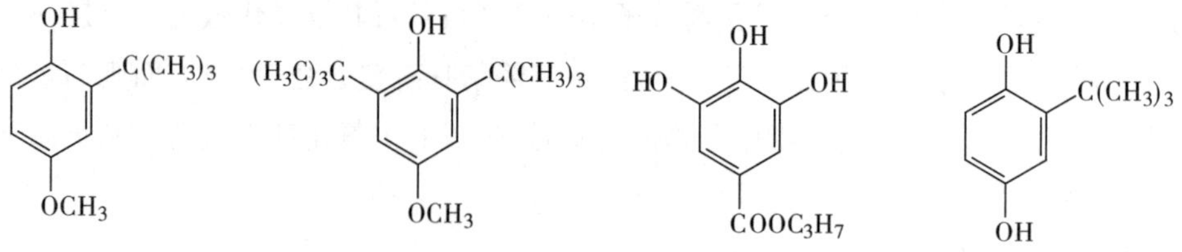

图2-7 常用合成抗氧化剂的结构

我国食品添加剂使用卫生标准规定，四种合成抗氧化剂允许的使用范围及使用量如表2-16所示。

表2-16 合成抗氧化剂的使用规定（GB 2760—2014）

食品分类号	食品名称/分类	最大使用量/(g·kg^{-1})			
		BHA	BHT	PG	TBHQ
02.0	脂肪、油和乳化脂肪制品	0.2	0.2	0.1	0.2
04.05.02.03	坚果与籽类罐头	0.2	0.2	0.1	0.2
05.02.01	胶基糖果	0.4	0.4	0.4	—
06.06	即食谷物	0.2	0.2	—	—
06.07	方便米面制品	0.2	0.2	0.1	0.2
07.03	饼干	0.2	0.2	0.1	0.2
08.02.02	腌腊肉制品	0.2	0.2	0.1	0.2
09.03.04	风干、烘干、压干等水产品	0.2	0.2	0.1	0.2
16.06	膨化食品	0.2	0.2	0.1	0.2

注 "—"表示不允许使用。

对于植物油，最适宜的抗氧化剂TBHQ、BHA和BHT对热是相当稳定的，常用于焙烤制品和油炸制品的油脂。没食子酸丙酯因会与铁离子共同形成暗色物质及热敏感性而显示出不足。BHA和BHT往往联合使用，以产生增效作用。如，在猪油中单独使用1 mmol/kg的2-BHA和BHT时，AOM测得的IP分别为28 h和32 h，而当使用0.5 mmol/kg的2-BHA和0.5 mmol/kg的BHT联合使用时，IP达到43 h。

各种合成抗氧化剂的毒理学指标见表2-17。

表 2-17　常用合成抗氧化剂的毒理学指标

抗氧化剂	毒理学指标		
	LD_{50}/(mg·kg^{-1})	ADI/(mg·kg^{-1})	GRAS
BHA	小鼠口服 1100 mg/kg(雄性),1300 mg/kg(雌性);大鼠口服 2000 mg/kg;大鼠腹腔注射 200 mg/kg;兔口服 2100 mg/kg	0~0.5 mg/kg(FAO/WHO,1994)	FDA-21CFR182.3169,172.110,172.515,172.615,173.340
BHT	大鼠口服 2.0 g/kg	0~0.3 g/kg(FAO/WHO,1995)	FDA-21CFR182.3173
PG	大鼠经口 2600 mg/kg	0~0.0014 g/kg(FAO/WHO,1994)	FDA-21CFR172.615,182.24,184.1660
TBHQ	大鼠口服 0.7~1.0 g/kg	0~0.2 mg/kg(FAO/WHO,1994)	

(二)天然抗氧化剂

利用经验使用天然化合物作为抗氧化剂是非常古老的事。对于天然抗氧化剂尚无明确的定义,但一般认为是存在于动植物组织中且从这些组织中提取出的物质。大多数天然抗氧化剂都是酚类化合物,其中最重要的是生育酚、类黄酮和酚酸。

1. 生育酚(tocotrienols)

生育酚是人们最熟知、最广泛应用的抗氧化剂,分为生育酚(tocopherol,TOC)和生育三烯酚(tocotrienol,TOC-3)。它们各存在四种异构体(α-、β-、γ-和 δ-)。生育酚和生育三烯酚的结构见图 2-8。

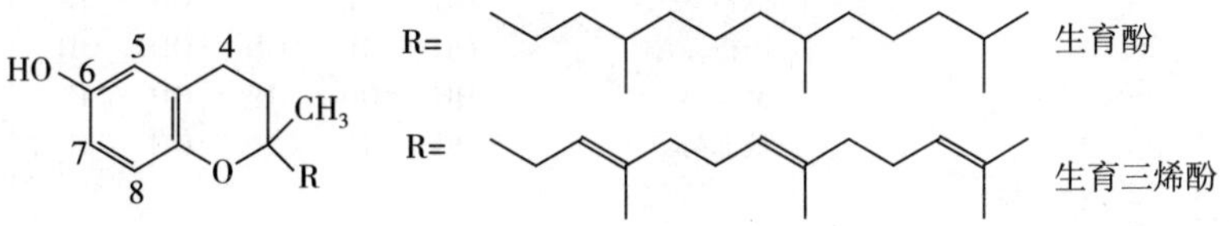

	5	7	8
α	CH_3	CH_3	CH_3
β	CH_3	H	CH_3
γ	H	CH_3	CH_3
δ	H	H	CH_3

图 2-8　生育酚和生育三烯酚的结构

生育酚通过向脂类过氧化自由基提供氢而表现出抗氧化活性,各种生育酚异构体在油脂中的供氢能力的顺序为:$\delta>\beta\approx\gamma>\alpha$。

$$TOC+ROO\cdot \longrightarrow ROOH+TOC\cdot$$

我国关于生育酚的使用规定见表 2-18。

表 2-18　抗氧化剂生育酚的使用规定（GB 2760—2014）

食品分类号	食品名称/分类	最大使用量/(g·kg⁻¹)	备注
02.01	基本不含水的脂肪和油	按生产需要适量添加	
06.06	即食谷物,包括碾轧燕麦(片)	0.085	
12.10	复合调味料	按生产需要适量添加	
16.16	膨化食品	0.2	以油脂计

2. 类黄酮(flavonoids)

类黄酮由大量天然存在的植物酚类构成,具有典型的 C_6—C_3—C_6 碳架。这些化合物的基本结构是由一个通常缩合成吡喃环或至少为呋喃环的三碳脂肪族链连接的两个芳香环组成。类黄酮,包括黄酮、黄酮醇、异黄酮、二氢黄酮和查尔酮存在于所有类型高等植物的组织中,几乎每一种植物中都发现了黄酮和黄酮醇,特别是在叶和花瓣中。一些常见的类黄酮是芹黄素(apigenin)、白杨黄素(chrysin)、毛地黄黄酮(luteolin)、橡精(datiscetin)、栎精(quercetin)、杨梅黄酮(myricetin)、桑黄素(morin)和莰菲醇(kaemferol)。常见类黄酮的结构见图 2-9。

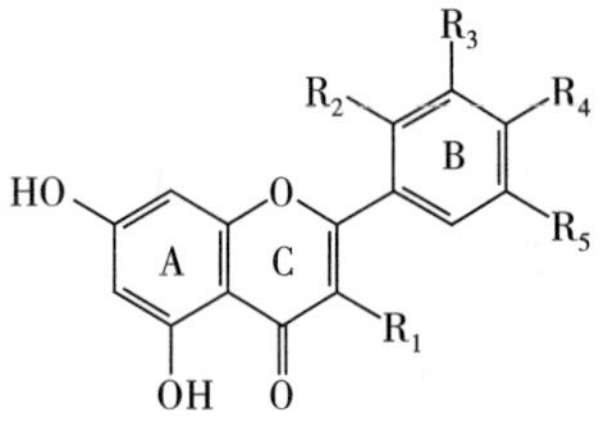

	R_1	R_2	R_3	R_4	R_5
芹黄素	H	H	H	OH	H
白杨黄素	H	H	H	H	H
毛地黄黄酮	H	H	OH	OH	H
橡精	OH	OH	H	H	H
栎精	OH	H	OH	OH	H
杨梅黄酮	OH	H	OH	OH	OH
桑黄素	OH	OH	H	OH	H
莰菲醇	OH	H	H	OH	H

图 2-9　类黄酮的结构

类黄酮可以通过清除自由基,包括超氧化物阴离子、脂类过氧化自由基和羟基自由基而表现出抗氧化能力,此外,一些类黄酮也可以通过淬灭单线态氧、螯合金属离子或者抑制脂肪氧合酶等机理显示抗氧化活性。

最大清除自由基活性的类黄酮分子通常应具有以下结构特征:B-环上具有 3′,4′-二羟基、C-环上存在与 4-氧合基团连接的 2,3-双键、C-环 3-碳位和 A-环 5-碳位上分别含有羟基。类黄酮作为自由基清除剂,特别是 B-环上的多羟基增强了其抗氧化活性。B-环的羟基是打断氧化链式反应的主要活性位置。

Montoro 等人采用 Trolox 当量抗氧化活性法(trolox equivalent antioxidant capacity, TEAC)比较了多种具有不同结构的类黄酮的抗氧化活性,B 环只有一个羟基的 7-O-龙胆二糖芹菜苷(4′-羟基)的 TEAC 值为 0.419,而 B 环上有两个羟基的 7-O-龙胆二糖毛地黄苷(3′4′-二羟基)的 TEAC 值为前者的 2 倍以上,为 0.990。

我国允许使用的天然抗氧化剂茶多酚、甘草抗氧化物、竹叶抗氧化物等是以类黄酮为主要成分的抗氧化剂。

茶多酚(Tea polyphenol)是从茶叶中提取的天然抗氧化剂,包括四种成分:表儿茶素(epicatechin,EC)、表没食子酸儿茶素(epigallo-catechin,EGC)、表儿茶素没食子酸酯(epicatechin gallate,ECG)和表没食子儿茶素没食子酸酯(epigallo-catechin gallate,EGCG)。它们的结构见图 2-10。茶多酚的抗氧化机理主要有三种:通过酚羟基与自由基进行抽氢反应生成稳定的半醌自由基,从而中断链式反应以完成抗氧化作用;通过还原作用直接给出电子而清除自由基;通过对金属离子的络合,降低金属离子的催化作用。其中,EGCG 的抗氧化活性最高,EC 的活性最低,ECG 和 EGC 处于中间位置。

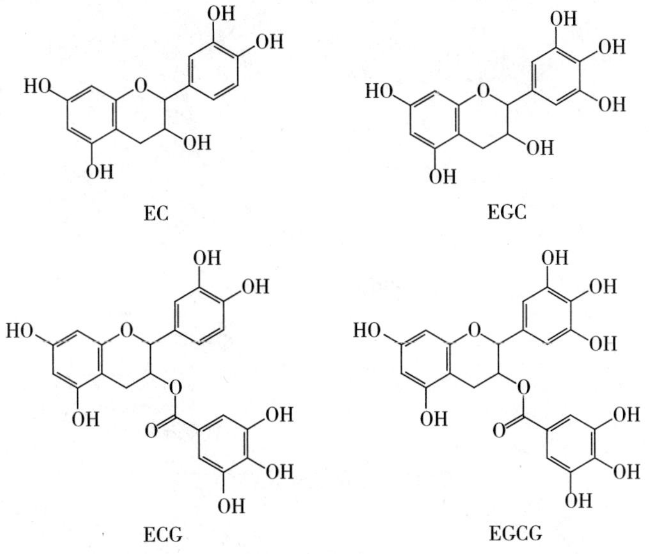

图 2-10 茶多酚的结构

甘草抗氧化物是由一组以类黄酮为活性成分的物质构成的天然抗氧化剂,包括:甘草黄酮(licoflavone)、甘草黄酮 A(licoflavone A)、甘草黄酮醇(licoflavonol)、异甘草黄酮醇(lsolicoflavonol)、甘草香豆酮(licocoumarone)、甘草异黄酮 A(licoisoflavone A)、甘草异黄烷酮(licoisoflavanone)、甘草异黄酮 B(licoisoflavone B)、甘草查耳酮 A(licochalcone A)和甘草查耳酮 B(licochalcone B),其结构见图 2-11。

甘草抗氧化物多为含有酚羟基的化合物,能够提供活泼的氢质子,有效地清除氧自由基,预防脂质过氧化的启动;并可与过氧化自由基结合成稳定的化合物,阻止氧化过程中链式反应的传递。

竹叶抗氧化物是从竹叶中提取出的一类黄酮物质的总称,主要包括荭草苷(orientin)、异荭草苷(orientin)、牡荆苷(vitexin)、异牡荆苷(lsovitexin)(图 2-12)。

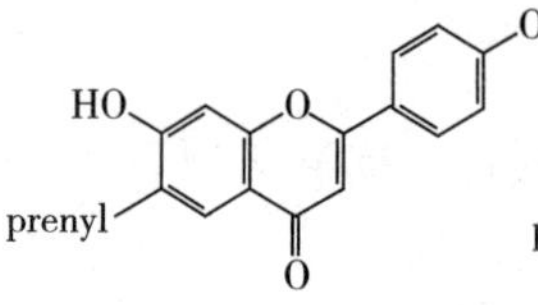

图 2-11　甘草抗氧化物的结构

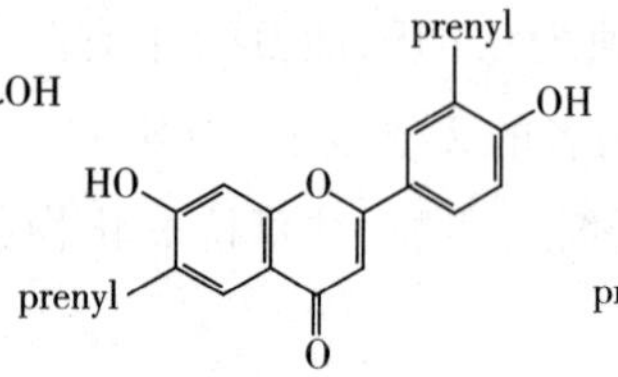

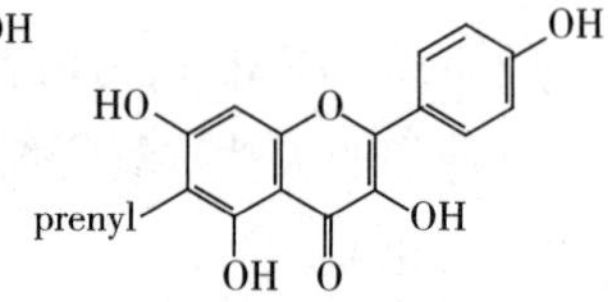

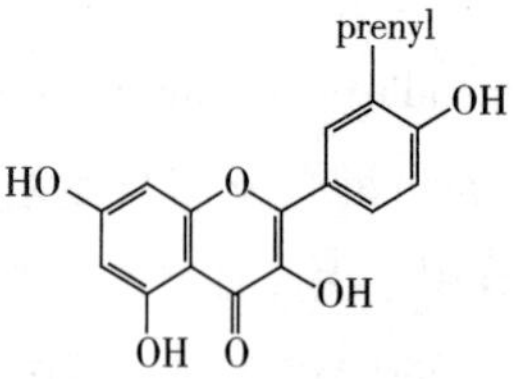

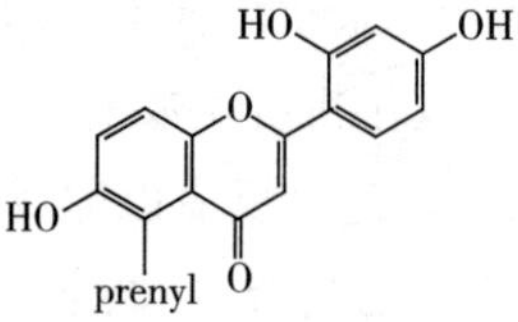

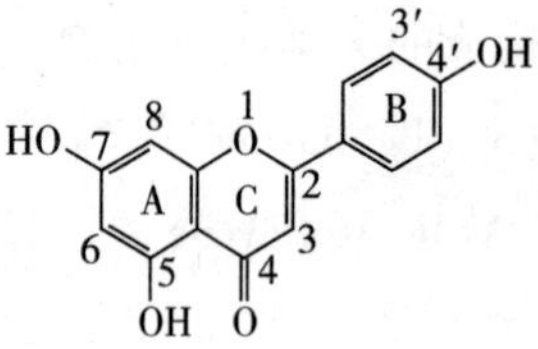

类别	6	8	3′
荭草苷	H	glu	OH
异荭草苷	glu	H	OH
牡荆苷	H	glu	H
异牡荆苷	glu	H	H

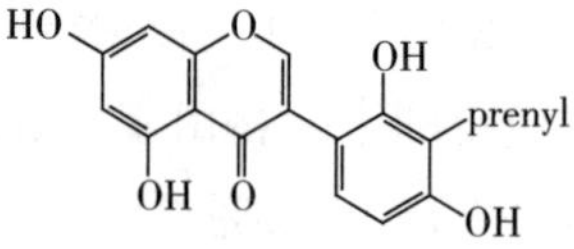

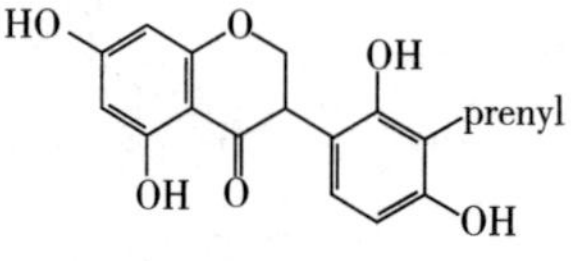

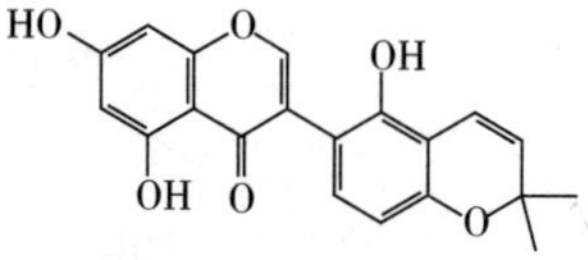

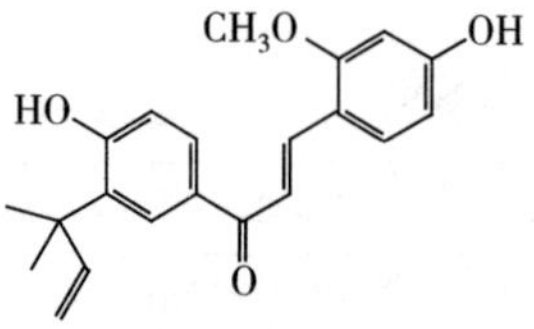

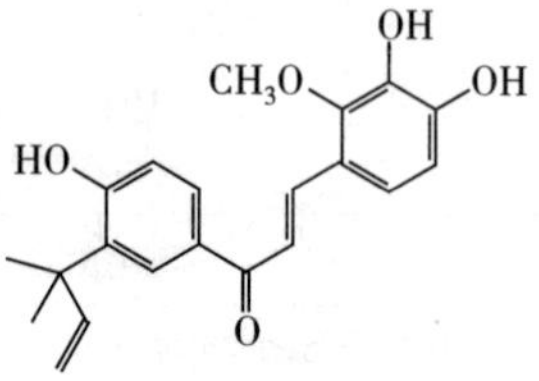

图 2-12　竹叶抗氧化剂的主要组分

我国允许使用的黄酮类抗氧化剂及使用规定见表 2-19。

表 2-19　黄酮类天然抗氧化剂的使用规定(GB 2760—2014)

食品分类号	食品名称/分类	最大使用量/(g·kg⁻¹)		
		茶多酚	竹叶抗氧化物	甘草抗氧化物
02.01	基本不含水的脂肪和油	0.4	0.5	0.2
06.06	即食谷物,包括碾轧燕麦(片)	0.2	0.5	—
06.07	方便米面制品	0.2		0.2
07.0	焙烤食品		0.5	
07.02	糕点	0.4		—
07.03	饼干			0.2
07.04	焙烤食品馅料	0.4		—
08.02.02	腌腊肉制品类	0.4	0.5	0.2
08.03.01~08.03.06	肉制品(不包括肉罐头类)	0.3	0.5	0.2
09.0	水产品及其制品	—	0.5	—
09.03.02	腌制水产品			0.2
09.03~09.05	预制、熟制水产品和水产品罐头	0.3		
12.10	复合调味料	0.1		
14.02.03	果蔬汁(肉)饮料		0.5	
14.03.02	植物蛋白饮料	0.1	—	
14.05.01	茶饮料类		0.5	
16.06	膨化食品	0.2	0.5	0.2

注　"—"表示不允许使用;茶多酚的用量以油脂中儿茶素计;甘草抗氧化物的用量以甘草酸计。

3. 酚酸(phenolic acids)

酚酸主要包括苯甲酸衍生物和肉桂酸衍生物,广泛存在于植物王国中,前者主要有对羟基苯甲酸(p-hydroxybenzoic acid)、3,4-二羟基苯甲酸(3,4-dihydroxybenzoic acid)、香草酸(vanillic acid)和丁香酸(syringic acid),后者包括香豆酸(p-coumaric acid)、咖啡酸(caffeic acid)、阿魏酸(ferulic acid)、芥子酸(sinapic acid)、绿原酸(chlorogenic acid)和迷迭香酸(rosmarinic acid)。肉桂酸衍生物比苯甲酸衍生物的抗氧化能力更强。

我国批准使用的迷迭香提取物是从迷迭香的花和叶中,用 CO_2 或乙醇提取的,其中主要抗氧化物有迷迭香酚(resmanol)、鼠尾草酚(carnosol)、异迷迭香酚(lsorosmanol)、迷迭香酸(rosmarinic acid)、迷迭香二酚(rosimaridiphenol)等(图 2-13)。

迷迭香酸与不饱和脂肪酸竞争性地与脂质过氧基结合,以终止脂质过氧化的连锁反应,降低脂质过氧化速率,而迷迭香酸被氧化为醌式。迷迭香酸的抗氧化作用与其结构有关,其邻二酚羟基是清除自由基活性的物质基础。王夺元和常静确认了迷迭香提取物对单重态氧有较强的淬灭能力,迷迭香提取物中的迷迭香酚和鼠尾草酚对单重态氧淬灭的速率常数分别为 $1.27×10^7$ mol/(mL·s)和 $9.82×10^5$ mol/(mL·s)。

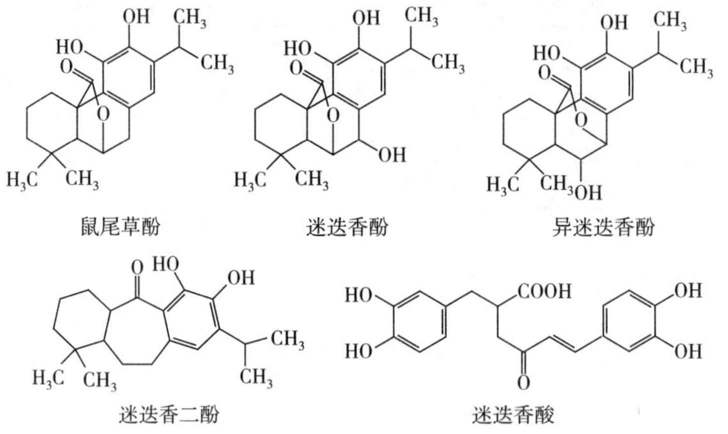

鼠尾草酚　　　　　　迷迭香酚　　　　　　异迷迭香酚

迷迭香二酚　　　　　　　　　迷迭香酸

图 2-13　迷迭香提取物的主要组分

第四节　酶促褐变的抑制

酶促褐变是酚酶催化酚类物质形成醌及其聚合物的反应过程,主要发生在水果、蔬菜的加工与贮藏过程中,严重损害食品的感官质量。果蔬的酶促褐变主要是由其组织内的多酚氧化酶催化酚类物质的氧化反应所引起的。PPO 能催化果蔬中游离酚酸的羟基化反应,以及羟基酚到醌的脱氢反应,醌自身缩合或与细胞内的蛋白质反应,产生褐色色素或黑色素。

一、多酚氧化酶

多酚氧化酶(polyphenoloxidase,PPO,EC 1.10.3.1)是一种通过氧化酚类成相应的醌而引起蔬菜和水果发生褐变的酶。通常包括酪氨酸酶(tyrosinase)、多酚酶(polyphenolase)、酚酶(phenolase)、儿茶酚氧化酶(catechol oxidase)、甲酚酶(cresolase)和儿茶酚酶(catecholase)等,其名称取决于测定其活力时使用的底物和酶在植物中的最高浓度。

多酚氧化酶属于氧化还原酶,是一种含铜的酶,每个酶分子含有两分子的铜。在多酚氧化酶的活性中心形成两个铜的络合物,活性部位结合一分子的酶。多酚氧化酶分子中的两个铜相互靠得很近(3.5~5.0 Å),其中一个铜配合了三个蛋白质的组氨酸残基,另一个配合了另外的组氨酸残基。

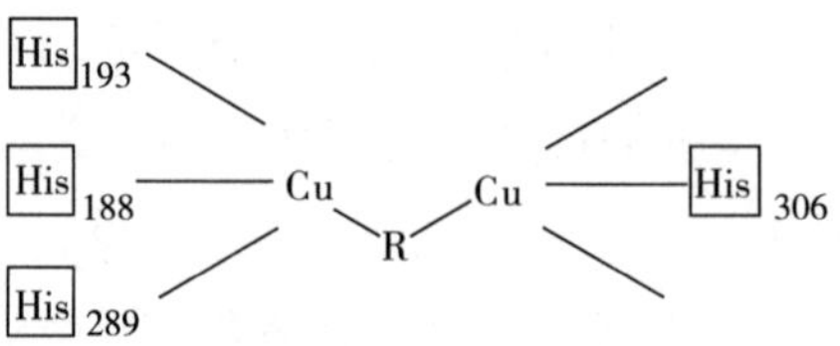

二、酶促褐变机理

酶促褐变是在多酚氧化酶(EC 1.10.3.1)的催化下发生的。

多酚氧化酶能催化两类完全不同的反应:A. 一元酚的羟基化,生成相应的邻苯二羟基化合物。B. 邻苯二酚的氧化,生成邻苯醌。

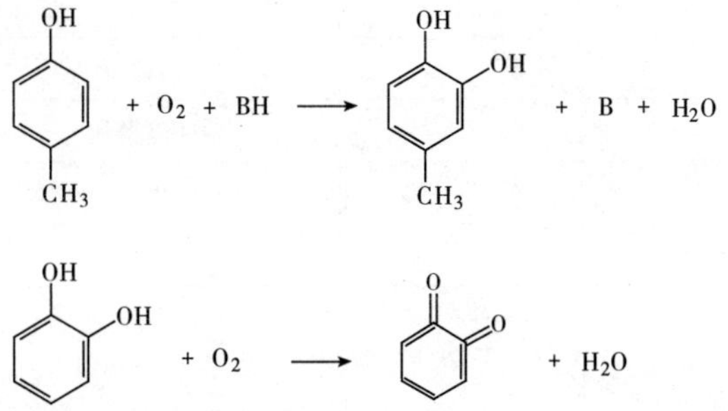

多酚氧化酶将邻苯二酚氧化成邻苯醌的机理:氧首先与酶结合,然后邻苯二酚与酶结合,氢从酚转移到 Cu 形成氢过氧化络合物,该络合物再与第二个邻苯二酚结合。反应中没有自由基中间体产生。

生成的邻苯醌进一步反应,最后聚合生成黑色素。

多酚氧化酶分子中铜的状态对其活性是至关重要的,因为多酚氧化酶的活性是基于铜从二价铜向亚铜的变化。影响 PPO 活性的两个重要因素是 pH 值和温度。一些水果和蔬菜中 PPO 的最适 pH 值如表 2-20 所示。

表 2-20　一些水果和蔬菜中 PPO 的最适 pH 值

果蔬名称	最适 pH 值	果蔬名称	最适 pH 值
富士苹果	4.0	鸭梨	6.4
红帅苹果	6.2	砀山梨	4.5
金帅苹果	5.0	黄花梨	6.0
雪花梨	6.4	杨梅	6.0
安梨	6.2	芒果	5.6~6.0
冬梨	7.0	野蕉	5.0
鳄梨	7.5~7.6	西蓝花	5.7
火龙果	6.8	牛油生菜	5.5(儿茶素)
猕猴桃	7.3	佛手瓜	7.5
杏	8.6	荸荠	5.0
欧洲李	5.8~6.4	茄子	6.0,8.5
白梨枇杷	5.0,7.0	四季豆	6.8,7.2

续表

果蔬名称	最适 pH 值	果蔬名称	最适 pH 值
枇杷	4.5	山药	6.0
番石榴	6.8	丝瓜	6.8
阳桃	7.0	茭白	5.6
草莓	5.5(儿茶素)	冬瓜	6.0
橄榄	6.6	莴苣	5.0,7.0
石榴	7.0	西印度樱桃	7.2
青椒	6.6	枣	6.0
马铃薯	5.5	香蕉	6.5

在果蔬中,多酚氧化酶最重要的天然底物是儿茶素(catechin)、3,4-二羟基肉桂酸酯(3,4-dihydroxycinnamate)、3,4-二羟基苯丙氨酸(3,4-dihydroxyphenylalanine)和酪氨酸,而3,4-二羟基肉桂酸酯中的绿原酸(3-O-咖啡酰-奎宁酸)(chlorogenic acid,3-O-caffeoyl guinic acid)是多酚氧化酶在自然界中分布最广的底物。一元酚和二元酚中取代基的位置也是决定底物能否被多酚氧化酶催化氧化的重要因素。多酚氧化酶只能催化在对位上有一个大于—CH_2的取代基的一元酚羟基化。

由以上机理可以看出,酶促褐变有三个基本条件:酚类底物、O_2、酶。要抑制酶促褐变的发生,只要改变或消除上述三个条件之一,即可达到目的。

三、常用的褐变抑制剂

1. 还原剂

PPO 催化酚类氧化形成醌,当还原剂存在时,可以将形成的醌还原成相应的酚,从而延缓褐变的发生。亚硫酸盐等硫制剂、抗坏血酸等是普遍采用的还原剂。

亚硫酸盐从 1664 年开始,就一直被广泛使用,长期以来人们普遍认为它是一类安全性较高的添加剂。但由于 SO_2、亚硫酸氢钠等硫制剂有引起哮喘的危险,影响消费者健康,因而普遍被禁止使用。

抗坏血酸抑制酶促褐变的机理普遍认为是使 PPO 催化氧化形成的醌还原成相应的酚(图 2-14)。此外,有报道指出,抗坏血酸可以破坏多酚氧化酶活性位点上的组氨酸残基而使 PPO 失活。大多数多酚氧化酶最适 pH 值为 6~7,当 pH<3 时其活性失活(高酸性环境会使多酚氧化酶蛋白上的 Cu 离子解离下来导致 PPO 活性趋于最低或失活)。Arias 等人指出,在 PPO 底物存在时,抗坏血酸可以还原被 PPO 氧化的反应产物。除使邻苯二酚的氧化产物醌还原外,抗坏血酸还能直接作用于 PPO 分子的辅助因子铜,使其从 Cu^{2+} 状态还原为 Cu^+,从而抑制 PPO 的活性。Hsu 等人用电子顺磁共振法证实了抗坏血酸的这一抑制机理。

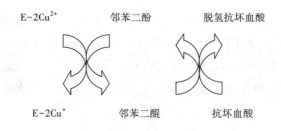

图 2-14　抗坏血酸对褐变抑制的还原机理

抗坏血酸是应用最广泛的果蔬抗褐变剂。有关抗坏血酸抗褐变的研究最早始于 20 世纪 40 年代中期。然而,抗坏血酸并不是对所有的果蔬 PPO 都有显著的抑制作用。Jiang 等人在研究荔枝的褐变控制时发现,用 1 mmol/L 和 10 mmol/L 的抗坏血酸处理荔枝时,PPO 残留活性分别为 89% 和 53%。另外,在醌还原过程中形成的抗坏血酸氧化产物——脱氢抗坏血酸,自身会经历非酶褐变而导致产品变色,如张京芳等人报道的,用 10 g/L 抗坏血酸浸泡相比,40 g/L 抗坏血酸浸泡杏 0.5 h 时,尽管杏 PPO 的残留活性从 49.9% 降低到 12.3%,但产品的褐变度[(成品褐变度/对照褐变度)×100]却从 324.6 增加到 852.7,且随浸泡时间延长,褐变度增大。这充分说明了抗坏血酸自身的褐变作用。因此,使用抗坏血酸抑制果蔬 PPO 时的使用量通常不能够太大,且常与其他物质混合使用,包括柠檬酸或其他酸化剂、磷酸盐(螯合剂)、氯化钠、半胱氨酸等。

2. 醌类偶合剂

酶促褐变的最终产物黑色素是邻苯二醌反应的结果,通过醌类偶合剂与邻苯二醌反应,从而阻断其反应与聚合。

1965 年,R. J. Embs 和 P. Markakis 证明了亚硫酸盐对 PPO 引起褐变反应的抑制是由于亚硫酸盐与酶促形成的邻苯二醌结合,从而阻止了其缩合成黑色素。

半胱氨酸和谷胱甘肽可以与醌中间产物反应,产生稳定的无色化合物,阻断色素的形成。孔维宝等人采用分光光度法和凝胶过滤色谱法研究了 L-半胱氨酸抑制多酚氧化酶(PPO)活性的机理。确认 L-半胱氨酸并不是通过对 PPO 活性中心的结构性修饰,或是发生共价结合来抑制其活性,而是直接与其酶促反应产物——醌类物质结合生成无色的硫氢化合物,从而抑制褐变的发生。

但是,半胱氨酸对苹果特别有效,而用其处理梨和马铃薯时会显示出粉红色的变色。另外,在高浓度下,会产生明显的硫气味。陈启聪等人指出:L-半胱氨酸的使用应在 0.3% 以下,谷胱甘肽可以有效地控制苹果、马铃薯及新鲜果汁的褐变。然而,只有半胱氨酸被允许用于食品中。

3. 螯合剂

多酚氧化酶的活性由其辅助因子铜离子的变化显示,若将铜离子螯合,则会阻止 PPO 催化的褐变反应。柠檬酸、NaCl、EDTA、托酚酮、二乙基二硫代氨基甲酸盐等都可以抑制 PPO 的螯合。

蔡金星等人的研究表明:EDTA 对不同梨 PPO 活性的抑制率是不相同的,以对 PPO 作用最强抑制剂的抑制程度为 100%计,则 EDTA 对雪花梨、鸭梨、白梨和安梨中 PPO 的抑制程度分别为 8.3%、0、87.5%和 74.3%。

Pizzocaro 等人指出,柠檬酸不是抗氧化剂,它对酶促褐变的抑制可能与 PPO 中铜的螯合力相关。

4. 底物类似物

PPO 作用的最重要底物是儿茶素(catechins)、3,4-二羟基肉桂酸酯、3,4-二羟基苯丙氨酸和酪氨酸。但当一些与酶促褐变的底物相似的物质添加到果蔬中后,会通过这些底物类似物自身的氧化而抑制褐变反应的进行。这类物质主要是肉桂酸系列(肉桂酸、p-香豆酸、阿魏酸)和 p-烷基苯甲酸。

Batistuti 和 Lourenco 报道了肉桂酸和阿魏酸相对于绿原酸是土豆多酚氧化酶的竞争性抑制剂,它们的 Ki(抑制常数)值分别为 $2×10^{-5}$ mol/L 和 $5×10^{-6}$ mol/L,而绿原酸的 Ki 值为 $8.68×10^{-5}$ mol/L。Lin 等人指出,p-烷基苯甲酸对土豆多酚氧化酶有较强的抑制作用,该系列中的 6 种酸(p-丙基苯甲酸、p-丁基苯甲酸、p-戊基苯甲酸、p-己基苯甲酸、p-庚基苯甲酸和 p-辛基苯甲酸)对土豆 PPO 的 IC_{50}(半抑制浓度)值分别为 0.313 mmol/L、0.180 mmol/L、0.152 mmol/L、0.106 mmol/L、0.075 mmol/L 和 0.047 mmol/L。动力学分析显示,p-烷基苯甲酸对 PPO 的抵制是可逆的且为非竞争性的,抵制能力与烷基的烃链长度有关。Billaud 等人从酶抑制动力学的研究确认了肉桂酸系列(肉桂酸、p-香豆酸、阿魏酸)为类似竞争性抑制剂。Robert 等人认为,苯环和羧基之间具有双键的酸对 PPO 会显示出较高的抑制作用,而这种抑制作用会随苯环上的取代基而减弱。

4-己基间苯二酚(4-hexylresorcinol,4-HR)是一种新型的褐变抑制剂。1991 年,McEvily 等首先提出 4-HR 是虾中酪氨酸酶的有效抑制剂。FAO/WHO JECFA 在 1995 年第 44 次会议上第一次允许使用 4-己基间苯二酚,并列为 C 类。在其每日容许摄入量(acceptable daily intake,ADI)的说明中指出:"对甲壳类的处理浓度可达 50 mg/L,使用部分的平均残留量约为 1 mg/L,无毒性问题,ADI 不作限制性规定。"

4-HR 是多酚氧化酶的竞争性抑制剂,通过和邻苯二酚类物质竞争性地与多酚氧化酶结合,从而抑制多酚氧酶活性。Arias 等人认为,4-己基间苯二酚对 PPO 有双重作用。当 PPO 的底物不存在时,4-HR 与 PPO 的脱氧形式反应钝化其活性,当有底物存在时,4-HR 对底物形成竞争而抑制褐变反应。Dawley 和 Flurkey 报道了 100 μmol/L 的 4-己基间苯二酚可以抑制 90%的蘑菇酪氨酸酶粗提物活性,其 I_{50} 为 5 μμmol/L。苏新国等人确认了 0.01%的 4-HR 可以有效抑制鲜切莲藕的褐变,当与 0.5%的 V_C 混合使用时效果更好。诸永志等人发现,100 mg/kg 的 4-HR 可以显著降低鲜切牛蒡的 PPO,较好地延缓褐变的发生。但是,郑林彦等人在对鲜切大久保桃的研究中发现,单一的 4-HR 处理的效果并不明显,必须与柠檬酸和/或抗坏血酸组合使用。

我国 GB 2760—2014 仅批准 4-己基间苯二酚作为虾类的抗氧化剂,可按生产需要适量使用,但残留量≤1 mg/kg。

5. 其他

L. A. Sayavedra-Soto 和 M. W. Montgomery 用凝胶电泳法证实了亚硫酸盐通过形成附加的蛋白质结合而抑制纯化梨的 PPO,表明亚硫酸盐可以改变 PPO 的结构而不可逆地抑制 PPO 的活性。Edelmira Valero 等发现 SO_2 可以不可逆地与氧化型或过渡型的 PPO 酶发生络合作用,从而抑制 PPO 酶活性。

第五节　水果蔬菜的涂膜保鲜

水果和蔬菜采收后,仍是一个有机体,保持着完整的生命特征,即采收后仍然进行呼吸作用,并借助呼吸作用抵御外界微生物的侵蚀。但是,采后的果蔬不能从母株获得水分和营养物质,只能消耗体内的贮存物质,导致组织软化,直至果蔬腐烂变质。

果蔬采后的呼吸作用是由体内的碳水化合物氧化生成二氧化碳和水,并产生热量:

$$C_6H_{12}O_6+6O_2 \xrightarrow{呼吸作用} 6CO_2+6H_2O+2824 \text{ kJ}$$

果蔬采后的呼吸作用可概括为三个阶段:A. 多糖分解阶段,淀粉、纤维素和果胶分解成单糖。B. 糖酵解阶段,单糖经酵解生成丙酮酸。C. 丙酮酸代谢生成二氧化碳,在有氧环境中分解成二氧化碳和水。

在果蔬的成熟过程中,常伴随乙烯的产生,这是由蛋氨酸代谢形成的:

蛋氨酸→S-腺苷蛋氨酸→ACC(1-氨基环丙烷-1 羧酸)→乙烯

在上述乙烯合成过程中,由 S-腺苷蛋氨酸生成 ACC 及由 ACC 转变成乙烯均需要氧的参与。另外,乙烯又反过来对水果和蔬菜的成熟有促进作用,进而会加速果蔬的成熟和衰老。

由于在呼吸过程产生大量的热量,因此采后的果蔬在贮藏期间会出现水分的蒸发,导致果蔬的失重。另外,随着呼吸过程多糖的分解,果蔬的硬度也在下降。果实采后成熟和衰老过程中也伴随着保护酶活性和丙二醛(malondialdehyde,MDA)含量的变化。

涂膜保鲜,就是利用可食性涂膜剂干燥后在水果或蔬菜的表面形成一层无色透明的半透膜薄膜,构成气体与水蒸气迁移的屏障,限制水果和蔬菜与大气的气体交换,改变果蔬的内源 CO_2、O_2 和乙烯水平,抑制呼吸作用,且减少果实蒸腾失水,延缓糖等营养成分的氧化分解,有利于果蔬品质保持。

应用可食性的涂层保护水果和蔬菜的质量不是新的技术,它们的使用可以追溯到 12 世纪,那时在中国将橘子和柠檬涂上一层蜡,以使水果保存更长时间。在美国,使用可食性涂层的第一个专利可以追溯到 1916 年,这种用熔化的蜡保存完整水果的方法是由 Hoffman 申请的专利。1972 年,Bryan 利用分散在葡萄柚汁中的低甲氧基果胶和槐豆胶组成的涂层保存葡萄柚片的方法获得了专利。

一、可食性涂层的保鲜原理

1. 在新鲜果蔬表面形成 O_2 的 CO_2 屏障层，从而在食品周围创建一个气调环境

可食性膜在水果和蔬菜的表面形成涂层后，主要是通过降低给定的内部和外部大气之间分压差的传输速度充当水蒸气和气体的局部障碍。这种部分障碍有利于改变内部低氧和高二氧化碳的气氛，抑制呼吸速率，减少蒸腾损失。

2. 在食品表面形成水蒸气的屏障，防止食品在贮藏期间的重量损失

水果和蔬菜表面的可食性膜可以阻止因呼吸蒸腾作用向环境迁移水蒸气，从而达到抑制重量损失的效果。

3. 作为防腐剂和抗氧化剂等的载体，防止微生物腐败和食品品质的氧化变质

对于一些易腐、易氧化的水果和蔬菜（如鲜切果蔬产品），可以在可食性涂膜中添入防腐剂和抗氧化剂，进一步抑制产品的品质恶化。

二、可食性涂层的性能

1. 气体或水蒸气的通透性（gas or water vapor permeability）

水果和蔬菜通过一种称作气体扩散的现象与周围环境进行气体交换。气体扩散是一种被动运输现象，其中 Gibbs 自由能通过从与给定的化学物种的高浓度地区向同一种化学物种的低浓度地区进行传质而达到最小化。

数学上，可以用 Fick 第一扩散定律描述气体扩散现象，即迁移量（J）正比于扩散物质的浓度梯度，如式（2-3）所示。

$$J = -D \frac{\partial C}{\partial X} \tag{2-3}$$

式中：J——迁移量，每单位时间通过单位面积扩散的物质量，$g/(m^2 \cdot s)$ 或 $mL/(m^2 \cdot s)$；

D——扩散常数，m^2/s；

C——扩散物质的浓度梯度；

X——膜的厚度，m。

假设在稳定态下进行扩散及透过膜时存在线性的梯度，则迁移量 J 可以用式（2-4）表示。

$$J = D \frac{C_2 - C_1}{X} = \frac{Q}{A \times t} \tag{2-4}$$

式中：Q——透过膜的气体扩散量，g 或 mL；

A——膜面积，m^2；

t——时间，s。

应用 Henry 定律，将扩散推动力以气体的分压差表示并对上式进行重排，得到式（2-5）。

$$\frac{Q}{A \times t} = \frac{DS(p_2 - p_1)}{X} = \frac{P \times \Delta p}{X} \tag{2-5}$$

式中：S——Henry 系数，$g/(m^3 \cdot Pa)$；

Δp——气体透过膜的分压差，Pa；

P——通透性，$mL/(m \cdot s \cdot Pa)$ 或 $g/(m \cdot s \cdot Pa)$。

于是，O_2、CO_2 和水蒸气的通透性可表示为：

$$P = \frac{Q \times X}{A \times t \times \Delta p}$$

2. 湿润性（wettability）

可食性涂层在水果和蔬菜上的有效性主要取决于控制涂层溶液的湿润性和膜的涂层厚度。可食性涂层配料必须在水果和蔬菜表面湿润而均匀地分散，干燥后形成具有适当附着力、内聚力和耐久性的涂层。

液体对固体的湿润性可由液体在固体上的附着力（附着功，W_a）和液体的内聚力（内聚功，W_c）之间的平衡决定。附着力导致液体在整个固体表面伸展，而内聚力将使液体收缩：

$$W_a = \gamma_{LV} + \gamma_{SV} - \gamma_{SL} - W_c = 2\gamma_{LV}$$

液滴在固体表面的接触角由液滴在三种界面张力的机械平衡所决定：固—汽（γ_{SV}）、固—气（γ_{SL}）和液—气（γ_{LV}）。这种平衡关系已知为 Youngis 方程：

$$\cos\theta = (\gamma_{SV} - \gamma_{SL})/\gamma_{LV}$$

在蒸汽存在下固体与液体接触时，如果创建新的界面需要的自由能减少，液体将较好地附着在固体表面。这种能量变化的物理意义是从固/液界面分离固体和液体需要做功。平衡伸展系数（W_s）定义为：

$$W_s = W_a - W_c = \gamma_{SV} - \gamma_{LV} - \gamma_{SL}$$

三、影响可食性膜和涂层性能的因素

可食性膜和涂层的性能在很大程度上受到多种因素的影响，如涂膜溶液的组成及黏度、涂层厚度、果蔬的品种、成熟度及前处理、果蔬表面的覆盖范围、贮藏环境等。清楚地了解这些因素怎样影响膜的性能，将有助于我们开发适合于特定产品的涂膜。

1. 涂膜成分

膜或涂层的成分会影响渗透性，这些成分的化学结构、浓度、化学性质、制备方法、结晶性、极性、定向等将影响膜可涂层的性能。

含亲水性成分的膜对水蒸气的阻隔性能较差，而含疏水性成分的膜则是水分迁移的良好屏障。这是因为疏水性成分为非极性的，对水分的亲和力极低。碳链长度会影响脂类化合物的 WVP（水蒸气通透性），碳原子数越高，WVP 越低，因为分子的非极性部分通常随着碳原子数的增加而增加；但是，如果碳原子数超过18，这种行为相反。这大概是含有脂类化合物的膜在形成涂层时具有不均匀性质的缘故。

对水具有较高亲和力的脂类用作涂层时,水蒸气的渗透性也较高。脂类浓度、物理状态、不饱和性和化学结构这类因素也会影响脂类涂层的 WVP。

2. 涂层厚度

涂膜的厚度是通过定义已扩散气体的渗透距离而影响涂层响应。陈福生等人研究发现,涂层水果内部气体的改变与气体的渗透系数、涂层厚度有关。涂层厚度过小,阻水性和阻气性较弱,不易形成气调环境。反之,涂层厚度过大,超过临界厚度时,由于降低了内部 O_2 的浓度、增加了 CO_2 浓度而与厌氧发酵相关联,可能引起不利的效应。

Debeaufort 等人发现,甘油三酸酯涂层厚度从 0 增加到 60 mm,水汽传输速率和渗透率将降低。不同温度(0℃、4℃和 13℃)下贮藏的用不同浓度壳聚糖涂层的油豆角 16 d 后含水量明显不同,其中 2%壳聚糖涂层的水分含量均高于 1%和 1.5%壳聚糖处理样品。

当然,涂层的厚度应控制在适宜的范围内,否则将会影响气体和水蒸气的传递阻力,从而影响果蔬的贮藏效果。Park 等人报道了西红柿用 66.04 μm 的玉米醇溶蛋白膜涂层处理时,在内部会产生乙醇味及不良风味。

此外,涂层厚度又受涂层溶液的黏度、密度和排水时间影响。

L. Cisneros-Zevallos 和 J. M. Krochta 用羟丙基甲基纤维素溶液对富士苹果进行浸渍、涂层实验,结果表明涂膜厚度随生物聚合物溶液的黏度、浓度、密度和排水时间而变化。涂层厚度与黏度的平方根和排水时间平方根的倒数相关。

周挺等使用不同相对分子质量的壳聚糖对猕猴桃的保鲜效果研究显示,中黏度(中等相对分子质量)在 100~300 cp 的壳聚糖比黏度在 1000 cp 以上的壳聚糖保鲜效果好。原因是黏度过大后,会在水果表面形成过厚的涂层。谢东娣在研究富川脐橙的涂膜保鲜时发现,用 3%的壳聚糖处理时,富川脐橙贮藏 120 d 后,腐烂率仅为 0.5%,贮藏 140 d、160 d、180 d 的腐烂率分别为 8.4%、27.3%和 55.1%;当壳聚糖浓度增大到 4%时,相应的富川脐橙腐烂率分别为 17.4%、33.5%、66.9%和 91.9%。这种腐烂率增大现象被认为是厌氧呼吸的结果。

已经报道了涂层的厚度(h)与溶液黏度(η)、溶液密度(ρ)及从涂层溶液的收回速度(U)相关关系为:

$$h = 0.944Ca^{1/6}\left(\frac{\eta U}{\rho g}\right)^{1/2} = K\left(\frac{\eta U}{\rho g}\right)^{1/2}$$

其中,Ca 为毛细血管数(capillary number);K 为无因次流动常数。

3. 膜的老化

涂层及其属性将会随时间而变化,即可能产生膜的老化(aging)。可食性涂层,根据配方情况,可能遭受聚合物链的降解、低相对分子质量添加剂的迁移、吸收水分等化学和物理变化而发生老化。如果存在增塑剂的迁移,膜的机械性能将受到影响。

4. 商品的类型

涂层水果的质量差异很大,因为每种水果,甚至那些相同品种的水果,会有不同的表面阻力、气体扩散、果实呼吸速率等。同时,涂层的各自应用效果会因水果而异,因为水果不同会影响涂层厚度和水果被涂层材料阻塞毛孔的比例。对一种水果开发的涂层未必适合于其他品种。Bai 等人研究发现,虫胶是元帅苹果(delicious apples)最好的涂层材料,然而,这种涂层却造成红将军苹果(braeburn apple)和澳洲青苹果(granny smith apple)的厌氧活动。

5. 水果表面的覆盖范围

根据 Banks 等人的报道,水果涂层通过阻塞水果表面的毛孔而作为气体的屏障。此外,他们发现水果表皮的涂层也可以影响水蒸气扩散。

6. 贮藏条件

环境的相对湿度(RH)和气体成分决定膜的渗透性,进而影响涂层的性能。温度也影响可食性膜或涂层的性能。Fenema 和 Kester 研究了可食性膜在 15～40℃ 温度范围的 WVP,并观察到:当温度降低时,WVP 也降低。Cisneros-Zevallos 和 Krochta 指出,对于切分水果,涂层水果的水分活度也受到影响。当他们发现,切分水果被涂上一层亲水膜时,周围环境的相对湿度大大影响膜的屏障性能。

四、可食性涂膜材料

可食性膜和涂层是由多糖或蛋白质组成的亲水胶体或疏水化合物(如脂类或蜡)构成。可食性膜也可以由亲水胶体和疏水化合物的混合物(复合膜或涂层)组成。通常,脂类用于减少水分传递,多糖用于控制氧气和其他气体传递,而蛋白质膜提供机械稳定性。这些材料可以单独或混合成复合物用于形成不改变食品风味的膜。

(一)多糖

多糖是大分子的水溶性亲水胶体,可以与水形成强烈的氢键。根据多糖分子的大小和构象推断,它们具有形成黏稠溶液和凝胶的能力。当多糖溶液在水果和蔬菜表面干燥后,将留下一层具有特定塑性、抗拉强度、透明度和溶解性的膜。不同的多糖成膜特性受聚合物链之间由于分子结构差异而形成的不同氢键结合程度影响。

结构上,多糖聚合物可以分为由一种糖单体组成的或由重复二聚体组成的线性多糖、线性主干上有线性糖侧链的多糖、由不同糖混合物组成的分支化多糖。此外,由于附属于各个单糖单位的多种化学基团的存在,多糖既可以呈现中性电荷(如醋酸酯、甲基酯和其他中性糖)、负电荷(如羧酸盐、硫酸盐基团)或正电荷(如氨基基团)。

由于多糖的亲水性质,由多糖形成的可食性膜易在表面吸附水分,因而对水蒸气传递的阻碍性能较弱,但多糖膜的优点是其具有结构稳定性和降低氧气传递的能力。一些多糖如纤维素衍生物具有比平均多糖膜低的水分传递能力,但仍比蜡的有效性要低。尽管如此,多糖可以作为一种所谓"奉献剂"的作用,保护食品中的水分。即可以通过将多糖以相对厚的膜应用于食品表面,有意地吸附水分而对水分损失提供保护。

1. 壳聚糖

壳聚糖是地球上继纤维素之后最丰富的多糖资源,来自海洋无脊椎动物,为甲壳素衍生物。壳聚糖是一种由(1,4)连接的2-乙酰氨基-2-脱氧-β-D-吡喃葡萄糖和2-氨基-2-脱氧-β-D-吡喃葡萄糖单位构成的高相对分子质量阳离子多糖,可产生透明的膜。壳聚糖是非水溶性的,所以必须使用含有弱有机酸(乙酸)的涂层溶液。壳聚糖是一种天然食品防腐剂,有研究指出,带正电荷的壳聚糖分子与带负电荷的微生物细胞膜相互作用,造成微生物细胞渗透性的变化而导致细胞成分的泄漏。

壳聚糖膜或涂层可以通过降低呼吸速率、抑制微生物生长和延迟成熟来延长水果和蔬菜的保质期。壳聚糖被认为是水果和蔬菜的理想涂层,主要是因为它可以在商品的表面形成良好膜并可以控制微生物的生长。尽管高亲水性的壳聚糖膜作为鲜切水果和蔬菜的涂层可能会影响其性能和使用,但它们已经用于鲜切水果如去皮荔枝和鲜切荸荠,且效果很好。

壳聚糖涂层也用于葡萄控制葡萄孢菌(*Botrytis cinerea*)的发病率。Romanazzi 等人认为,除直接对葡萄孢菌产生影响外,壳聚糖还能增加苯丙氨酸解氨酶的活性(一种合成通常具有抗真菌活性特征的酚类化合物的关键酶)。他们得出结论,壳聚糖的抑菌作用源于其抗真菌特性和刺激宿主防御反应能力的组合。周挺等也观察到的类似结果,将草莓接种葡萄孢菌和匍枝根霉(*Rhyzopus stolonifer*),然后用 1% 的壳聚糖进行涂层,与用杀菌剂处理的草莓相比,腐烂减少,花青素的合成减慢。El-Ghaouth 等人在草莓、甜椒和黄瓜上应用壳聚糖涂层,观察到由葡萄孢菌和匍枝根霉引起的发病率降低以及成熟延迟。其他人发现,与未涂层番茄相比,壳聚糖涂层番茄呼吸速率降低,乙烯产量减少,番茄较硬且腐烂少,红色色素的沉着也较少。荔枝用壳聚糖进行涂层,延迟了花青素含量的减少和多酚氧化酶(PPO)活性的增加。壳聚糖膜的性质受如下因素影响。

(1)壳聚糖分子的脱乙酰化度。

膜的溶胀性(溶胀性指将膜浸入水中 24 h 后的重量与膜厚重的差值与膜厚重之比)和拉伸强度随壳聚糖分子的脱乙酰度而变化。脱乙酰化度越高,其膜的溶胀性越低,但膜的拉伸强度增大。Chen 等认为壳聚糖的脱乙酰化度之所以影响膜的性质,是因为脱乙酰化度影响了壳聚糖分子的柔顺性,由于高脱乙酰化度的壳聚糖分子中存在更多的晶体结构,因此分子刚性较强,同时也阻碍其吸水。李春光等人认为,脱乙酰度为 85% 的壳聚糖效果较好。欧春艳等人认为脱乙酰度不同的壳聚糖对黄瓜的保鲜效果不同,一般情况下,脱乙酰度越高,保鲜效果越好。但 Wiles 等人认为,壳聚糖膜的平衡水分百分比和水蒸气渗透速率(water vapor transmission rate,WVTR)与壳聚糖的脱乙酰程度并不显著相关。他们给出的壳聚糖膜的等温吸湿曲线模拟方程为:

$$y = 2.00 + 1.48\exp^{0.15x}$$

壳聚糖膜的 WVTR 与水蒸气压的关系为:

$$y = -6.32 + 3.17\exp^{0.36x}\ (RH = 11\% \sim 53\%)$$

$$y = 147 + 4.55\exp^{0.27x}\quad (RH = 53\% \sim 84\%)$$

（2）壳聚糖的相对分子质量也显著影响膜的性质。

壳聚糖的相对分子质量越低，膜的抗拉强度越低，但通透性却增强。膜的这些性质与膜材料分子中无定形态区域的量有关，壳聚糖相对分子质量越大，分子晶形结构越多，分子间高度缠结，分子的柔顺性越差，因此其抗拉强度越高，同时膜的通透性也越差。

高相对分子质量的壳聚糖制备的膜渗透性比低相对分子质量壳聚糖制备的要低。Chien、Sheu 和 Lin 研究证实，低相对分子质量壳聚糖（$M_r = 15000$）涂层处理的柑橘比高相对分子质量的壳聚糖（$M_r = 357000$）涂层处理的具有较高的硬度和水分含量。另外，水果的可溶性固形物含量、可滴定酸度和维生素 C 的含量也高于高相对分子质量的壳聚糖涂层。Gastavo 等人在用壳聚糖对木瓜进行涂膜保鲜研究时发现，中等相对分子质量的壳聚糖效果最好。国内研究者利用不同相对分子质量壳聚糖对草莓的防腐效果研究结果显示，相对分子质量在 20 万左右和 1 万左右的壳聚糖效果最好，但两者的使用浓度不同。20 万左右相对分子质量的壳聚糖浓度为 1%，而 1 万左右的壳聚糖浓度为 2%。

另外，对于水果和蔬菜，含有壳聚糖的复合涂料同样是个不错的选择。含有油酸的壳聚糖涂层具有对涂层草莓良好的保水性能，而 N,O-羧甲基壳聚糖膜进行涂层的苹果冷藏放置可以保持超过 6 个月的新鲜状态。

2. 淀粉

淀粉可从谷类、豆类和薯类等物质中提取而得，广泛应用于食品工业。淀粉分为直链淀粉和支链淀粉。直链淀粉是 D-吡喃葡萄糖通过 α-1,4 糖苷键连接起来的链状分子，呈螺旋状。支链淀粉是 D-吡喃葡萄糖通过 α-1,4 和 α-1,6 两种糖苷键连接起来的带分支的复杂大分子，呈树枝状。直链淀粉和支链淀粉的比例随来源而改变。常规或标准的小麦、玉米和马铃薯淀粉中直链淀粉的含量通常比大多数的豆类要低。

淀粉中直链淀粉和支链淀粉的比例会影响成膜性能。高比例的直链淀粉将改善薄膜的力学性能，而过多的支链淀粉则会干扰分子间交联和破坏膜的形成。研究者比较以甘油作为增塑剂（淀粉∶增塑剂的比例为 2∶1）的大米淀粉膜和豌豆淀粉膜（分别含 30%、40%的直链淀粉）发现，豌豆淀粉膜显示较高的弹性和透湿性（water vapor permeability，WVP）。

García 等人比较了用不同来源的淀粉（玉米淀粉含有 25%直链淀粉；马铃薯淀粉含有 23%直链淀粉；高直链淀粉玉米淀粉含有 50%直链淀粉；高直链淀粉玉米淀粉含有 65%直链淀粉）进行涂层处理的草莓的质量，发现了直链淀粉对涂层草莓的颜色、重量损失和硬度有明显的影响。以 50%和 65%的高直链淀粉的淀粉涂层处理的草莓比其他处理最好地保留了质量属性。

因为淀粉膜是亲水性的，其属性将随相对湿度（RH）的波动而变化；例如，它们的屏障性能随着相对湿度（RH）增大而降低。因此，用淀粉处理高水分活度产品不是最好的选择。Bai 等人用淀粉溶液对苹果进行涂层处理发现，在存储的初期观察到高光泽。但是，他们看到在储存期间光泽出现大幅度下降，虽然淀粉涂层苹果的硬度、内部氧气和二氧化碳浓度有着与用虫胶涂层处理的苹果类似的值。

3. 纤维素

纤维素是地球上含量最丰富的天然聚合物,由直线的 β-(1,4)糖苷键连接的 β-D-吡喃葡萄糖基单元组成。虽然很便宜,但由于其水不溶性和高度相关的晶体结构,纤维素很难用作涂层材料。然而,一些商业化生产的纤维素衍生物如羧甲基纤维素(carboxymethylcellulose,CMC)、甲基纤维素(methylcellulose,MC)、羟丙基纤维素(hydroxy propyl cellulose,HPC)和羟丙基甲基纤维素(hydroxypropyl methyl cellulose,HPMC),能够克服与天然纤维素相关的局限性。这些衍生物容易形成良好的膜。

膜的属性取决于纤维素的结构和相对分子质量。Ayranci 等人发现,HPMC 膜的 WVP 随着 HPMC 相对分子质量的增大而下降。然而,Park 等人对 MC 和 HPC 膜观察到相反的结果,这些膜的 WVP 随 HPC 和 MC 相对分子质量的增加而增加。将 MC、HPC 和 CMC 涂料应用于去壳山核桃,发现 CMC 的效果最好。MC 还可用于保护鳄梨的绿色和硬度,以及降低贮藏期间的呼吸速率。用 MC 和硬脂酸的复合膜涂层的杏子和青椒,水损失明显减少;当含有柠檬酸或抗坏血酸涂层处理时,维生素 C 的损失也降低。

羧甲基纤维素已被广泛用于水果的涂层。一些含有 CMC 涂层的产品已在市场销售,比如 Tal pro-long™ 和 Semperfresh™。Tal pro-long™(或 pro-long)由聚蔗糖酯脂肪酸和 CMC 的钠盐组成。Semperfresh™ 是由蔗糖脂肪酸酯、CMC 的钠盐、单甘酯和双甘酯组成。这些涂层已被证明可以延迟水果的成熟。Semperfresh™ 涂层的樱桃质量在较长时间内得到保持,减少重量损失且保护了硬度和表皮的颜色。另一种在市场上的纤维素产品,Nature Seal™,由纤维素的衍生物构成,但不含蔗糖脂肪酸酯。含有抗褐变剂和防腐剂的 Nature Seal™ 和大豆蛋白复合涂层将 4℃ 储存的鲜切苹果的保质期延长 1 星期。

4. 海藻酸盐

海藻酸盐,即海藻酸钠盐,是一种从褐藻中分离得到的 β-D-甘露糖醛酸(M)和 α-L-古洛糖醛酸(G)的共聚物。

海藻酸盐可以形成牢固的、半透明的、光滑的膜。与 CMC、明胶、乳清分离蛋白、马铃薯淀粉和酪蛋白酸钠膜相比,海藻酸钠膜具有十分低的 WVP、氧气渗透性、伸长率,以及十分高的拉伸强度。海藻酸钠膜能溶于水、酸、碱,很适合用于整个水果和蔬菜的涂层。

海藻酸钙盐的组成(M:G)会影响膜的 WVP。G 浓度高的海藻酸钙膜比 M 浓度高的膜具有较低的 WVP,因为 G 通过钙盐桥形成分子间交联的能力更大。虽然海藻酸盐膜的性能受到周围相对湿度(RH)的影响,但海藻酸钙膜仍保持其强度,即使在高相对湿度值时。

任玉峰研究表明:1%的海藻酸钠涂膜可有效地提高灵武长枣的感官品质,并延迟其后熟过程。刘嘉俊对芒果的保鲜研究显示:2.0%的海藻酸钠涂膜处理的芒果,室温贮藏 25 d,失重率从 11.62% 下降到 7.28%,腐烂指数也从 90% 以上降低到 32%。

(二)蛋白质

不同来源的蛋白质膜(如玉米、牛乳、大豆、小麦和乳清)的主要优点是它们的物理稳定性较好。然而,大多数蛋白源事实上是由各种相对分子质量的不同蛋白质组成的混合物。当它们在溶液而不是在乳浊液中使用时,溶液将含有不同的蛋白质组分(除非所有蛋白质组分同样溶解)。低相对分子质量组分通常易溶解,尽管它们比膜内的高相对分子质量部分显示出较高的渗透性。虽然这种限制可以通过交联而消除,但这种处理会危及膜的可食性和口感。通常,蛋白质作为屏障的价值较低,它们也不能完全控制氧、二氧化碳和其他对各种食品的稳定性有重要作用的气体的传递。它们的主要优点是其结构的稳定性,使其可以保持需要的形式(如香肠的肠衣)。

由于侧链形成分子间交联的能力,蛋白质可以形成可食性膜。蛋白质膜的性能取决于这些交联的本质。一般认为,蛋白质膜具有良好的阻气性能,而它们的阻水性能总体上较差,因为后者取决于环境的相对湿度和/或食品的水分活度。

1. 玉米醇溶蛋白(zein)

玉米醇溶蛋白是一种在玉米胚乳中发现的由玉米醇溶谷蛋白(prolamines)组成的蛋白质,溶于含水酒精。相对于羟丙基甲基纤维素(HPMC)、乳清浓缩蛋白(WPC)、虫胶、乳清分离蛋白(WPI)等涂层,玉米醇溶蛋白膜具有很强的黄色。

玉米醇溶蛋白与其他用于可食性膜和涂料的农业蛋白质相比,有一些独特的特点。玉米醇溶蛋白具有很高比例的非极性氨基酸,以及低比例的碱性和酸性氨基酸。玉米醇溶蛋中的三个主要氨基酸是谷氨酰胺(21%~26%)、亮氨酸(20%)和脯氨酸(10%)。因此,玉米醇溶蛋白不溶于水。玉米醇溶蛋白的两个主要部分是α-玉米醇溶蛋白和β-玉米醇溶蛋白。α-玉米醇溶蛋白溶于95%乙醇,占玉米中总醇溶谷蛋白的比例接近80%,而β-玉米醇溶蛋白溶于60%乙醇。螺旋二级结构在玉米醇溶蛋白中占主导地位。当形成膜时,玉米醇溶蛋白光滑、坚韧且不透油,比其他大多数以农业蛋白质膜的水蒸气渗透率要低。玉米醇溶蛋白膜的气体和水蒸气渗透性能见表2-21。

表 2-21 玉米醇溶蛋白膜的气体和水蒸气渗透性能

O_2	CO_2	水蒸气通透性
$(0.36\pm0.16)\times10^{-15}$ L $\cdot$ mm^{-2} $\cdot$ s^{-1} $\cdot$ Pa^{-1}	$(2.67\pm1.09)\times10^{-15}$ L $\cdot$ mm^{-2} $\cdot$ s^{-1} $\cdot$ Pa^{-1}	$(0.116\pm0.019)\times10^{-9}$ g $\cdot$ mm^{-2} $\cdot$ s^{-1} $\cdot$ Pa^{-1}

刘志国等人指出:将玉米醇溶蛋白粉以1:10(w/v)的比例溶解在80%的乙醇中,并添加甘油和柠檬酸(两者的最终浓度均为1%),可形成良好的涂膜。玉米醇溶蛋白涂层应用于番茄,将延迟其变色、重量损失和软化,并无乙醇产生。Park等发现,与未涂层的对照相比,以玉米醇溶蛋白溶液涂层的苹果呼吸速率下降,但玉米醇溶蛋白涂层的梨却有呼吸速率增加。J. Bai 等人认为,膜的O_2、CO_2和水蒸气的通透性强烈地依赖于涂膜中玉米醇溶蛋白的含量。他们开发了一种以10%的玉米醇溶蛋白和10%的丙二醇组成的涂层溶液应用于Gala苹果,贮藏质量与虫胶涂层产品相当。P. J. Zapata 及其合作者确认玉米醇溶蛋白可以明显降低采后贮藏期间涂层番茄的呼吸率和乙烯产生量,乙烯前体浓度低2倍。这表明

玉米醇溶蛋白可以延迟(4~6 d)涂层番茄采后的质量损失。

但是,由于纯玉米醇溶蛋白膜存在脆性大、易破碎、刚强等缺陷,使玉米醇溶蛋白膜应用受限,因此,以玉米醇溶蛋白为基质与其他物质按一定比例结合制成复合膜,有利于改善膜性能扩大膜应用范围,提高膜的商业价值。

2. 面筋蛋白和大豆蛋白

面筋蛋白是小麦和玉米中的主要储存蛋白,其通过相对丰富的半胱氨酸产生的二硫键形成蛋白膜,该膜具有良好的阻气性能,但也表现出相对高的 WVP,其 O_2、CO_2 和水蒸气通透性分别为$(0.20\pm0.09)\times10^{-15}$ L·mm^{-2}·s^{-1}·Pa^{-1}、$(2.13\pm1.43)\times10^{-15}$ L·mm^{-2}·s^{-1}·Pa^{-1} 和$(0.616\pm0.013)\times10^{-9}$ g·mm^{-2}·s^{-1}·Pa^{-1}。当面筋蛋白膜中脂类物质含量为干物质的 20%时,透水性显著下降。

大豆蛋白由球状蛋白质的混合物组成,两个主要的球状蛋白是 β-伴大豆球蛋白(conglycinin)和大豆球蛋白(glycinin),分别占大豆蛋白的 37%和 31%。与其他成膜蛋白一样,大豆球蛋白被认为是一种胶凝剂、乳化剂、发泡剂。加热和碱性条件可以使大豆蛋白变性,影响膜的形成。与 β-乳球蛋白(乳清蛋白)类似,大豆球蛋白变性时形成分子间二硫键,键会影响所形成膜的拉伸性能。由于大豆分离蛋白膜的透氧率太低,透水率又高,故常与糖类、脂类复合用于果蔬保鲜。

3. 乳清蛋白

牛奶蛋白质含有 20%的乳清蛋白,其中 β-乳球蛋白是主要的蛋白质成分。乳清蛋白是水溶性的,但 β-乳球蛋白加热时变性,暴露出内部半胱氨酸的硫基,交联形成一种不溶性的膜。乳清蛋白在低相对湿度中能产生一种具有优良的氧气和香气屏障性能的半透明的和有弹性的膜。尽管已经发现乳清蛋白膜提供一种较差的水分屏障,但有报道指出,加入脂质可减少乳清蛋白膜的 WVP。另一项研究表明,乳清分离蛋白(whey protein isolate,WPI)膜是良好的气体屏障,但是它们受环境 RH 的影响,进而影响涂层对氧和二氧化碳渗透的阻力。随着 RH 降低,涂层对气体转移的阻力增加。在低相对湿度条件下,涂层水果中的氧气减少、二氧化碳增加。在 70%~80%的 RH 值范围内,低氧水平可诱导厌氧代谢。

(三)脂类

蜡和脂类是已知最古老的可食性涂膜成分。人类在水果和蔬菜上使用的第一个可食性涂层就是蜡。早在 12 世纪,我国就用蜡涂层保藏柑橘和柠檬。蜡具有良好的阻止水蒸气传输的能力,同时还能减缓或完全防止其他气体的迁移。蜡会影响氧气和二氧化碳的传输,因此会导致不必要的生理过程,如无氧呼吸。这个过程反过来将降低产品质量,导致软化组织结构、改变风味、延迟成熟、促进微生物反应。

由于脂质对水具有很低的亲和力,含脂类的涂层通常具有良好的阻水性。脂类赋予膜和涂层的性能取决于脂质成分的特性,比如它的物理状态、饱和度和脂肪酸的链长度。报道指出,随脂肪酸烃链长度的增加,脂肪酸单层膜的透湿性减弱。然而,对于最有效的脂肪酸链长还没有一致的意见。一些研究人员认为最有效的链长是 C12~C14,而另外的研究者则发现 C16~C18 是最有效的链长。此外,在所需的贮藏温度下呈固态的脂类将比同条件下呈液态脂质能形成更好阻水气性的层,主要是因为水蒸气在分子组织更有序的脂质膜中的溶解度较低。值得注意的是,在脂肪酸碳链中引入双键会使透湿性增加 80 倍。一些脂类物质的透湿性见表 2-22。

表 2-22　可食性膜中使用的疏水性物质的水蒸气通透性

类别	温度/℃	相对湿度/%	WVP($10^{-11}g \cdot m^{-1} \cdot s^{-1} \cdot Pa^{-1}$)
固体石蜡	25	0~100	0.02
小烛树蜡	25	0~100	0.02
巴西棕榈蜡+虫胶	30	0~92	0.18
巴西棕榈蜡+单硬脂酸甘油酯	25	22~100	35
巴西棕榈蜡+单硬脂酸甘油酯	25	22~65	1.36
微晶石蜡	25	0~100	0.03
蜂蜡	25	0~100	0.06
羊蜡酸	23	12 – 56	0.38
肉豆蔻酸	23	12~56	3.47
棕榈酸	23	12~56	0.65
硬脂酸	23	12~56	0.22
乙酰酰基甘油	25	0~100	22~148
虫胶	30	0~84	0.36~0.77
虫胶	30	0~100	0.42~1.03
脱蜡橡胶树脂	25	22~100	2.37
脱蜡橡胶树脂	25	22~75	1.51
三油酰甘油酯	25	22~84	12.1
氢化棉油	26.7	0~100	0.13
氢化棕榈油	25	0~85	227
氢化花生油	25	0~100	390
天然花生油	25	22~44	13.8

(四)复合膜

单一物质类的可食性膜和涂层往往存在一定的不足,如多糖类膜和蛋白质类膜,由于自身的亲水性,故透水性较高,阻水性较差;疏水性的脂类膜具有优越的阻水性,也能减缓或完全防止 O_2 和 CO_2 的迁移,但易导致厌氧呼吸。通过将不同类型的膜原料复合,可以克服以上缺陷。

在多糖或蛋白质膜中添加脂类,对膜的机械强度有不利的影响,会降低膜的拉伸强度和穿刺强度。但这种影响取决于脂类的性质,特别是脂类的极性或疏水性。脂类的极性越小或疏水性越高,复合膜中的水分浓度越小,膜的机械强度越高。Casariego 等人用多项式模型描述了壳聚糖浓度(A)和 Tween80 浓度(B)对壳聚糖膜性能的影响,该模型应用于胡萝卜和番茄时的方程见表 2-23。

表 2-23　Tween80 对壳聚糖膜性能的影响

类别	胡萝卜	番茄
黏附系数 W_a/($mN \cdot m^{-1}$)	$22.2664 + 2.1876A + 0.8803B + 2.0082A^2 + 0.4620AB + 0.3300B^2$	$29.8998 + 1.7635A - 0.2728B + 2.6633A^2 - 0.3226AB + 0.5885B^2$
内聚系数 W_c/($mN \cdot m^{-1}$)	$55.8246 + 5.4370A - 1.2906B + 10.6826A^2 + 0.9662AB + 0.4768B^2$	$55.8036 + 5.4627A - 1.2861B + 10.7084A^2 + 0.9731AB + 0.4686B^2$
铺展系数 W_s/($mN \cdot m^{-1}$)	$33.5581 - 3.2493A + 2.1710B - 8.6743A^2 + 8.6743AB$	$25.9038 - 3.6992A + 1.0132B - 8.0450A^2 - 1.2957AB$

水蒸气传递发生在膜的亲水部分,因此取决于膜的亲水、疏水的比率,由于每种分子的亲水/疏水平衡的差别,阻水汽性也不同。另外,通过向涂膜配方中添加疏水性的脂类,可以显著增强涂膜的阻水汽性。一般来说,生物聚合物和脂质组成的复合膜的透湿性(WVP)强烈依赖于脂质的类型、结构和数量。含有脂肪酸和脂肪醇的膜,增加脂质的链长度和饱和度,WVP 减少。Kamper 和 Fennema 调查了脂肪酸对羟丙甲纤维素(HPMC)膜的 WVP 的影响,发现硬脂酸和硬脂酸棕榈酸 1∶1 的混合物对于减少膜的 WVP 是最有效的脂肪酸。他们观察到相同脂质浓度的两个复合膜之间的障碍效率没有显著差异。Navarro-Tarazaga 等人指出,随着蜂蜡浓度的增加,HPMC 膜的 WVP 增加,并遵循指数模型:$y = 0.014e^{-7.3x}$。Yang 和 Paulson 发现,与不含脂类的结冷胶涂膜相比,含 20%硬脂酸-棕榈酸或 20%蜂蜡膜的 WVP 分别减少 20%和 53%。Tapia 等人在研究鲜切木瓜时确认,将 0.025%(w/w)的葵花油混合到海藻酸盐或结冷胶基涂膜配方中,可以将涂膜样品的阻水性分别增加 16%和 66%。McHugh 和 Senesi 给出由苹果泥制得的可食性膜和涂层中添加植物油对膜厚度和 WVP 的影响(表 2-24)。

表 2-24　添加植物油对可食性膜 WVP 的影响

膜的类型	厚度/mm	内部 RH	WVP/($g \cdot mm \cdot kPa^{-1} \cdot d^{-1} \cdot mm^{-2}$)
0 植物油	0.215	76%	140.1±1.6
16%植物油	0.204	81%	87.5±1.9
27%植物油	0.201	84%	69.7±2.7

五、可食性涂层的添加剂

1. 增塑剂

增塑剂用于添加到配方中以改善膜和涂层的机械性能。没有增塑剂,大多数膜和涂层易脆,很难形成均匀的涂层。增塑剂可与膜的主要组分结合,移动组分使链分开,从而降低结构的刚度。增塑剂也吸引了周围的水分子,这样可以减少主要组分的分子间相互作用。目前使用的主要增塑剂是多元醇,如甘油、山梨醇和聚乙二醇,但最近,开始把双糖(如蔗糖)和单糖(如果糖、葡萄糖、甘露糖)作为增塑剂进行研究。已证明单糖作为增塑剂是有效的,与含有多元醇作为增塑剂的膜相比,表现出较低 WVP。用蔗糖增塑的乳清蛋白膜有极好的阻氧性并显示高光泽;然而,随着时间的延长,蔗糖会结晶而失去其性能。增塑剂如何影响膜的性能将取决于增塑剂的类型(分子大小、总羟基数、构型)、浓度和聚合物的类型等因素。

　　用3%甲基纤维素的水醇溶液添加1%的聚乙二醇的复合涂层溶液对杏和青椒进行涂层处理,添加 0.6 g 油酸/100 mL 后,杏和青椒的重量损失平均分别降低33%和15%。H. L. Eum 等人对呼吸突变型的李子涂膜处理时发现,将山梨醇作为增塑剂加入以蜡状玉米淀粉为基础的涂膜剂中,可以改善涂膜的阻水性和阻气性。

2. 其他添加剂

　　除增塑剂外,可食性膜和涂层中还会使用其他添加剂以满足不同的目的。这些添加剂包括:抗褐变剂、抗菌剂、质构增强剂、营养剂、益生菌和风味剂等(表2-25)。

表 2-25　加入可食性膜和涂层的添加剂

添加剂	实例
抗褐变剂	抗坏血酸
抗菌剂	山梨酸钾
质构增强剂	氯化钙
营养剂	维生素
芳香前体物	亚油酸
益生菌	乳双歧杆菌
风味剂	苹果泥

　　Lee 等人报道指出:在卡拉胶及乳清蛋白可食性涂层中添加抗坏血酸(1 g/100 mL)和柠檬酸(0.5 g/100 mL)作为抗褐变剂,可将3℃贮藏的最小加工苹果片的贮藏期延长至2 w。添加氯化钙(1g/100 mL)显著地抑制硬度的丧失。Oms-Oliu 等人将 N-乙酰半胱氨酸(0.75%,w/v)和谷胱甘肽(0.75%,w/v)添加到可食性膜后,在 2 w 内有效地防止了鲜切梨的褐变,并增加了维生素 C 和酚类物质的含量。

　　Zivanovic 等人比较了添加牛至精油后壳聚糖膜抗菌活性的变化。他们发现:无牛至精油的壳聚糖膜可将单核增生李斯特杆菌的数量降低 2 个对数值,添加牛至精油后则可降低3.6~4 个对数值,并可将大肠杆菌的数量降低 3 个对数值。

六、果蔬可食性涂层的方法

1. 浸涂法

先将涂膜配料溶解形成适当浓度的溶液,再将水果或蔬菜浸入其中,根据水果或蔬菜的品种决定浸渍时间。最后将水果或蔬菜取出,晾干即可。

2. 刷涂法

先将涂膜配料溶解形成适当浓度的溶液,再用软毛刷蘸上涂膜液,在水果或蔬菜表面辗转涂刷,使水果或蔬菜表面涂上一层薄的涂层料后,晾干即成。

3. 喷涂法

先将涂膜配料溶解形成适当浓度的溶液,再用涂膜机在水果或蔬菜表面喷一层均匀且薄的涂膜层,经低温干燥后而成。

浸涂法是最常用的方法,因为浸涂处理可在果蔬的表面形成一层均匀的膜。而喷涂的膜液虽然受到了一定的压力,但不易喷洒均匀,膜均匀性差,且喷洒时易产生气泡,膜性质也会降低。刷涂处理形成涂层的质量常常受到操作人员熟练程度和刷涂速率的影响,容易造成果蔬产品之间涂层效果的差异,从而影响贮藏性能。

复习思考题

1. 食品变质的原因有哪些?

2. 食品添加剂如何延长食品的贮藏期限?

3. 防腐剂的作用原理是什么?

4. 什么是最小抑菌浓度?如何测定?

5. 举例说明食品中常用防腐剂有哪几类?各有何特点?

6. 在食品中使用防腐剂时应注意什么问题?

7. 什么是抗氧化剂?

8. 简述油脂氧化的类型与机理。

9. 如何评价抗氧化剂作用的效力?

10. 调查研究市售油脂食品中抗氧化的使用种类,分析不同类型食品抗氧化剂选择的依据和使用原则。

11. 抗氧化剂之间的协同增效方式有哪些?

12. 可食性涂膜作为一种果蔬保鲜技术,其保鲜原理是什么?

13. 用于制作可食性涂膜的材料有哪些种类?其优缺点是什么?

14. 简述可用于可食用涂膜中的添加剂种类及作用。

课件

思政小课堂

第三章　提高食品的营养价值

本章主要内容:熟悉各类食品的营养特点;熟悉食品营养强化的目的与意义;了解食品营养强化的发展过程;掌握食品营养强化的计算;掌握常用食品营养强化剂的特性及使用;了解食品产品的功能性;熟悉增强食品功能性的营养强化剂种类及作用原理。

第一节　概述

一、食品的营养价值

食品是人类健康生活的重要物质,其不仅含有构成人体的基本成分,还提供人体代谢和生理活动所需的能量。构成人体的基本成分主要有水、碳水化合物、脂肪、蛋白质、维生素和几十种矿物质。从 19 世纪初到 20 世纪中期的一个半世纪时间内,研究人员识别、确定了人体所需的各种营养素,并对它们的功能进行了系统的研究,提出了营养素缺乏,特别是必需营养素缺乏与营养缺陷性生长障碍和疾病的关系。进入 20 世纪后期,人们逐渐认识到源于膳食植物的活性物质或植物化学品对人体健康和预防慢性疾病的重要作用。因此,我们对食品的作用进行重新定位,将食品的作用分为两类:

一是满足人体生长的基本需要,即以提供能量、碳水化合物、脂肪、蛋白质、维生素和矿物质为目标。担负这一作用的食品营养素可称为"生长营养素(growning nutrients)"。

二是促进机体健康的新型作用,即以调节人体机能、预防慢性疾病为目的。我们可以将具有此类作用的各种物质也看作是营养素,且称作"功能营养素(functional nutrients)"。

因此,食品的营养价值可以重新定义为:食品中的营养素满足人体正常生长及保持人体健康机能需要的程度。显然,食品的营养价值与其所含有的营养素的种类、数量及相互之间的平衡关系密切相关,当然也应包含营养素的利用率。

二、食品的营养特点

人们获取营养素的主要途径是摄取食物,即通过食品得到各种营养素。人们对营养素的需求是全面的,尽管人们可以食用的食品种类较多,但遗憾的是,没有一种天然食品能包含人们所需的全部营养素。

1. 不同种类的食品具有不同的营养特征

人类的食品根据来源可分为植物性食品和动物性食品两大类。不同种类的食品所含有营养素的种类和数量各不相同(表 3-1)。

表 3-1 常见食品的营养组成

类别	碳水化合物	脂肪	蛋白质	维生素	矿物质
粮谷类	40%~70%	2%~4%	7%~16%	B族、V_E	约30种
大豆及油料作物	20%~30%	15%~20%	20%~40%	B族、V_E、V_K、V_C①	Ca,其他
畜禽类	1%~3%	2%~6.5%	10%~20%	B族、V_A、V_E	K、P、Fe、Zn、Cu、Se
水产类	1.5%	2%	15%~25%	V_A、V_D、V_E、B_1	Ca、P、Fe、Mg、I
乳类	3.4%~7.4%	2.8%~4%	3%~3.5%	B族、V_A、V_D、V_E	Ca、P、Zn、Fe
水果类		1%	1%	V_C、叶酸	Cu
蔬菜类	2%~4% (10%~25%)②	1%	1%~2%	V_A③、B族、V_C、V_E	Ca、P、Fe

①豆芽;②根茎类蔬菜;③类胡萝卜素。

显然,在"生长营养素"的种类方面,粮谷类主要含有碳水化合物(包括膳食纤维)、蛋白质和B族维生素;豆类含有蛋白质、脂肪、矿物质、膳食纤维和B族维生素;蔬菜和水果主要含膳食纤维、矿物质、维生素C、胡萝卜素等;动物性食品主要提供蛋白质、脂肪、矿物质、维生素A和B族维生素。但是,各种食品的营养素在质量方面也存在着差异。尽管粮谷类含有一定量的蛋白质,且提供给我国居民50%~55%的蛋白质,但由于谷物蛋白质中赖氨酸较少,因而营养质量较低(精制面粉和大米蛋白质的氨基酸评分分别为0.34和0.59)。再者,谷物和某些蔬菜中的矿物质(如钙等)常与植酸和草酸结合成络合物,不利于人体的吸收,动物脂肪中的不饱和脂肪酸较缺乏且胆固醇含量较高。

另外,从"功能营养素"方面看,植物性食品中含有丰富的膳食纤维、类黄酮、多酚、类胡萝卜素等活性成分,具有较强的调节机体机能的效力,而动物性食品却普遍缺乏这类功能营养素。

2. 食品中的生长营养素在加工期间严重损失,且营养素的保留率随原料加工精度的提高而下降

作为食品原料的各种农产品,在食用前必须经过一定的加工才有利于人们的消化与吸收。常用的加工方法包括去除不可食用部分、清洗、加热处理等,以及加工过程不可避免的氧化作用,导致许多营养素(特别是生长营养素)破坏和损失。此外,许多功能营养素随着食品加工的下脚料一起被遗弃。因此,食品的加工必然会造成食品中营养素的损失(表3-2、表3-3)。

表 3-2 不同出粉率面粉营养素含量变化(每100 g)

营养素	出粉率/%					
	50	72	75	80	85	95~100
蛋白质/g	10.0	11.0	11.2	11.4	11.6	12.0
铁/mg	0.90	1.00	1.10	1.80	2.20	2.70

续表

营养素	出粉率/%					
	50	72	75	80	85	95~100
钙/mg	15.0	18.0	22.0	27.0	50	—
维生素 B_1/mg	0.08	0.11	0.15	0.26	0.31	0.40
维生素 B_2/mg	0.03	0.035	0.04	0.05	0.07	0.12
烟酸/mg	0.70	0.72	0.77	1.20	1.6	6.0
泛酸/mg	0.40	0.60	0.75	0.90	1.10	1.5
维生素 C/mg	0.10	0.15	0.20	0.30	0.30	0.5

来源:刘志诚、于守洋主编,营养与食品卫生学,1988。

表3-3 热烫对菠菜中矿物元素损失的影响

矿物元素	含量/(g·100g^{-1})		损失率/%
	未热烫	热烫	
K	6.9	3.0	56
Na	0.5	0.3	43
Ca	2.2	2.3	0
Mg	0.3	0.2	36
P	0.6	0.4	36
亚硝酸盐	2.5	0.8	70

来源:汪东风,高级食品化学,2009。

丁文平曾指出:出粉率在60%时,小麦粉和小麦相比,B族维生素损失85%左右,维生素E损失50%左右,铁、钙、锌分别损失80%、50%和8%以上。

3.功能性营养素多存在于食品加工的废弃物中

许多种类的功能性营养素多存在于植物的皮、壳、核(籽)、渣中,如多酚类化合物、膳食纤维等,而这些植物部分在加工中往往会被弃去,造成功能性营养素的损失。

由以上营养特点看,没有一种食品具有人体所需的全部营养素的种类和/或数量。因此,在食品加工中常需要通过添加食品营养素(包括"功能营养素")的方式来提高或改善食品的营养价值,满足人体对生长和健康的要求。

三、食品营养强化发展简史

食品营养强化发展简史

第二节　食品营养强化的基础

一、营养强化的概念

以添加"生长营养素"来补充或强化食品营养价值的方法称作"食品的营养强化",这种方法生产的食品称为"营养强化食品",被补充或强化的营养素称作"营养强化剂"。根据《食品安全国家标准　食品营养强化剂使用标准》(GB 14880—2012),食品营养强化剂是指"为了增加食品的营养成分(价值)而加入到食品中的天然或人工合成的营养素和其他营养成分",而营养素是"食物中具有特定生理作用,能维持机体生长、发育、活动、繁殖以及正常代谢所需的物质,包括蛋白质、脂肪、碳水化合物、矿物质、维生素等",其他营养成分是指"除营养素以外的具有营养和(或)生理功能的其他食物成分"。

根据目的不同,食品的营养强化通常分为4类:

①营养素的强化(fortification):向食品中添加含量不足的营养素。

②营养素的恢复(restoration):补充食品加工中损失的营养素。

③营养素的标准化(standarization):使一种食品尽可能满足食用者全面营养需求加入各种营养素,即使营养素达到食用者需求的标准。

④维生素化(vitaminization):向食品中添加所不含有的维生素种类。

二、营养强化的必要性

食品强化对于改善和消除国民微量营养素缺乏是一个很有优势的措施。食品强化最成功的例子是碘强化食盐,即碘盐,我国和其他许多国家的经验都表明碘盐对控制地方性甲状腺肿具有十分明显的效果。食品强化的另一个成功例子是婴幼儿配方食品,在产品中强化了20多种维生素和矿物质,确保婴幼儿在母乳不足的情况下能健康成长。近来,有的产品还添加了牛磺酸、ω-3脂肪酸等有利于智力发育的营养素。

原卫生部、科技部和国家统计局2004年10月12日发布的《中国居民营养与健康现状》调查报告揭示,在我国一些营养缺乏病依然存在。儿童营养不良在农村地区仍然比较严重,5岁以下儿童生长迟缓率和低体重率分别为17.3%和9.3%,贫困农村分别高达29.3%和14.4%。生长迟缓率以1岁组最高,农村平均为20.9%,贫困农村则高达34.6%,说明农村地区婴儿辅食添加不合理的问题十分突出。铁、维生素A等微量营养素缺乏是我国城乡居民普遍存在的问题。我国居民贫血患病率平均为15.2%;2岁以内婴幼儿、60岁以上老人、育龄妇女贫血患病率分别为24.2%、21.5%和20.6%。3~12岁儿童维生素A缺乏率为9.3%,其中城市为3.0%、农村为11.2%;维生素A边缘缺乏率为45.1%,其中城市为29.0%、农村为49.6%。全国城乡钙摄入量仅为391 mg,相当于推荐摄入量的41%。原国家卫计委2015年初发布的《中国居民营养与慢性病调查报告》显示,我国成人营养不良率为 6.0%;儿童青少年生长迟缓率和消瘦率分别为 3.2% 和 9.0%;6 岁及以上居民贫血率为 9.7%,其中 6~11 岁儿童和孕妇贫血率分别为 5.0% 和 17.2%;蔬菜、水果摄入量略有下降,钙、铁、维生素 A、维生素 D 等部分营养素缺乏依然存在。由此可见,通过食品营养强化改善和控制微量营养素缺乏仍有必要。

《中国居民营养与慢性病状况报告(2020 年)》显示,我国 18 岁及以上居民贫血率为 8.7%,6~17 岁儿童青少年贫血率为 6.1%,孕妇贫血率为 13.6%,与 2015 年发布数据相比,人群微量营养素缺乏症也得到持续改善;我国 18 岁及以上居民超重率和肥胖率分别为 34.3% 和 16.4%,6~17 岁儿童青少年超重率和肥胖率分别为 11.1% 和 7.9%,6 岁以下儿童超重率和肥胖率分别为 6.8% 和 3.6%;城乡各年龄组居民超重肥胖问题不断凸显,高血压、糖尿病、慢性阻塞性疾病等慢性病患病、发病仍呈上升趋势;2019 年我国 18 岁及以上居民高血压患病率为 27.5%,糖尿病患病率为 11.9%,高胆固醇血症患病率为 8.2%。

因此,通过食品的营养强化可以:弥补天然食物中的固有营养缺陷;补充加工储运过程营养素的损失;适应不同人群特定营养素的需求;预防营养不良导致的营养性疾病。

三、食品营养强化的基本要求

食品营养强化的基本要求为:"针对需要、营养平衡、符合标准、控制损失、无损感官、经济合理。"

第一,营养强化要有明确的针对性,即强化什么营养素。通常需要根据膳食和营养调查做出选择。

第二,营养强化的目的是改善食品中的营养素不平衡现象,在强化过程中应避免由于添加量的不适当造成某种新的失衡。这些平衡关系包括:必需氨基酸平衡、脂肪酸平衡、产能营养素平衡、B 族维生素与能量平衡、钙磷平衡等。

第三,营养强化剂的使用应符合国家标准,即《食品国家安全标准　食品营养强化剂使用标准》(GB 14880—2012)。

第四,在强化过程中,应尽可能避免加工和储藏对营养强化剂造成损失,或者改善强化工艺,或者使用稳定剂和保护剂。

第五,营养强化剂的添加不应破坏食品固有的感官品质而影响消费者的接受性。

第六,为了有利于推广营养强化食品,应注意控制其销售价格不应过高。

四、食品营养强化的理论依据

1. 营养质量指数(index of nutritional quality,INQ)的概念

食品营养质量的高低是一个相对概念,是相对于人体的营养需要而言的。但是食物所能供给人的热能和营养素的"能力"却是不变的。因此 Hansen 等人引进了两个术语:热能密度和营养素密度,其定义如下:

$$\text{热量密度} = \frac{\text{一定量食品提供的热量}}{\text{热量供给量标准}}$$

$$\text{营养素密度} = \frac{\text{一定量食品提供的某营养素含量}}{\text{该营养素供给量标准}}$$

这两个指标反映着一种食物对热能与营养素有一定需要的人体的相对热能营养质量和营养素营养质量，或者说热能密度与营养素密度分别表示一定量某种食物满足人体热能需要的程度和满足人体营养素需要的程度。营养上比较理想的食物自然是热能密度等于营养素密度，即人体在满足热能需要的同时，营养素也能得到满足的食物。因为人们总是从食物中既摄取热能也摄取营养素，所以食物中营养素密度与热能密度之比，就成为衡量该食物营养质量的标志，这就是 INQ。

$$\text{INQ} = \frac{\text{营养素密度}}{\text{热量密度}}$$

根据 INQ 定义，我们可知 INQ>1 表明食物提供营养素的能力大于提供热能的能力，当热能满足需要时，营养素可有盈余。INQ = 1 表示食物提供营养素的能力与提供热能的能力相当，二者满足人体需要的程度相等。INQ<1 意味着营养素尚未满足需要时，热能已经得到满足，为满足营养素需要必须摄入过量热能，而这常常是不利于健康的。所以 INQ≥1 的食物是优质食物，INQ<1 的食物是劣质食物。

2. 氨基酸评分(amino acid score, AAS)

氨基酸评分是以必需氨基酸为核心评价蛋白质营养质量的指标，它是通过比较食品蛋白质和参考蛋白质的必需氨基酸组成而计算得到的数值。

在计算氨基酸评分时，常以色氨酸含量为基准，即将色氨酸的系数定义为1，其余必需氨基酸的系数为该种氨基酸的含量除以色氨酸的含量。参考蛋白质则采用 FAO/WHO 的推荐模式(表 3-4)。

表 3-4　FAO/WHO 推荐的蛋白质中必需氨基酸模式

氨基酸种类	含量/(mg·g 蛋白质$^{-1}$)	氨基酸系数
异亮氨酸	40	4.0
亮氨酸	70	7.0
赖氨酸	55	5.5
蛋氨酸+半胱氨酸	35	3.5
苯丙氨酸+酪氨酸	60	6.0
苏氨酸	40	4.0
缬氨酸	50	5.0
色氨酸	10	1.0

$$\text{AAS} = \frac{\text{食品蛋白质的氨基酸系数}}{\text{参考蛋白质的氨基酸系数}} = \frac{\text{食品蛋白质中氨基酸的含量/色氨酸含量}}{\text{参考蛋白质中的氨基酸含量/1.0}}$$

通过计算 AAS,可以确定食品蛋白质中的限制氨基酸种类,即 AAS<1 的氨基酸,其中 AAS 最低的氨基酸称作"第一限制氨基酸"。常见植物蛋白质中的限制氨基酸见表3-5。

表 3-5　常见植物蛋白中的限制氨基酸

植物	蛋白质中的限制氨基酸		
	第一限制氨基酸	第二限制氨基酸	第三限制氨基酸
小麦	赖氨酸	苏氨酸	缬氨酸
大米	赖氨酸	苏氨酸	
玉米	赖氨酸	色氨酸	苏氨酸
大麦	赖氨酸	苏氨酸	蛋氨酸
燕麦	赖氨酸	苏氨酸	蛋氨酸
花生	蛋氨酸		
大豆	蛋氨酸		
棉籽	赖氨酸		

3.强化剂量限定

我国对于食品营养强化剂的生产和使用进行了严格的规定,原卫生部于 1994 年颁布了《食品营养强化剂使用卫生标准》(GB 14880—1994),并于 2012 年对其进行了修订,颁布《食品国家安全标准　食品营养强化剂使用标准》(GB 14880—2012)。该标准规定了各类食品营养强化剂的允许使用种类、允许使用范围和最大允许使用量。同时原卫生部还规定,食品原成分中含有某种物质,其含量达到营养强化剂最低标准的 1/2 者,不得强化。

因此,在对食品进行营养强化时应遵循国家的相关规定,在确定强化剂用量时须考虑以下原则:

①营养素的强化量原则上应控制在 DRI 的 1/2～1/3。

②营养素强化水平的上限应考虑到其安全性,即以"未观察到有害作用水平(no observed adverse effect level, NOAEL)"为安全限度指标,以"最小有作用剂量(lowest observed adverse effect level,LOAEL)"为危险限量指标。

美国安全营养理事会(CRN)于 1997 年提出了部分营养素的安全性控制标准(表 3-6)。

表 3-6　CRN 提出的部分营养素安全性控制标准

营养素	NOAEL	LOAEL	备注
维生素 A	10000 IU/d（相当于 3000μg 视黄醇）	21600 IU/d	
β-胡萝卜素	25 mg/d	未定	实际无毒
维生素 D	20 μg/d	50 μg/d	
维生素 E	1200 IU/d 800 mg α-生育酚	未定	
维生素 K	30 mg/d	未定	
维生素 C	>1000 mg/d	未定	≥2000 mg/d 时可有个别患暂时性肠胃炎或渗透性腹泻

营养素	NOAEL	LOAEL	备注
维生素 B_1	50 mg/d	未定	每天摄入数百毫克未见不良反应报道
维生素 B_2	200 mg/d	未定	
烟酸	500 mg/d	1000 mg/d	≥1000 mg/d 可引起肝中毒和严重胃肠道反应
维生素 B_6	200 mg/d	500 mg/d	500 mg/d 时可增加神经中毒的可能,2.0~6.0 g/d 时可产生感觉神经病变
叶酸	1000 μg/d	未定	
维生素 B_{12}	3000 μg/d	未定	
生物素	2500 μg/d	未定	
泛酸	1 g/d	未定	成人连续摄入 10 mg/d 数星期未见毒副反应
钙	1500 mg/d	>2500 mg/d	
磷	1500 mg/d	>2500 mg/d	
镁	700 mg/d	未定	过高摄入有导致腹泻报道
铜	9 mg/d	未定	
铬(三价)	1000 μg/d	未定	1000 μg/d 可减少成年人 Ⅱ 型糖尿病发病率
碘	1000 μg/d	未定	
铁	65 mg/d	100 mg/d	3 岁以下儿童大量摄入可发生致命性中毒
锰	10 mg/d	未定	
钼	350 μg/d	未定	长期摄入 10~15 mg/d 可致血清中尿酸浓度反常升高
硒	200 μg/d	910 μg/d	
锌	30 mg/d	60 mg/d	60~64 mg/d 可降低血清高密度脂蛋白胆固醇浓度

第三节　食品的营养强化

一、营养强化的计算

（一）微量营养素的强化

1.一般强化的计算

微量营养素(维生素和矿物质)的强化是根据 INQ 确定的。各种营养素的 INQ 均为 1 时,营养水平最高。因此,当食品中某种营养素的 INQ<1 时,就应该对食品进行该缺乏营

养素的补充或强化,使其达到 INQ=1。用 INQ=1 作为食品强化的限度指标,就不会因为多种食品分别强化同一营养素而造成某种营养素过度。因此 INQ=1 也可作为管理强化食品的客观指标。

微量营养素的强化量按式(3-1)计算:

$$W=\left(\frac{1}{INQ_i}-1\right)\times w_i \qquad (3-1)$$

式中:W——需强化营养素的量;

　　INQ_i——被强化营养素的营养质量指数;

　　w——被强化营养素的原有含量。

例如,某小麦粉中的 Ca 和 VB_2 含量分别为 38 mg/100 g 和 0.06 mg/100 g,它们相应的 INQ 分别为 0.36 和 0.28。对该小麦粉进行 Ca 和 VB_2 强化时应添加的 Ca 和 VB_2 量分别为:

$$W_{Ca}=\left(\frac{1}{0.36}-1\right)\times 38 = 68 \text{ mg}/100 \text{ g}$$

$$W_{B_2}=\left(\frac{1}{0.28}-1\right)\times 0.06 = 0.154 \text{ mg}/100 \text{ g}$$

2. 具有营养声称的强化计算

所谓营养声称是指食品的制造商对其生产产品的营养特性进行的描述和说明,包括含量声称(即描述食品中能量或营养成分含量水平的声称)和比较声称(即与消费者熟知的同类食品的营养成分含量或能量值进行比较以后的声称)。例如,对某食品的营养含量声称常表述为"是某种营养素的来源"或是"高或富含 X 食品",而对其比较声称则多表述为"增加了某种营养素"。

强化食品进行上述"营养声称"时,其所声称的营养素含量应满足《食品安全国家标准　预包装食品营养标签通则》(GB 28050—2011)的规定(表3-7)。

表3-7　食品能量和营养声称的条件(GB 28050—2011)

声称内容	具备条件	限制性条件
某种营养素的来源	蛋白质:100 g 中含量≥10%NRV(固体),100 mL 中含量≥5%NRV(液体)或者每 420 kJ 含量≥5% NRV 维生素和矿物质:100 g 中含量≥15% NRV(固体),100 mL 中含量≥7.5%NRV(液体)或者每 420 kJ 含量≥5%NRV	含有"多种维生素"或"多种矿物质"指 3 种和(或)3 种以上维生素(或矿物质)含量符合"含有"的声称要求
增加某营养	与参考食品比较,某营养素含量增加 25%以上(含25%)	
高或富含营养素	"来源"的 2 倍以上(含 2 倍)	富含"多种维生素"或"多种矿物质"指 3 种和(或)3 种以上维生素(或矿物质)含量符合"富含"的声称要求

注　NRV 为膳食营养素参考值(nutrient reference value)。

具有营养声称的食品营养素强化量按式(3-2)计算：

$$W = A \times R - A_0 \qquad (3-2)$$

式中：W——营养声称的营养素添加量，mg/100g；

A——符合营养声称要求的营养素含量，mg/100g；

A_0——原料中营养声称的营养素含量，mg/100g；

R——原料的产品出率，倍。

例如，某企业拟生产高钙糕点。若 1 kg 面粉生产 1.7 kg 糕点，面粉中的含钙量为 25 mg/100 g，钙的 NRV 为 800 mg，则：

$$W_{Ca} = 1.7 \times 800 \times 30\% - 25 = 383 \text{ mg}/100 \text{ g}$$

即每 100 g 面粉需要添加 Ca 的量为 383 mg。

(二)氨基酸的强化

在对食品进行氨基酸强化时，一般只是针对第一限制氨基酸和第二限制氨基酸，且使强化后的氨基酸评分达到其余氨基酸评分的平均值即可。

强化的氨基酸量按式(3-3)计算：

$$W_{AA} = \left(\frac{\overline{AAS}}{AAS_i} - 1 \right) \times w_i \qquad (3-3)$$

式中：W_{AA}——强化的氨基酸量；

$\overline{AAS}$——除强化氨基酸外的其余必需氨基酸评分的平均值；

AAS_i——强化氨基酸的评分值；

w_i——强化前被强化氨基酸的含量。

例如，小麦面粉的氨基酸含量及评分如表3-8所示。其中，赖氨酸为第一限制氨基酸，苏氨酸为第二限制氨基酸。

若单一强化赖氨酸时，其余种类氨基酸评分的平均值为0.90，则赖氨酸的添加量为：

$$W_{Lys} = (0.90/0.33 - 1) \times 20 = 35 \text{ mg}$$

即每克蛋白质需添加 35 mg 赖氨酸。

表3-8　小麦面粉蛋白质的必需氨基酸含量及其 AAS

氨基酸	含量/(mg·g蛋白质$^{-1}$)	AAS
异亮氨酸	42	0.95
亮氨酸	71	0.92
赖氨酸	20	0.33
蛋氨酸+半胱氨酸	31	0.81
苯丙氨酸+酪氨酸	79	1.20
苏氨酸	28	0.64
缬氨酸	42	0.76
色氨酸	11	1.0

若同时强化赖氨酸和苏氨酸,其余种类氨基酸评分的平均值为 0.94,则赖氨酸和苏氨酸的添加量分别为:

$$W_{\text{Lys}} = \left(\frac{0.94}{0.33} - 1\right) \times 20 = 37 \text{ mg/g}$$

$$W_{\text{Thr}} = \left(\frac{0.94}{0.64} - 1\right) \times 28 = 13 \text{ mg/g}$$

即赖氨酸和苏氨酸的添加量分别为 37 mg/g 蛋白质和 13 mg/g 蛋白质。

二、营养强化剂

营养强化剂是为了增加食品的营养成分(价值)而加入食品中的天然或人工合成的营养素和其他营养成分。

我国《食品安全国家标准　食品营养强化剂使用标准》(GB 14880—2012)批准使用的营养强化剂有氨基酸及含氮化合物、维生素类、矿物质和脂肪酸。

(一)氨基酸及含氮化合物

氨基酸是蛋白质合成的基本结构单位,也是代谢所需其他胺类物质的前身。作为食品强化用的氨基酸主要是限制必需氨基酸或它们的盐类。作为营养强化剂,我国允许使用的氨基酸及含氮化合物包括赖氨酸和牛磺酸两种。此外,允许用于特殊膳食用食品的氨基酸类营养强化剂主要有非动物来源的 L-蛋氨酸、L-酪氨酸和 L-色氨酸。

1. 赖氨酸及其盐类

赖氨酸是谷物中的第一限制性氨基酸,其含量仅为动物性蛋白质中含量的 1/3,而我国膳食结构中谷物蛋白质占总蛋白质的 60% 以上。因此,在谷物类食品中强化赖氨酸,是提高其蛋白质营养价值的有效途径。研究表明:在谷物食品中添加 1 g L-赖氨酸盐,可增加 10 g 可利用的蛋白质。一些谷物添加赖氨酸后蛋白质效价的变化见表 3-9。

表 3-9　强化赖氨酸后谷物蛋白质效价的变化

谷物种类	小麦	玉米	高粱	大麦
赖氨酸强化量/%	0.2			
强化前蛋白质效价	0.65	0.85	0.65	1.69
强化后蛋白质效价	1.56	2.55	1.77	2.28

我国在 20 世纪末开始重视赖氨酸的强化,但由于赖氨酸含有 2 个氨基而呈碱性,且不稳定,加热时易分解成戊二胺和二氧化碳,另外在还原糖和维生素 C 共存时,共热易发生美拉德反应和产生褐变,并使味感恶化。故一般使用赖氨酸盐作为营养强化剂。我国 GB 14880—2012 中允许使用的赖氨酸盐营养强化剂是 L-盐酸赖氨酸和 L-赖氨酸天门冬氨酸盐。

L-盐酸赖氨酸和 L-赖氨酸天门冬氨酸盐均为白色粉末,易溶于水,无臭或稍有特异臭味,但 L-赖氨酸天门冬氨酸盐的臭味比 L-盐酸赖氨酸小,故对产品风味的影响较小。

L-盐酸赖氨酸的安全性较高,大鼠经口 LD_{50} 值为 10.75 g/kg,美国 FDA 将其确认为 GRAS。L-赖氨酸天门冬氨酸盐的安全性参照 L-盐酸赖氨酸。1.25 g L-盐酸赖氨酸相当于 1 g L-赖氨酸的生理活性,1.910 g L-赖氨酸天门冬氨酸盐相当于 1 g L-赖氨酸的生理活性。1.529 g L-赖氨酸-L-天冬氨酸盐相当于 1 g L-赖氨酸盐酸盐。

我国对营养强化剂赖氨酸的使用范围及使用量的规定见表 3-10。

表 3-10　营养强化剂赖氨酸的使用范围及使用量的规定(GB 14880—2012)

食品分类号	食品类别(名称)	使用量/(g·kg^{-1})
06.02	大米及其制品	1~2
06.03	小麦粉及其制品	1~2
06.04	杂粮粉及其制品	1~2
07.01	面包	1~2

2. 牛磺酸

牛磺酸(taurine)又称 α-氨基乙磺酸,最早由牛黄中分离出来,故得名。

$$H_2N \underset{}{\overset{}{\diagdown}} \underset{O}{\overset{O}{\underset{\diagdown}{S}}} OH$$

尽管牛磺酸不是构成蛋白质的氨基酸,而是一种游离氨基酸,但它却与胱氨酸、半胱氨酸的代谢密切相关。人体合成牛磺酸的半胱氨酸亚硫酸羧酶(CSAD)活性较低,主要依靠摄取食物中的牛磺酸来满足机体需要。

牛磺酸在人体中有以下生理功能:A. 维持大脑正常生理功能。在儿童的脑部发育中,牛磺酸扮演了非常重要的角色。牛磺酸是中枢神经系统中最丰富的游离氨基酸之一,存在于神经元及神经胶质细胞中,是实现脑内神经元之间相互联系的重要神经递质,也是促进脑发育的重要物质,参与许多神经功能活动的调节。B. 维护眼睛健康。牛磺酸对视网膜的定性和正常的视觉功能有一定保护作用。牛磺酸具有增进视力、保护眼睛不受紫外线伤害的作用,缺乏牛磺酸会造成视网膜退化。C. 参与脂类的消化吸收。胆汁酸能与牛磺酸结合,牛磺酸结合胆酸的水溶性增强,有利于乳化脂质和脂溶性维生素的吸收;增加粪胆酸排泄,从而抑制血中总胆固醇水平升高。D. 参与内分泌活动。牛磺酸在心肌中含量丰富,可以调节心肌收缩力,有助于心脏血液的输出;保护心肌,减轻心肌缺血的损伤,增强心脏功能。E. 增强免疫力和抗疲劳。牛磺酸可以结合白细胞中的次氯酸并生成无毒性物质,降低次氯酸对白细胞自身的破坏,从而提高人体免疫力。牛乳中牛磺酸含量甚微,对于用牛乳喂养的婴幼儿会因牛磺酸摄入量不足而影响生长发育,所以在婴幼儿配方乳粉中常需要进行适当营养强化。

毒性:小鼠经口 LD_{50} 10 g/kg。无毒。

按我国 GB 14880—2012 规定,我国关于牛磺酸允许的使用的食品类别和使用量规定见表 3-11。

表 3-11　营养强化剂牛磺酸允许使用的食品类别及使用量

食品分类号	食品名称	使用量/(g·kg⁻¹)	标准	食品分类号	食品名称	使用量/(g·kg⁻¹)	标准
01.01.03	调制乳	0.1~0.5	②	04.04.01.07	豆粉、豆浆粉	0.3~0.5	①
01.02.02	风味发酵乳	0.1~0.5	②	04.04.01.08	豆浆	0.06~0.1	①
01.03.02	调制乳粉	0.3~0.5	①	14.03.01	含乳饮料	0.1~0.5	①
01.06	干酪和再制干酪（仅限再制干酪）	0.3~0.5	②	14.04.02.01	特殊用途饮料	0.1~0.5	①
				14.04.02.02	风味饮料	0.4~0.6	①
01.08	其他乳制品（仅限奶片）	0.3~0.5	②	14.06	固体饮料类	1.1~1.4	①
				16.01	果冻	0.3~0.5	①

①GB 14880—2012；②原卫生部公告 2012 年第 15 号。

(二)维生素类

人体易于缺乏,需要予以强化的是维生素 A 和维生素 D,近年来认为适当强化维生素 E 也很重要。水溶性维生素包括 B 族维生素和维生素 C,通常需要强化的 B 族维生素主要是维生素 B_1(硫胺素)、维生素 B_2(核黄素)、维生素 B_3(烟酸、烟酰胺)、维生素 B_6(包括吡哆醇、吡哆醛和吡哆胺)、维生素 B_{12}(氰钴胺素)、叶酸等。对于婴幼儿还有进一步强化胆碱、肌醇的必要。

1. 主要的维生素强化剂

①维生素 A。维生素 A 强化剂的选择在一定程度上取决于所强化的食品载体的特性。由于维生素 A 的前体视黄醇是一种不稳定的化合物,常使用其酯化物作为营养强化剂。我国允许使用的维生素 A 营养强化剂包括:醋酸视黄酯(醋酸维生素 A)、棕榈酸视黄酯(棕榈酸维生素 A)、全反式视黄醇和 β-胡萝卜素。由于维生素 A 是脂溶性化合物,易于在脂肪基食品或含油食品中添加,当食品载体是固体食品或水基食品时,通常使用微胶囊化的维生素 A 干粉。因此,维生素 A 强化剂分为两类:维生素 A 油和维生素 A 干粉。几种主要维生素 A 强化剂的特点及主要用途见表 3-12。

表 3-12　维生素 A 强化剂的特点及主要用途

产品	特点	应用
醋酸维生素 A 油	视黄醇醋酸酯含有使其稳定的抗氧化剂	用于脂肪基食品强化,特别是人造黄油和乳制品
棕榈酸维生素 A 油	视黄醇棕榈酸酯含有使其稳定的抗氧化剂	用于脂肪基食品强化,特别是人造黄油和乳制品
棕榈酸维生素 A 或醋酸酯油和维生素 D_3	视黄醇与维生素 D_3 混合物,含有使其稳定的抗氧化剂	用于脂肪基食品强化,特别是需要两种维生素一起强化的人造黄油和乳制品

产品	特点	应用
棕榈酸维生素 A 或醋酸酯干粉	维生素 A 被亲水性基质包埋(如凝胶、阿拉伯胶、含淀粉食物),并含有使其稳定的抗氧化剂	用于固体粉末状食品强化(如面粉和奶粉,固体饮料)和水基食品强化
棕榈酸维生素 A 或醋酸酯干粉和维生素 D_3	维生素 A 被亲水性基质包埋(如凝胶、阿拉伯胶、含淀粉食物),并含有使其稳定的抗氧化剂	用于固体粉末状食品强化(如面粉和奶粉,固体饮料)和水基食品强化

维生素 A 属于 GRAS 食品添加剂,大鼠经口的 LD_{50} 值为 2000 mg/kg。但急性过量和长期过量都会对机体产生不良生理反应,长期高剂量摄入维生素 A,可以引发中毒。

适用于不同食品的各类维生素 A 强化剂见表 3-13。

表 3-13　维生素 A 强化剂及适用的食品载体

食品载体	维生素 A 类型	稳定性
谷粉	视黄醇醋酸酯(稳定性干粉型)	中等
脂肪和油	β-胡萝卜素和视黄醇醋酸酯或视黄醇棕榈酸酯(油型)	良好
食糖	视黄醇棕榈酸酯(水分散型)	中等
奶粉	视黄醇醋酸酯或棕榈酸酯(水分散型干粉)	良好
液态奶	视黄醇醋酸酯(首选)或棕榈酸酯(油型,需乳化)	中等/良好,视包装情况而定
婴幼儿配方粉	视黄醇醋酸酯(水分散型微胶囊)	良好
涂抹料	视黄醇醋酸酯或棕榈酸酯(油型)	良好

维生素 A 营养强化剂的使用范围及使用量规定见表 3-14。

表 3-14　维生素 A 营养强化剂的使用范围及使用量规定(GB 14880—2012)

食品分类号	食品类别(名称)	使用量/$(\mu g \cdot kg^{-1})$	食品分类号	食品类别(名称)	使用量/$(\mu g \cdot kg^{-1})$
01.01.03	调制乳	600~1000	01.06.04	再制干酪	3000~9000[①]
01.02.02	风味发酵乳	600~1000[①]	02.01.01.01	植物油	4000~8000
01.03.02	调制乳粉(儿童用乳粉和孕产妇用乳粉除外)	3000~9000	02.02.01.02	人造黄油及其类似制品	4000~8000
			03.01	冰激凌类、雪糕类	600~1200
	调制乳粉(仅限儿童用乳粉)	1200~7000	04.04.01.07	豆粉、豆浆粉	3000~7000
			06.02.01	大米	600~1200
	调制乳粉(仅限孕产妇用乳粉)	2000~10000	04.04.01.08	豆浆	600~1400
			06.03.01	小麦粉	600~1200
01.06	干酪和再制干酪(仅限再制干酪)	3000~9000[①]	06.06	即食谷物,包括碾轧燕麦(片)	2000~6000

食品分类号	食品类别(名称)	使用量/ ($\mu g \cdot kg^{-1}$)	食品分类号	食品类别(名称)	使用量/ ($\mu g \cdot kg^{-1}$)
07.02.02	西式糕点	2330~4000	14.06	固体饮料类	4000~17000
07.03	饼干	2330~4000	16.01	果冻	600~1000
14.03.01	含乳饮料	300~1000	16.06	膨化食品	600~1500
14.03.02	植物蛋白饮料	600~1400[2]	14.06	固体饮料类	3~6mg/kg

①原卫生部公告 2013 年第 2 号;②原卫计委公告 2014 年第 3 号。

②维生素 C。维生素 C 又称抗坏血酸,是水溶性维生素。除自身作为营养强化剂外,抗坏血酸和抗坏血酸棕榈酸酯还作为其他微量元素(如维生素 A)的稳定剂和铁的吸收促进剂。我国允许用于食品强化的维生素 C 强化剂主要有 L-抗坏血酸、L-抗坏血酸钙、维生素 C 磷酸酯镁、L-抗坏血酸钠、L-抗坏血酸钾和 L-抗坏血酸-6-棕榈酸盐(抗坏血酸棕榈酸酯)。

但是,维生素 C 通常在有氧、金属和高温环境下不稳定,因此,在强化时应注意保持维生素强化剂的有效性。

我国关于维生素 C 营养强化剂的使用范围及使用量的规定见表 3-15。

表 3-15　维生素 C 营养强化剂使用范围及使用量的规定(GB 14880—2012)

食品分类号	食品类别(名称)	使用量/ ($mg \cdot kg^{-1}$)	食品分类号	食品类别(名称)	使用量/ ($mg \cdot kg^{-1}$)
01.02.02	风味发酵乳	120~240	05.02.01	胶基糖果	630~13000
			05.02.02	除胶基糖果以外的其他糖果	1000~6000
01.03.02	调制乳粉(儿童用乳粉和孕产妇用乳粉除外)	300~1000	06.06	即食谷物,包括碾轧燕麦(片)	300~750
	调制乳粉(仅限儿童用乳粉)	140~800	14.02.03	果蔬汁(肉)饮料(包括发酵型产品等)	250~500
	调制乳粉(仅限孕产妇用乳粉)	1000~1600	14.03.01	含乳饮料	120~240
04.01.02.01	水果罐头	200~400	14.04	水基调味饮料类	250~500
04.01.02.02	果泥	50~100	14.06	固体饮料类	1000~2250
04.04.01.07	豆粉、豆浆粉	400~700	16.01	果冻	120~240

③B 族维生素。B 族维生素类营养强化剂不仅有着相似的特性,而且往往被强化到相同的载体食品。这些 B 族维生素包括硫胺素(维生素 B_1)、核黄素(维生素 B_2)、烟酸、吡哆醇(维生素 B_6)、叶酸盐/叶酸(维生素 B_9)和维生素 B_{12}(钴胺素)。

B 族维生素强化剂的物理特性及稳定性见表 3-16。

我国规定的 B 族维生素强化剂的使用范围及使用量的规定见表 3-17。

表 3-16　B 族维生素强化剂的物理特性及稳定性

维生素	强化剂化合物	物理特性	稳定性
硫胺素 （维生素 B_1）	盐酸硫胺素	比硝酸盐形式更易溶于水,白色或类白色	在避光和干燥的条件下稳定,在中性(或碱性)溶液中或有亚硫酸盐存在时不稳定
	硝酸硫胺素	白色或类白色	在发酵和烘烤过程中损失率为 15%～20%;可使用微胶囊;硝酸硫胺素是固体干粉产品首选的强化剂
核黄素 （维生素 B_2）	核黄素	不易溶于水,黄色	光照时不稳定;暴露在光线下,牛奶中核黄素会迅速损失,但在白面包中稳定
	5'-核黄素磷酸钠	易溶于水,黄色	
烟酸	烟酸（尼克酸）	易溶于碱性溶液,难易溶于水,白色	在干燥条件下和水溶液中,对氧气、热和光都十分稳定
	烟酰胺（尼克酰胺）	易溶于水,白色	
吡哆醇 （维生素 B_6）	盐酸吡哆醇	易溶于水,白色或近白色	对氧和热相对稳定,但易受紫外线影响;可用包衣的形式
叶酸 （维生素 B_9）	蝶酰谷氨酸	不易溶于水,可溶于稀酸和碱性溶液,橙黄色	有一定的热稳定性,pH 中性溶液中稳定,在较高或较低 pH 溶液中不稳定,对紫外线不稳定
钴胺素 （维生素 B_{12}）	氰钴胺	纯维生素 B_{12} 难溶于水,而其稀释制剂能完全溶解;维生素 B_{12} 为暗红色;通常使用的稀释剂型含量为 0.1%	在中性和酸性溶液中对氧和热相对稳定,在碱性和强酸性溶液中不稳定,在强光和碱溶液中超过 100℃ 不稳定

表 3-17　B 族维生素强化剂的使用范围及使用量的规定（GB 14880—2012）

食品分类号	食品类别（名称）	维生素 B_1/ $(mg \cdot kg^{-1})$	维生素 B_2/ $(mg \cdot kg^{-1})$	维生素 B_6/ $(mg \cdot kg^{-1})$	维生素 B_{12}/ $(\mu g \cdot kg^{-1})$	叶酸/ $(\mu g \cdot kg^{-1})$	烟酸/ $(mg \cdot kg^{-1})$
01.01.03	调制乳（仅限孕产妇用调制乳）					400～1200	
01.03.02	调制乳粉（儿童用乳粉和孕产妇用乳粉除外）			8～16		2000～5000	
	调制乳粉（仅限儿童用乳粉）	1.5～14	8～14	1～7	10～30	4200～3000	23～47
	调制乳粉（仅限孕产妇用乳粉）	3～17	4～22	4～22	10～66	2000～8200	42～100

续表

食品分类号	食品类别(名称)	使用量					
		维生素 B_1/ (mg·kg^{-1})	维生素 B_2/ (mg·kg^{-1})	维生素 B_6/ (mg·kg^{-1})	维生素 B_{12}/ (μg·kg^{-1})	叶酸/ (μg·kg^{-1})	烟酸/ (mg·kg^{-1})
04.04.01.07	豆粉、豆浆粉	6~15	6~15				60~120
04.04.01.08	豆浆	1~3	1~3				10~30
05.02.01	胶基糖果	16~33	16~33				
06.02	大米及其制品	3~5	3~5				40~50
06.02.01	大米(仅限免淘洗大米)					1000~3000	
06.03	小麦粉及其制品	3~5	3~5				40~50
06.03.01	小麦粉					1000~3000	
06.04	杂粮粉及其制品	3~5	3~5				40~50
06.06	即食谷物,包括碾轧燕麦(片)	7.5~17.5	7.5~17.5	10~25	5~10	1000~2500	75~218
07.01	面包	3~5	3~5				40~50
07.02.02	西式糕点	3~6	3.3~7.0				
07.03	饼干	3~6	3.3~7.0	2~5		390~780	30~60
07.05	其他焙烤食品			3~15	10~70	2000~7000	
14.0	饮料类(14.01、14.06涉及品种除外)			0.4~1.6	0.6~1.8		3~18
14.02.03	果蔬汁(肉)饮料(包括发酵型产品等)					157~313	
14.03.01	含乳饮料	1~2	1~2				
14.03.02	植物蛋白饮料	1~3[2]	1~3[1]				
14.04.02.02	风味饮料	2~3					
14.06	固体饮料类	9~22	9~22	7~22	10~66	600~6000[3]	110~330
16.01	果冻	1~7	1~7	1~7	2~6	50~100	

①原卫生部公告2013年第2号;②原国家卫计委公告2014年第3号;③原国家卫计委公告2017年第8号。

2. 维生素强化剂的使用

维生素营养强化剂通常在化学上是不稳定的,易受氧化、热等条件而降解或分解,但B族维生素强化剂在低水分强化食品(如面粉、奶粉)中较稳定。

①加入保护剂,减少强化剂的损失。对于维生素C,因易受到光、热等影响而破坏,在一些食品中强化维生素C时常需要同时添加保护剂,以保持维生素C的有效量(表3-18)。

表 3-18　几种稳定剂对维生素 C 的保护作用

类别	对照	BHA	PG	卵磷脂	EDTA
稳定剂添加量/mg	0	0.22	0.21	7.2	0.25
维生素 C 残留率/%	5.5	7.1	6.4	40.2	71.5
保护系数	1.00	1.25	1.54	8.93	12.97

注　保护系数 = $\dfrac{加入稳定剂后残留的维生素 C 量}{未加稳定剂时残留的维生素 C 量}$。

数据来源:刘志皋主编.食品营养学,2017,中国轻工业出版社。

②改变强化剂的结构,增强强化剂的稳定性。对于不稳定的维生素,通过盐化及酯化作为营养强化剂,既可保持应用的生理功能,又能提高其稳定性。

维生素 C 磷酸酯镁的稳定性明显优于维生素 C,当加热温度不是很高时,二者破坏程度相差不大,而高温加热时维生素 C 磷酸酯镁明显耐热。经 200℃、15 min 烘烤后,维生素 C 磷酸酯镁仍有 90%存留,生物活性基本不变,而维生素 C 几乎全部焦化,生物活性完全丧失。这种性质使维生素 C 磷酸酯镁特别适合于高温烘烤食品的强化。如强化在饼干中,经 300℃烘烤后,保存率达 80%;强化在面包中,经 260℃烘烤后,保存率达 82.7%。

③包埋处理,提高强化剂的稳定性。通过一定的壁材将维生素包埋处理,使其避免与光、热等直接接触,从而提高维生素的稳定性。

用明胶包埋的维生素 A 在 50℃下存放 2 个月,保存率为 72%,而未包埋的维生素 A 只有 4%;用包埋后的维生素 A 强化的干粮放入充 N_2 的铁盒中,32℃、RH85%储存 12 个月,维生素 A 存留率为 76%,而未包埋者为 0。强化夹心水果糖,室温保存 12 个月,维生素 A 存留 72%,而对照在 1 个月只有 4%存留。强化奶粉,室温 3 个月存留 96%,对照为 79%。经 β-环糊精包埋的维生素 C,80℃或光照下存放 10 d,含量分别降低 13.49%和 2.91%,未包埋的维生素 C 则分别降低 79.45%和 73.97%。

④改变强化工艺,降低强化剂的损失率。不同强化方法对维生素类强化剂的保留有明显影响。不同强化米水洗时维生素 B_1 的损失见表 3-19。采用普通强化法和涂膜强化法对大米强化营养素的稳定性见表 3-20。

表 3-19　不同强化米水洗时维生素 B_1 的损失

类别	储存时间/d	维生素 B_1 含量/mg	损失率/%	
			加水静置[①]	加水搅拌[②]
普通法	1	1.55	14	19.6
	2	1.58	11.6	15.8
涂膜法	1	1.59	5.7	6.8
	7	1.58	6.1	7.0
	10	1.55	6.4	7.0

① 强化米 5 g 加 50 mL 蒸馏水,静置浸渍 10 min 后测维生素 B_1 总量;②强化米 5 g 加 50 mL 蒸馏水,以 150 r/min 振荡搅拌 5 min 后测维生素 B_1 总量。

数据来源:刘志皋主编.食品营养学,2017,中国轻工业出版社。

表 3-20　涂膜与未涂膜营养强化米的营养素损失对照

营养素	强化量/(mg·kg^{-1})	180 d 后损失率/%	
		未涂膜处理	涂膜处理
维生素 B$_1$	4.0	27.5	7.5
维生素 B$_2$	3.9	17.9	2.6
烟酸	39.5	6.3	1.8
叶酸	2.2	27.3	9.1
钙	106.7	2.9	2.3
锌	28.2	7.4	5.7
铁	22.5	28.0	9.3

资料来源:张瑾瑾,李庆龙,王学东,等. 喷涂法生产营养强化米的实验室研究[J]. 粮食加工,2007,32(1):29-31。

(三)矿物质类

矿物质是人体的重要营养成分,不仅是构成机体组织的重要物质,也是维持机体正常生理活动及体液平衡所不可缺少的物质。矿物质在食物中分布很广,一般均能满足机体需要,只是某些种类比较易于缺乏,如钙、铁和碘等。特别是对正在生长发育的婴幼儿、青少年,以及孕妇和乳母,钙和铁的缺乏较为常见;而碘和硒的缺乏,则依环境条件而异。不能经常吃到海产品的山区人民易缺碘;某些贫硒地区易缺硒。此外,近年来还认为像锌、钾、镁、铜、锰等也有强化的必要。

1. 钙

钙是人体中最重要的矿物元素之一。除构成牙齿和骨骼外,钙还参与人体的大部分代谢过程,包括血液凝固、细胞构架、肌肉收缩、激素和神经递质释放、脑细胞活性、肝糖代谢和细胞生长等生理过程。另有报道,钙在癌症和高血压方面具有预防作用,其机理尚待研究。

我国允许用于营养强化的钙盐有十几种(表 3-21),其中柠檬酸钙、葡萄糖酸钙、乳酸钙、乙酸钙、氨基酸钙等钙盐可溶于水,使用方便,但价格较高。所有的钙盐都是白色或无色的,大多数无味,只有柠檬酸盐有酸味,氢氧化物稍有苦味,高浓度的氯化物与乳酸盐可能产生令人不愉快的味道。

表 3-21　用于营养强化的钙盐及其物理特性(GB 14880—2012)

化合物	含钙量/%	颜色	味道	气味	溶解度/(mmol·L^{-1})
碳酸钙	40	无色	滑腻,柠檬味	无臭味	0.153
氯化钙	36	无色	咸,苦味	—	67.12
硫酸钙	29	白色	—	—	15.3
磷酸氢钙	17	无色	沙质,无味	—	71.4
磷酸钙	38	白色	沙质,无味	无臭味	0.064

续表

化合物	含钙量/%	颜色	味道	气味	溶解度/（mmol·L⁻¹）
甘油磷酸钙	19	白色	几乎无味	无臭味	0.064
醋酸钙	25	无色	—	—	2364
乳酸钙	13	白色	中性的	几乎无臭味	0.13
柠檬酸钙	24	无色	纯正的酸味	无臭味	1.49
柠檬酸苹果酸钙	23	无色	—	—	80.0
葡萄糖酸钙	9	白色	无味	无臭味	73.6
氢氧化钙	54	无色	稍苦	无臭味	25.0
氧化钙	71	无色	—	—	23.3
L-苏糖酸钙	13	白色	无味	几乎无臭	—
甘氨酸钙	21	白色	味微甜	—	—
天门冬氨酸钙	12.0~13.8	白色	略有咸鲜味	无臭	—

注 "—"表示未有相关数据。

在含有蛋白质的液态食品（如液态奶、植物蛋白饮料等）中使用，容易引起蛋白质变性，破坏产品原有的性状。碳酸钙、生物钙、活性钙、骨钙、磷酸氢钙、乳钙等不溶于水，在液态食品中使用时会产生沉淀。葡萄糖酸钙可溶解于水中，口感较好，适用于钙强化饮料。因此，在这些液态食品中强化钙时往往需要添加胶类增稠剂（如卡拉胶、瓜尔胶）以防止钙盐的沉淀，或者添加稳定剂（如六偏磷酸钠或柠檬酸钾）提高强化饮料的品质。氨基酸钙的人体吸收利用率较其他钙盐高，但由于价格较高，一般食品企业不容易接受。乙酸钙具有特殊的乙酸气味，除可用于生产高钙醋和酸味饮料外，一般食品中不宜使用。

我国钙营养强化剂的使用范围及使用量的规定见表3-22。

表3-22 钙营养强化剂的范围及使用量的规定（GB 14880—2012）

食品分类号	食品类别（名称）	使用量/（mg·kg⁻¹）
01.01.03	调制乳	250~1000
01.02.02	风味发酵乳	250~1000①
01.03.02	调制乳粉（儿童用乳粉除外）	3000~7200
	调制乳粉（仅限儿童用乳粉）	3000~6000
01.06	干酪和再制干酪	2500~10000
03.01	冰激凌类、雪糕类	2400~3000
04.04.01.07	豆粉、豆浆粉	1600~8000
06.02	大米及其制品	1600~3200
06.03	小麦粉及其制品	1600~3200
06.04	杂粮粉及其制品	1600~3200

食品分类号	食品类别(名称)	使用量/(mg·kg^{-1})
06.05.02.03	藕粉	2400~3200
06.06	即食谷物,包括碾轧燕麦(片)	2000~7000
07.01	面包	1600~3200
07.02.02	西式糕点	2670~5330
07.03	饼干	2670~5330
07.05	其他焙烤食品	3000~15000
08.03.05	肉灌肠类	850~1700
08.03.07.01	肉松类	2500~5000
08.03.07.02	肉干类	1700~2550
10.03.01	脱水蛋制品	190~650
12.03	醋	6000~8000
14.0	饮料类(14.01、14.02及14.06涉及品种除外)	160~1350
14.02.03	果蔬汁(肉)饮料(包括发酵型产品等)	1000~1800
14.06	固体饮料类	2500~10000
16.01	果冻	390~800

①原卫计委公告 2016 年第 14 号。

2. 铁

铁是人体中重要的微量元素,其主要的生理功能为:

①构成血红蛋白和肌红蛋白,参与氧的运输。血红蛋白是由一个球蛋白与四个铁卟啉组成,与氧进行可逆性的结合,使血红蛋白具有携带氧的功能;肌红蛋白是由一个血红素和一个球蛋白组成,肌红蛋白的基本功能是在肌肉组织中起转运和储存氧的作用。如果铁的数量不足或铁的携 O_2 能力受阻,则产生缺铁性或营养性贫血。

②构成细胞色素和含铁酶,参与能量代谢。铁是细胞色素酶、过氧化酶、过氧化氢酶的组成成分,在生物氧化过程中起着十分重要的作用。细胞色素为含血红素的化合物,其在线粒体内具有电子传递作用,对细胞呼吸和能量代谢具有重要意义。

③维持正常的造血功能。红细胞中含铁约占机体总铁的2/3。缺铁可影响血红蛋白的合成,甚至影响 DNA 的合成及幼红细胞的增殖。

④参与其他重要功能。铁与维持正常免疫功能有关,研究发现缺铁可引起淋巴细胞减少和自然杀伤细胞活性降低。

另外,研究显示在催化促进 β-胡萝卜素转化为维生素 A、嘌呤与胶原的合成、脂类从血液中转运以及药物在肝脏解毒等方面均需铁的参与。同时还发现铁与抗脂质过氧化有关,随着铁缺乏程度增高,脂质过氧化损伤加重。铁的缺乏还可使具有抗脂质过氧化作用的卵磷脂胆固醇酰基转移酶活性下降。

我国是铁缺乏和缺铁性贫血(iron deficiency anemia,IDA)较为严重的国家之一,第四次《中国居民营养与健康现状调查报告》显示,我国居民贫血率平均为20.1%,2岁以内幼儿、60岁以上老人及育龄妇女的贫血率分别为31.1%、29.1%和19.9%。《中国居民营养与慢性病状况报告(2020)》显示,我国18岁及以上居民贫血率为8.7%,6~17岁儿童青少年贫血率为6.1%,孕妇贫血率为13.6%。

用于食品强化的铁制剂通常分为三代:第一代铁营养强化剂为无机铁,其代表为硫酸亚铁。自1831年首先用硫酸亚铁治疗"萎黄病"以来,它至今仍被多国药典和食品添加剂法典收载。为了提高铁吸收利用率,人们开发了第二代小分子有机酸铁盐络合物,如乳酸亚铁、富马酸亚铁、柠檬酸铁、EDTA铁钠等。第三代铁营养强化剂为氨基酸铁螯合物,其代表是甘氨酸亚铁。此外,还有血红素铁(卟啉铁)和多糖铁络合物的研制与应用。从溶解度上,用于食品强化的铁化合物可分为3类,各种铁制剂对水的溶解性并不完全相同。食品强化常用的铁化合物见表3-23。

表3-23　食品强化常用的铁化合物

	铁化合物	铁含量/%	相对生物利用率 (FeSO₄·7H₂O)/%	相对成本(mgFe)
水溶性	硫酸亚铁(含水)	20	100	1.0
	硫酸亚铁(无水)	37	100	1.0
	葡萄糖酸亚铁	12	89	6.7
	乳酸亚铁	19	67	7.5
	甘氨酸亚铁	20	>100[①]	17.6
	柠檬酸铁铵	18	51	4.4
	EDTA铁钠	14	>100[①]	16.7
微溶于水, 溶于弱酸	富马酸亚铁	33	100	2.2
	琥珀酸亚铁	35	92	9.7
	糖二酸亚铁	10	74	8.1
不溶于水, 微溶于弱酸	正磷酸铁	28	25~32	4.0
	焦磷酸铁	25	21~74	4.7
铁粉	氢还原铁粉	96	13~148[②]	0.5
	原子化铁	96	(24)	0.4
	一氧化碳还原铁粉	97	(12~32)	<1.0
	电解铁粉	97	75	0.8
	羰基铁	99	5~20	2.2
胶囊形式	硫酸亚铁	16	100	10.8
	富马酸亚铁	16	100	17.4

①植酸高的食品载体中,吸收率比硫酸亚铁高2~3倍;②高吸收率值是由用于实验性研究的极细颗粒度铁粉而得到的。

在各种铁营养强化剂中,水溶性铁适合用于短期内使用的谷物面粉的强化,也适用于低含水量食品的强化,如意大利面、奶粉和婴幼儿配方奶粉。为防止水溶性铁影响食品的感官质量,可将铁化合物包埋(微胶囊化)隔离后加入食品,使其不与食品成分发生反应。难溶于水的铁化合物的优势在于,这些化合物对食品的感官影响较小,所以在水溶性铁化合物造成食品载体感官产生不可接受的变化时,常作为第二选择铁剂。水不溶性铁化合物在使用水平下对食品载体的感官影响小,当居民的膳食中含较高的铁吸收抑制剂时通常将这类铁化合物作为最后的选择。

铁强化剂容易引起食品载体的感官变化,在不同条件下,同一种铁制剂对同一种食品的感官影响可能发生不同变化。因此,选择铁强化剂时,首先要考虑的是其对食品载体的感官影响。此外,铁盐用于食品营养强化时,应该注意以下几个问题:

(1)稳定性。

硫酸亚铁属于离子型化合物,溶解于水后解离出的亚铁离子极不稳定,在食品加工过程中大部分被氧化为三价离子,吸收率降低,失去营养强化作用,因此硫酸亚铁已逐渐被淘汰,葡萄糖酸亚铁、乳酸亚铁、柠檬酸亚铁等小分子化合物的稳定性也较差,卟啉铁和血红素铁稳定性好、吸收好,但价格很高,一般食品企业无法接受。

赵秋艳和李汴生比较了三种铁强化面粉的储藏稳定性,结果发现:硫酸亚铁在面粉中强化后,在储藏过程中绝大部分二价铁都变成了不溶性铁,储藏一个月后,已经无离子化铁存在。柠檬酸铁铵在储藏过程中不溶性铁增加,可溶性铁减少,一个月后绝大部分铁都变成了人体不能吸收的不溶性铁,不溶性铁含量达到 94.31%,可溶性铁仅为 5.65%,其中的可溶性铁部分以离子化状态存在,部分以可溶性复合铁的形式存在。乙二胺四乙酸铁钠(NaFeEDTA)在面粉储藏中,能够绝大部分保持在可溶性铁状态,不受面粉成分和储藏时氧化等条件的影响。在储藏一个月后,仍有 75% 以上的铁保持为可溶性铁。

(2)气味。

大多数铁盐都有一种特殊的"铁锈味",对食品的口感影响较大,有的铁盐本身就有"铁锈味",如乳酸亚铁,有的铁盐经加工后产生"铁锈味",如硫酸亚铁、葡萄糖酸亚铁等,这种"铁锈味"会严重影响强化食品的可口性,特别是生产供婴幼儿食用的食品时一定要避免使用这种铁盐。

用 $FeSO_4$ 加柠檬酸强化酱油,感官品尝发现有刺激性味道,即使是每 15 mL 酱油仅加入 5 mg 铁,采用 $FeSO_4$ 加柠檬酸强化酱油仍有较明显铁味。而 NaFeEDTA 强化酱油对酱油的感官品质无影响。

(3)色泽。

一些铁盐的颜色较深,如柠檬酸铁铵、柠檬酸铁、富马酸亚铁、葡萄糖酸亚铁、血红素铁等,其颜色多为棕色、红褐色等,在使用时应考虑对食品色泽的影响,特别是应用干混工艺添加时,其深颜色颗粒物常常会引起消费者误解,认为食品中含有异物而遭到质量投诉。另外,由于亚铁离子经加工后很容易氧化为三价离子,其颜色微棕色,对食品的色泽也会产生一定影响。

(4)反应性。

食品中添加铁时,可能会催化食品组分的变化,特别是易氧化组分。张晓鸣等研究了无机矿物质和氨基酸螯合物在婴幼儿配方奶粉中的应用性能,结果发现无机组维生素降解非常迅速,螯合组最慢。Bovell-Benjamin 等人认为,用甘氨酸铁强化的玉米粥由于易引起酸败,会降低产品的感官和储藏稳定性。但 Osman 等用甘氨酸亚铁强化牛奶的试验结果显示,牛奶是甘氨酸亚铁的良好的食物载体,甘氨酸亚铁没有引起牛奶的感观性状的改变。因此,甘氨酸亚铁尤其适合强化全脂奶粉及其他乳制品,可避免使用硫酸亚铁后出现的变质现象。但在谷粉及谷物食品中使用甘氨酸亚铁时,也应添加抗氧化剂,以防止甘氨酸亚铁引起的脂肪氧化。

此外,在对食品进行铁强化时,还应注意铁的吸收率。一些研究表明,不同铁制剂之间的吸收率差别较大。

大鼠试验研究表明,对于健康大鼠,双倍剂量的甘氨酸螯合铁组血清总铁结合力显著低于双倍剂量硫酸亚铁组,甘氨酸螯合铁对肝脏指数和肝脏铁都有显著的促进作用,甘氨酸螯合铁的吸收利用效果明显好于硫酸亚铁。对于缺铁大鼠,甘氨酸螯合铁补铁比硫酸亚铁见效快,甘氨酸螯合铁组的血清铁值比硫酸亚铁组上升快,甘氨酸螯合铁组肝脏指数和肝脏铁显著高于硫酸亚铁组。王立宽等的试验结果显示:蛋氨酸螯合铁组的血红蛋白、总铁结合力含量高于硫酸亚铁组,表明补充蛋氨酸螯合铁的生物利用率比硫酸亚铁显著增高,更能促进大鼠生长发育。这一结果证实了氨基酸螯合铁的吸收率优于硫酸亚铁。

Hurrell 等在研究中证实 NaFeEDTA 在植物性膳食中不易受到铁吸收抑制因子(如植酸)的影响,在植物性膳食结构中吸收率可高过 $FeSO_4$ 铁吸收率的2~3倍。霍君生等用稳定同位素法对 NaFeEDTA 强化酱油中 NaFeEDTA 的吸收率进行了研究,结果表明 $FeSO_4$ 铁在人体的平均吸收率为 4.73%,NaFeEDTA 为 10.51%。NaFeEDTA 强化面粉升高血红蛋白和增加人体铁储量的作用优于 $FeSO_4$ 强化面粉,$FeSO_4$ 强化面粉优于电解质铁强化面粉。

抗坏血酸能提高大多数铁化合物的吸收率,在铁强化食品中常添加抗坏血酸。例如,智利在推动公共卫生项目强化奶粉中使用铁和抗坏血酸,以控制婴幼儿和儿童的贫血。研究表明,抗坏血酸与铁添加比例为 2:1(质量比 6:1),成人和儿童能增加铁的吸收 2~3倍。在高植酸盐食品中,则采用更高摩尔比(4:1)添加抗坏血酸。

添加乙二胺四乙酸钠盐也能够减少抑制剂的影响,从而提高强化食品中铁的吸收率。在低 pH 值环境下,乙二胺四乙酸钠盐发挥螯合作用,阻止铁与植酸和多酚的结合,消除对铁吸收的抑制。但是,乙二胺四乙酸钠盐只能提高食品中铁和可溶性铁强化剂的吸收,对于不溶性铁化合物却无作用。

我国食品中营养强化剂铁的使用范围及使用量的规定见表 3-24。

表 3-24　铁营养强化剂使用范围及使用量的规定（GB 14880—2012）

食品分类号	食品类别（名称）	使用量/（mg·kg⁻¹）	食品分类号	食品类别（名称）	使用量/（mg·kg⁻¹）
01.01.03	调制乳	10~20	06.06	即食谷物,包括碾轧燕麦（片）	35~80
01.02.02①	风味发酵乳	10~20	06.04	杂粮粉及其制品	14~26
01.03.02	调制乳粉（儿童用乳粉和孕产妇用乳粉除外）	60~200	07.01	面包	14~26
			07.02.02	西式糕点	40~60
	调制乳粉（仅限儿童用乳粉）	25~135	07.03	饼干	40~80
	调制乳粉（仅限孕产妇用乳粉）	50~280	01.06①	干酪和再制干酪（仅限再制干酪）	60~100
07.05	其他焙烤食品	50~200	12.04	酱油	180~260
04.04.01.07	豆粉、豆浆粉	46~80	14.0	饮料类（14.01 及 14.06 涉及品种除外）	10~20
05.02.02	除胶基糖果以外的其他糖果	600~1200			
06.02	大米及其制品	14~26	14.06	固体饮料类	95~220
06.03	小麦粉及其制品	14~26	16.01	果冻	10~20

①原卫生部公告 2012 年第 15 号。

3. 锌

锌是人体必需的微量元素之一。作为人体中许多酶类的组成成分或辅酶,锌对全身代谢起着广泛作用。近年来,通过实验与临床应用证明,锌与机体的新陈代谢过程及某些疾病的发生密切相关。

锌的主要生理功能有:

（1）参加人体内许多金属酶的组成。

锌是人机体中 200 多种酶的组成部分,在按功能划分的六大酶类（氧化还原酶类、转移酶类、水解酶类、裂解酶类、异构酶类和合成酶类）中,每一类中均有含锌酶。人体内重要的含锌酶有碳酸酐酶、胰羧肽酶、DNA 聚合酶、醛脱氢酶、谷氨酸脱氢酶、苹果酸脱氢酶、乳酸脱氢酶、碱性磷酸酶、丙酮酸氧化酶等。它们在组织呼吸,以及蛋白质、脂肪、糖和核酸等的代谢中有重要作用。

（2）促进机体的生长发育和组织再生。

锌是调节基因表达即调节 DNA 复制、翻译和转录的 DNA 聚合酶的重要成分,因此,缺锌动物的突出症状是生长、蛋白质合成、DNA 和 RNA 代谢等发生障碍。儿童缺锌可导致缺锌性侏儒症。人体缺锌还会使创伤的组织愈合困难。

（3）促进食欲。

动物和人缺锌时,出现食欲缺乏。口服组氨酸以造成人工缺锌时（组氨酸可夺取体内结合于白蛋白的锌,使之从尿中排出,引起体内缺锌),也可引起食欲显著减退。

(4)锌缺乏对味觉系统有不良的影响,导致味觉迟钝。

锌可能通过参加构成一种含锌蛋白——唾液蛋白对味觉及食欲起促进作用。

(5)促进性器官和性机能的正常。

研究表明,缺锌大鼠前列腺和精囊发育不全,精子减少,给锌后可使之恢复。在人体,严重缺锌可能会使性成熟推迟,性器官发育不全,性机能降低,精子减少,第二性征发育不全,月经不正常或停止。

(6)保护皮肤健康。

缺锌可影响皮肤健康,出现皮肤粗糙、干燥等现象。在组织学上可见上皮角化和食道的类角化(这可能部分地与硫和黏多糖代谢异常有关,在缺锌动物身上已发现了这种代谢异常)。

(7)参加免疫功能过程,保持免疫反应。

根据锌在 DNA 合成中的作用,推测它在参加包括免疫反应细胞在内的细胞复制中起着重要作用。缺锌动物的胸腺萎缩,胸腺和脾脏重量减轻。人和动物缺锌时 T 细胞功能受损,引起细胞介导免疫改变,使免疫力降低。同时,缺锌还可能使有免疫力的细胞增殖减少,胸腺因子活性降低,DNA 合成减少,细胞表面受体发生变化。因此,机体缺锌可削弱免疫机制,降低抵抗力,使机体易受细菌感染。1978 年在牙买加的一次研究表明,锌缺乏是蛋白质—能量营养不良婴儿免疫力缺乏的原因。

(8)锌与糖尿病关系。

锌是胰岛素结晶体的成分之一,直接影响胰岛素的合成、储存、分泌、结构的完整和活性的发挥;也是人体内多种糖代谢酶的辅助因子和激活剂,直接参与葡萄糖的代谢;锌还参与调节胰岛素受体水平。

锌的每日需要量根据年龄、性别、妊娠和哺乳等情况而异。婴儿锌的 RDA 值为 5 mg/d,10 岁以下儿童为 10 mg/d,10 以上男性为 15 mg/d,10 岁以上女性为 12 mg/d,孕妇为 15 mg/d,哺乳期第一个和第二个 6 个月分别为 19 mg/d 和 16 mg/d。

人们对锌的摄入主要来源于食品,但不同的食品来源锌的含量不同,吸收率也有较大差异。豆类和小麦中含锌为 15~20 mg/kg,谷物碾磨后,锌含量将减少 80%;水果蔬菜为 2 mg/kg。由于含有植酸等,植物性食品中的锌的吸收率较低,仅为 1%~20%。动物性食品中锌含量较丰富,猪、牛、羊肉中锌的含量为 20~60 mg/kg,鱼及海产品为 15 mg/kg 以上,牡蛎、鲱鱼中锌含量极高,为 1000 mg/kg 以上;动物性食品中锌的吸收率为 35%~40%。

由于我国膳食结构以谷物为主,故存在着锌缺乏的现象。国内一些资料表明,我国缺锌的儿童高达 40%。因此,适量地补充锌是十分必要的。

锌营养强化剂主要分为三代:

第一代为无机锌,主要代表有硫酸锌、氯化锌、硝酸锌等。

无机锌是最原始的补锌产品,锌吸收利用率低(仅为 7%)。它们和体内胃酸结合,能产生氯化锌,氯化锌是强腐蚀剂,对胃肠道有刺激作用,易引起恶心、呕吐等。目前,第一代锌营养强化剂已不再使用。

第二代为有机酸锌,主要代表有葡萄糖酸锌、甘草锌、醋酸锌、柠檬酸锌、乳酸锌等。

有机酸锌多为弱酸弱碱盐,锌吸收利用率约14%,和体内胃酸结合,依然能产生氯化锌,因此有一定的副作用(如恶心、呕吐)。只能饭后服用以减少对肠胃的刺激,且含锌量较高,能拮抗钙、铁等其他微量元素的吸收。长期服用能导致缺钙、贫血等症状,须遵循医生指导,儿童及孕妇不建议用。

有机酸锌中,柠檬酸锌可用于糖尿病人补锌(因胰岛素的生成需要锌),弥补葡萄糖酸锌的不足(糖尿病人忌葡萄糖)。铁、锌同时严重缺乏时,选用柠檬酸锌可避免与铁起拮抗作用。柠檬酸锌品性好,无味,口感好,而葡萄糖酸锌、乳酸锌有涩味。

第三代为氨基酸锌,主要有蛋氨酸锌、甘氨酸锌、苏氨酸锌等。

氨基酸锌是新一代锌营养强化剂,具有以下特点:A. 化学结构稳定,防止不溶性物质形成,减少拮抗及其他破坏作用。B. 具有双重营养作用,独特的吸收方式提高吸收率,生物学效价高。C. 具有增强免疫力,提高抗病及抗应激能力。D. 适口性好,不良作用少。

我国《食品安全国家标准　食品营养强化剂使用标准》(GB 14880—2012)批准使用的锌营养强化剂的种类有:硫酸锌、氯化锌、氧化锌、乙酸锌、乳酸锌、柠檬酸锌、柠檬酸锌(三水)、葡萄糖酸锌、碳酸锌和甘氨酸锌。

GB 14880—2012 批准的常用锌营养强化剂的锌含量见表3-25。

表3-25　锌营养强化剂的锌含量(GB 14880—2012)

锌化合物	锌含量/%	锌化合物	锌含量/%
硫酸锌	22.7	柠檬酸锌	34.03
氯化锌	47.97	柠檬酸锌(三水)	31.1
氧化锌	80.34	葡萄糖酸锌	14.3
乙酸锌	35.04	碳酸锌	52.2
乳酸锌	22.2	甘氨酸锌	31.8

在食品中强化锌时,应注意锌与其他元素的拮抗作用,尤其是对儿童和糖尿病患者。

锌与铁、铜之间存在着拮抗作用。如补铁过多会影响锌的吸收,锌过多又妨碍铁的吸收利用;锌与铜也相互拮抗,补锌过多会干扰铜的吸收。现代医学研究认为,铜也是儿童生长发育必不可少的微量元素,它遍布全身的组织和器官,是血液中一种不可缺少的成分,还是人体内多种酶的活性成分,对人体的新陈代谢起着重要的调节作用。研究表明,儿童体内铜缺乏,可导致贫血、发育不良,甚至引起心肌变性,影响儿童的身心健康。

营养食物中的铁、铜等竞争吸收,往往引起锌的缺乏,成为诱发和加重糖尿病的因素之一。糖尿病引起的高血糖,阻碍了锌在肠道的吸收,增加其尿液中的排泄量;高血糖对铜的影响正好相反,使之吸收增加、排泄减少,结果体内铜/锌值失衡,进一步加重糖尿病病情。

我国食品中强化锌的使用范围及使用量的规定见表3-26。

表3-26 锌营养强化剂使用范围及使用量的规定(GB 14880—2012)

食品分类号	食品类别(名称)	使用量/ (mg·kg⁻¹)	食品分类号	食品类别(名称)	使用量/ (mg·kg⁻¹)
01.01.03	调制乳	5~10	06.06	即食谷物,包括碾轧燕麦(片)	37.5~112.5
01.03.02	调制乳粉(儿童用乳粉和孕产妇用乳粉除外)	30~60	07.01	面包	10~40
			07.02.02	西式糕点	45~80
	调制乳粉(仅限儿童用乳粉)	50~175	07.03	饼干	45~80
	调制乳粉(仅限孕产妇用乳粉)	30~140	14.0	饮料类(14.01及14.06涉及品种除外)	3~20
04.04.01.07	豆粉、豆浆粉	29~55.5			
06.02	大米及其制品	10~40	14.06	固体饮料类	60~180
06.03	小麦粉及其制品	10~40	16.01	果冻	10~20
06.04	杂粮粉及其制品	10~40			

第四节 增强食品的功能特性

一、增强食品功能特性的必要性

食品的功能特性是指食品对于特定食用人群所具有的调节机体功能、预防慢性疾病发生的特性,这种特性是由食品中的特定组分表现出来的。

随着社会的进步,生活水平的提高,人们对物质的追求不断得到满足,从而进一步提出了更新的要求。食品也是如此,当人们解决了温饱问题、满足了口腹之欲,对于一些特定人群,特别是"亚健康"人群,更希望食品具有特殊的功能,以通过食品获得有益于身体健康、增强体质和预防疾病的要求。

与普通强化食品不同的是,以具有生理功能的营养强化剂制备的强化食品即特殊膳食用食品,是"为满足特殊的身体或生理状况和(或)满足疾病、紊乱等状态下的特殊膳食需求,专门加工或配方的食品"。这类食品的营养素和(或)其他营养成分的含量与可类比的普通食品有显著不同,而具有生理功能的营养强化剂通常称作功能因子(functional factors)。

二、具有生理功能的营养强化剂

(一)膳食纤维

1. 膳食纤维的定义

"膳食纤维(dietary fiber,DF)"这一术语是 E. H. Hispley 于 1953 年首先提出的,用来描述食品中植物细胞壁的成分。20 世纪 70 年代后,膳食纤维与慢性疾病的关系才被人们逐渐认识。但对于膳食纤维,至今没有统一的定义。

过去建立在不同概念基础上的关于膳食纤维的定义可以归纳为三种:第一种是"植物学的"观点,认为膳食纤维是植物细胞壁的主要组成物质。第二种是"化学的"观点,结合了用于分析食物中膳食纤维的相关测定方法,认为是除淀粉外的多糖。第三种是"生理学的"观点,强调进食膳食纤维后对人体的营养价值,定义中包括所有在胃肠道上部不能被消化的多糖和木质素类物质,最近又把不能被小肠消化的低聚糖也扩展进去。

美国谷物化学家协会(American Association of Cereal Chemists,AACC)在 1999 年的第 84 届年会上将"膳食纤维"的定义确定为:膳食纤维是不能被人体消化道分泌的消化酶所消化的,且不能被人体吸收利用的多糖和木质素。这一定义被普遍接受。

2. 膳食纤维的理化性质

(1)高持水性。

膳食纤维的化学结构中有许多亲水基团,因此具有较强的吸水膨胀能力。这一特性使得膳食纤维进入人的胃肠后充分吸水膨胀,增加饱腹感。同时,膳食纤维的高持水性对调节肠道功能有重要影响,有利于增加粪便的含水量和体积,促进粪便排泄。

(2)结合阳离子。

膳食纤维分子中的羧基、羟基等基团可产生类似弱酸性阳离子交换树脂的作用,与阳离子,特别是有机阳离子进行可逆地交换,从而影响消化道的 pH 值、渗透压等,形成一个更缓冲的环境而有利于消化吸收。这种作用也会影响到机体对矿物质的吸收,但这些影响不是积极的。

(3)吸附作用。

膳食纤维表面带有的活性基团可以吸附或螯合胆固醇、胆汁酸、内源性及外源性的有毒物质等。其中膳食纤维对胆汁酸的吸附以氢键作用力为主,也可能是静电力、氢键力和疏水相互作用的结果。这种作用被认为是膳食纤维降血脂功效的机理之一。

(4)发酵作用。

膳食纤维不能被人体消化酶降解,但可被肠道内的微生物利用,产生乙酸、丙酸和丁酸等短链脂肪酸,降低肠内 pH 值,调节肠道菌群,诱导产生大量的好气性有益菌,抑制厌氧菌的生长。

由于好气菌产生的致癌物质较厌氧菌少,且即便产生也很快随膳食纤维排出体外,故成为膳食纤维能预防结肠癌的重要原因之一。

3. 膳食纤维的功能

（1）调节肠道微循环，改善大肠功能，防治便秘，预防结肠癌。

膳食纤维不能被人体消化吸收，但可为肠道微生物利用，特别是乳酸菌。人体肠道内双歧杆菌和乳杆菌的数量分别为 7.3 log CFU/g 和 7.0 log CFU/g，进食普通食品后，两种乳酸菌的数量分别为 7.5 log CFU/g 和 6.9 log CFU/g；而进食含膳食纤维的食品后，两种乳酸菌的数量分别为 8.3 log CFU/g 和 7.9 log CFU/g。乳酸菌的增殖，可以改善肠道微环境，抑制有害微生物的代谢。

（2）降低营养素利用率，有效控制体重。

膳食纤维的众多亲水基团具有较强的吸水膨胀能力，人们摄食膳食纤维后，在人的胃肠内充分吸水膨胀，增加饱腹感，从而可减少食物的摄取，达到控制体重的效果。

（3）改善血糖生成反应，预防糖尿病。

膳食纤维至少通过三种方式抑制膳后血糖升高：增加肠液的黏度，阻碍葡萄糖向肠壁扩散；在较高的葡萄糖浓度下吸附葡萄糖，降低葡萄糖的有效浓度；抑制了 α-淀粉酶作用于淀粉，延长了酶作用于淀粉的时间，减缓葡萄糖的释放。

有试验表明：膳食纤维改善血糖的生成主要表现在显著降低餐后 30 min 的血糖，但血糖的吸收并未减少。显然，应该是由于膳食纤维的存在而使碳水化合物的吸收被延迟。

（4）降低胆固醇，预防冠心病。

膳食纤维能够降低血清胆固醇的含量，其中水溶性膳食纤维的效果优于非水溶性膳食纤维。如非水溶性的小麦纤维在 pH=7.0 和 pH=2.0 时吸附的胆固醇量分别为 3.48 mg/g 和 2.17 mg/g，而水溶性的水果纤维在 pH=7.0 和 pH=2.0 时吸附的胆固醇量分别为 11.3 mg/g 和 10.75 mg/g。

膳食纤维影响脂肪的吸收、抑制体内血清胆固醇升高的机理较复杂，可能的途径包括：具有凝胶特性的膳食纤维在肠道内形成分隔，影响脂质与消化酶及肠壁的接触；膳食纤维通过有效吸附胆酸盐促进其排泄，降低微胶粒化效率；膳食纤维可加速脂肪通过胃肠的时间，缩短在肠道中的停留期；降低血清胆固醇外，很可能还有其他共同参与或单独发挥作用的生理功效。其中吸附胆汁酸、影响微胶粒化效率可能是最重要的因素。由于小肠内膳食纤维与胆酸盐和其他脂类物质呈结合状态并随粪便排出，从而促使胆固醇转化为胆酸进行补偿，因此，胆固醇含量减少。

（5）清除自由基，抗氧化作用。

结肠微生物利用膳食纤维发酵释放和产生羟自由基清除活性物质可能是膳食纤维清除自由基的重要原因之一。

（二）低聚糖

（1）双歧杆菌增殖因子。

低聚糖被人体摄入后，在大肠内被双歧杆菌利用，作为双歧杆菌生长繁殖所需的营养源，促进双歧杆菌快速增殖，调节肠道菌群，从而抑制有害细菌生长。成人每天摄取 5~

8 g,两周后每克粪便中双歧杆菌的数量可达到 1000 倍。

(2)促进合成维生素。

低聚糖可促进双歧杆菌在肠道内自然合成维生素,如维生素 B_1、维生素 B_2、维生素 B_{12}、烟酸和叶酸,并促进双歧杆菌发酵乳制品中的乳糖,使其转化为乳酸,解决人体的乳糖耐受性问题,使乳制品更易被人体消化吸收。

(3)促进吸收矿物质。

低聚糖促进双歧杆菌发酵乳糖而产生的乳酸,可溶解肠道内的钙、镁、铁等矿物质,促进人体对矿物质的吸收。同时,可降低 β-葡萄糖苷酶的活性,减少肠内有害毒物的产生并促使排泄,起到中医所说的“清肠”作用。

(4)防止肥胖。

低聚糖很难被消化道中的酶分解,很难被人体消化吸收。据测定,其热值在 6.2 J/g 以下。因此人体摄入后,不会引起肥胖。同时,因其类似于一种水溶性纤维,可以起到降低血清胆固醇和改善血脂的作用。

(5)防止龋齿。

低聚糖不能被龋齿细菌利用作能源,也不会被它们利用产生不溶性葡聚糖和大量乳酸,因此它是低龋齿性的。

(6)防止便秘。

双歧杆菌发酵低聚糖产生大量的短链脂肪酸能刺激肠道蠕动,改善肠道功能,增加粪便湿度并保持一定的渗透压,从而防止便秘的发生。在人体实验中每天摄入 3~10 g 低聚糖,一周之内便可起到“润肠通便”的效果。在了解低聚糖的功能性基础上,研究人员就可以有目的地研究开发某些功能性乳制品。例如在婴幼儿产品中的应用和针对中老年人群开发调节血脂乳制品、润肠通便乳制品等。

(三)多不饱和脂肪酸

近年来,越来越多的证据表明多不饱和脂肪酸(polyunsaturated fatty acids,PUFAs)在营养学上对人体有着广泛的保健作用。PUFAs 可分为:$\omega-3$ 型和 $\omega-6$ 型两种类型,且两者之间无法相互转化。在营养学上,这两类脂肪酸是人体的构成成分,也可以用来合成类花生酸(eicosanoid)类似物,而类花生酸在机体中发挥调节心血管、肺部、免疫和生殖等功能。多不饱和脂肪酸中有三种重要的 $\omega-3$ 型多不饱和脂肪酸和一种重要的 $\omega-6$ 型多不饱和脂肪酸,分别是 $\alpha-$亚麻酸($\alpha-$linolenic acid,LNA,C18:3 $\omega-3$)、二十碳五烯酸(eicosapentaenoic acid,EPA,C20:5 $\omega-3$)和二十二碳六烯酸(docosahexaenoic acid,DHA,C22:6 $\omega-3$)以及花生四烯酸(arachidonic acid,AA 或 ARA,C20:4 $\omega-6$)。

EPA 和 DHA 对机体健康有重要作用,包括可以减少患心血管疾病的风险和抗炎作用。此外,EPA 和 DHA 还能降低一些特定癌症的患病风险。DHA 对婴儿大脑和神经组织的发育特别重要。美国食品药品管理局在 2004 年 9 月发布声明认为,含有 EPA 和 DHA $\omega-3$ 脂肪酸的普通食品能降低冠心病的患病风险。

花生四烯酸是人体大脑和视神经发育的重要物质,对提高智力和增强视敏度具有重要作用。在幼儿时期 ARA 属于必需脂肪酸,但在婴幼儿体内合成 ARA 的能力较低,因此对正处于体格发育黄金期的婴幼儿来说,在食物中提供一定的 ARA,会更有利于其体格的发育。ARA 的缺乏对于人体组织器官的发育,尤其是大脑和神经系统发育可能产生严重不良影响。成长后 ARA 可由必需脂肪酸亚油酸、亚麻酸转化而成,因此属于半必需脂肪酸。高纯度的花生四烯酸是合成前列腺素(prostaglandins)、血栓烷素(thromboxanes)和白细胞三烯(leukotrienes)等二十碳衍生物的直接前体,这些生物活性物质对人体心血管系统及免疫系统具有十分重要的作用。花生四烯酸具有酯化胆固醇、增加血管弹性、降低血液黏度,调节血细胞功能等一系列生理活性。此外,花生四烯酸对预防心血管疾病、糖尿病和肿瘤等具有重要功效。

(四)多酚类物质

多酚类化合物是次生植物成分,从化学结构上看,酚类化合物是带有一个或多个羟基的芳香环化合物。天然存在的酚类化合物约 8000 种,其中类黄酮(flavonoids)化合物占一半。类黄酮是一类以 C_6-C_3-C_6 为骨架这基本特征的化合物,共分为六大类:黄酮醇(flavonols)、黄烷酮醇类(flavanonols)、花青素类(anthocyanins)、黄酮类(flavones)、黄烷酮类(flavanones)和异黄酮类(isoflavones)。

各种类黄酮化合物的差异在于它们在苯环上的羟基、甲氧基或其他取代基的数目不同。类黄酮化合物最典型的生理功能是抗氧化作用,这是由其苯环上的酚羟基决定的。分子轨道理论计算的研究结果表明,邻二酚羟基结构的抗氧化活性强于间二酚羟基。这种抗氧化活性成为类黄酮化合物各种生理功能的基础,由于类黄酮化合物强的抗氧化作用,可以通过清除体内自由基而调节血脂、降低血液黏稠度、预防心脑血管疾病;通过螯合金属离子而有效抑制由痕量金属离子参与催化的脂质过氧化过程;能够有效地阻止脂质过氧化引起的细胞破坏,可以防止细胞损伤和起到防癌抑癌的作用。

(五)类胡萝卜素

类胡萝卜素广泛存在于自然界的动物、植物、真菌、藻类和细菌中,是含在很多植物中的一种有色物质。由于首先在胡萝卜中发现,因而得名胡萝卜素。到 20 世纪末,类胡萝卜素已发现 700 多种,人体血浆中发现 20 多种。常见于食物中的类胡萝卜素有 50~60 种,如 β-胡萝卜素、番茄红素、叶黄素、虾青素等。

类胡萝卜素的生理和营养作用可以概括为:

(1)抗氧化作用。

类胡萝卜素的重要化学特征之一是猝灭单线态氧。单线态氧是极易转变为自由基的氧化物,能与细胞中的许多成分相互作用产生多种过氧化物而引发氧化损伤。而类胡萝卜素可与单线态氧相互作用,生成类胡萝卜素氧化物,它可以向周围的细胞溶液释放能量,从而消除细胞内强氧化剂的毒性。类胡萝卜素的抗氧化作用远高于维生素 E 和维生素 C。

（2）免疫调节作用。

人体免疫系统主要具有抵御病原体的作用,主要由免疫细胞、免疫器官和免疫分子组成,如淋巴细胞、白细胞、脾、抗体等。适宜的营养是免疫系统维持正常功能的基础。类胡萝卜素与维生素 A 能调节淋巴细胞的免疫反应。其中 β-胡萝卜素、叶黄素、虾青素等类胡萝卜素能增强体内的免疫反应。

（3）辅助抗癌作用。

类胡萝卜素通过捕获自由基,猝灭单线态氧,终止脂质过氧化等抗氧化作用,以及增强细胞间信息传递和免疫调节等多方面过程,起到一定的辅助抗癌作用。

（六）益生菌

益生菌这一概念最早来源于希腊语,意思是"对生命有益"。根据历史记载,人类最早食用的益生菌来自酸奶(优酪乳),早在公元前 3000 多年前,居住在土耳其高原的古代游牧民族就已经制作和饮用酸奶了。最初的酸奶可能源于偶然的机会。那时羊奶存放时经常会变质,是由于细菌污染了羊奶所致,但是有一次空气中的乳酸菌偶然进入羊奶,使羊奶发生了变化,变得更为酸甜适口,这就是最早的酸奶。公元前 2000 多年前,在希腊东北部和保加利亚地区生息的古代色雷斯人也掌握了酸奶的制作技术,他们最初使用的也是羊奶。后来,酸奶技术被古希腊人传到了欧洲的其他地方。益生菌的发展扫二维码可得。

益生菌的发展

国内外学者研究发现,益生菌的保健作用一般可以概括为以下几个方面:

（1）整肠作用,调整微生态失调,预防或改善腹泻。

益生菌活着进入人体肠道内,通过其生长及各种代谢作用促进肠内细菌群的正常化,抑制肠内腐败物质产生,保持肠道机能的正常。这对病毒和细菌性急性肠炎及痢疾、便秘等都有预防作用。一部分的益生菌能抗胃酸,可黏附在胃壁上皮细胞表面,通过其代谢活动抑制幽门螺旋杆菌的生长,预防胃溃疡的发生。

（2）缓解乳糖不耐症状,促进机体营养吸收。

益生菌有助于营养物质在肠道内的消化。它能分解乳糖成为乳酸,减轻乳糖不耐症。另外,双歧杆菌还可以降低血氨改善肝脏功能。

（3）代谢产物产生生物拮抗,增强人体免疫力。

益生菌可产生有机酸、游离脂肪酸、过氧化氢、细菌素抑制其他有害菌的生长;通过"生物夺氧"使需氧型致病菌大幅度下降,益生菌能够定殖于黏膜、皮肤等表面或细胞之间形成生物屏障,这些屏障可以阻止病原微生物的定殖,起着占位、争夺营养、互利共生或拮抗作用。并可以刺激机体的非特异性免疫功能,提高自然杀伤(NK)细胞的活性,增强肠道免疫球蛋白 IgA 的分泌,改善肠道的屏障功能。

(4)缓解过敏作用。

过敏是一种免疫疾病,是人体内免疫功能失调出现不平衡的状况。有过敏体质的人当外来物质或生物体刺激免疫系统产生免疫球蛋白(IgE)数量过多,使其释放出一种叫组织胺的物质从而引发过敏症状。益生菌疗法是目前国内外流行辅助治疗过敏的有效方法之一。能利用益生菌调节体内免疫球蛋白(IgE)抗体,达到缓解过敏的免疫疗法。

(5)降低血清胆固醇。

这可能与其调节和利用内源性代谢产物并且加速短链脂肪酸代谢有关。双歧杆菌、乳杆菌的微生态制剂,服后可使胆固醇转化为人体不吸收的粪甾醇类物质,从而降低胆固醇水平。

三、功能性营养强化剂在食品中的应用

1. 膳食纤维

膳食纤维主要包括由植物细胞壁内的储存物质和分泌物、部分半纤维素、部分微生物多糖和合成类多糖等构成的可溶性膳食纤维(soluble dietary fiber,SDF)和包括纤维素、不溶性半纤维素和木质素、抗性淀粉等成分的不溶性膳食纤维(insoluble dietary fiber,IDF)。两类纤维在功能上存在一定的差异(表3-27)。几乎所有的加工食品都可以强化膳食纤维,但鉴于膳食纤维的不同特性,在食品应用时应充分注意这一差异。一般来讲,可溶性纤维用在饮料等产品居多,而不溶性纤维多在烘焙等产品中应用,对于其他类产品,根据产品的需要,可以添加不同比例的两类膳食纤维。

表3-27 可溶性和不溶性膳食纤维的功能差异

生理功能	不溶性膳食纤维	可溶性膳食纤维
咀嚼时间	延长	缩短
胃内停留时间	略有延长	延长
对肠内 pH 值的影响	无	降低
与胆汁酸的结合	结合	不结合
可发酵性	极弱	较高
肠黏性物质	偶有增加	增多
大便量	增加	关系不大
血清胆固醇	不变	下降
食后血糖值	不变	抑制上升

我国原卫生部批准膳食纤维为保健食品原料,批准的功能为:润肠通便、降血脂、降胆固醇、减肥、抗癌。

　　世界卫生组织及许多国家都提出了膳食纤维摄入量的推荐指标(表3-28)。美国FDA推荐健康成人膳食纤维摄入量应为20~35 g/d,其中可溶性膳食纤维占25%~30%,不溶性纤维占70%~75%。中国营养学会2000年最新颁布中国居民营养素参考摄入量规定,膳食纤维摄入量为30.2 g/d。一般2~20岁的儿童、青少年,其摄入量推荐为年龄数加5~10 g/d。

表3-28　膳食纤维日摄取推荐量

国家	推荐摄入量	根据	推荐者
世界范围	27~40 g	TDF	世界卫生组织
	16~24 g	NSP	
法国	25~30 g	DF	法国胃肠病专家
比利时	26~38 g(男)	DF	国家营养委员会(非官方)
	19~28 g(女)		
英国	18 g	NSP	健康委员会食品政策办公室、健康膳食参考量办公室
德国	30 g	DF	德国营养学会
意大利	19 g	TDF	国家营养所
美国	25 g/8360 kJ(成人)	DF	美国健康基金会
	0.5~25 g(青少年)	DF	美国儿科研究院
	20~35 g或10~13 g/4184 kJ	TDF	美国FDA
日本	20~25 g	TDF	健康和福利省
中国	30.2 g(成人)	TDF	中国营养学会
	5~10 g(青少年)		

注　DF:膳食纤维;TDF:总膳食纤维;NSP:非淀粉多糖。

　　我国《食品安全标准　预包装食品营养标签通则》(GB 28050—2011)中规定,表明"膳食纤维来源或含有膳食纤维"营养声称的食品,其膳食纤维含量应满足以下要求,固体食品≥3 g/100 g(固体),液体食品≥1.5 g/100 mL(液体)或≥1.5 g/420 kJ。表明"高或富含膳食纤维或良好来源"营养声称的食品,其膳食纤维含量应满足以下要求,固体食品≥6 g/100 g(固体),液体食品≥3 g/100 mL(液体)或≥3 g/420 kJ。

2. 低聚糖

　　低聚糖又称寡糖(oligosaccharide),是指由2~10个糖苷键聚合而成的化合物。糖苷键是一个单糖的苷羟基和另一单糖的某一羟基缩水形成的。低聚糖通常通过糖苷键将2~4个单糖连接而成小聚体,它包括功能性低聚糖和普通低聚糖。功能性低聚糖不能被人体消化吸收,食用后可直入大肠,被大肠中的有益细菌双歧杆菌利用,从而使双歧杆菌处于优势地位而产生有益健康的功能,也称作双歧因子(bifidus factor)。

　　功能性低聚糖的生理功能主要有:

（1）促进双歧杆菌生长，抑制有害菌的繁殖和有毒代谢产物的产生。

每天摄入 210 g 的低聚糖，数周后肠道内双歧杆菌的活菌数平均增加 7.5 倍，有害菌（产气荚膜梭状芽孢杆菌）减少 81%；三周内减少有毒发酵产物 44.6%。

（2）防止便秘。

双歧杆菌代谢低聚糖可产生短链脂肪酸，刺激肠道蠕动，增加粪便的湿润度，从而防止便秘的发生。

（3）保护肝脏。

低聚糖促进双歧杆菌增殖后，减少了有毒代谢产物的数量，从而减轻了肝脏分解毒素的负担。

（4）降低血清胆固醇。

低聚糖具有类似水溶性植物纤维，能改善血脂代谢，降低血液中胆固醇和甘油三酯的含量。每天摄入 6~12 g 低聚糖持续 23 周，总血清胆固醇可降低 2~5 L。

（5）抗龋齿。

低聚糖水能被口腔致龋菌突变链球菌（*Streptococcu mutans*）代谢，因而不会引起龋齿现象。

低聚糖不仅是调整肠道功能的益生元，而且是具有一定甜度和黏度等糖类的属性，特别是低聚果糖有较好的风味，可以和蔗糖或代替蔗糖用于各种食品，也广泛应用于低热量食品、减肥食品中，高纯度低聚糖可用于糖尿病人食品和防龋齿食品。在欧洲，功能性低聚糖不作为食品添加剂管理，而作为食品配料广泛应用于各类食品。我国原卫生部批准低聚半乳糖、低聚果糖、多聚果糖、棉子糖为营养强化剂，批准低聚木糖、低聚半乳糖、多聚果糖和棉子低聚糖为新资源食品；批准的改善肠道菌群和润肠通便的功能食品中，已使用的低聚糖有低聚果糖、低聚异麦芽糖、低聚甘露糖、大豆低聚糖等；免疫调节功能的功能食品中应用的低聚糖有壳聚糖。

我国有关低聚糖的使用标准见表 3-29。

表 3-29　我国低聚糖的使用标准

种类	使用范围	用量	法规	备注
低聚木糖	各类食品，但不包括婴幼儿食品	≤1.2 g/d（以木二糖~木七糖计）	2008 年第 12 号[①]	新资源食品
低聚半乳糖	婴幼儿食品、乳制品、饮料、焙烤食品、糖果	≤15 g/d	2008 年第 20 号[①]	新资源食品
多聚果糖[②]	儿童奶粉、孕产妇奶粉	≤8.4 g/d	2009 年第 5 号[①]	新资源食品
棉子低聚糖	不包括婴幼儿食品	≤5 g/d	2010 年第 3 号[①]	新资源食品
低聚果糖	调制乳粉（仅限儿童用乳粉和孕产妇用乳粉）	≤64.5 g/kg	GB 14880—2012	营养强化剂

续表

种类	使用范围	用量	法规	备注
低聚半乳糖 （乳糖来源）	婴幼儿配方食品 婴幼儿谷类辅助食品	单独或混合使用，该类物质总量不超过 64.5 g/kg	GB 14880—2012	营养强化剂
低聚果糖 （菊苣来源）				
多聚果糖 （菊苣来源）				
棉子糖 （甜菜来源）				

①原卫生部公告；②聚合度 2~60。

3. 多不饱和脂肪酸

多不饱和脂肪酸作为功能性油脂营养强化剂，我国批准使用的来源为：二十二碳六烯酸油脂，来源于裂壶藻（*Schizochytrium*）、吾肯氏壶藻（*ulkenia amoeboida*）、寇氏隐甲藻（*Crypthecodinium cohnii*）和金枪鱼油（tuna oil）；花生四烯酸油脂，来源于高山被孢霉（*Mortierella alpina*）。

多不饱和脂肪酸包括 ω-3 和 ω-6 两种系列，对于两者之间的关系（ω-6/ω-3 PUFAs 适宜配比），各国及各专业组织给出了不同的推荐值。加拿大是第一个提出 ω-6/ω-3 PUFAs 配比推荐值的国家，成年男性为 6.25∶1，女性为 5.8∶1。世界卫生组织（WHO）和联合国粮农组织（FAO）提出膳食中 ω-6/ω-3 PUFAs 的合适比例为（5~10）∶1。美国专家推荐 ω-6/ω-3 PUFAs 的适宜摄入比例为 2.3∶1。日本建议 ω-6/ω-3 PUFAs 为（2~4）∶1。中国营养学会建议食用油中 ω-6/ω-3 PUFAs 配比为（4~6）∶1。根据能量供给的理想比例，ω-3 PUFAs 每天应能够提供 1% 的能量，即每天 80 kJ，相当于 α-亚麻酸（α-ALA）2.2 g，同时 α-亚油酸（α-LA）摄入量控制在 8.7 g 以下，以减少其对 α-ALA 转化为 EPA 和 DHA 过程的抑制。

由于多不饱和脂肪酸的双键数较多，故易氧化。研究表明：在大豆油和菜籽油中分别添加 0.05% 和 0.3% 的海藻油脂，储存 1 个月后，过氧化值均为原来的 3 倍以上。有研究指出：植物油的氧化稳定性和 PUFA 的含量成对应关系，即 PUFA 在脂肪酸中所占的比例越大，油的氧化稳定性越差。ω-6/ω-3 PUFA 比值越小，植物油的氧化稳定性越差。使用微胶囊化包埋对多不饱和脂肪酸进行处理，可提高其稳定性。

我国对多不饱和脂肪酸的使用规定见表 3-30。

表 3-30　我国多不饱和脂肪酸的使用规定

名称	类别	使用范围	使用量	法规
γ-亚麻酸	营养强化剂	调制乳粉	20~50 g/kg	GB 14880—2012
		植物油	20~50 g/kg	
		饮料类（14.01,14.06 涉及品种除外）	20~50 g/kg	

名称	类别	使用范围	使用量	法规
花生四烯酸	营养强化剂	调制乳粉（仅限儿童用乳粉）	≤1%（占总脂肪酸的百分比）	GB 14880—2012
		婴幼儿谷类辅助食品	≤2300 mg/kg	
	新资源食品	在婴幼儿食品中使用应符合相关标准的要求	≤600 mg/d（以纯花生四烯酸计）	卫生公告 2010 年第 3 号
二十二碳六烯酸	营养强化剂	调制乳粉（仅限儿童用乳粉）	≤0.5%（占总脂肪酸的百分比）	GB 14880—2012
		调制乳粉（仅限孕产妇用乳粉）	300~1000 mg/kg	
		婴幼儿谷类辅助食品	≤1150 mg/kg	
	新资源食品	在婴幼儿食品中使用应符合相关标准的要求	≤300 mg/d（以纯DHA 计）	卫生公告 2010 年第 3 号

4. 多酚类物质

随着人们对法兰西悖论现象的认识，多酚类化合物作为预防心血管疾病的物质逐渐被重视，最近对其生理功效的关注也正转向"健康"和"平衡"，因而多酚类化合物在食品工业中的应用也在不断增加。

1996 年，日本厚生省第 120 号公告将葡萄籽提取物列入《天然食品添加剂名单》，2002年 6 月，美国 FDA 公布经审查的公认安全食品（GRAS）的食品添加剂品种，其中包括葡萄籽和葡萄皮提取物。

我国已经将茶多酚作为抗氧化剂列入 GB 2760—2014 名录中，并于 1997 年和 1998 年分别批准茶多酚可作为具有调节血脂、免疫调节、调节血糖、耐缺氧和减肥功效的保健食品原料。另外，批准葡萄籽提取物作为具有增强免疫力（1997 年和 2011 年）、抗氧化（2011年）和祛黄褐斑（2011 年）功效的保健食品原料。

5. 类胡萝卜素

类胡萝卜素作为一类天然色素已被许多国家批准为食用色素，其中较重要的类胡萝卜素为 β-胡萝卜素、番茄红素和叶黄素。国际上，FAO/WHO JECFA，美国 FDA，欧盟，均已将它们列入食品添加剂使用品种，美国食品与药物管理局（FDA）还将它们批准为 GRAS 物质。此外，JECFA 认定番茄红素为 A 类营养素，美国 FDA 已批准叶黄素（phytoxanthin）为视神经营养补充剂，用于眼病的治疗；批准 β-胡萝卜素是安全的膳食补充剂及营养素。我国也将 β-胡萝卜素和叶黄素批准为食品营养强化剂。另外，2008 年原卫生部发布《2008 年第 12 号公告》，批准以万寿菊花为原料生产的叶黄素二棕榈酸酯为新资源食品。番茄红素也被原卫生部批准为保健食品原料。

我国规定，β-胡萝卜素可作为维生素 A 使用，即具有和维生素 A 相同的强化食品标准。此外，β-胡萝卜素还可以用于固体饮料类的营养强化，使用量为 3~6 mg/kg。叶黄素的使用标准见表 3-31。

表 3-31　我国叶黄素的使用标准

种类	使用范围	用量	法规
营养强化剂	调制乳粉(仅限儿童用乳粉,液体按稀释倍数折算)	1620~2700 μg/kg	GB 14880—2012
	婴儿配方食品	300~2000 μg/kg	
	较大婴儿和幼儿配方食品	1620~4230 μg/kg	
	特殊医学用途婴儿配方食品	300~2000 μg/kg	
新资源食品	焙烤食品、乳制品、饮料、即食谷物、冷冻饮品、调味品和糖果,但不包括婴幼儿食品	≤12 mg/d	原卫生部公告 2008 年第 12 号

6. 益生菌(probiotics)

益生菌是维持和改善人体肠道内微生物平衡的微生物活体食品添加剂,是定植于人体肠道、生殖系统内,能产生确切健康功效从而改善宿主微生态平衡、发挥有益作用的活性有益微生物的总称。

益生菌加入食品以改善人体健康必须符合以下标准:A. 必须具有良好的工艺特性,以利于在加工过程不丧失活性和功能性、不产生不良风味、不改变食品质构。B. 必须能够通过上胃肠食物通道并以活体形式到达作用部位。C. 必须能在肠胃环境下起作用。因此,在筛选益生菌菌株时要有严格的理论依据(图 3-1)。

图 3-1　筛选益生菌菌株的理论依据

我国原卫生部办公厅 2010 年 4 月 22 日印发卫办监督发〔2010〕65 号通知,发布了《可用于食品的菌种名单》(表 3-32)。原卫生部又于 2012 年发布第 8 号公告,将肠膜明串珠菌肠膜亚种(*Leuconostoc mesenteroides* subsp. *mesenteroides*)列入《可用于食品的菌种名单》。原卫生部、原卫计委和卫健委相继发布公告新增了可用于食品的菌种名单。2011 年,原卫生部发布第 25 号公告,批准了可用于婴幼儿食品的菌种名单(表 3-33);2014 年原卫计委发布第 10 号公告,2016 年原卫计委发布第 6 号公告,分别批准罗伊氏乳杆菌、发酵乳杆菌和短双歧杆菌可用于婴幼儿食品;2020 年卫健委发布第 4 号公告,批准瑞士乳杆菌、婴儿双歧杆菌和两歧双歧杆菌可用于婴幼儿食品。

表 3-32 可用于食品的菌种名单(卫办监督发〔2010〕65 号)

种属	名称	拉丁学名
双歧杆菌属 *Bifidobacterium*	青春双歧杆菌	*Bifidobacterium adolescentis*
	动物双歧杆菌(乳双歧杆菌)	*Bifidobacterium animalis*(*Bifidobacterium lactis*)
	两歧双歧杆菌	*Bifidobacterium bifidum*
	短双歧杆菌	*Bifidobacterium breve*
	婴儿双歧杆菌	*Bifidobacterium infantis*
	长双歧杆菌	*Bifidobacterium longum*
乳杆菌属 *Lactobacillus*	嗜酸乳杆菌	*Lactobacillus acidophilus*
	干酪乳杆菌	*Lactobacillus casei*
	卷曲乳杆菌	*Lactobacillus crispatus*
	德氏乳杆菌保加利亚亚种(保加利亚乳杆菌)	*Lactobacillus delbrueckii* subsp. *bulgaricus*(*Lactobacillus bulgaricus*)
	德氏乳杆菌乳亚种	*Lactobacillus delbrueckii* subsp. *lactis*
	发酵乳杆菌	*Lactobacillus fermentium*
	格氏乳杆菌	*Lactobacillus gasseri*
	瑞士乳杆菌	*Lactobacillus helveticus*
	约氏乳杆菌	*Lactobacillus johnsonii*
	副干酪乳杆菌	*Lactobacillus paracasei*
	植物乳杆菌	*Lactobacillus plantarum*
	罗伊氏乳杆菌	*Lactobacillus reuteri*
	鼠李糖乳杆菌	*Lactobacillus rhamnosus*
	唾液乳杆菌	*Lactobacillus salivarius*
	清酒乳杆菌[①]	*Lactobacillus sakei*
	弯曲乳杆菌[②]	*Lactobacillus curvatus*
链球菌属 *Streptococcus*	嗜热链球菌	*Streptococcus thermophilus*
乳球菌属 *Lactococcus*	乳酸乳球菌乳酸亚种[③]	*Lactococcus lactis* subsp. *lactis*
	乳酸乳球菌乳脂亚种[③]	*Lactococcus lactis* subsp. *cremoris*
	乳酸乳球菌双乙酰亚种[③]	*Lactococcus lactis* subsp. *diacetylactis*

续表

种属	名称	拉丁学名
丙酸杆菌属 Propionibacterium	费氏丙酸杆菌谢氏亚种④	*Propionibacterium freudenreichii* subsp. *shermanii*
	产丙酸丙酸杆菌⑤	*Propionibacterium acidipropionici*
片球菌属 Pediococcus	乳酸片球菌⑥	*Pediococcus acidilactici*
	戊糖片球菌⑥	*Pediococcus pentosaceus*
明串球菌属 Leuconostoc	肠膜明串珠菌肠膜亚种⑦	*Leuconostoc mesenteroides* subsp. *mesenteroides*
葡萄球菌属 Staphylococcus	小牛葡萄球菌⑧	*Staphylococcus vitulinus*
	木糖葡萄球菌⑧	*Staphylococcus xylosus*
	肉葡萄球菌⑧	*Staphylococcus carnosus*
芽孢杆菌属 Bacillus	凝结芽孢杆菌⑨	*Bacillus coagulans*
	马克斯克鲁维酵母⑩	*Kluyveromyces marxianus*

①原卫计委公告 2014 年第 20 号；②卫健委公告 2019 年第 2 号；③原卫生部公告 2011 年第 1 号；④原卫生部公告 2010 年第 17 号；⑤原卫计委公告 2014 年第 20 号；⑥原卫计委公告 2014 年第 6 号；⑦原卫生部公告 2012 年第 8 号；⑧原卫计委公告 2016 年第 4 号；⑨原卫计委公告 2016 年第 6 号；⑩原卫生部公告 2013 年第 16 号。

表 3-33　可用于婴幼儿食品的菌种名单

菌种名称	拉丁学名	菌株号	备注
嗜酸乳杆菌①	*Lactobacillus acidophilus*	NCFM	原卫生部公告 2011 年第 25 号
动物双歧杆菌	*Bifidobacterium animalis*	Bb-12	原卫生部公告 2011 年第 25 号
乳双歧杆菌	*Bifidobacterium lactis*	HN019/Bi-07	原卫生部公告 2011 年第 25 号
鼠李糖乳杆菌	*Lactobacillus rhamnosus*	LGG/HN001	原卫生部公告 2011 年第 25 号
罗伊氏乳杆菌	*Lactobacillus reuteri*	DSM17938	原卫计委公告 2014 年第 10 号
发酵乳杆菌	*Lactobacillus fermentum*	CECT5716	原卫计委公告 2016 年第 6 号
短双歧杆菌	*Bifidobacterium breve*	M-16V	原卫计委公告 2016 年第 6 号
瑞士乳杆菌	*Lactobacillus helveticus*	R0052	卫健委公告 2020 年第 4 号
婴儿双歧杆菌	*Bifidobacterium infantis*	R0033	卫健委公告 2020 年第 4 号
两歧双歧杆菌	*Bifidobacterium bifidum*	R0071	卫健委公告 2020 年第 4 号

①仅限用于 1 岁以上幼儿的食品。

复习思考题

1. 什么是食品营养强化剂和营养素？

2. 食品营养强化的意义是什么？

3. 简述 GB 14880—2012 批准使用的营养强化剂种类及特点。

4. 什么是 INQ？有何意义？

5. 什么是氨基酸评分？有何作用？

6. 什么是营养声称？

7. 营养强化过程如何确定营养素的强化量？

8. 若某种食品声称为高钙产品,其钙含量应为多少？

9. 简述具有生理功能的营养强化剂的种类及其典型生理功能。

课件　　　　　　　　　思政小课堂

第四章 改善食品的质构

本章主要内容：了解食品质构的含义及特点，熟悉不同食品添加剂在食品质构中所起的作用；掌握提高液态食品稳定性的增稠剂和乳化剂的作用机理、增强凝胶食品胶凝性的凝固剂的作用原理、提高肉制品保水性的水分保持剂的作用原理、改善面食制品松软性的膨松剂的作用原理；掌握常用增稠剂、乳化剂、凝胶剂、水分保持剂、膨松剂的特性与使用注意事项；了解该类食品添加剂的发展趋势。

第一节 概述

一、食品质构的含义及特点

食品质构也称食品质地，是食品的一个重要属性，也是消费者评价食品质量的重要特性之一。质构（texture）一词本来是指织物的编织组织、材料构成等情况的概念。但随着对食品物性研究的深入，人们对食品从入口前到接触、咀嚼、吞噬时的印象，即对美味口感，需要有一个语言的表现，于是就借用了"质构"这一用语。质构一词目前在食品物性学中已被广泛用来表示食品的组织状态、口感及美味感觉等。研究食品质构的表现、质构的测定和质构的改善等，也逐渐成为一门学问，称为食品质构学。用身体某些部位通过接触而感知到的细腻程度、咀嚼时产生的声音等特性，称为食品质构特性。

较早对食品质构进行定义的是 Samuel A. Matz（1962），他认为"食品的质构是除温度感觉和痛觉以外的食品物性感觉，它主要由口腔中皮肤及肌肉的感觉来感知"。后来 Amihud Kramer（1970）又提出手指对食品的触摸也应属于质构的表现。ISO（国际标准化组织）规定的食品质构是指"力学的、触觉的，可能还包括视觉、听觉的方法能够感知的食品物流学特征的综合感觉"。虽然对食品质构的统一和明确的定义有争议，但是可以明确指出，食品质构是与食品组织结构和状态有关的物理量，是与以下三方面感觉有关的物理性质，即：用手或手指对食品的触摸感；目视的外观感觉；口腔摄入时的综合感觉，包括咀嚼时感到的软硬、黏稠、酥脆、滑爽感等。由此可见，食品的质构是其物理特性并可以通过人体感觉而得到的感知。

食品质构有如下特点：

①质构是由食品的成分和组织结构决定的物理性质。

②质构属于机械的和流变学的物理性质。

③质构不是单一性质，而是属于多因素决定的复合性质。

④质构主要是由食品与口腔、手等人体部位的接触而感觉的。

⑤质构与气味、风味等化学反应无关。

⑥质构的客观测定结果用力、变形和时间的函数来表示。

食品质构的属性取决于食品组分及其之间的相互作用,但是宏观上却以物理特征为主。总之,由食品的组织结构决定的质构特性是物理特性,是人们主要通过接触而感觉到的主观感觉。但为了揭示质构的本质及更准确地描绘和控制食品质构,可以通过仪器和生理学方法测定质构特性。

质构在感官特性中的重要程度分为下列3个方面:

①关键因素:对于某些食品,其质构决定其质量,如肉品、薯片、爆米花、芹菜等。

②重要因素:对于某些食品,其质构对其质量影响较大,但不是关键因素,如水果、蔬菜、奶酪、面制品、糖果等。

③次要因素:对于某些食品,其质构对其质量影响不大,如饮料、汤类和粥饭等。

二、食品质构的研究目的

食品质构特性首先反映在视觉和食用口感方面,其次与产品质量稳定性有密切关系。质构是消费者评价食品质量的重要特性之一。质构与产品的口感有关。口感是人们摄取食物时口腔和舌对食品的感知。它与食品的密度、黏度、表面张力及其他物理性质有关。其中,食物在口腔和咽喉内的移动或流动状态对食品质量的感知作用最大。随着消费水平的提高,人们对口感等质构要求越来越高,方便、快捷、安全食品所占的比例也越来越大。因此,对产品质构的研究开发将被得到重视。

食品通过加工可以改变其质构,改变和改善原材料的固有特性,增加其食用和商品价值。比如小麦原始特性表现为硬度大,质构坚硬,口感和消化吸收性能不好,但通过加工制成面粉,然后制成各种面制品如面包等,则完全改变了其原始特性,变成人们喜爱的食品。面包与小麦或面粉相比,具有人们嗜好的质构,易于消化吸收的特性,并且具有不同的商品价值。

食品品质包括的几种因素中,质构、滋味(风味、气味等)、外观(颜色、大小、形状等)主要是直接凭感觉判断的,而营养方面的价值主要是通过化学分析的方法确定的。消费者对食品的美味,通常联想到酸、甜、苦、辣等由化学组成所决定的因素,然而一些研究表明,决定食品美味的因素中,食品的物理特性在某些食品中占有更重要位置。松本等人曾对16种常见食品进行消费者的心理调查。他们把食品的美味影响因素分为物理因素和化学因素,其中物理因素包括软硬、黏稠、酥脆性、滑爽感、形状、色泽、温度等;化学因素包括甜、酸、苦、咸、涩、香气等。结果发现除了酒、果汁、腌菜等少数几种食品外,大部分食品决定香味的主要是物理因素,尤其是米饭、豆腐、汤圆、饼干等主要食品,物理性质的影响占70%左右。

因此,研究食品质构可以达到以下5个目的:

①解释食品的组织和结构特性。

②解释食品在储藏、加工、食用过程中所发生的物质变化。

③改善食品的质构及感官评价。

④为实际生产高品质和功能性好的食品提供理论依据。

⑤提高检测食品质地的技术方法,明确食品质构仪器检测和感官评价的关系。

三、食品的质构特性与产品开发

外观、营养、风味、质构是食品重要的属性。食品的质构特性是消费者判断许多食品质量和新鲜度的主要标准之一。当一种食品进入人们口中的时候,通过硬、软、脆、湿度、干燥等感官能够判断出食品的一些质量如新鲜度、陈腐程度、细腻度及成熟度等。食品的质构特性如马铃薯片的脆性,面包的新鲜度,果酱的硬度,黄油、蛋黄酱的涂布性能,布丁的细腻性等都可使消费者产生一定的吃的美感,从而能够刺激消费者的消费需求。当调查消费者对一个好的薯片的口感要求时,90%的人认为脆性好、硬度合适最重要。

尽管食品的质构是影响食品口感非常重要的特性,但它很少被食品开发者理解并经常被忽视。在产品的研究开发中,产品的设计者经常会考虑产品的风味、外观、制造流程,而很少考虑产品的质构,但质构始终是产品属性中的一个重要特性,可以说是与产品的口感紧密联系的一个属性。因此,当创新一个产品或重新设计一个已存在的产品时,食品开发者确实需要注意食品的质构特性。

新产品开发过程中,当考虑食品的结构和稳定性等特性时,实际是在考虑构建食品的结构体系,这个结构体系也是产品风味释放和外观表象的基础。产品的质构主要影响产品5个方面的特性:A. 质构影响食品食用时的口感质量。B. 质构影响产品的加工过程,如黏度过小的产品充填在面包夹层中很难沉积在面包的表面,又如我们开发脂肪替代的低脂产品时,构建合适的黏度来获得合理的口感,但如果产品过黏,可能很难通过板式热交换器进行杀菌等。C. 质构影响产品的风味特性。一些亲水胶体、碳水化合物,以及淀粉通过与风味成分的结合而影响风味成分的释放。现在许多研究都集中于怎样利用这种结合来使低脂食品的风味释放与高脂食品相匹配,最终达到相似的口感。D. 质构与产品的稳定性有关。一个食品体系中,若发生相分离,则其质构一定很差,食用时的口感质量也很差。E. 质构也影响产品的颜色和外观,虽然是间接的影响,但也确实影响产品的颜色、平滑度和光泽度等性质。

下面举例说明质构分析在不同食品新产品开发中的实际应用。

1. 在肉产品中的应用

评估饲养、营养、生长率对瘦肉与肥肉比率和嫩度的影响;评估热烫、机械拣选、冷冻、老化及保藏对于不同肌肉嫩度的影响;测量制造肉产品包装中的水分,产品的韧度和紧度;建立消费者可接受的质量等级。

2. 在水果蔬菜中的应用

评估作物的品种、种植操作、收获及处理方法、储存、成熟期对加工过程的影响;建立质量等级标准和作物产量的预计;根据成熟度可选择合适的化学添加剂来使产品具有足够的硬度、多样性的质构、装罐等特性。

3. 在米、面制品中的应用

评估面粉和其他食品配方中的成分、原材料的变化而导致的加工工艺的变更和配方的变化;为速食食品或脱水食品建立烹调的条件,如为消费者建立合适的烹调时间和温度等。

4. 果冻等凝胶类食品

评估原材料质量,在不同混合方式和其他成分的添加下,果胶等胶体的凝胶质量以及凝胶的结构等。

5. 快餐食品

评估面团和膏状物的配方对于挤压特性的影响,测量包装材料对于新鲜度保持、破损保护的有效性。

6. 糖果食品

评估原材料、加工标准、成分变化,以及加工操作对产品一致性的影响。测量糖衣的咀嚼性、弹性、脆性和货架期的相互关系。

7. 焙烤食品

评估面团的稠度,添加剂对于黏性产品质量和质构的影响。分析冷冻和包装对于货架期的影响。

8. 糊、酱、膏状食品(如番茄酱、调味酱等)

评估混合物的稠度、在不同的加工阶段的黏度特性,通过高含量固形物黏度的测量来决定果胶的保持性,获得标准及最终产品的稠度。

9. 乳品

评估脱脂或低脂乳品中,组成成分对产品滑腻感的作用和影响。评估奶酪的质量和奶酪的实际应用。研究奶酪中脂肪和水分含量的变化对于流变特性的影响。

总之,随着消费者消费水平的提高,质构特性的感官分析和仪器分析在食品的新产品开发中扮演越来越重要的角色。食品的研究开发者需要开发良好质构的产品来满足消费者的需求。随着技术的进步,人们也会开发一些先进的仪器设备,更能够模仿人类口腔进食时的运动,以准确反应食品的质构特性,与食品真正的口感相匹配。

四、食品添加剂对食品质构的作用

食品加工过程中使用食品添加剂可以改善食品品质,使之色、香、味、形和组织结构俱佳,还能延长食品保存期,便于食品加工、改进生产工艺和提高生产效率等。日常生活中的许多食品,如糕点、面包、方便面、饮料、冰激凌等都离不开食品添加剂。消费者喜爱的面包和糕点就是使用面粉和膨松剂加工而成的;炎炎夏日,那些清凉爽口的冷饮往往需要一些增稠剂、甜味剂、酸味剂等。食品添加剂大大促进了食品工业的发展,被誉为现代食品工业的灵魂。现代食品工业产品,几乎无一不用食品添加剂,食品添加剂对食品品质的作用主要有以下几方面。

1. 改善食品的感官性状

食品的色、香、味、形态和质构等是衡量食品感官质量的重要指标。食品加工后会出现褪色、变色、风味和质构的改变,适当使用着色剂、护色剂、漂白剂、乳化剂和增稠剂等食品添加剂,可明显提高食品的感官质量,满足消费者的不同需要,如乳化剂可防止面包硬化,着色剂可赋予食品诱人的色泽等。

2. 增加食品的品种和方便性

随着人们生活水平的不断提高,生活节奏加快,促进了食品品种的开发和方便食品的发展。不少超市已拥有 2 万种以上的食品供消费者选择,它们大多数是具有防腐、乳化、增稠等不同功能的食品添加剂配合使用的结果。这些琳琅满目的食品,尤其是方便食品的供应,给人们生活和工作带来极大的便利。

3. 有利于食品加工

在食品加工中使用消泡剂、乳化剂、稳定剂和凝固剂等食品添加剂,往往有利于食品的加工。例如,采用葡萄糖酸-δ-内酯作为豆腐的凝固剂,有利于豆腐生产的机械化和自动化。在制糖工业中添加乳化剂,可缩短糖膏煮炼时间,消除泡沫,提高过饱和溶液的稳定性,使晶粒分散、均匀,降低糖膏黏度,提高热交换系数,稳定糖膏,进而提高产量与质量。在制造巧克力时,若不添加乳化剂,制造时不但费时费力,且制出的巧克力品质差,其结果是糖有结晶现象,巧克力有变硬、变脆而易断的情形发生,若加入乳化剂,不但可简化制造过程,而且产品品质良好。

第二节　提高液态食品的稳定性

近年来,随着现代食品加工技术的飞速发展,人们生活水平的显著提高,饮料已成为人们日常生活中必不可少的饮品,我国的饮料工业也得到了飞速的发展。饮料是经过加工制造的、供人们饮用的食品,以能提供人们生活必需的水分和营养成分,达到生津止渴和增进身体健康的目的。概括而言,饮料可分为两大类,含酒精饮料和软饮料。含酒精饮料包括各种酒类;软饮料并非指完全不含酒精的饮料,例如饮料中所用的香精往往是以酒精为溶剂的,此外发酵饮料也可能含微量的酒精。从组织形态来分,饮料可分为固态、共态和液态饮料 3 种。固态饮料以糖(或不加糖)、果汁(或不加果汁)、植物抽提物及其他配料为原料,加工制成的粉末状、颗粒状或块状的经冲溶后饮用的制品,一般其水分含量在 5% 以内。共态饮料是指那些既可以是固态,又可以是液态的,在形态上处于过渡状态的饮料,如冷饮中的冰激凌等。液态饮料是指那些固形物含量在 5%~8%(浓缩类饮料达到 30%~50%),没有一定形状,容易流动的饮料。

我国的饮料工业是改革开放以后发展起来的新兴行业,1982 年列为国家计划管理产品,当年全国饮料总产量 40 万吨。30 多年来,我国饮料工业从小到大,已初具规模,成为有一定基础,并能较好地适应市场需要的食品工业重点行业之一。饮料工业的快速发展,对国民经济建设和人民生活质量提高做出了应有的贡献。饮料已成为人民日常生活中不可缺少的消费食品。

我国饮料工业经过 30 多年的发展,品种不断增加,包装日益齐全,质量不断提高。现在饮料主要包括碳酸饮料、果汁、蔬菜汁、含乳饮料、植物蛋白饮料、瓶装饮用水、茶饮料、特殊用途饮料、固体饮料及其他饮料 10 大类产品。

一、影响液态饮料稳定性的因素

饮料在储藏过程中产生的混浊称为后混浊,其形成很难预测,形成后不仅影响澄清饮料的感官品质,而且会影响消费者对饮料中营养的吸收与利用,从而降低其商品价值,影响饮料的货架期,因此,成为制约饮料工业发展和提高饮料品质的关键技术问题。对饮料后混浊原因的研究已有 60 年的历史,早在 20 世纪 40 年代 Neuberrt 就定性研究了苹果汁混浊物,发现沉淀物中含有氮、硫、磷、铁等元素。在大量实验基础上,经学者们共同努力,现在已证实高价无机阳离子(如铁、铜、钙、镁)、淀粉、果胶质、蛋白质、酚类化合物、阿拉伯聚糖、微生物等是造成果蔬汁后混浊的主要原因。影响饮料稳定性的因素主要有以下 4 个方面。

1. 淀粉

淀粉是某些水果重要组成部分,其含量常随水果成熟度增加而减少。通常新鲜水果中淀粉含量较高,如果制作果汁时淀粉水解不完全,剩余的淀粉在果汁储藏过程中易形成后混浊。在果汁加工中常使用的热烫处理,能促使淀粉糊化而易于被淀粉酶水解。Zobel 等人研究发现,储藏过程中已糊化的淀粉会发生老化,为了减少淀粉产生的混浊,在果汁加工中常使用淀粉酶,淀粉酶不完全水解产生的糊精也会回生而产生混浊物质。淀粉和糊精老化时,可以与果汁中的蛋白质、酚类化合物聚合,共同形成混浊。

2. 果胶类物质

为了提高果汁得率,工业上常使用"液化酶"处理原料,液化酶是多种酶的复合体,它们共同作用降解植物细胞壁,使细胞壁中复杂的多糖组分部分降解而进入果汁。在这些复杂的碳水化合物中,最难澄清和过滤的是果胶质的"毛发区",该部分主要由阿拉伯半乳聚糖构成,这些中性聚糖类物质能污染超滤膜使果汁澄清困难。Churms 等在研究时发现苹果汁混浊物主要由阿拉伯聚糖构成,另外含有少量的己糖与己糖醛酸。Belleville 等人在红葡萄酒中也发现了以阿拉伯聚糖为主的混浊,阿拉伯聚糖与蛋白质结合形成复杂的混浊物。Brillouet 等用酶水解苹果汁中的阿拉伯半乳聚糖—蛋白质复合物使其阿拉伯糖含量减少,结果发现酶降解阿拉伯半乳聚糖—蛋白质复合物后仍然可以导致苹果汁产生混浊。

3. 酚类化合物

植物中常存在一些酚类化合物,酚类化合物引起果蔬汁混浊可能是酚类之间发生了聚合反应。在完整的植物细胞中,多酚氧化酶与酚类化合物被隔离在不同的空间。当榨汁或酶法液化后,植物细胞破碎,致使多酚氧化酶与酚类化合物接触而催化其氧化聚合。在众多酚类化合物中,儿茶素和原花青素聚合物是形成酚类混浊物的前体,这些前体物质聚合产生高分子酚类聚合物。在果蔬汁储藏过程中由于酶促与非酶促氧化使聚合物进一步聚合,从而导致酚类聚合物颗粒变大而沉淀。此外,酚类化合物还可能与蛋白质、果胶等物质聚合形成混合物而导致沉淀发生。Hagerman 报道了蛋白质与花青素间相互作用,形成蛋白质酚类聚合物而沉淀,大量的研究表明缩合单宁是形成混浊的主要酚类物质。未被氧化的原花青素能与蛋白质形成氢键,进而形成不溶性复合物。原花青素在酸溶液中部分水解,并发生再聚合,形成大的不溶性聚合物,故无论有没有蛋白质参与,原花青素最终都会产生混浊和沉淀物。

4. 蛋白质

果蔬汁中通常含有少量蛋白质,蛋白质在果汁加工过程可能因为热处理而发生变性,从而使溶解性变小并产生混浊沉淀。Beveridge 研究果蔬汁混浊物成分时发现,混浊物中蛋白质占 11.4%~29.0%,蛋白质与酚类化合物形成的复合物是果汁形成混浊的原因之一。Siebert 等认为,果汁发生混浊的主要原因是酚类化合物与富含脯氨酸和羟脯氨酸的蛋白质相互结合的结果。较高温度使蛋白质暴露出更多的结合位点,从而形成更多的蛋白质—多酚聚合物。Hsu 等人通过对苹果汁混浊物中蛋白质电泳分析,认为相对分子质量在 21000~31000 的蛋白质与蛋白质—多酚混浊有关。

关于饮料二次沉淀物中蛋白质的研究表明,无论是蛋白质—多酚沉淀,还是多糖—蛋白质沉淀,相对分子质量较小的蛋白质均起重要作用,如苹果汁中蛋白质—多酚沉淀物中蛋白质相对分子质量为 21000~31000,葡萄酒中多糖—蛋白质沉淀物中蛋白质相对分子质量为 24000~56000。

二、提高液态饮料稳定性的增稠剂及作用原理

液态饮料生产中常使用食品添加剂,增强饮料产品的感官品质,赋予饮料产品优良的质构、口感、色泽,提高产品质量。含果肉的悬浮果蔬汁饮料具有营养全面、风味好、功能性强等优点,在国内外市场上颇受欢迎。然而,含果肉的悬浮性饮料属热力学不稳定体系,在储存过程中易出现分层、稳定性降低等现象。澄清果汁在储藏过程中会出现混浊或二次沉淀,不仅影响果汁的感官品质,而且会影响消费者对果汁营养物质的吸收利用,降低果汁的商品价值。

分析研究果蔬变色、变味、分层、沉淀的成因,根据食品物理、化学原理、复合蔬菜汁和果蔬汁的品质要求,合理选择天然食品添加剂的剂型和配方,研究适合复合果蔬汁专用的稳定剂。稳定剂包括色泽稳定剂、风味稳定剂和体态稳定剂,在复合果蔬汁的研究中主要考虑体态稳定剂。

增稠剂是一类可以提高食品黏稠度或形成凝胶,从而改变食品的物理性状,赋予食品粘润、适宜的口感,并兼有乳化、稳定或使呈悬浮状态作用的食品添加剂。增稠剂在食品中

添加量较低,却能有效改善食品的品质和性能。食品增稠剂一般都是能溶解于水中的亲水性高分子化合物,可通过水合而形成高黏度的均相液体,也称水溶胶或食品胶。食品增稠剂还兼有稳定、悬浮、凝胶、成膜、充气、乳化、润滑、改良组织结构等多种功能,应用极为广泛。根据增稠剂的制备来源,可将其分为天然与合成两大类,食品增稠剂中的物料以天然型为主。天然增稠剂又可进一步分为植物性、动物性、微生物性增稠剂。下面举几例常用食品增稠剂。

(一) 植物性增稠剂

1. 琼脂

琼脂又称琼胶、冻粉、洋菜,是一种多糖物质,从红藻类植物中提取并干制而成。琼脂是以半乳糖为主要成分的一种高分子糖类,为半透明色至浅黄色薄膜带状或碎片、颗粒及粉末,无臭或稍带特殊臭味,口感黏滑,不溶于冷水,溶于沸水。在冷水中吸收近20倍的水而膨胀,溶于热水后,即使浓度低(0.5%),也能形成坚实的凝胶。浓度在0.1%以下,则不能形成凝胶而成黏稠液体。琼脂具有胶凝性、稳定性、能与一些物质形成络合物等物理化学性质,并含有多种微量元素,具有清热解暑、开胃健脾功效。琼脂食用后不被人体酶分解,所以几乎没有营养价值。琼脂在食品工业中可用作增稠剂、凝固剂、悬浮剂、乳化剂、保鲜剂和稳定剂。饮料工业中采用琼脂可以增加果汁、果酱的黏稠度,改善冰激凌的组织状态,并能提高黏结能力,能提高冰激凌的黏度和膨胀率,防止形成粗糙的冰结晶,使产品组织滑润。琼脂还可以用于果酒的澄清。在蛋白饮料产品中,琼脂可作为发酵酸牛奶的增稠剂和凝固剂,以增加酸牛奶凝块的硬度并防止有水析出。但琼脂的水溶液对热和酸很不稳定,尤其是在低酸度条件下加热,会使琼脂降解,故在产品设计中应注意。

琼脂还广泛用于制作粒粒橙等各种悬浮饮料中。在粒粒橙饮料中,以琼脂做悬浮剂,并使用浓度0.01%~0.05%就可以使颗粒悬浮均匀。琼脂在啤酒生产中可作为铜的固化剂,与其中的蛋白质和单宁凝聚后沉淀除去,从而琼脂可作为辅助澄清剂,加速和改善啤酒澄清。

2. 果胶

果胶是陆生植物组织细胞间和细胞膜中存在的一类支撑物质的总称,其主要成分为多缩半乳糖醛酸甲酯。商品果胶为白色或带黄色的浅灰色或浅棕色的粗粉和细粉,几乎无臭,口感黏滑,溶于20倍水形成乳白色黏稠状胶态溶液,呈弱酸性,耐热性强,几乎不溶于乙醇及其他有机溶剂,用甘油、砂糖糖浆湿润或与3倍以上的砂糖混合,可提高溶解度。果胶的聚半乳糖醛酸羧基部分可被甲酯化,一般将酯化度为50%~75%的称为高酯(HM)果胶,酯化度为20%~50%的称为低酯(LM)果胶。天然存在的果胶都是HM果胶,经酸或碱处理后得到LM果胶。

果胶的可溶性使其在饮料生产中常被使用,是一种优良的食品添加剂,在蛋白饮料中既可作为增稠剂和胶凝剂,又可作为乳化剂和稳定剂。果胶在酸性乳饮料的利用上,由于乳饮料中的蛋白质以酪蛋白占多数,在等电点(pH=4.6)以下会产生凝集,在加热时凝集特别严重,而乳饮料制作过程中,杀菌是不可避免的,为了防止凝集、沉淀,就必须添加稳定剂,而果胶是相当良好的稳定剂,通常使用酯化度在70%的HM果胶。蛋白质属于两性电解质,具有正、负电荷,在等电点以下正电荷较多,而果胶为酸性多糖,常带负电荷。属于酸性(pH=4.0)的乳品饮料如果添加果胶,其所带的负电荷与酪蛋白的正电荷结合,酪蛋白粒子被果胶覆盖而受到保护,就可以防止凝集和沉淀。

在发酵型乳酸饮料、配制型果味(果汁)酸奶饮料和果汁饮料中常使用果胶,起悬浮剂和稳定剂的作用,它可使蛋白和果汁稳定,口感丰富,即使在pH值下降到3.6时,也不会出现沉淀和分层。在果汁或果汁汽水中加入适量的果胶溶液,能延长果肉的悬浮效果,同时改善饮料的口感。如果是制造浓缩汁也可加入果胶,使其成胶冻,然后把该胶冻搅拌打碎,此浓缩汁冲稀饮用时,同样可达到上述效果。另外,在速溶饮料粉中加入适量的果胶能改善饮料的质感和风味。由于果胶在其中起增稠和稳定作用,从而提高了产品的质量。果胶也可用作冷饮食品(如冰激凌等)的稳定剂。

另外,果胶作为一种耐酸性食品胶,对酸乳酪饮料起稳定作用,能延长这类制品的保存期。果胶在果汁中有明显的增稠作用,其黏度特性使果汁具有新鲜果汁的风味,能达到天然饮料的逼真效果。对于粒粒橙及带果肉型饮料,可解决粒粒橙及含果肉悬浮饮料的分层、黏壁问题,可增强果肉的悬浮作用,给予制品纯正的口感。

3. 瓜尔胶

瓜尔胶又称瓜尔豆胶、胍胶,由瓜尔豆种子的胚乳提取精制而成,主要成分是半乳甘露聚糖,是天然高分子水溶胶。瓜尔胶为白色至浅黄色自由流动的粉末,接近无臭,能分散在热水或冷水中形成黏稠液,是天然胶中黏度最高的一种。由于其水溶性好,吸水性强,黏度高,老化时间短,与其他胶体有良好的协同增效作用,故广泛用作冰激凌中的稳定剂,但其抗融性较差。少量瓜尔胶虽然不能明显地影响这种混合物在制造时的黏度,但能赋予产品滑溜和糯性的口感。另外,瓜尔胶可使产品缓慢融化,并提高产品抗骤热的性能。用瓜尔胶稳定的冰激凌可以避免由于冰晶生成而引起颗粒的存在。制作时,将瓜尔胶、食糖及制冰激凌的其他干料成分混合在一起,然后加入果汁、水、牛奶等,最后瓜尔胶的浓度不超过0.5%。

在果汁饮品加工中,先将若干瓜尔胶经快速搅拌,溶解于少量果汁内,然后将此溶液加入大量果汁内,使最后瓜尔胶的浓度不超过0.5%。对即溶果汁干粉,则加不超过0.05%瓜尔胶与果汁干粉混合即可。加入瓜尔胶于果汁饮料中可防止油环的形成。瓜尔胶不能避免果汁饮品因果肉囊及其他固体沉淀而呈现的混浊,但它可以减缓沉淀过程,粒子越小,沉淀越慢。更重要的是,只要轻轻摇动瓶子,瓜尔胶能使已沉淀的物体容易再次平均散开,不会形成小块。

4. 海藻酸钠

海藻酸钠又称藻朊酸钠、褐藻酸钠、海带胶,是从海草、海带、海藻中提取精制而成的多糖类,是天然高分子亲水胶。其水溶性好,吸水性强,有较高的搅打发泡率,能改善淀粉的糊口感,有良好的加工性能,能与钙离子形成热不可逆凝胶,是一种天然优质的冰激凌稳定剂,但黏度低、口溶性较差。若将磷酸盐或其他磷与钙形成难溶性盐类的化合物添加于海藻酸钠溶液中,可抑制其凝固效果,这一特性在调制含乳饮料时应注意,必要时进行调整。海藻酸钠与牛乳中的钙离子作用形成海藻酸钙,而形成均一胶冻,在酸性条件下这一作用更为明显。将海藻酸钠适量添加到凝固型酸奶中可以起到良好的效果,也可应用在配制型果汁奶和搅拌型酸奶中。

用海藻酸钠代替明胶、淀粉等冷饮食品的稳定剂,能使配料混合均匀,易于搅拌和溶化,在冷冻时可调节流动,使冰激凌产品具有平滑的外观及融化特性,同时也无须陈化时间,膨胀率也较大,产品口感平滑、细腻、口味良好,用量也比其他常用稳定剂要低。

5. 卡拉胶

卡拉胶又称角叉菜胶、鹿角藻胶,从海洋藻类植物中提取精制而成,是由半乳糖所组成的多糖类物质,有较强的凝胶性和较高的黏度,又有良好的水溶性和搅打性能。与瓜尔胶、槐豆胶、魔芋胶有良好的协同增效作用,具有很强的蛋白质稳定作用,可与蛋白质形成均相、稳定的三维网络结构,从而起到乳化和稳定蛋白的作用,防止乳清析出。卡拉胶在巧克力牛奶或可可豆奶中可悬浮可可粉颗粒,防止浓缩牛奶脂肪分离。

卡拉胶在饮料中的作用主要是凝胶、悬浮、赋形和增稠等。例如,ι-型卡拉胶能形成柔顺的有弹性的凝胶且形成的胶不会在室温下融化,很适用于常温存放、无须冰箱冷藏的食品。它形成的凝胶不会随老化时间延长而变硬,但是它的熔点较高,致使产品的口感下降。κ-型卡拉胶产生的凝胶较硬,脆性大,不像ι-型卡拉胶所形成的凝胶那样柔顺。在κ-型卡拉胶加入槐豆胶或琼脂可获得柔软的质构,κ-型卡拉胶和ι-型卡拉胶的混合物与纯净的刺槐豆胶可用于生产低热型产品,其中酸的加入必须在处理后期,以防止卡拉胶的过度水解。水果饮品冲剂一般含糖或甜味剂、酸、香精,ι-型卡拉胶或κ-型卡拉胶在制成的饮品中含量为1%或0.2%时就可提供良好的质感和令人愉快的口感。另外,由于卡拉胶能与蛋白发生络合作用,从而也能在一定程度上提高植物蛋白饮料在受热时的稳定性。

卡拉胶在啤酒生产工艺中能作为酒澄清的助剂。在啤酒的整个酿造阶段,有两个重要的生产过程,即麦芽汁制备和啤酒发酵。啤酒发酵正常与否,决定于所制备麦芽汁质量的优劣,清亮透明的外观是体现麦汁质量的一个重要方面。在麦汁制备过程中,采用麦汁澄清剂,除去多余的蛋白质,是获得清亮透明麦汁的一种重要途径。卡拉胶是所有麦汁澄清剂中较为理想的一种。

(二)动物性增稠剂

1. 明胶

明胶由动物的皮、骨、韧带、肌膜等提取精制而成的蛋白质,乳白色至淡黄色固体,为亲水胶。明胶有凝胶作用,凝胶的熔点低、水溶性好;有很强的起泡作用,能替代鸡蛋改善冰激凌的搅打性能,提高冰激凌的膨胀率,是冰激凌生产中使用时间最长的稳定剂。但由于明胶黏度低、用量大、老化时间长、使用工艺烦琐,目前一般很少单独使用。

在酿酒发酵中,明胶常可作澄清剂用于啤酒、露酒、果汁等产品的生产中。明胶与单宁能生成絮状沉淀,在静置后,呈絮状的胶体微粒与混浊物经吸附凝聚成块,一并沉下后可经过过滤后除去。明胶是澄清梨酒和果子酒的最好胶体之一,但加入的明胶不能过量,以防损害酒的风味和理想的琥珀色。质量差的明胶则会起悬浮剂作用。在啤酒澄清中所用的是含明胶0.5%的水溶液。但必须注意,在用明胶时切勿使用有机酸。明胶用作果汁、葡萄酒和醋的澄清剂时,用量为0.1%~0.3%。

明胶还可以用于不同类型的酸奶中,最突出的作用是稳定剂。明胶可使低脂酸奶达到类似高奶油含量酸奶的组织状态,提高其可接受性。在酸奶制品中,明胶分子的功能是形成弱的凝胶网状结构,防止乳清渗出和分离。高强度明胶的稳定能力和较高熔点,使其可单独用于酸奶制品中。

2. 甲壳素和壳聚糖

甲壳素(chitin),又称甲壳质、几丁质、壳蛋白、壳多糖,是许多低等动物,特别是节肢动物(如昆虫类、甲壳类及其他动物等)外壳的重要成分,也存在于低等植物(如真菌、藻类)的细胞壁中。甲壳素是自然界第二种丰富的天然聚合物(第一是纤维素),其原料来源十分丰富,且制备简单。甲壳素不溶于水,在强碱条件下或采用酶解作用可发生脱乙酰作用,即成为壳聚糖。壳聚糖学名聚氨基葡萄糖,又名可溶性甲壳素,在许多方面同样有着广泛的用途。

近年来,甲壳素和壳聚糖在食品工业中已开发了许多应用,如减肥食品、胃肠道保健食品、人造肉类食品、口腔保健食品等。这里主要介绍其作为食品添加剂在饮料中的应用。

第一,作为果汁和果酒的澄清剂。要得到澄清的果汁,除了需除去悬浮物和沉淀外,还要除掉易导致混浊的果胶、蛋白质等胶体物质。壳聚糖分子带正电荷,与果汁或果酒中带负电荷的阴离子电解质相互作用,从而破坏起稳定作用的胶体结构,经过滤使果汁或果酒澄清。

第二,作为食品增稠剂。当使用甲壳素和$CaCO_3$作为面条的增稠剂时(其使用量为0.4%~0.8%),能有效提高面条的稠度;采用不溶或微溶性的壳聚糖粉末加入鸡蛋清中制备食品凝胶,也可以提高其硬度和弹性。

第三,作为食品稳定剂。壳聚糖或它的有机酸溶液可作为蛋黄酱、调味酱、奶油或人造黄油的稳定剂。除此之外,甲壳素和壳聚糖也可作为食品乳化剂、食品抗氧化剂或食品风味改进剂等。

(三)微生物性增稠剂

1. 黄原胶

黄原胶又称黄胶、汉生胶,是由黄单胞菌发酵产生的细胞外酸性杂多糖。为类白色至浅黄色粉末,假塑性好,耐酸碱,耐高温,在较低浓度下也能获得较高的黏度,有良好的悬浮稳定性、很好的口感和风味释放能力。它与瓜尔胶、羧甲基纤维素钠(CMC-Na)、魔芋胶、刺槐豆胶等复配使用,在黏稠度、悬浮性能、胶凝性上都有良好的协同增效作用。

黄原胶的流变性使果汁具有良好的灌注性,并能赋予饮料爽口的特性。它可以在低pH值下完全溶解,并且用低浓度溶液能长时间有效地悬浮果肉,使制品保持风味、浓度、口感和组织的均一稳定。黄原胶可提高水果和巧克力饮料的口味,使其口感丰满,香味浓郁。低浓度的黄原胶溶液在低pH下可起稳定作用,并可与饮料中常见的多种其他配料(包括乙醇)配伍。同时黄原胶的稳定效果明显优于其他胶,具有较强的热稳定性。一般的高温杀菌对其不会有影响。可用于各种冷饮、果汁饮料、果肉饮料、速溶固体饮料等,用量0.1%~0.4%。

在乳品生产中,黄原胶能使高速搅拌的牛奶、冰激凌、含乳饮料得到稳定,增加黏度,防止脂肪上浮,提高热稳定性,改善液体和泡沫型原料的乳化稳定性及控制流动性能。

2. 结冷胶

结冷胶又称凯可胶、洁冷胶,是用生物发酵法从少动鞘脂单胞菌得到的多聚糖胶质凝胶剂,有用量低、透明度高、香气释放能力强、耐酸、耐酶等优点。干粉呈米黄色,无特殊气味,结冷胶可在各类食品中广泛应用。在食品工业中,结冷胶不仅仅是作为一种胶凝剂,更重要的是它可提供优良的质构和口感,并且结冷胶的凝胶是一种脆性胶,对剪切力非常敏感,食用时有入口即化的感觉。结冷胶具有良好的风味释放性和在较宽pH值范围内稳定的特性。它可用于改进食品组织结构、液体营养品的物理稳定性、食品烹调和储藏中的持水能力。结冷胶与其他食品胶有良好的配伍性,以增进其稳定性或改变其组织结构。

在食品工业中,结冷胶主要作为增稠剂、稳定剂,可用于饮料、速溶咖啡、冰激凌等诸多食品中,结冷胶作为稳定剂(与其他稳定剂复配使用效果更好)应用于冰激凌中可提高其保形性;结冷胶在糕点如蛋糕、奶酪饼中添加,具有保湿、保鲜和保形的效果。还有,根据应用研究证实,以结冷胶为悬浮剂主剂的饮料不仅悬浮效果十分理想,而且耐酸性强,在饮料储藏过程中表现出很好的稳定性,而这是其他用来做悬浮剂的植物胶体所不具备的优点。

(四)人工合成增稠剂

1. 羧甲基纤维素钠

羧甲基纤维素钠,又称改性纤维素,简称CMC-Na,由纤维素与一氯醋酸在碱性条件下处理获得,为白色纤维状或颗粒状粉末,是现代食品工业中一种重要的食品添加剂,为亲水性高分子胶。它水溶性好,黏度较高,在长时间冷藏中保持冰激凌表面干燥,不收缩;有良好的假塑性赋形作用,可与多数植物胶相溶;具有增黏、分散、稳定等作用;在果汁饮料中可起到增稠作用;在酸性饮料中如酸性牛奶、果汁牛奶、乳酸菌饮料中可防止蛋白质沉淀,使产品均匀稳定;在蛋白饮料中由于其乳化性能和对蛋白质的凝胶作用,可防止蛋白饮料出现分层、油花、沉淀等。含有1%柠檬酸或5%醋酸的耐酸型羧甲基纤维素钠溶液,可在室温下保存数月,而不发生明显变化,这一优良性质使其在酸性饮料中被普遍使用。

CMC-Na应用于液体饮料中,可使其在容器中悬浮均匀饱满,色泽鲜艳、醒目,并可延长保鲜期。其使用量按固型物与水溶液总量的0.3%~0.4%添加。在乳酸奶、酸性饮料中,耐酸型CMC-Na,可起到稳定作用,具有防止沉淀分层、改善口感、提高品质、耐高温等特性;可以延长产品的货架时间;抗酸性强,pH值在2~4范围内,可以改善饮料口感,入口滑爽;使用量在0.4%~0.5%。CMC-Na应用于豆奶中,可以起到悬浮、乳化稳定的作用,防止脂肪上浮下沉,并能对豆奶增白、增甜、除豆腥等有良好效果,使用量按总量的0.5%配比添加。CMC-Na应用于冰激凌中,可使成形性能好,不易破碎;保持冰结晶体,舌触有滑感;光泽好,美观;其冰晶少,抗融化,口感细腻润滑,色泽增白,原体积增大,达到提高质量增加效益的效果,使用量按总量的0.5%配比添加。

CMC-Na还可用于酒类生产,使酒质的口味圆润,陈化后,口感更为醇厚、馥郁,后味绵长。它具有稳定特性,故可用于啤酒的泡沫稳定剂,在啤酒中添加CMC-Na可使泡沫丰满、持久、改善口感。

2. 海藻酸丙二醇酯

海藻酸丙二醇酯又称藻酸丙二酯、藻朊酸丙二醇酯,简称PGA,是海藻酸钠和环氧丙烷反应生成的酯类化合物。为黄色至浅黄色纤维状粉末或粗粉,几乎无臭、无味,溶于水形成黏稠溶液,也溶于稀有机酸,在pH值为3~4的酸性溶液中能形成凝胶,不产生沉淀,抗盐性强,对铬、铁、铜、铅、钡等金属离子不稳定。当酸浓度上升,则溶液的黏稠度增加。本品除具有良好的胶体性质外,因分子中有丙二醇基,故亲油性大,乳化稳定性好,常用于酸性乳饮料的稳定剂和乳化剂。它与羧甲基纤维素钠(CMC-Na)、果胶对蛋白质的稳定效果不同,当添加量超过电荷中性时,在PGA-蛋白质结合物上更进一步吸附PGA,将蛋白质的负电荷围起来,使之成为极稳定的分散体系,这种稳定的乳蛋白即使添加果汁,也不会产生沉淀。

海藻酸丙二醇酯在酸奶及含乳饮料中得到广泛应用。海藻酸丙二醇酯应用在酸奶中能够赋予酸奶产品天然的质地口感,即使在乳固形物添加量降低的条件下也能很好地呈现出这种特性;能够有效地防止产品形成粗糙凹凸表面,使产品的外观平滑亮泽;在发酵期间不受环境pH的影响,并且在温和搅拌的条件下,就容易均匀分散在酸奶中;PGA具有良好的分散性和溶解性,并且在整个加热过程中保持稳定。此外,PGA还可以在酸乳中提供乳化作用,能够使含脂的酸奶平滑、圆润,口感更好。PGA还可改善面条性质和质构。PGA与其他食用胶复配用于含乳饮料也具有一定的市场竞争力。

根据GB 2760—2014《食品安全国家标准 食品添加剂使用标准》,常用的各种增稠剂的使用规则见表4-1。

表4-1 常用的各种增稠剂的使用规则

添加剂名称	英文名称	使用食品名称	最大使用量/$(g \cdot kg^{-1})$
瓜尔胶	guar gum	稀奶油	1.0
		较大婴儿和幼儿配方食品	1.0 g/L
果胶	pectins	发酵乳、稀奶油、黄油和浓缩黄油、生湿、干面制品、其他糖和糖浆、香辛料类	按生产需要适量使用
		果蔬汁(浆)	3.0

添加剂名称	英文名称	使用食品名称	最大使用量/(g·kg⁻¹)
海藻酸丙二醇酯	propylene glycol alginate	乳及乳制品	3.0
		调味乳、风味发酵乳	4.0
		淡炼乳、氢化植物油、水油状脂肪乳化制品	5.0
		冰激凌、雪糕类	1.0
		果酱、可可制品、巧克力和巧克力制品、胶基糖果、装饰糖果、顶饰和甜汁、生湿面制品、方便米面制品、调味糖浆	5.0
		半固体复合调味料	8.0
		果蔬汁(肉)饮料(包括发酵型产品等)	3.0
		含乳饮料	4.0
		植物蛋白饮料	5.0
		咖啡饮料类	3.0
		啤酒和麦芽饮料	0.3
海藻酸钠	sodium alginate	发酵乳、稀奶油、黄油和浓缩奶油、生湿面制品、干面制品	按生产需要适量使用
		其他糖和糖浆	10.0
		香辛料类、果蔬汁(浆)	按生产需要适量使用
刺槐豆胶	carob bean gum	婴幼儿配方食品	7.0
黄原胶	xanthan gum	稀奶油	按生产需要适量使用
		黄油和浓缩黄油	5.0
		生湿面制品	10.0
		生干面制品	4.0
		其他糖和糖浆	5.0
		香辛料类、果蔬汁(浆)	按生产需要适量使用
甲壳素	chitin	氢化植物油	2.0
		其他油脂或油脂制品	2.0
		冷冻饮品	2.0
		果酱	5.0
		坚果与籽类的泥(酱)	2.0
		醋	1.0
		蛋黄酱、沙拉酱	2.0
		乳酸菌饮料	2.5
		啤酒和麦芽饮料	0.4

续表

添加剂名称	英文名称	使用食品名称	最大使用量/(g·kg⁻¹)
卡拉胶	carrageenan	稀奶油、黄油和浓缩黄油、生湿面制品	按生产需要适量使用
		生干面制品	8.0
		其他糖和糖浆	5.0
		香辛料类	按生产需要适量使用
		婴幼儿配方食品	0.3 g/L
		果蔬汁（浆）	按生产需要适量使用
壳聚糖	chitosan	大米	0.1
		西式火腿类、肉灌肠类	6.0

三、选择增稠剂的依据

目前,液态饮料中应用较广泛的增稠剂主要有琼脂、黄原胶、瓜尔胶、羧甲基纤维素钠（CMC-Na）、海藻酸钠、卡拉胶。这些增稠剂的应用原则是在保证混浊饮料不沉淀分层的前提下尽可能减少用量,以免影响产品风味和口感。通过比较各种增稠剂的应用特点,进行复合试验,得出优化的复合增稠剂。

1.增稠剂的种类

使用增稠剂时应注意选择合适的种类,才能对饮料的感官性状和稳定性产生有益的作用。选择增稠剂时主要考虑的因素有:A. 同 pH 值条件下的稳定性、电解质的存在,以及与其他成分（包括盐类、蛋白质和其他添加剂）的协同性。B. 产品的组织形态（透明、混浊）和口感（糊口和爽口）。C. 使用时的方便性,主要是溶解性、储藏稳定性。D. 价格或相对成本,食品添加剂法规、标准等。

2.增稠剂的浓度

增稠剂在很低浓度下就能产生较高的黏度,但不同增稠剂在同一浓度下的黏度是不同的,甚至差异很大。不同的饮料往往选择不同的增稠剂,例如果胶相对黏度较低,酸稳定性好,HM 果胶能与酪蛋白颗粒作用,使之均匀稳定分散于酸性溶液中,因而成为酸性果汁乳饮料的重要稳定剂。

饮料用的增稠剂还应考虑其流变学特性。增稠剂的流变学特性会影响饮料的口感,某些假塑性的胶类,例如黄原胶表现剪切的稀化特性,当受到咀嚼的剪切作用时,其表现黏度降低,用其作为肉型饮料的增稠剂,在饮料下咽时没有过分的增稠感,因此不会出现糊口感。

不同的增稠剂或同一种类不同来源、不同批次的增稠剂,使用效果差别较大,在生产中应当通过试验加以确定;酸度对增稠剂的黏度和稳定性影响很大,应当注意根据饮料的 pH 值选择合适的增稠剂;不同浓度的增稠剂,具有明显不同的效果,在生产中,应当首先进行浓度试验;胶凝速度对产品质量的影响较大,胶凝速度过缓时导致果肉上浮,胶凝速度过快时气泡不易逸出,所以应当通过控制冷却速度来控制胶凝速度。

3. 增稠剂溶液的黏度

增稠剂溶液的黏度对其使用效果有很大的影响,而影响增稠剂黏度的因素是多方面的,除其结构、相对分子质量外,还决定于系统的温度、pH 值、切变力等。随着增稠剂浓度的提高,增稠剂分子占有的体积增大,相互作用的概率增加,吸附的水分子增多,因此黏度增大。溶液的 pH 值对增稠剂的黏度和稳定性有重要影响,选用和使用增稠剂时必须引起注意。增稠剂的黏度通常随 pH 值发生变化,如海藻酸钠的黏度在 pH 值为 6~9 时稳定,pH 值小于 4.5 时黏度明显增加。pH 值为 2~3 时,海藻酸丙二醇酯呈现最大的黏度,但海藻酸钠却析出沉淀。明胶在等电点时黏度最小,而黄原胶特别在少量盐存在时,pH 值变化对黏度的影响不大。多糖类苷键的水解是在酸催化条件下进行的,因此在强酸溶液的饮料中,直链的海藻酸钠和侧链较小的羧甲基纤维素钠等易发生降解,导致黏度下降,因此酸性汽水和乳饮料应选用侧链较大或较多、且位阻较大又不易发生水解的海藻酸丙二醇酯和黄原胶等增稠剂。海藻酸钠和 CMC-Na 等则适合豆奶等中性饮料使用。此外随温度的升高,分子运动速度较快,一般溶液的黏度降低。经验表明,多数胶类的溶液,当其温度每升高5℃,其黏度约降低 15%。例如通常条件下使用的海藻酸钠溶液,温度每升高 5~6℃时,黏度就下降 12%。温度升高,化学反应速度加快,特别是在酸性条件下,大部分胶体分解速度也大大加快。高分子胶体解聚时,黏度下降是不可逆的。为避免黏度不可逆的下降,应尽量避免胶体溶液长时间的高温加热。在胶类增稠剂中,黄原胶和海藻酸丙二醇酯的热稳定性较好。温度每升高 5℃时,黄原胶溶液的黏度仅降低 5%左右。在少量氯化钠存在下,黄原胶的黏度在-4~93℃温度范围内变化很小,这是增稠剂中的特例,也是黄原胶广泛用于食品的有利特性。

4. 增稠剂的分散性与溶解性

增稠剂粒子的分散和溶解也影响其应用特性。亲水性胶体分子的化学构造直接影响其溶解性。实际溶解应按以下两个条件进行,即亲水性胶体向水介质的很好分散,以及水介质适当的化学和物理的环境,如 pH 值、温度等。亲水性胶体粉末在向液体中分散时,首先应注意混合粒子的均匀分散,防止发生结团即"疙瘩"现象。粒子分散的方法有:使用粗粒(100~150 μm)胶体直接分散。将胶体分散在中间溶剂中,如糖浆等能使胶体与水呈结合状态,很少发生粒子水合作用溶剂。预先将胶体与原料中的其他粉末(如砂糖)进行混合,使粒子相互离开,混合的原料具有物理分散剂的作用。将胶体粉末慢慢加到强烈搅拌的水溶液中,在食品制造的连续过程中,特别是溶液中的粒子形成悬浮状态时,胶体必须均匀分散在整个溶液中,因此在分散时必须进行一定的而且有效的搅拌。胶体的均匀分散可以提高液体的黏度,较好地保持粒子的悬浮状态。

当胶体的干燥粒子适当分散于水中时就开始水合作用,水进入胶体分子的亲水基部分发生膨润。在巨大分子间没有牢固结合时,胶体会进一步膨润,直至巨大分子各个分离、完全溶解。瓜尔胶、黄原胶、海藻酸钠、果胶、卡拉胶可溶解在水中,但需要搅拌和时间。另外,当干燥状态下巨大分子间牢固结合时,必须加热才能分离和溶解。胶体完全溶解时的最低温度,明胶为 40℃,刺槐豆胶为 85℃。有些胶体在加热时也不能溶解,例如要使海藻酸钙溶解必须先离解钙。亲水胶体一般很难溶解于高浓度食盐水、高钙(硬水、牛乳)和高糖液(糖浆)的溶液中。胶体完全溶解时需要注意温度与时间两种参数,通过减少粒子半径和强力搅拌则可以缩短胶体溶解的时间。

5. 增稠剂之间的协同性

某些增稠剂之间有协同作用,两种或两种以上的增稠剂混合使用时,往往具有协同增效作用,混合使用时其黏度高于体系中任一组分的黏度,具有良好的加工特性,因此注意增稠剂的"搭配",使用复合型增稠剂,可以起到良好的效果。例如卡拉胶与槐豆胶、黄原胶与槐豆胶或瓜尔胶、黄原胶与海藻酸钠等都有增效作用,黄原胶与 CMC-Na 混用可防止凝聚反应。协同增效的特点是其混合溶液经过一定时间后,系统黏度大于系统各组分黏度之和。例如,卡拉胶是以硫酸根取代基的半乳糖残基组成主链的高分子多糖;槐豆胶以甘露糖残基为主链,每 4 个甘露糖残基侧换 1 个半乳糖残基。在卡拉胶与槐豆胶形成的凝胶系统中,不能为槐豆胶置换的甘露糖的"平滑区"(即无侧链区)可以与卡拉胶的双螺管部分结合,这种反应可以形成类似于卡拉胶的网状结构,从而使凝胶更具有弹性。再如具有固定螺旋结构的黄原胶的巨大分子可以与没有半乳糖甘露聚糖置换基的甘露糖结合,因此由黄原胶与槐豆胶协同作用产生的凝胶根据不规则排列的甘露糖链的置换程度而有不同的变化,而黄原胶与瓜尔胶的组合,黏度比期望的黏度高,不会凝胶化。两种增稠剂混合使用时还有减效作用,例如阿拉伯胶可降低黄芪胶的黏度,80% 黄芪胶与 20% 阿拉伯胶的混合溶液具有最低黏度,比其中任一组分的黏度都低,用此混合物制备的乳液具有均匀流畅的特点。

四、增稠剂在不同饮料制作中的应用

1. 果蔬汁饮料

果蔬汁饮料有澄清果蔬汁和混浊果蔬汁饮料之分。澄清果蔬汁在制作时经过澄清、过滤这一特殊工序,汁液澄清透明,无悬浮物,稳定性很高。混浊果蔬汁制作时经过均质、脱气这一特殊工序,使果肉变为细小的胶状态悬浮于汁液中,汁液呈均匀混浊状态。因汁液中保留有果肉的细小颗粒,故其色泽、风味和营养都保存得较好。

混浊果蔬汁饮料要求在保质期内不能发生分层、沉淀现象。但在实际生产和储藏中,饮料经常发生分层、沉淀或水分析出等不稳定现象。引起不稳定的因素是多方面的。因为在混浊饮料中,既有果肉微粒形成的悬浮液,又有果胶、蛋白质等形成的胶体溶液,还有糖、盐等形成的真溶液,甚至还有脂类物质形成的乳浊液。在这个混合体系中,悬浮液、乳浊液的微粒与饮料汁液之间存在较大的密度差,这是不稳定的主要原因。此外,饮料中所含的蛋白质受物理、化学等因素作用引起变性,果胶、单宁、蛋白质等组分之间的相互作用等,都会引起果汁饮料不稳定。

增稠剂能提高饮料汁液的黏度,使其有足够的浮力保证微粒的均匀悬浮,而乳化剂能提高饮料中脂类物质的亲水性,阻止脂肪球的聚集上浮。因此,添加适当的增稠剂或乳化剂,可以达到一定的稳定效果。关于饮料中乳化剂的使用在下节内容中讲述。在果蔬汁饮料中常用的增稠剂有海藻酸钠、琼脂、羧甲基纤维素钠(CMC-Na)、果胶等,他们各自的性质特性上面内容已经描述过,下面分别从不同类型的混浊果蔬汁饮料加工中介绍增稠剂的使用。

(1)酸性果汁饮料。

酸性果汁饮料的pH值在4.0以下,含有较多的有机酸、一定量的果胶、单宁等,蛋白质和脂类物质含量很少。由于其酸度高,不易于耐热性较强的细菌生长繁殖,故杀菌的对象多为耐热性较低的酵母菌或霉菌,常采用巴氏杀菌或常压沸水杀菌,杀菌温度不超过100℃。因而,这种饮料应选用对酸稳定的增稠剂。同时,酸性果汁对口感质量要求较高,应选用黏性较大但凝胶特性不很强的增稠剂。对带肉果汁则应选用黏性大、胶凝能力很强的增稠剂,见表4-2。

表4-2 常见果汁饮料中的复合稳定剂组成

饮料品种	复合稳定剂的组成
粒粒橙汁	0.15%琼脂+0.10%CMC-Na
柑橘类果汁	0.02%~0.06%黄原胶+0.02%~0.06%CMC-Na
天然西瓜汁	0.08%琼脂+0.12%CMC-Na
银杏汁	0.10%琼脂+0.11%CMC-Na
红枣汁	0.10%琼脂+0.10%CMC-Na
粒粒黄桃汁	0.08%卡拉胶+0.10%果胶
天然芒果汁	0.20%海藻酸丙二醇酯+0.10%黄原胶
果梅汁	0.08%果胶+0.20%CMC-Na
枸杞苹果混合汁	0.10%海藻酸丙二醇酯+0.10%CMC-Na+0.05%黄原胶

选用的琼脂、黄原胶、果胶和海藻酸丙二醇酯等都具有良好的酸稳定性;与CMC-Na复合后,不仅有良好的稳定效果,而且可减少增稠剂用量,保证饮料的口感质量。

(2)低酸性蔬菜汁饮料。

多数蔬菜汁饮料属于低酸性饮料(pH=5.0),杀菌对象为耐热性的嗜热细菌,必须采用高压杀菌,因此,要选用热稳定的增稠剂。此外,有些蔬菜汁含有较多的蛋白质、脂类,还应选用对蛋白质和脂类稳定的增稠剂。蔬菜汁饮料常用的增稠剂主要是黄原胶和CMC-Na,有时也选用有乳化性能的海藻酸丙二醇酯,常见蔬菜汁饮料中的复合稳定剂组成见表4-3。

表 4-3　常见蔬菜汁饮料中的复合稳定剂组成

种类	复合稳定剂的组成
芦笋汁	0.02%海藻酸丙二醇酯+0.06%黄原胶
胡萝卜汁	0.04%海藻酸丙二醇酯+0.05%黄原胶
芹菜汁	0.15%海藻酸钠+0.08%CMC-Na
菠菜汁	0.10%海藻酸钠+0.05%黄原胶

（3）含乳果汁饮料。

通常由果汁、鲜乳或乳制品、甜味剂和增稠剂等组成。由于乳中的蛋白质容易与果汁中的果酸、果胶、单宁等物质发生凝聚沉淀,水溶性的蛋白质受热时也容易发生变性沉淀。另外,乳中的脂肪也容易发生上浮现象。因而此类饮料在加工储藏中更容易发生质量问题。

在这种饮料中有稳定作用的增稠剂有耐酸的 CMC-Na、海藻酸丙二醇酯(PGA)和果胶等。其中,PGA 水溶液有较大的黏性,添加柠檬酸等酸味剂可增加其黏性。同时,PGA 还有一定的乳化性能。因此,在含乳果汁饮料中常用含有 PGA 的复合稳定剂。另外,在酸果汁中有较好稳定效果的黄原胶、琼脂等单独在含乳果汁中使用时效果较差,加热杀菌时会产生大量的絮状沉淀。

2. 植物蛋白饮料

植物蛋白饮料是以蛋白质含量较高的果实、种子或核果类、坚果类的果仁为主要原料,经加工制成的制品,主要产品为豆乳类饮料,此外还有花生乳、杏仁露、核桃露和椰子汁等。植物蛋白饮料含有丰富的蛋白质、脂肪、维生素、矿物质等人体生命活动中不可缺少的营养物质。植物蛋白饮料中,蛋白质和氨基酸含量较高,如豆乳中蛋白质的氨基酸组成合理,属于优质蛋白,是人类优质蛋白质的重要来源之一。由于植物蛋白饮料不含胆固醇而含有大量的亚油酸和亚麻酸等不饱和脂肪酸,人们长期饮用,不仅不会造成血管壁上的胆固醇沉积,而且对血管壁上沉积的胆固醇具有溶解作用。

植物蛋白饮料包括豆奶、椰子奶、花生奶、芝麻乳等,是以水为分散介质,以蛋白质、脂肪为主要分散相的复杂胶体悬浮体系,是水包油型的乳浊液,与一般的酸性饮料不同,属于热力学不稳定体系,因此,蛋白质饮料的质量问题主要是乳化稳定性问题。制造植物蛋白饮料必须选择适当的乳化剂并进行均质处理,使其达到稳定状态,在此类饮料中,乳化剂及乳化稳定剂的作用尤其重要,关于乳化剂在下节内容有讲述,这里重点介绍植物蛋白饮料所使用的增稠剂。

植物蛋白饮料的生产除了使用乳化剂之外,往往配合使用增稠剂和分散剂作为稳定剂,以维持一定的乳液黏度,借以稳定乳浊液。常用的增稠剂有羧甲基纤维素钠、海藻酸钠、明胶、黄原胶、果胶等,一般添加量为 0.05%～0.3%,与果蔬汁饮料中使用的增稠剂相似。

对于调配型豆乳饮料,增稠剂也很重要。调配型酸性含乳饮料最适宜的增稠剂是果胶或其与其他增稠剂的混合物。但目前果胶市场价格很高,且性能相对较单一,考虑到上述两个因素,国内一些生产调配型酸乳饮料的厂家通常采用其他一些胶类为增稠剂,如耐酸的羧甲基纤维素钠(CMC-Na)、海藻酸丙二醇酯(PGA)和黄原胶等。在实际生产中,两种或三种增稠剂混合使用比单一效果要好,使用量根据酸度、蛋白质含量的增加而增加。目前,一些国内厂家生产酸奶复合增稠剂,主要用于调配型酸性含乳饮料,这些复合增稠剂通常也不含果胶。总的来说,用不含果胶的复合增稠剂生产出来的酸乳产品与用果胶为增稠剂生产出来的产品,在口感方面存在一定的差距,但稳定性方面并不差。

3. 发酵饮料

发酵饮料主要有乳酸菌发酵饮料和酒类饮料。乳酸菌发酵饮料是近年来发展起来的功能性保健饮料,具有调整肠道功能、抑制有害菌生长、降低血液毒素水平等多种功能。酒类也是我国发酵饮料中的大类产品,随着企业组织结构的改善,饮料酒类也出现了具有较强经济实力和市场竞争优势的大中型骨干企业,主要有啤酒、葡萄酒、水果酒等。

酸性乳酸饮料中使用增稠剂要在长时间酸性条件下耐水解,一般多使用海藻酸丙二醇酯和耐酸性的羧甲基纤维素钠及果胶等。PGA 在 pH 值为 3~4 的范围内可以形成凝胶,是已知胶体中耐酸性最好的,且溶液黏稠度随着酸度的上升而增加。其分子中有丙二醇基,其亲油性大,乳化稳定性好,在酸性乳制品中有独到的蛋白质稳定性,在乳酸菌饮料中作为稳定剂的效果非常好。PGA 的抗盐性强,即使在浓电解质溶液中也不盐析。对铬、铁、铜、铅、钡等离子不稳定,对其他金属离子稳定。HM 果胶可以保持蛋白质在两次热处理及低pH 值介质中的稳定,用于酸豆乳饮料中可取得较好的效果。LM 果胶有较好的触变性,其凝胶受剪切力作用可称为泵送流体,特别适用于带果肉酸豆乳的生产。使用果胶时要注意,在冷水中,果胶水化缓慢,需将水煮沸才能使果胶充分水化。只有当可溶性固形物浓度低于25%时,果胶才能充分水化,所以必须先水化果胶,然后加入糖。当介质中含有过多的钙离子时,低酯果胶不易水化,在这种情况下,可用螯合剂螯合钙离子。

在生产中,增稠剂的添加要按照一定的顺序和操作要求进行。以酸调法制作乳酸饮料添加果胶等增稠剂,最佳顺序是先将增稠剂溶液与牛乳混合,最后添加酸溶液进行酸化,这对产品的稳定性很重要。如果在牛乳中加酸或果汁配制酸化乳,会形成大小不均匀的酸乳粒子,其中许多是不能稳定化的大粒子,即使后面采取搅拌、均质等措施也难以制成稳定体系。生产大豆酸奶时将螯合剂预先加入豆奶中,与大豆蛋白经过充分混合,形成了二者较为稳定的复合体,再加入增稠剂,可以充分起到作用,大豆蛋白胶束受到保护,在调酸过程中,可有效防止大豆蛋白形成过大粒径的胶束,所起的稳定作用效果最好。

4. 冰激凌及其他冷饮

冰激凌加工中使用增稠剂可使水形成凝胶结构或使之成为结合水,能使冰激凌组织细腻、光滑;在储藏过程中抑制或减少冰晶体的生长,提高物料的黏度,延缓和阻止冰激凌的融化。冰激凌生产中常采用复合乳化增稠剂,它具有以下优点:避免了单体增稠剂、乳化剂的缺陷,得到整体协同效应;充分发挥了每种亲水胶体的有效作用,可获得良好的膨胀率、抗融性、组织结构及良好口感的冰激凌;提高了生产的精确性,并能获得良好的经济效益;复合乳化稳定剂经过高温处理,确保了该产品微生物指标符合国家标准。

冰激凌工业中使用的增稠剂大体上分为7类,蛋白质类如明胶、乳清蛋白;植物提取物如阿拉伯胶、刺梧桐树胶、黄芪胶;植物块茎如淀粉、魔芋胶;种子胶如槐豆胶、瓜尔胶、卡拉胶;微生物胶如黄原胶、结冷胶;琼脂;果胶类。这些胶体除了第一类外均是多糖类。

PGA在冰激凌中有很好的应用,早在1934年海藻胶就作为冰激凌的增稠剂开始应用,之后研究出PGA也在冰激凌中得到广泛应用,在冰激凌中只添加PGA作为增稠剂使用,可以明显改善油脂和含油脂固体微粒的分散度及冰激凌的口感、内部结构和外观状态,也能提高冰激凌的分散稳定性和抗融性等。此外,PGA还能防止冰激凌中乳糖冰结晶的生成。当然PGA和其他胶体如黄原胶、瓜尔胶、槐豆胶及CMC-Na一样除能单独使用外,也能和上述胶体或其他乳化剂复合使用,效果或性价比会更好一些。

亚麻籽胶在冰激凌中可代替其他乳化剂使用,可结合大量的水并以水合形式保持这些水分,使之在冰激凌内部形成细微结构,以防止大冰结晶析出,使成品口感细腻、滑润、适口性好、无异味,结构松软适中、冰晶细微、保存期延长。亚麻籽胶用于冰激凌加工,所得产品口感细腻、抗融性好,膨胀率可根据品种在90%~130%之间调整,用量少,冰激凌浆料无须老化,参考用量为0.05%~0.15%。冰激凌生产中亚麻籽胶的添加量为0.05%,经老化凝固后的产品膨胀率在95%以上,口感细腻、润滑、适口性好,无异味,冷冻后结构仍松软适中,冰晶极少。亚麻籽胶也可代替其他乳化剂使用。

在冰激凌中单独使用一种增稠剂往往达不到理想的效果,必须将乳化剂与增稠剂复合使用,发挥协同效果,才能达到较好的效果。如在冰激凌混合料中乳清分离往往不能得到改善,这时通过复合使用少量的卡拉胶等其他食品胶作为辅助剂应用于冰激凌中,效果理想,很好地抑制乳清分离现象的发生,并能改进和提高冰激凌配料及产品的质量。

五、增稠剂的发展趋势

随着生活水平的提高,消费者对食品的品质、外观、风味等要求越来越高,增稠剂作为改善食品质构的一种常用食品添加剂,在食品添加剂行业和食品工业中的地位已经越来越重要。增稠剂除充当稳定、增稠、凝胶等品质改良剂功能外,也已成为"功能食品"的组分之一。这是因为随着人们对健康食品越来越重视,要求膳食向低糖、低油、高纤维等健康食品方向发展;对功能食品及健康食品的兴趣不断提高,对多糖化合物所表现出来的功能性更加重视。目前比较热门的应用有:健康饮料、高纤维果汁;低黏度增稠剂用于脂肪替代品;纯天然亲水胶体(如果胶、阿拉伯胶)的应用等。

近十几年来,增稠剂的研究已成为国内外碳水化合物或多糖方面的研究热点,有关各种新型增稠剂的结构组成、物化特性及其在食品工业中的应用研究报道比较多。预测增稠剂今后的研究趋势主要有以下几方面。

1. 深入研究增稠剂的"构效"关系

研究各种增稠剂的功能与结构之间的关系很重要,但目前这方面的研究尤其是比较系统的研究报道还不多。这些研究可为今后寻找增稠剂的替代品、增稠剂的改性、人工合成增稠剂提供化学理论基础。

2. 研究复合型增稠剂

以现有增稠剂为基础原料,通过研究各种单体胶的性质特性、胶与胶之间及胶与电解质之间的反应行为,确定单体胶种类及各复配比例,采用复合配制的方法从而产生无数种复合胶;然后以功能强度、限量、成本、使用方便性等为指标,优选其中比较理想的复合胶转化为商业化生产,满足食品工业市场的需求。

3. 加强对食用增稠剂的改性和人工合成研究

为改变目前部分单体胶功能性质的局限性,除了采用复配使用方法外,加强这些增稠剂自身的改性研究同样是一个研究方向。包括天然资源的化学改性、物理改性和生物改性等,这样也可为增稠剂在食品工业中更好、更广泛的应用开辟新途径。

4. 深入研究增稠剂的生理功效

更加深入研究各种增稠剂所具有的功效也是今后这方面研究的热点,尤其是对于那些产量大、应用广泛的增稠剂来说就显得十分重要,如果胶、卡拉胶、黄原胶和海藻胶等,这也符合当今食品添加剂天然、营养和多功能的发展潮流。

5. 研究开发新型天然增稠剂和生物食品胶增稠剂资源

经过较长时间的开发,目前从自然界的植物、动物中获得的增稠剂已经十分有限,并且自然界植物、动物生产周期较长,生产效率较低,同时也不利于自然生态保护,采用现代生物技术(如微生物发酵法、基因工程)生产天然增稠剂成为一个重要方向。实践证明,已被开发应用的微生物食品胶如黄原胶、结冷胶和凝结多糖等已经为人类带来了巨大的经济和社会效益。

第三节　强化食品乳化液的稳定性

食品加工中,许多常见食品在某些阶段是呈乳化液状态,这些食品包括天然产品和加工制品,如乳品、奶油、黄油、人造黄油、果汁饮料、汤、蛋糕面糊、蛋黄酱、奶酒、沙司、糖果、色拉调料、冰激凌等。形态、风味、货架期和质构等物理化学性质及感官特性决定这些产品的质量。在流变特性方面,不同食品乳化液有很大的差异,主要分为低黏度的牛顿流体(乳、果汁饮料)、黏弹性体(色拉调料、高脂鲜奶油)和塑性体(黄油、人造黄油)。流变特性差异与产品成分和加工工艺有关,水、油、乳化剂、增稠剂等主要成分,以及混合、均质、巴氏杀菌、消毒等工艺决定食品乳化液的特性。

一、食品乳化液及其分类

食品是由各种成分如水、蛋白质、脂肪、糖类等组成的,其中有些成分互不相溶,例如将水、油放在一起,则形成一相以微粒形式分散在另一相中的体系。这种油水混合液如奶一样呈乳状,称为乳化液。乳化液是由两种或两种以上互不相溶的液态组成,其中一种(或几种)以微小液滴分散在另一种中。在食品中,这种微小液滴直径在 $0.1 \sim 100 \ \mu m$ 范围内。乳化液中以液滴形式存在的一相称为分散相(也称内相、不连续相);另一相是连成一片的,称为分散介质(也称外相、连续相)。

食品中常见的乳化液,一相是水或水溶液,统称为亲水相;另一相是与水不相溶的有机相,如油脂或同亲油物质与亲油又亲水溶剂组成的溶液,统称为亲油相。乳化液根据分散相和分散介质分为两大类,油滴在水溶液中分散称为水包油型(O/W)乳化液,例如,牛奶、冰激凌、蛋黄酱、软饮料、汤和沙司等。水滴在油中分散称为油包水(W/O)乳化液,例如,人造奶油、黄油和一些涂抹料。此外,也有油—水—油(O/W/O)乳化液和水—油—水(W/O/W)乳化液。由于水分子和油分子的非亲和性,因此,乳化液是一种热力学不稳定系统,存在着油水分离趋势。在食品工业中采用乳化剂或增稠剂可获得动力学上稳定的乳化液。关于增稠剂的乳化作用具体见本章第二节内容。

二、乳化液不稳定机理

食品乳化液的分离与许多物理化学因素有关,其中重力分离、絮凝、聚沉、部分聚沉和相转变是重要的分离原因。在奶油加工中,由于奶油与连续相存在密度差,因此,奶油液滴向上运动形成分离,而沉淀时液滴密度大于连续相密度,从而形成分离。絮凝是两个或更多个液滴粘连在一起,形成聚集体,聚集体中液滴与液滴仍保持各自的完整性。部分絮凝是两个或更多个部分结晶微粒的结合,由于固态脂肪晶粒插入另一个液滴中,从而形成形状不规则的单一聚集体。相转变是水包油体系与油包水体系的相互转换过程。特别指出的是,部分絮凝和相转变是许多食品加工中不可缺少的部分,如黄油、人造黄油、冰激凌和搅打奶油加工。一般情况下,乳化液稳定性是指乳化液在指定时间内阻止其物理化学性质变化能力。然而,在实践中往往需要弄清乳化液的不稳定是物理问题还是化学问题,这对选择最有效的改善措施非常重要。

三、食品乳化剂及其作用

乳化剂一种表面活性物质,是食品加工中能降低乳化液中各种构成相之间的表面张力,形成均匀分散体或乳化体的物质。它吸附在液滴表面形成薄膜,从而避免液滴聚集,例如,避免蛋白质、多糖、磷脂、小分子表面活性剂和固体颗粒间的聚集。乳化剂也有降低表面张力的作用,从而有利于均质过程中液滴的破碎和均匀乳化液的形成。在食品加工中,水与油混合的情形比比皆是,如人造奶油、冰激凌、蛋黄酱等,均需使用乳化剂使水均匀稳定地分散在油中(或油分散在水中)。添加少量乳化剂,即可显著降低互不相溶的油水两相界面张力,产生乳化效果,形成稳定乳化液。食品乳化剂是具有表面活性的脂类,既含有亲水基,又含有疏水基,在油水两相界面上,亲水基伸入水相,疏水基伸入油相,使两相形成均匀稳定的乳化液,体现出表面活性。

乳化剂的乳化特性和许多功效通常是由其分子中亲水基的亲水性和疏水基亲油性的相对强弱所决定的,如果亲水性大于亲油性,则呈水包油型的乳化体,即油分散于连续相水中。良好的乳化剂在它的亲水和疏水基之间必须有相当的平衡,通常用亲水亲油平衡值(hydrophilic-lipophilic balance, HLB)表示不同乳化剂的乳化能力差别,并规定亲油性为100%的乳化剂,其 HLB 值为0,亲水性 100% 者 HLB 值为20,其间分成 20 等份,以此表示其亲水亲油性的强弱情况和不同的应用特性(HLB 值为 0~20,是指非离子型表面活性剂,绝大部分食品用乳化剂均属此类;离子型表面活性剂的 HLB 值则为 0~40)。一般来说,其值越大,乳化剂的亲水性越强,反之亲油性越强。表4-4 列出了不同 HLB 值的乳化剂在水中的分散性与主要用途。

表4-4　不同 HLB 值的乳化剂在水中的分散性与主要用途

HLB 值	在水中的分散性	HLB 值	主要用途
1~3	不溶于水	1~3	消泡剂
3~6	分散性很差	3~8	W/O
6~8	极力搅拌可形成乳液	7~9	润湿剂
8~10	稳定性乳液	8~16	O/W
10~13	半透明至透明溶液	13~15	洗涤剂
>13	溶解,透明溶液	>15	增溶剂

目前,HLB 值的计算公式主要有下列几种形式。

①根据乳化液的分子结构,按照式(4-1)计算。

$$HLB = 20(1-S/A) \tag{4-1}$$

式中:S——乳化剂的皂化值;

A——原料脂肪酸的酸值。

例如:山梨醇酐月桂酸酯皂化值为 164,酸值为 290,则:

$$HLB = 20(1-164/290) = 8.7$$

②HLB 值等于乳化剂亲水基团相对分子质量百分数的 1/5。

例如:某乳化剂的相对分子质量的 50% 由亲水基团构成,则:

$$HLB = 50/5 = 10$$

③复合乳化剂 HLB 值可用各组分乳化剂的 HLB 值按质量平均值[式(4-2)]算出。

$$HLB_{复合} = \sum (HLB_i \times w_i) \tag{4-2}$$

式中:$HLB_{复合}$——复合乳化剂的亲水亲油平衡值;

HLB_i——复合乳化剂中各单一乳化剂的亲水亲油平衡值；

w_i——复合乳化剂中各单一乳化剂的比例。

例如：复合乳化剂的组成为：Span 60（HLB = 4.7）占 45%，Tween 60（HLB = 14.9）占 55%，则其 HLB 值为：

$$HLB = (4.7×45\% + 14.9×55\%) = 10.3$$

常用食品乳化剂的 HLB 值见表 4-5。

表 4-5　常用食品乳化剂的 HLB 值

乳化剂名称	HLB 值	乳化剂名称	HLB 值
山梨醇酐三油酸酯(司盘 85)	1.8	硬脂酰乳酸钠(SSL)	8.3
山梨醇酐三硬脂酸酯(司盘 65)	2.1	山梨醇酐单月桂酸酯(司盘 20)	8.6
单硬脂酸甘油酯	2.8	聚氧乙烯山梨醇酐三硬脂酸酯(吐温 65)	10.5
丙二醇脂肪酸酯	3.4	聚氧乙烯山梨醇酐三油酸酯(吐温 85)	11.0
乙酰化甘油单硬脂酸酯	3.8	聚甘油单硬脂酸酯	11.3
山梨醇酐单油酸酯(司盘 80)	4.3	聚氧乙烯山梨醇酐单硬脂酸酯(吐温 60)	14.9
山梨醇酐单硬脂酸酯(司盘 60)	4.7	聚氧乙烯山梨醇酐单油酸酯(吐温 80)	15.4
硬脂酰乳酸钙(CSL)	5.1	聚氧乙烯山梨醇单棕榈酸酯(吐温 40)	15.6
山梨醇酐单棕榈酸酯(司盘 40)	6.7	聚氧乙烯山梨醇酐单月桂酸酯(吐温 20)	16.9

食品乳化剂对改善食品质构和食品流变性有多种功能，其既能提高溶胶的稳定性，也能控制发泡食品的失稳定性。在食品加工中乳化剂常用来达到乳化、分散、起酥、稳定、发泡和消泡等目的。乳化剂还有促进食品风味、延长货架期等作用。乳化剂是一类多功能高效食品添加剂，除具备典型的表面活性作用，在食品中还具有其他许多功能，见表 4-6。

表 4-6　乳化剂在食品中的功能

典型的表面活性作用	在食品中的特殊功能	典型的表面活性作用	在食品中的特殊功能
乳化作用	消泡作用	悬浮作用	保护作用
破乳作用	抑泡作用	分散作用	与类脂相互作用
助溶作用	增稠作用	润湿作用	与蛋白质相互作用
增溶作用	润滑作用	气泡作用	与碳水化合物相互作用

乳化剂是最重要的一类食品添加剂，不仅使互不相溶的水、油两相得以乳化成为均匀、稳定的乳状液，还能与食品中的碳水化合物、蛋白质、脂类发生特殊作用，进一步改善食品的质构特征。

1. 与淀粉络合

乳化剂具有亲水亲油性，可与链状淀粉发生作用。大多数乳化剂的分子中具有线形的脂肪酸长链，可与直链淀粉结合而成为螺旋状复合物，从而降低淀粉分子的晶体程度，并进入淀粉颗粒内部而阻止支链淀粉的凝聚，从而防止淀粉制品的老化、回生、沉凝。这种作用以高纯度的单硬脂酸甘油酯最为明显。在焙烤制品中,乳化剂可强化面筋的网络结构,防止因油水分离所造成的硬化,增加韧性和抗拉性,以保持其柔软性,抑制水分蒸发,增大体积,改善口感,在这方面,以二乙酰酒石酸甘油酯和硬脂酰乳酸钠、硬脂酰乳酸钙的效果最好。乳化剂还可增加食品组分间的亲和性,降低界面张力,提高食品质量。

在面粉中,淀粉含量最多,因此淀粉是影响面团和面包性能最重要的因素。淀粉与乳化剂之间的相互作用,在食品加工中具有重要意义。

2. 与蛋白质络合

蛋白质因氨基酸极性不同而具有亲水性和疏水性。在面筋中,极性脂类分子以疏水键与麦谷蛋白分子相结合,以氢键与麦胶蛋白分子结合,使面筋蛋白分子变大,形成结构牢固、细密的面筋网络,增强面筋机械强度、强韧性和抗拉力,防止因油水分离造成的硬化,保持柔软性,提高面团持水性,抑制水分蒸发,增大产品体积。

一般而言,离子型乳化剂与蛋白质的络合作用强度比非离子型乳化剂的要高3~6倍,以双乙酰酒石酸甘油酯和硬脂酰酸盐最好。

3. 与脂类化合物作用

脂类化合物中油脂在食品中占有很大的比例,有水存在时,乳化剂使脂类化合物成为稳定的乳化液。无水时,油脂呈现多晶现象,一般为不稳定的 α-晶型或 β-初级晶型。油脂的不同晶型赋予食品不同的感官和食用性能。在食品加工过程加入适宜乳化剂,可延缓或阻止油脂晶型的变化,形成有利于食品感官和食用性能所需的晶型。例如蔗糖脂肪酸酯、Span 60、乳酯单双甘油酯和聚甘油酯都可作为结晶调整剂作用于食品加工。在糖果和巧克力制品中,乳化剂可控制固体脂肪结晶形成和析出,防止糖果返砂、巧克力起霜。在人造奶油、起酥油、巧克力浆料乃至冰激凌中,乳化剂可防止粗大结晶的形成。

4. 其他作用

含乳化剂食品被吸附在气—液界面,会降低界面张力,增加气体和液体接触的面积,有利于发泡和泡沫的稳定,可改善及稳定气泡组织。如饱和脂肪酸能稳定液态泡沫,可用作发泡助剂;不饱和脂肪酸能抑制泡沫,可用作乳品、蛋白加工中的消泡剂。

乳化剂中的饱和脂肪酸链能稳定液态泡沫,所以可以用作打擦发泡剂,而具有不饱和脂肪链的乳化剂能抑制泡沫,可以在乳品和蛋白加工中用作消泡剂。不同的乳化剂具有不同的乳化、破乳能力,而有时这种适当的破乳作用也是必需的。如在冰激凌生产中,就需要使脂肪质点有所团聚,以获得较好的"干燥"产品。在含脂饮料中如混浊型果汁、乳化香精和蛋白饮料等,乳化剂可以使原不能相溶的油相和水相成为均匀的悬浮乳浊体。为使乳浊体具有良好的稳定性,其中非连续相质点的大小必须进行很好的控制,质点越小,稳定性就越高。

饮料生产中使用乳化剂起乳化作用、湿润作用、分散作用、消泡作用、增溶作用、抗菌作用。果汁露中使用乳化剂,可以促进冰结晶微小、稳定;提高发泡能力和耐热性。冰激凌中使用乳化剂,可以提高发泡能力,改善组织均匀性,提高耐热性,保持"干燥感"。

总之,食品乳化剂的表面活性及其在食品中的特殊作用是乳化剂在食品中广泛应用的基础。它不仅可提高食品质量,延长储存期,改善感官性状,还可防止食品变质、便于食品加工和保鲜,有助于开发新型食品。因此,乳化剂已成为现代食品工业中不可缺少的食品添加剂。

四、常用乳化剂及化学性质

全世界用于食品生产的乳化剂约有 65 种,其分类方法也很多。按来源可以分为天然乳化剂和人工合成乳化剂。如大豆磷脂、酪朊酸钠为天然乳化剂;蔗糖脂肪酸酯、Span 60、硬脂酰乳酸钙等为合成乳化剂。按两构成相间所形成的乳化体系性质可分为油包水型 W/O、水包油型 O/W 及多重型 W/O/W 和 O/W/O;按解离特性可分成离子型(如硬脂酰乳酸钠)和非离子型两大类,绝大部分食品乳化剂均属于非离子型,如各种脂肪酸的甘油酯、蔗糖酯等。下面举几例常用食品乳化剂。

(一)离子型乳化剂

1. 硬脂酰乳酸酯

乳酸在氢氧化钠或者氢氧化钙存在下可被脂肪酸酯化,脂肪酸一般是 1∶1 的软脂酸和硬脂酸。酯化产生硬脂酸乳酸钠盐或者钙盐、脂肪酸盐和游离脂肪酸的混合物。乳酸很容易聚合,形成乳酰乳酸或者聚乳酸,使乳酸酯化成分复杂。硬脂酰乳酸钠(SSL)和硬脂酰乳酸钙(CSL)均为白色或黄色块状固体或粉末,略有焦糖气味,难溶于冷水,稍溶于热水,加热强烈搅拌混合可完全溶解。溶于有机溶剂,这两种乳化剂可溶于植物油、猪油、起酥油,但冷却后容易析出。SSL 是用途广泛的阴离子型水分散性乳化剂,比水分散性差的油溶性 CSL 使用范围广。硬脂酰乳酸酯易与面粉中的面筋、脂质和淀粉形成网络结构,从而使面筋网络更细致而有弹性,提高发酵面团的持气性和焙烤成品的体积。CSL 会与面团中的直链淀粉形成不溶于水的络合物,阻止直链淀粉溶出,抑制淀粉重新结晶和回升,起到防止面包老化和组织松化的作用,从而增加了面包的柔软性,延长面包的货架期。

2. 硬脂酸钾

硬脂酸钾为白色或黄白色蜡状固体或白色粉末,通常有油脂气味,易溶于热水、醇,缓溶于冷水,水溶液对石蕊和酚酞均呈强碱性,但醇溶液对酚酞仅呈微碱性。可用作乳化剂、增稠剂、膨松剂。

(二)非离子型乳化剂

1. 单、双甘油脂肪酸酯

单甘油脂肪酸酯是商业生产中常用的产品。单、双甘油脂肪酸酯主要指食用脂肪或构成油脂的脂肪酸与甘油酯化所得的产品,脂肪酸基团可以是硬脂酸、棕榈酸、油酸、亚油酸等高级脂肪酸,也可以是醋酸、乳酸、琥珀酸等低级脂肪酸,一般指硬脂酸。甘油脂肪酸酯,按甘油和脂肪酸的结合情况可分为甘油三酯、甘油二酯、单甘酯。天然油脂主要成分是甘油三酯,具有一定的保健功能。人们可根据需要合成甘油脂肪酸酯,使其呈现一定的保健功能。其中,甘油单硬脂酸酯又称单甘酯,为微黄色的蜡状固体,凝固点不低于56℃,不溶于水,在热水中经处理可以形成 W/O 型乳化剂,HLB 为3.8。单甘酯、甘油二酯是人体代谢的中间产物,但实际生产中使用的为人工合成品,与天然油脂有部分相似性。单、双甘油脂肪酸酯用途广泛,可用于制造咖啡饮料、稀奶油、生干/湿面制品、婴幼儿配方食品及断奶期食品、黄油/浓缩黄油、原味发酵乳、香辛料、糖和糖浆等食品。此外,除了乳化作用外,甘油脂肪酸酯还具有一定的保健功能,因此也可以用于保健食品的研究与开发。

2. 蔗糖脂肪酸酯

蔗糖脂肪酸酯又称蔗糖酯,是由蔗糖和脂肪酸酯化而成。脂肪酸可以是硬脂酸、棕榈酸、油酸等高级脂肪酸,也有醋酸,主要产品为单酯、双酯和三酯及其混合物酯。蔗糖酯是白色至黄色的粉末或无色至微黄色的黏稠液体,无臭或稍有特殊气味,易溶于乙醇和丙酮。单酯可溶于热水,但二酯和三酯难溶于水。单酯含量高,亲水性强;二酯和三酯含量越多,亲油性越强。由于蔗糖脂肪酸酯的酯化程度可影响其 HLB,在使用中可参考不同的 HLB 值对应的蔗糖脂肪酸选择使用。不同酯化程度的蔗糖酯的 HLB 值见表4-7。

表4-7 不同酯化程度的蔗糖酯 HLB 值

单酯/%	二酯/%	三酯/%	四酯以上/%	HLB 值
70	23	5	0	15
61	30	6	1	13
50	36	12	2	11
46	39	13	2	9.5
42	42	14	2	8
33	49	16	2	6

蔗糖酯在食品工业中应用广泛,可在肉制品、冰激凌、奶油、奶糖、乳化香精、乳化天然色素中用作乳化剂。在色拉油、巧克力中作为结晶抑制剂和黏度控制剂;在糖果中用作润滑剂;在饼干、糕点、面制品中作为淀粉的络合剂,防止淀粉老化,提高面条的韧性;在水果及鸡蛋中可作为保鲜剂;在冷冻面团中,蔗糖酯能防止冷冻保存过程中面团的变质,改善解冻面团烘烤后的面包内部结构;在普通面类制品中,蔗糖酯可防止原料混合时黏附在机械上,以及面团相互间的黏附,提高作业效率。

3. 司盘系列

司盘是失水山梨醇脂肪酸酯的商品名,司盘系列乳化剂为不同的脂肪酸与山梨醇酐的多元醇衍生物所组成的系列脂肪酸酯,包括山梨醇酐单月桂酸酯(司盘20)、山梨醇酐单棕榈酸酯(司盘40)、山梨醇酐单硬脂酸酯(司盘60)、山梨醇酐单油酸酯(司盘80)、山梨醇酐三硬脂酸酯(司盘65)、山梨醇酐三油酸酯(司盘85)。司盘系列乳化剂均为非离子型、亲脂性乳化剂,HLB 值范围在 1.8～8.6,依其乳化性能,在富脂食品中的使用优于其他乳化剂。这类化合物为白色或黄色液体、粉末、颗粒或为浅奶白色至棕黄色硬质蜡状固体。司盘系列乳化剂为 W/O 型乳化剂,具有较好的水分散性和防止油脂结晶的性能,可用于调制乳、稀奶油(淡奶油)及其类似品、脂肪、油和乳化脂肪制品、氢化植物油、冰激凌和雪糕类、经表面处理的鲜水果和新鲜蔬菜、豆类制品、可可制品、巧克力和巧克力制品(包括代可可脂巧克力及制品)、除胶基糖果外的其他糖果、面包、糕点、饼干、果蔬汁(浆)类饮料、植物蛋白饮料、固体饮料类、速溶咖啡、风味饮料(仅限果味饮料)、干酵母,以及饮料混浊剂等。

4. 吐温系列

吐温是聚氧乙烯山梨醇酐系列脂肪酸酯的商品名称,是由山梨醇酐与脂肪酸酯化后,与环氧乙烷进行缩合反应制得,包括聚氧乙烯山梨醇酐单月桂酸酯(吐温 20)、聚氧乙烯山梨醇酐单棕榈酸酯(吐温 40)、聚氧乙烯山梨醇酐单硬脂酸酯(吐温 60)、聚氧乙烯山梨醇酐单油酸酯(吐温 80)、聚氧乙烯山梨醇酐三硬脂酸酯(吐温 65)、聚氧乙烯山梨醇酐三油酸酯(吐温 85)。吐温乳化剂产品为黄色至橙色油状液体(25℃),有轻微的特殊臭味,略带苦味。各种产品 HLB 值范围在 11.0～16.9,亲水性好,乳化能力强,为 O/W 型乳化剂。吐温系列产品具有优良的乳化、分散、发泡、润湿、软化等特性。吐温 20、吐温 40、吐温 60 和吐温 80 可用于调制乳、稀奶油、调制稀奶油、水油状脂肪乳化制品、冷冻饮品、豆类制品、面包、糕点、固体和半固体复合调味料、果蔬汁(浆)类饮料、含乳饮料、植物蛋白饮料,以及乳化天然色素等。

根据 GB 2760—2014《食品安全国家标准 食品添加剂使用标准》,常用的各种乳化剂的使用规则见表 4-8。

表 4-8 常用的各种乳化剂的使用规则

添加剂名称	英文名称	使用食品名称	最大使用量/(g·kg⁻¹)
蔗糖脂肪酸酯	sucrose esters of fatty acid	调制乳	3.0
		稀奶油及其类似品、基本不含水的脂肪和油、水油状脂肪乳化制品、可可制品、巧克力和巧克力制品以及糖果、其他(仅限乳化天然色素)	10.0
		冷冻饮品、经表面处理的鲜水果、杂粮罐头、肉及肉制品、鲜蛋、饮料类	1.5
		果酱、专用小麦粉、面糊、调味糖浆、调味品、其他(仅限即食菜肴)	5.0
		生湿面制品、生干面制品、方便米面制品、果冻	4.0
		焙烤食品	3.0

添加剂名称	英文名称	使用食品名称	最大使用量/$(g \cdot kg^{-1})$
山梨醇酐单月桂酸酯 山梨醇酐单棕榈酸酯 山梨醇酐单硬脂酸酯 山梨醇酐三硬脂酸酯 山梨醇酐单油酸酯	sorbitan monolaurate sorbitan monopalmitate sorbitan monostearate sorbitan tristearate sorbitan monooleate	调制乳	3.0
		稀奶油(淡奶油)及其类似品	10.0
		脂肪、油和乳化脂肪制品	15.0
		氢化植物油	10.0
		冰激凌、雪糕类、经表面处理的鲜水果、经表面处理的新鲜蔬菜	3.0
		豆类制品	1.6
		可可制品、巧克力和巧克力制品,包括代可可脂巧克力及制品	10.0
		除胶基糖果以外的其他糖果、面包、糕点、饼干、果蔬汁(浆)类饮料、固体饮料(速溶咖啡除外)	3.0
		植物蛋白饮料	6.0
		速溶咖啡、干酵母	10.0
		风味饮料(仅限果味饮料)	0.5
		其他(仅限饮料混浊剂)	0.05
木糖醇酐单硬脂酸酯	xylitan monostearate	糕点、面包	3.0
		氢化植物油、糖果	5.0
		乳化香精	40.0
硬脂酰乳酸钙 硬脂酰乳酸钠	calcium stearoyl lactylate sodium stearoyl lactylate	调制乳、风味发酵乳	2.0
		稀奶油、调制稀奶油、稀奶油类似品、水油状脂肪乳化制品	5.0
		植物油脂	0.3
		其他油脂或油脂制品(仅限植脂末)	10.0
		冰激凌、雪糕类、果酱、干制蔬菜(仅限脱水马铃薯粉)、装饰糖果(如工艺造型,或用于蛋糕装饰)、顶饰(非水果材料)和甜汁、专用小麦粉、生湿面制品、发酵面制品、面包、糕点、饼干、肉灌肠类、调味糖浆、蛋白饮料、茶、咖啡、植物饮料、特殊用途饮料、风味饮料	2.0

续表

添加剂名称	英文名称	使用食品名称	最大使用量/(g·kg⁻¹)
聚氧乙烯山梨醇酐单月桂酸酯 聚氧乙烯山梨醇酐单棕榈酸酯 聚氧乙烯山梨醇酐单硬脂酸酯 聚氧乙烯山梨醇酐单油酸酯	polyoxyethylene sorbitan monolaurate polyoxyethylene sorbitan monopalmitate polyoxyethylene sorbitan monostearate polyoxyethylene sorbitan monooleat	调制乳	1.5
		稀奶油、调制稀奶油	1.0
		水油状脂肪乳化制品	5.0
		冷冻饮品(食用冰除外)	1.5
		豆类制品	0.05
		面包	2.5
		糕点	2.0
		固体复合调味料	4.5
		半固体复合调味料	5.0
		液体复合调味料	1.0
		饮料类	0.5
		果蔬汁(浆)类饮料	0.75
		含乳饮料、植物蛋白饮料	2.0
		其他(仅限乳化天然色素)	10.0
丙二醇脂肪酸酯	propylene glycol esters of fatty acid	乳及乳制品、冷冻饮品	5.0
		脂肪,油和乳化脂肪制品	10.0
		熟制坚果与籽类、油炸面制品糕点、膨化食品	2.0
		糕点	3.0
		复合调味料	20.0
聚甘油脂肪酸酯	polyglycerol esters of fatty acids	调制乳、调制乳粉和调制奶油粉、稀奶油及其类似品	10.0
		脂肪,油和乳化脂肪制品	20.0
		植物油、冷冻饮品、熟制坚果与籽类、可可制品、巧克力和巧克力制品	10.0
		糖果	5.0
		面糊、即食谷物、方便米面制品、焙烤食品、调味品、固体复合调味料、半固体复合调味料、饮料类、果冻、膨化食品	10.0
硬脂酸钾	potassium stearate	糕点	0.18
		香辛料及粉	20.0

添加剂名称	英文名称	使用食品名称	最大使用量/(g·kg⁻¹)
单、双甘油脂肪酸酯	mono-and diglycerides of fatty acids	稀奶油	按生产需要适量使用
		黄油和浓缩黄油	20.0
		生湿面制品	按生产需要适量使用
		生干面制品	30.0
		其他糖和糖浆	6.0
		香辛料类	5.0
		婴幼儿配方、辅助食品	按生产需要适量使用
硬脂酸镁	magnesium stearate	可可制品、巧克力和巧克力制品以及糖果	按生产需要适量使用
		蜜饯凉果	0.8

五、乳化剂在不同饮料中的应用

1. 乳化剂在果蔬汁饮料中的应用

混浊型果汁饮料的特征之一是由于本身的风味物质(果浆)、色素和果汁形成的混浊性。天然果汁的混浊是由于细胞质的悬浊物和细胞膜的小片经过微粒化,并分散于胶质液中形成的。这种混浊在产生可口风味的同时,还强调了果汁的存在,产生感官效果。对于果汁含量低或不含果汁的饮料,有时混浊度显得太低,也需要添加乳化剂,形成与果汁类似的均匀混浊状态,以提高饮料产品质量。甘油脂肪酸酯、蔗糖脂肪酸酯、山梨醇酐脂肪酸酯等是常用的乳化剂。常用的乳化剂多数也为增稠剂。

乳化剂在混浊型饮料中可起助溶、起浊、乳化分散等作用,使饮料中的各种组分在水中分散得更加均匀和稳定。选用的乳化剂应是 HLB 值大于 10 的亲水性乳化剂。

含乳果汁饮料常用的乳化剂有蔗糖脂肪酸酯(SE)和聚甘油脂肪酸酯(PGFE)等。其中 SE 耐酸、耐热性较差,PGFE 在酸性条件下乳化稳定性高,耐水解性强,热稳定性也较好。此外,单甘油酯(GM)虽然亲水性较差,但亲油性较好,也可用来组成复合乳化剂。常见饮料中的复合稳定剂组成见表4-9。

表4-9 常见饮料中的复合稳定剂组成

饮料品种	饮料主要成分	复合稳定剂的组成
椰子奶	椰子汁	0.08%黄原胶,0.20%PGFE
杏仁乳	杏仁汁	0.25%PGA,0.15%GM,0.10%大豆磷脂
枸杞蜜乳	奶粉4%,枸杞子2%,蜂蜜3%	0.20%CMC,0.15%GPA,0.10%GM
果汁乳酸饮料	果汁10%,发酵乳5%,柠檬酸0.15%	0.2%耐酸CMC,0.15%PGA

2. 乳化剂在蛋白质及乳化脂肪饮料中的应用

植物蛋白饮料包括豆奶、椰子奶、花生奶、芝麻乳等,植物蛋白饮料是以水为分散介质,以蛋白质、脂肪为主要分散相的复杂胶体悬浮体系,是水包油型的乳浊液,与一般的酸性饮料不同,属于热力学不稳定体系。因此蛋白质饮料的质量问题往往是乳化稳定性问题,制造植物蛋白饮料必须选择适当的乳化剂并进行均质处理,使其达到稳定状态。在此类饮料中,乳化剂及乳化稳定剂的作用尤其重要。

选择植物蛋白质饮料中使用的乳化剂,乳化剂的亲水亲油平衡值(HLB 值)是一个考虑因素,此外还需考虑其他因素。一般选择原则如下:

①相似相溶性:即乳化剂的亲油基部分和被乳化的油脂结构越相似越好,越容易溶,结合越紧密,不易分离。

②亲水亲油平衡值(HLB 值):HLB 值越小,亲油性越强,亲水性越弱;反之亲水性越强,亲油性越弱。

③对产品风味的影响。

④使用成本与食品卫生要求。

乳化剂的添加量主要根据乳化剂的品种来确定。使用蔗糖酯作为乳化剂时,一定要注意控制其添加量,一般范围为 0.003%~0.5%,小于低限则不能阻止蛋白质凝聚物产生高于高限则蔗糖酯本身易产生沉淀,而且产生其特有的异味。

植物蛋白饮料的乳化剂适宜两种或两种以上的乳化剂混合而成,HLB 值大于8。最佳乳化剂配方可由下列步骤确定:对某一乳状液任选一对乳化剂,在预期范围内改变其 HLB 值,测得乳化效率最高的 HLB 值,此值为该乳状液所需的 HLB 值,保持此值不变,选择不同的乳化剂配方制成乳状液,测定乳化效率,效率最高的乳化剂即为此乳状液的最佳乳化剂配方。添加乳化剂时应使其浓度稍大于临界胶束浓度。

3. 乳化剂在冰激凌及其他冷饮中的应用

乳品冷饮中常用的乳化剂有甘油一酸酯(单甘酯)、蔗糖脂肪酸酯(蔗糖酯)、聚山梨酸酯(Tween)、山梨醇酐脂肪酸酯(Span)、丙二醇脂肪酸酯(PG 酯)、卵磷脂、大豆磷脂等。乳化剂的添加量与混合料中脂肪含量有关,一般随脂肪量增加而增加,其范围在 0.1%~0.5%之间,复合乳化剂的性能优于单一乳化剂。由于鲜鸡蛋与蛋制品中含有大量的卵磷脂,具有永久性乳化能力,因而也能起到乳化剂的作用。

在冰激凌产品中经常使用的乳化剂见表 4-10。

表 4-10 冰激凌产品中经常使用的乳化剂

名称	亲水亲油平衡值(HLB 值)	名称	亲水亲油平衡值(HLB 值)
单硬脂酸甘油酯	3.8	磷脂	—
聚山梨醇酯	8~15	蛋白质	—
蔗糖酯	3~15	三聚甘油酯	7
卵磷脂	—		

乳化剂在冰激凌生产工艺过程中的作用表现为以下几点。

①均质,确保更均一的和细小的脂肪球。

②老化,提高从脂肪球表面吸附的蛋白质数量,增加油相的结晶,促进脂肪的分散。

③凝冻,由于减少了空气和水之间的表面张力,从而改善了空气的分配性,且控制脂肪的集聚与凝聚。

④灌装,提高抗溶性、凝冻机挤出时的干性和保型性。

⑤储存,减少冰晶增长,减少脱水收缩的风险。

冰激凌稳定剂和乳化剂的选择使用应在不断积累实践经验的前提下,参考相关的技术文献,按照性能对应、质量稳定、价格适宜的原则去选配。

若冰激凌生产厂家需要大量使用乳化剂和稳定剂又缺乏相应的检验手段,应优先考虑技术力量雄厚的著名品牌的供应商和复合产品,同时获得相应的技术支持,以保证生产经营的顺利进行。

目前,乳化剂和稳定剂已经工业化地混配在一起出售,一般是干拌的形式。例如,复配功能性乳化稳定剂产品的创始企业丹尼斯克公司,1945 年发明了"完全复合造粒"工艺并开始工业化生产,现在能将有些产品如"冰牡丹"系列产品复合造粒,使乳化剂均匀包裹在稳定剂外面,这样更能发挥各组分的功能。

冰激凌产品的品味、质构和成本主要取决于各种原料配方比例和工艺。在选用稳定剂时应考虑:易溶于水或易于混合;能赋予混合料良好的黏性和起泡性;能赋予产品良好的组织和质构;能改善产品的保型性;能防止冰晶扩大。而达到稳定性所需的稳定剂范围一般为 0.15%~0.50%,这根据稳定剂的种类和对产品所产生的稳定效果而定,通常取决于配料的脂肪含量、配料的总固体含量、凝冻机的种类。

乳化剂在冰激凌工艺中具有 3 个基本作用:脂肪分散、气泡和凝结,由于这 3 种作用的结果,冰激凌具有了所需的出品量、泡沫和组织造型。一般乳化剂的使用量和脂肪含量成比例,按质量计,乳化剂的总量不超过油脂的 2%(这一含量足以使冰激凌混合料的 O/W 乳状液十分稳定),过量使用会产生溶解缓慢及产品质构上的不足。

4. 乳化剂在发酵乳饮料中的应用

乳酸菌发酵饮料是近年来发展起来的功能性保健饮料。由于乳酸菌有营养保健功能和特别美好的风味,乳酸菌饮料销售极好。牛乳中含有蛋白质,其中 80% 是酪蛋白。酪蛋白的等电点在 pH=4.6 左右,当乳饮料(包括配制型乳饮料和发酵型乳饮料)的 pH 值降到这个范围附近时,酪蛋白即会因失去同性电荷斥力凝聚成大分子而沉淀。此外,酪蛋白的溶解分散性也显著受盐类浓度的影响,一般在低浓度的中性盐类中容易溶解,但盐类浓度高则溶解度下降,也容易产生凝聚沉淀。

为防止蛋白质离子沉淀,根据斯托克斯定理,可从以下方面采取措施:缩小分散蛋白质粒子的粒径;尽量缩小蛋白质粒子和分散媒介的密度差;加大分散媒介的黏度系数。另外,在制造过程中也要注意物料的混合顺序,混合物料的温度、搅拌速度等,除此之外还要添加一些稳定剂。

　　稳定剂可以提高溶液的黏度,与酪蛋白结合或将蛋白质的电荷包围起来,使之成为稳定的胶体分散体系,从而防止凝集。

　　所用的稳定剂有多种,主要是一些增稠剂,如海藻酸丙二醇酯、羧甲基纤维素钠、果胶、卡拉胶、黄原胶、明胶等。也有使用乳化剂的,如蔗糖酯、单甘酯等。稳定剂的使用要根据饮料的品种和稳定剂的性质而定。一般不单独使用,复合使用具有增效作用,效果更好。在酸性乳饮料中使用稳定剂要在长时间酸性条件下耐水解,一般多使用海藻酸丙二醇酯和耐酸性的羧甲基纤维素钠及果胶等。

　　海藻酸丙二醇酯在 pH 值为 3~4 的范围内可以形成凝胶,是已知胶体中耐酸性最好的,且溶液黏稠度随着酸度的上升而增加。其分子中的丙二醇基,亲油性大,乳化稳定性好,在酸性乳制品中有优良的蛋白质稳定性,在乳酸菌饮料中作为稳定剂的效果非常好。海藻酸丙二醇酯的抗盐性强,即使在浓电解质溶液中也不盐析;对铬、铁(3 价)、铜、铅、钡等离子不稳定,对其他金属离子稳定。高甲氧基果胶可以保持蛋白质在两次热处理及低 pH 值介质中的稳定,用于酸豆奶饮料中可取得较好的效果。低甲氧基果胶有较好的触变性,其凝胶受剪切力作用可成为泵送流体,特别适用于带果肉酸豆奶的生产。使用果胶时要注意,在冷水中,果胶水化缓慢,需将水煮沸才能使果胶充分水化。只有当可溶性固形物浓度低于 25% 时,果胶才能充分水化,所以必须先水化果胶,然后加入糖。当介质中含有过多的钙离子时,低酯果胶不易水化,在这种情况下,可用螯合剂螯合钙离子。

　　在生产中,稳定剂的添加要按照一定的顺序和操作要求进行。以酸调法制作乳酸饮料添加果胶等稳定剂,最佳顺序是先将稳定剂溶液与牛乳混合,最后添加酸溶液进行酸化,这对产品的稳定性很重要。如果在牛乳中加酸或果汁配制酸化乳,会形成大小不均匀的酸乳粒子,其中许多是不能稳定化的大粒子,即使后面采取搅拌、均质等措施也难以制成稳定体系。生产大豆酸奶时将螯合剂预先加入豆奶中,与大豆蛋白充分混合,形成了较为稳定的复合体,使大豆蛋白胶束受到保护,在调酸过程中,可有效防止大豆蛋白形成过大粒径的胶束,所达到的稳定作用效果最好。

六、食品乳化剂的发展趋势

　　近年来,随着食品工业迅速崛起,食品添加剂的生产和科研也获得了长足的发展。乳化剂是食品工业中需求量较大的一种,可改善食品性状,提高风味,用途广泛,已被广泛应用于面包、面条、鱼肉馅、香肠、糖果、糕点、冷食、果酱、人造黄油、奶油、方便食品及乳制品等。据相关统计,世界上生产和使用的食品乳化剂共约 70 种,FAO/WHO 制定有标准的共 34 种。美国在生产和使用的食品乳化剂有 58 种,产量约 15 万吨/年;日本有 20 余种,产量 2.5 万吨/年;全世界每年乳化剂总需求约 8 亿美元,耗量 40 万吨以上。在消耗量较大的 5 种乳化剂中,最多的是甘油脂肪酸酯,占总量的 2/3~3/4;其次是卵磷脂及其衍生物,约占总量的 20%;蔗糖脂肪酸酯和山梨醇酐脂肪酸酯各约占 10%;丙二醇脂肪酸酯约占 6% 。

我国乳化剂的开发和应用起步较晚,在品种、质量、产量上均落后于发达国家。1981年,我国批准使用的食品乳化剂只有单甘酯和大豆磷脂两个品种。到 2019 年,我国允许使用的食品乳化剂达 30 多种,除了单甘油脂肪酸酯外,其他产品产量还不大,食品乳化剂总产量约 1 万吨/年。目前我国年乳化剂消耗量仅为世界的 4%。虽然我国食品乳化剂起步较晚,但发展迅速,甘油酯、蔗糖酯、司盘、吐温、丙二醇脂肪酸酯、大豆磷脂等乳化剂均已实现国产化。

随着科学技术不断进步,人民生活水平的提高,不断开发新食品和食品加工工艺,而天然卵磷脂尚不能满足某些生产的特殊需求。人们以天然卵磷脂为原料,通过化学改性或酶改性,开发了改性卵磷脂这一类较新的食品乳化剂。目前商业上有意义的食品级化学改性卵磷脂是通过羟基化和酰化得到的。羟基化和酰化的卵磷脂是化学改性的代表,可改善卵磷脂在含水系统内的性能。卵磷脂进行乙酰化时,磷脂酰基乙醇胺的氨基在磷脂酰氯两性离子的正电部分引入一个取代基,把它变成带负电的卵磷脂,改善卵磷脂的溶解性和油包水的乳化性能。羟基化卵磷脂是一种浅色的卵磷脂,有较好的水分散性及油包水的乳化性能。在制备水分散性的卵磷脂时,羟基化卵磷脂非常有用。在焙烤食品中,羟基化卵磷脂对提高油脂分散性和保鲜性更为有用。

食品乳化剂的应用技术在国内外得到长足的发展,但乳化剂的种类是有限和相对稳定的,新型食品和加工工艺层出不穷,及时推广各种专用乳化剂,研究开发高品质的复合乳化剂是今后食品乳化剂领域研究的特点。今后应遵循"天然、营养、多功能"的方针。采用高新技术,坚持走以资源为基础,以科技为依托,大力开发生产符合我国国情的乳化剂。

目前,食品乳化剂正向着系列化、多功能、高效率和使用方便等方向发展,所以乳化剂复合配方技术研究至关重要。我国乳化剂的复配主要依靠经验进行,带有一定的盲目性,缺乏必要的理论指导和先进的测试仪器辅助,所得产品质量和性能都不尽完善,不利于推广和应用,因此有必要加强乳化剂复配技术的理论研究。

研究开发新型的乳化剂,如蛋白质和衍生性蛋白质。蛋白质因多肽的疏水、氢键等作用形成立体构象,其双亲性和多肽链可卷折性使蛋白质具有亲水或亲油特性。应大力开发蛋白质乳化剂,包括蛋白质水解产物、脱酰氨基蛋白质等。

总之,食品乳化剂的发展趋势主要有:A. 利用高新技术开发天然高效的食品乳化剂。B. 开发使用方便、多用途、多功能的乳化剂。C. 开发具有营养、保健功能的乳化剂。D. 开发复配型乳化剂,加强复配技术理论研究与实际应用相结合。

第四节　增强凝胶食品的胶凝性

凝胶是食品中非常重要的物质状态。食品中除了果汁、酱油、牛乳、油等液态食品和饼干、酥饼、硬糖等固体食品外,几乎所有的食品都是在凝胶状态供食用。例如,米饭、馒头、面条、豆腐、肉、鱼、蔬菜等,都可以说是凝胶状态,表4-11列出了常见凝胶食品材料及其食品。凝胶食品有如下特点：A. 凝胶状态是食品的最常见形态之一。B. 形成凝胶的多糖类、蛋白类,对改善食品的美味质构发挥着重要作用。C. 凝胶状食品的黏弹性、质构,不仅是食品流变学研究的中心内容,也是食品科学技术十分重要的领域。

表4-11 常见凝胶食品材料及其食品

类型	原料名称	食品举例
高分子碳水化合物	淀粉	凉粉、粉皮、粉条、年糕
	琼脂	羊羹
	鹿角菜胶	果冻类
	果胶	果胶果冻
	魔芋粉、甘露聚糖	魔芋凉粉
蛋白质	明胶	巴伐罗亚蛋羹
	蛋	布丁、鸡蛋羹、蛋白质
	牛奶	黄油、干酪
	鱼肉	鱼糕、鱼香肠
	大豆	豆腐、含大豆蛋白的肉糜制品

一、凝胶的定义及分类

凝胶是指在分散介质中的胶体粒子或高分子溶质,形成整体构造而失去流动性,或胶体全体虽含有大量液体介质但处于固化状态的物质。凝胶有热不可逆凝胶和热可逆凝胶。前者多为蛋白凝胶,如鸡蛋羹、豆腐、羊羹、布丁等,后者以多糖成分凝胶居多。由于以下几方面的理由,凝胶状态在食品物性学中占有十分重要的位置：A. 很多食品都是在凝胶状态下食用的。B. 凝胶状态食品的力学性质对其口感品质、风味品质(如软硬、嚼劲、筋道感、柔嫩感等)起着决定作用。C. 研究和改善食品的质构,主要就是研究凝胶状态物质的模型。

凝胶状食品大多并不是单由多糖类或蛋白质构成。它们虽然多以多糖类、蛋白类为凝胶形成主体,但也包含有其他许多成分。为了简化分析,这里仍以凝胶形成的主体物质进行分析。关于凝胶的分类,固然有按主原料分类的方法,但从实际应用观点看,从它的功能上分类比较方便,即按照其物理性质可以做如下的分类：

1. 按力学性质分类

柔韧性凝胶——具有一定柔韧性的凝胶,如面团、糯米团;脆性凝胶——受力较小时便变形破坏的凝胶。

2. 按透光性质分类

可分为透明凝胶(果冻)和不透明凝胶(鸡蛋羹)。

3. 按保水性分类

凝胶一般虽然都是亲水性胶体,但有些凝胶保水性差、放置时水分会游离出,此种凝胶称为易离水凝胶;相反为难离水凝胶。豆腐放置时水就会不断流出,而琼脂、明胶、果冻就几乎不发生离水现象。

4. 按热学性质分类

基于胶体随着温度的变化由液态转变为固态(或由固态转变为液态)的特点,可把凝胶分为热可逆性凝胶和热不可逆性凝胶。这些液态胶体冷却时,又会变成固体或半固体,称这类凝胶为热可逆凝胶。食品中的凉粉、肉冻、放凉了的粥都属于此类凝胶。然而,像蛋清这样的胶体,加热时会形成凝胶,而后无论是再进行热的还是冷的处理,再也不会成为溶胶状,把这样的凝胶称为热不可逆凝胶。还有一些胶体物质如魔芋粉、酪蛋白、豆浆等,会在凝固剂作用下加热形成固体凝胶,却不会再通过加热变成溶胶状态,这种胶体也称为热不可逆凝胶。

以上凝胶的各种物性,与食品的品质和加工都有密切关系,它们的这些特征也是由凝胶形成物质的化学构造决定的。

二、常用凝胶食品及凝胶剂的使用

许多亲水胶体都能够通过聚合物分子链的物理缔合作用形成胶体,例如,氢键、疏水缔合、阳离子桥交联。这种缔合与人工合成聚合物胶体不同,人工合成胶体主要是通过分子链的共价键交联作用。一些螺旋形亲水胶体,如琼脂糖、角叉胶、结冷胶和明胶,它们通过冷却形成。这些亲水胶体在高温下呈无序构型,但当温度下降后,构型重新变化形成有序的螺旋状,并聚集成胶体。黄原胶和刺槐豆胶(两种非胶凝多糖)的混合溶液在低温下能形成很牢固的胶体,就是因为有序的黄原胶螺旋体和刺槐豆胶链裸露的甘露聚糖分子间的缔合。通过二价阳离子交联,可形成非热可逆性胶体,海藻酸盐和低甲氧基果胶(LM)就是典型的例子。一些亲水胶体在加热情况下形成热可逆性胶体,其中较明显的就是甲基纤维素和羟丙基甲基纤维素。疏水键被认为是形成链缔合的原因。食品亲水胶体的来源很广泛,表4-12对主要亲水胶体的凝胶剂和它们的特性进行了归纳。

表4-12 主要亲水胶体凝胶剂及其特性

亲水胶体	特性
变性淀粉	含直链的淀粉会形成不可逆的不透明胶体
明胶	冷却时会形成热可逆胶体,胶体有弹性且能在人体温度下熔化
琼脂	冷却时(约40℃)会形成热可逆的、混浊脆性胶体。胶体在高温下(约80℃)才会熔化
κ-角叉胶	冷却到40~60℃,以钾为催化剂,形成热可逆的轻微混浊胶体。高于凝胶温度5~20℃时,胶体熔化。这种胶体容易变脆,因此常常和刺槐豆胶一起使用,以提高弹性和透明度,降低脱水收缩
ι-角叉胶	冷却到40~60℃,形成热可逆的弹性胶体。高于凝胶温度5~20℃时,胶体熔化
低甲氧基果胶	pH为3~4.5,在钙离子和螯合剂(如柠檬酸)存在下,冷却中形成热可逆胶体
高甲氧基果胶	pH<3.5时,在可溶性固形物高含量下形成胶体。胶体没有热可逆性
结冷胶	在电解质存在情况下,冷却形成十分透明的胶体。弱酰基胶体是脆性的,一般不具有热可逆性。强酰基胶体是弹性的,而且具有热可逆性,固化和熔化温度为70~80℃

亲水胶体	特性
甲基纤维素和羟丙基甲基纤维素	加热形成热可逆胶体
海藻酸盐	加入多价离子(通常是钙)后形成胶体。钙离子临场反应形成均质胶体。如热胶体不熔化
黄原胶	与刺槐豆胶和魔芋甘露聚糖一起形成高弹性的热可逆胶体
魔芋甘露聚糖	在碱性条件下,形成有弹性的非热可逆胶体

(一)凝胶糖果

1. 凝胶糖果的定义

糖果是以砂糖和液体糖浆为主体,经过熬煮,配以部分食品添加剂,再经调和、冷却、成型等工艺操作,构成具有不同形态、质构和香味、精美而耐保藏的甜味固体食品。糖果的花色品种繁多,分类方法也很难统一,目前国内有三种分类方法,按照糖果的软硬程度可分为硬糖(含水量在2%以下)、半软糖(含水量在5%~10%)、软糖(含水量在10%以上);按照糖果的组成可分为水果糖、乳脂糖、蛋白糖、奶糖、夹心糖等;按照加工工艺特点可分为熬煮糖果、焦香糖果、充气糖果、凝胶糖果、巧克力制品等。

凝胶糖果又称为软糖,是含水量在10%以上的一大类糖果,这类糖果是由一种或多种亲水的凝胶与糖作为基本物料组成的,因此可看作一种含糖的凝胶体。实际上,凝胶糖果就是含有胶体的溶液分散体系。在此体系内,水作为分散介质将凝胶质与固体糖类变成一种胶体溶液。在溶液内,糖类处于分散态,与溶胶状态的胶粒形成一种均一的连续相,融化的糖液以糖浆相被紧密地吸附在胶粒的亲水基周围,由此组成一种相对稳定的胶体分散体系。

在凝胶糖果的基体中,有时也添加糖的微晶体、气泡体、水果体的酱体或碎块等成分。这些都可作为分散相,因而使凝胶糖果形成不同的多相分散体系,使凝胶糖果的质构、香气和滋味等性质产生明显的差异,形成不同品种的凝胶糖果。

凝胶糖果是糖果中的一大类型,随着人们生活水平的提高,对软糖质量的要求也随之提高,向着高档次、高品位方向发展。凝胶糖果的类型和等级很多,它们呈现的质构特性是由所选用的凝胶剂的类型和等级决定的,例如淀粉型凝胶糖果具有紧密与黏糯的质感;明胶型凝胶糖果给人的感觉却是稠韧与弹性的质感;果胶和琼脂型凝胶糖果则具有光滑与柔嫩的质感;树胶型凝胶质糖果具有稠密与脆性的质感。如果同时选用不同的凝胶质制备凝胶糖果,则其质感将出现一定的差异,既可具有单一的凝胶优点,又可克服结构方面的不足。但一般来说,形同凝胶质所吸附和固定的水分越多,其质构特性越倾向于柔软、脆嫩和润滑;反之,其质构特性则越倾向于坚实、紧密和黏稠。

2. 凝胶软糖中的凝胶剂

能使食物溶胶如果胶、蛋白质等沉淀凝固为不溶性凝胶状物的食品添加剂称为凝固剂或凝胶剂,凝固剂常用于豆制品生产、果蔬深加工及凝胶食品制造等。用于凝胶软糖的凝胶剂通常有明胶、琼脂、卡拉胶、果胶、魔芋胶和淀粉等。如明胶、琼脂、果胶等溶液,在温度较高时为黏稠流体,当温度降低时,溶液分子连接成网状结构,溶剂和其他分散介质全部被包含在网状结构中,整个体系成了失去流动性的半固体,也就是凝胶。所有的食品胶都有黏度特性,并具有增稠的功能,但只有其中一部分的食品胶具有凝胶的特性,并且他们的凝胶特性往往各不相同。在食品中应用它们的胶凝性时,在大多数情况下也不能相互代替,也就是说一种能成凝胶的食用胶在某一种食品中(如凝胶糖果)的应用往往是特定的,很难用其他胶体来代替,原因在于各种食用胶的成胶模式、质量、稳定性、口感及可接受性等特性都不一样,或至少不完全相同。尽管在应用这些具有胶凝特性的食品胶进行某种食品(如凝胶糖果)开发时,研制者有多种选择,但一般并不能获得品质完全一样的食品。

还有不少食品胶尽管单独存在时不能形成凝胶,不能作为凝胶软糖的凝胶剂,但它们混合在一起复配使用时却能形成凝胶,可以称为凝胶软糖的凝胶剂,即食品胶之间能呈现出增稠和凝胶的协同效应。如卡拉胶和刺槐豆胶;黄原胶和刺槐豆胶;黄芪胶和柠檬酸钠等,这种协同效应的共同特点是:混合胶液经过一定时间后能形成高强度的凝胶或使得体系的黏度大于体系中各组分单独存在时的黏度总和,即产生 1+1>2 的效应。这方面典型的例子是刺槐豆胶和黄原胶,它们本身都无法形成凝胶,但是非常显著的特性就是它们之间的协同增稠性和协同凝胶性,刺槐豆胶可按一定比例同黄原胶复配成为复合食品胶,即能成为理想的增稠剂和凝胶剂。有学者研究发现,当黄原胶与刺槐豆胶在总浓度为 1%、共混比例为 60:40 时,可以达到协同相互作用的最佳效果。同时还发现,这种相互协同作用的强弱除了与两者的共混比例相关外,还与刺槐豆胶的 M/G(甘露糖与半乳糖之比)比值有关。此外,凝胶的制备温度和盐离子浓度等因素对共混凝胶化也有不同程度的影响。

食品胶形成凝胶的胶凝临界浓度、凝胶临界温度随体系的 pH 值、电解质的存在、其他蛋白质和多糖的存在而变化。有些食品胶体在浓度较高或在外界温度、pH 值、离子浓度等条件适宜情况下才可以形成凝胶。一般来说,具有较多亲水基团的多糖易形成凝胶,支链较多的多糖因受酸、碱、盐影响小,不易形成凝胶,但有可能与其他胶复配形成凝胶。阴离子多糖在有电解质存在下易形成凝胶,通常可以添加电解质和螯合剂来调节凝胶形成的速度和强度。表 4-13 列出了一些食用胶的胶凝特性。

表 4-13 食用胶的胶凝特性

食品胶	溶解性	受电解质影响	受热影响	胶凝机制	胶凝特别条件	凝胶性质	透明度
明胶	热溶	不影响	室温融化	热凝胶		柔软有弹性	透明
琼脂	热溶	不影响	能经受高压锅杀菌	热凝胶		坚固、脆	透明
κ-卡拉胶	热溶	不影响	室温不融化	热凝胶	钾离子	脆	透明

续表

食品胶	溶解性	受电解质影响	受热影响	胶凝机制	胶凝特别条件	凝胶性质	透明度
κ-卡拉胶与刺槐豆胶	热溶	不影响		热凝胶	钾离子	弹性	混浊
ι-卡拉胶	热溶	不影响		热凝胶	钙离子	柔软有弹性	透明
海藻酸钠	冷溶	影响	非可逆性凝胶,不融化	化学凝胶	与 Ca^{2+} 反应成胶	脆	透明
高酯果胶	热溶	不影响		热凝胶	需要糖、酸	易伸展	透明
低酯果胶	冷溶	影响		化学凝胶	与 Ca^{2+} 反应成胶		透明
阿拉伯胶	冷溶	不影响		热凝胶		软,耐咀嚼	透明
黄原胶与刺槐豆胶	热溶	不影响		热凝胶	复合成胶	弹性,似橡胶	混浊

3. 各种凝胶糖果的制作及凝胶剂的使用

各种凝胶糖果的制作
及凝胶剂的使用

4. 复合食品胶在凝胶糖果中的应用

与食品胶在果冻中的应用类似,添加有琼脂的软糖胶凝性很强,但透明度和弹性却不太理想;使用明胶的缺点是凝固点和熔化点低,制作和储存需要低温冷冻;而果胶的缺点是要加高浓度糖和较低的 pH 值才能凝固;添加有卡拉胶的软糖弹性和透明度都还不错,但凝胶性不高,也不耐咀嚼,软糖品质也并不是很理想;而单独添加有魔芋胶、槐豆胶或黄原胶的含糖胶液都无法形成软糖凝胶。

复合食品胶在复合食品添加剂中应最具代表性,目前国内外对其研究和应用也最多。复合食品胶(也可叫复配食品胶)是指将两种或两种以上食品胶体按照一定的比例复合而成的食品添加剂产品。而广义的复合食品胶定义还包括下面的情况:一种或一种以上食品胶与非食品胶类别的食品添加剂(或可食用化学物,如盐类)复合而得到的添加剂。通过食品胶复合软糖粉制成的软糖,口感润滑,更富有弹性,透明度好,添加量小,成本低廉,可调节冻融温度,且不粘牙。由于软糖在风味、口感、色泽、形状上有多种变化,所以使新型软糖的开发研究成为行业中的一项重要课题。复合了琼脂、卡拉胶、魔芋胶、刺槐豆胶或黄原胶等配料的复合食品胶就完全可能制作出强凝胶性、透明度高、晶莹剔透、弹性强和口感细腻的软糖。

用于制作胶体软糖的凝胶剂通常有琼脂、卡拉胶、明胶、果胶等。通过食品胶复合而成的软糖，口感滑爽，更富有弹性，透明度好，添加量小，成本低廉，可调节冻融温度，且不粘牙。

（二）凝胶状米面制品

米面制品是我国的传统食品，面食加工更是品种繁多，花色各异，如凉粉、粉皮、米粉、年糕、米饭等。米面制品的品味和特色，较大程度上依赖于生产加工工艺和技术，这里以米粉为例加以说明。

米粉是由大米加工而成的条或丝状制品，是我国南方人民的传统食品。由于大米中不含面筋，不能形成小麦面条那样的耐拉伸的黏弹性结构，而米粉的成形和机械性能是由淀粉凝胶提供的，因此米粉的加工关键取决于米淀粉凝胶的性质。

加工米粉时首先使淀粉糊化形成凝胶，然后让淀粉回生使凝胶结构固定下来。米粉质量的好坏除了与加工工艺有关外，大米的品种、支链淀粉与直链淀粉之比也是非常重要的。

在生产方便即食米粉时，要求选用含支链淀粉多的大米，因为支链淀粉含量高时，制成的米粉韧性较好，不易断条，煮熟后不易回生。

米粉的生产要经过洗米、浸泡、粉碎、蒸煮成形、干燥及包装等主要工序。米粉制作的关键是抗淀粉老化。对淀粉老化的研究国内外有较多的报道，包括物理方法（如温度控制）、化学方法（如酸度控制）、生物方法（如酶法）等。这些方法都存在局限性，往往只适用于某一种新产品。蒸煮、挤压、复蒸工艺结合抗淀粉老化剂的使用可以使得完全糊化后的淀粉在产品保质期内不发生品质变劣的老化现象。生产用的抗淀粉老化剂有谷朊粉、蔗糖酯、单甘酯、山梨醇、磷酸三钠、食盐等。关于这些添加剂的特性已在其他章节介绍，这里不再赘述。

（三）凝胶豆制品

大豆作为一种重要的粮食作物，其蛋白质含量高，氨基酸组成多样，是优质植物蛋白来源。大豆制品在工业上可分为三大类：一类是传统豆制品，包括豆腐、豆腐干等非发酵制品和酱油、腐乳等发酵制品；二类是新兴豆制品，包括豆奶粉、豆奶等全脂大豆制品，以及分离蛋白、浓缩蛋白、组织蛋白、蛋白饮料等蛋白制品；三是大豆营养保健功能成分开发利用制品，包括大豆磷脂制品、大豆低聚糖、大豆异黄酮、大豆膳食纤维等制品。

1. 豆腐及其制品

豆腐不仅是人们餐桌上的美味佳肴，营养丰富，而且具有医疗保健作用。豆腐及其制品所含的植物蛋白，有人体必需的8种氨基酸，常食用，可以降低血液中胆固醇的含量，减少动脉硬化的机会。经常食用豆腐不仅对神经衰弱和体质虚弱的人有所裨益，而且对高血压、动脉硬化、冠心病等患者有一定的辅助疗效。以豆腐生产工艺为主体的制品主要有豆腐脑、豆腐干及其制品,这些产品均在豆腐制作基础上完成,所需的原辅料基本相同。

制作豆腐的主要原料是大豆,其次还需要一些凝固剂和消泡剂。凝固是决定豆制品质量和成品率的关键。这需要掌握好豆浆的浓度和 pH 值,并正确使用凝固剂。凝固剂是使食品结构稳定或使食品组织结构不变、增强黏性固形物的食品添加剂。在豆制品加工中,起凝固作用的主要是蛋白质。豆浆加热后,蛋白质分子内能升高,分子运动加快,在分子的相互撞击下,构成蛋白质的多肽链的侧链断裂成为开链状态,于是大豆蛋白质分子从原来有序的紧密结构变为疏松的无规则状态,蛋白质分子发生变性。此时,若加入凝固剂,蛋白质分子附聚、交叉形成网状的立体凝聚体,水被包在网状结构的网眼中,进而转变成蛋白质凝胶。这就是豆腐生产过程中的点脑、点卤或点浆工序。

常用的凝固剂主要有盐类凝固剂、酸类凝固剂和其他凝固剂等。

①盐类凝固剂。在我国广泛使用的盐类凝固剂是石膏和盐卤。

石膏,化学名称为硫酸钙,为白色结晶性粉末,无臭,有涩味,微溶于甘油,难溶于水。根据其结晶水含量可分为生石膏、半熟石膏、熟石膏、过熟石膏 4 种。对豆浆的凝固作用以生石膏最快,熟石膏较慢,过熟石膏则几乎不起作用。用石膏做凝固剂制得的豆腐持水性、弹性较盐卤作凝固剂制得的好,质构也细腻。因此,制嫩豆腐的凝固剂以采用石膏为好。没有经过焙烤的石膏,在使用时凝固作用快,成品的弹性足,但操作较难掌握,因此,一般均采用熟石膏。生石膏则必须经过焙烤并研成粉末后才能使用。熟石膏直接在豆浆中难以起凝固作用,必须制成石膏浆才能使用。GB 2760—2014《食品安全国家标准　食品添加剂使用标注》规定:石膏可用于豆类制品、小麦粉制品、面包、糕点、饼干、腌腊肉制品、肉灌肠类,此外,硫酸钙还可作为增稠剂和酸度调节剂,用于豆类制品时,可按生产需要适量使用。

盐卤又名卤水或苦卤,淡黄色液体,味涩、苦。盐卤的主要成分:氯化镁含量为 15%~19%,硫酸镁含量为 6%~9%,氯化钾含量为 2%~4%,氯化钠含量为 2%~6%,溴化镁含量为 0.2%~0.4%。盐卤点浆的特点是豆浆的温度较高(一般为 85℃),凝固的速度快,口味好,但出品率低。卤水的浓度要根据豆浆的稀稠进行调节。生产北豆腐,豆浆稍稠些,卤水浓度适当低些(一般采用 160°Bé);生产豆腐片和豆腐干类,使用的豆浆较稀而要求豆浆点得老一些,所以卤水浓度宜高一些(一般采用 26~300°Bé),盐卤用量为 8%~12%。

除此之外,还有氯化钙盐类凝固剂。氯化钙为白色坚硬的碎块或颗粒,无臭,味微苦,易溶于水和乙醇。GB 2760—2014《食品安全国家标准　食品添加剂使用标注》规定,氯化钙可用于稀奶油、豆类制品中按生产需要适量使用。用于制造豆腐,豆浆中加入量为 20~25 g/L,氯化钙溶液的使用浓度为 4%~6%。在日本,氯化钙用作豆腐凝固剂,用量以钙计 1%。

②酸类凝固剂。酸类凝固剂主要有醋酸、乳酸、葡萄糖酸和柠檬酸等有机酸,除葡萄糖酸-δ-内酯外,其他酸在生产中使用较少。

葡萄糖酸-δ-内酯是近年来开始大量应用的新型凝固剂,为白色结晶体或结晶性粉末,易溶于水,稍溶于乙醇,几乎不溶于乙醚。它溶于水中会渐渐被分解为葡萄糖酸及其δ-内酯和 γ-内酯的平衡混合物,在加热的条件下,则分解速度加快。葡萄糖酸可使大豆蛋白质凝固,在 80~90℃时被凝固的大豆蛋白持水性好,制成的豆腐质构细腻、弹性足、有劲。葡萄糖酸内酯适合做原浆袋装豆腐,便于机械化生产。其主要生产步骤为:在低温的豆浆中加入葡萄糖酸内酯,然后把豆浆灌入袋内封口,再加热,使袋内的豆浆由葡萄糖酸内酯变成葡萄糖酸,凝固成豆腐。葡萄糖酸-δ-内酯制成的豆腐洁白细腻,无传统用卤水或石膏点的豆腐的苦涩味,且使用方便,相对于豆浆的最适使用量为 0.25%~0.26%。根据 GB 2760—2014《食品安全国家标准　食品添加剂使用标准》规定,葡萄糖酸-δ-内酯可在各类食品中按生产需要适量使用。葡萄糖酸-δ-内酯除了作为凝固剂外,还可作为防腐剂、酸味剂和螯合剂使用。

③其他凝固剂。主要有丙二醇、乙二胺四乙酸二钠、柠檬酸亚锡二钠。

丙二醇为无色透明糖浆状液体,无臭,略有辛辣味和甜味,有吸湿性。作为食品中许可使用的有机溶剂,主要用作难溶于水的食品添加剂的溶剂,可以用作糖果、面包、包装肉类、干酪等的保湿剂、柔软剂。GB 2760—2014《食品安全国家标准　食品添加剂使用标准》规定,丙二醇用在糕点中应用,能增加糕点的柔软性、光泽和保水性;也可在生湿面制品中添加丙二醇,能增加弹性,防止面制品干燥崩裂,增加光泽;加工豆腐添加丙二醇,可增加风味、白度及光泽,油煎时体积膨大。

乙二胺四乙酸二钠,又称 EDTA 二钠,白色结晶颗粒或晶体粉末,无臭无味,易溶于水,微溶于乙醇,有吸湿性。GB 2760—2014《食品安全国家标准　食品添加剂使用标准》规定,EDTA 二钠可用于果酱、果脯类(仅限地瓜果脯)、腌渍的蔬菜、蔬菜罐头、蔬菜泥(酱)(番茄沙司除外)、坚果与籽类罐头、杂粮罐头、复合调味料、饮料类(包装饮用水除外)。EDTA 二钠还可用作防腐剂、螯合剂和抗氧化剂。

柠檬酸亚锡二钠,白色结晶,极易溶于水,易吸湿潮解,极易氧化,在罐头食品中能逐渐消耗罐内残余的氧,故有防腐蚀和护色作用。GB 2760—2014《食品安全国家标准　食品添加剂使用标准》规定,柠檬酸亚锡二钠可用于水果、蔬菜、食用菌和藻类罐头。

2. 大豆果冻

随着人们生活水平的日益提高,对膳食质量要求也越来越高。然而我国国民面临着食物结构不合理问题,主要表现为蛋白质摄取量不足。根据我国国情,开发植物蛋白将是一条补充蛋白质不足的重要途径。儿童喜欢吃甜食,常吃的糖果含糖量一般在 60%以上。蔗糖易发酵,引起龋齿。果冻含糖量只有 8%~12%,食用果冻不易产生糖分的过量摄入现象。传统果冻是以果冻胶为主要原料,添加各种甜味剂、增稠剂、色素和香精后制成,营养价值不高。我国大豆资源丰富,大豆中蛋白质含量高达 40%,利用大豆水解液制作果冻,有利于蛋白质的消化吸收。大豆果冻的研制、生产对提高儿童身体素质有帮助。大豆果冻的制作工艺是首先制得豆浆水解液,然后加入食品混合胶等添加剂,经强化均匀、加热杀菌、冷却即为成品。在大豆果冻中使用的食品添加剂很多。卡拉胶作为一种很好的凝固剂,可取代通常的琼脂、明胶及果胶等用于大豆果冻中。用琼脂制成的果冻弹性不够,价格较高;用明胶制作的果冻凝固点和融化点低,制备和储存都得低温冷藏;用果胶需要加高浓度的糖和适当的 pH 值才能凝固。而卡拉胶没有这些缺点。以卡拉胶制成的果冻富有弹性且没有离水性。卡拉胶因具有独特的凝胶特性而成为果冻常用的凝胶剂。

三、凝胶食品和凝固剂的发展趋势

随着现代生活节奏的加快,对快餐和即食食品的需求,以及消费者对饮食健康意识的增加,凝胶在食品中应用将得到快速发展,尤其是一些亲水胶体的保健功能。

近些年来,食品产业致力于通过加入具有协同作用的亲水胶体,开发新食品和新质构。像角叉胶、琼脂糖和黄原胶这样的螺旋结构聚合物,与半乳甘露聚糖这样的直链聚合物之间的协同作用从 20 世纪 70 年代就已被发现和利用。协同作用能帮助聚合物链间缔合形成胶体。例如,果胶—海藻酸盐的复合物通过钙离子交联作用形成混合胶体,而亲水胶体混合物中亲水胶体不是结合而是趋于相分离。亲水胶体趋于像水油分层一样分成两个液层。当然,它们有时候被认为是“水—水”乳化液。如果其中一种或两种亲水胶体都可凝胶,则相分离与胶凝形成竞争,并构成新的胶体结构。

凝胶食品质构的调整与控制是食品生产中不可或缺的一部分。虽然功能性研究很重要,但是食品添加剂的开发更为重要。传统豆制品加工过程中,主要采用石膏和盐卤做单一凝固剂,用石膏做凝固剂的豆制品含有一定的残渣而带有苦涩味,缺乏大豆香味;用盐卤做成的豆制品持水性差,而且产品放置时间不宜过长。葡萄糖酸内酯做成的豆制品品质较好,质构滑润爽口,口味鲜美,营养价值高,但内酯豆腐偏软,不适合煎炒。因此人们开发了以葡萄糖酸内酯为主、石膏为辅的内酯混合型复合凝固剂,及葡萄糖酸内酯中混入无机盐类凝固剂或有机酸类凝固剂,用量为大豆干重的 1%~2%,使用方法同无机盐凝固剂一样。用复合凝固剂做出的豆腐基本克服了传统豆腐的缺点,既保持了内置豆腐细腻爽口、存放期长、豆腐失水率较小的特点,又增强了豆腐的硬度,使豆腐弹性更佳,提高了豆腐的质量和产量。

凝固剂的未来发展趋势主要有:开发复合型凝固剂;开发新型凝固剂;开发酶类凝固剂;开发功能性凝固剂。

复合凝固剂是指人为地用两种或两种以上的成分加工成的凝固剂。这些凝固剂都是随着豆制品生产的工业化、机械化、自动化的进程而产生的。它们与传统的凝固剂相比都有其独特之处。日本已成功研制出由硫酸钙与氯化钙、氯化镁与氯化钙、硫酸钙与葡萄糖酸-δ-内酯等按适当比例混合的复合凝固剂,制得的豆腐外形、风味、质量和保存时间上都优于单一凝固剂所制得的豆腐。

国外已成功研制了片状调和凝固剂,即将氯化钙和氯化镁加热除去结晶水后,按适当比例与硫酸钙混合,粉碎成粒度 10 μm 以下,将这些粉末与一定比例的无水乳酸钙混合,再与丙二醇和无水酒精混合一起调制,用制片机压制得到片状调和凝固剂。乳酸钙的加入,起到加强钙离子效果的作用,并能缓和硫酸钙、氯化钙和氯化镁对豆腐过于灵敏的凝固作用。

近年来也开发了一些新型的凝固剂。以胡萝卜汁为凝固剂,将豆腐生产工艺改进后生产胡萝卜豆腐,有机地将蛋白质、维生素及矿物元素结合在一起,增加了豆腐的食疗作用,为豆制品功能性食品的开发增添了新内容。胡萝卜豆腐的生产,外观鲜艳是衡量成品质量的一个重要指标。着色是否均匀与点浆技术密切相关,只要把握好凝固剂酸度高低和适宜的添加方法,并加以充分搅拌,方可使橘黄色在豆腐体内外均匀分布。胡萝卜豆腐中不仅微量元素 Cu、Zn、Se 高于内酯豆腐,更明显的是沉积了较丰富的胡萝卜素,说明用该法生产的胡萝卜豆腐在保留传统豆腐的基础上,使蛋白质、维生素、Cu、Zn、Se 等矿物质元素集于一体,提高了豆腐的营养价值,增加了豆腐的食疗作用。

随着人们对蛋白质凝胶认识的深入,采用一些酶处理也可诱导蛋白质形成凝胶。酶类凝固剂是指能使大豆蛋白凝固的酶,包括转谷氨酰胺酶、木瓜蛋白酶、菠萝蛋白酶、碱性蛋白酶等。关于蛋白酶使蛋白质凝结的机理目前尚不完全清楚,但现有的研究证实蛋白酶作用产生的大豆蛋白质凝胶主要是水解得到的肽段经非共价键(尤其是疏水相互作用)交联的结果。目前,虽然对豆乳凝固酶的研究工作已取得很大进展,但仍存在不少问题,如蛋白酶凝固的豆浆强度低,导致应用效果差;评价蛋白酶凝固豆浆能力标准法的不完善;凝固机理还不完全清楚;由自然界筛选到的菌株活力偏低等。这些都成为限制这一技术应用的瓶颈,因此需要进一步研究,为豆腐生产工业化提供理论依据,开发出新型豆腐凝固剂,生产出品质高、味道好、成本低的豆腐。

短梗霉多糖是出芽短梗霉在发酵过程中所合成的一种细胞外水溶性大分子中性多糖。由于该多糖具有极佳的成膜性、阻氧性、黏结性和易自然降解等许多优良的理化特性,因此在医药制造、食品包装、水果和海产品保鲜、化妆品工业等众多领域有很广泛的应用前景。作为一种良好的食品改良剂,短梗霉多糖对食品中的高分子蛋白质有特殊的作用,有研究表明,在豆浆中加入适量的短梗霉多糖所制成的豆腐,其效果与用石膏或葡萄糖酸内酯做凝固剂的效果一样,而且具有色泽好,保持原有风味和芳香不变的特点,短梗霉多糖作为新型豆制品絮凝剂对豆制品产业的发展具有比较重要的现实意义。

普鲁兰糖可以作为豆腐凝固剂使用。传统的豆腐凝固剂是氯化镁,它成本低,能保留豆腐的原有风味,缺点是豆腐凝固快,成品表面粗糙,保水性差。改用生石膏、葡萄糖酸内酯能推迟凝固速度,成品表面细滑,但风味差。在凝固剂中或在豆浆加工时加入普鲁兰糖,所制得的豆腐表面细腻,入口滑爽,风味良好,保水性好,商品价值高。

在豆浆中加入适量的短梗霉多糖后,由于大大减少了传统豆腐制品制作过程中卤水的用量,所制成的豆制品不仅具有色泽好、强度高、富有弹性、保持大豆原有的风味和芳香不变的特点,而且还能有效地提高产量。

凝结多糖(curdlan)的热成形性可以用于制作面条形状的豆腐,通过细孔挤压到热水中可制作面条状豆腐。4%的凝结多糖与豆腐凝固剂混合使用于豆乳中,挤压加热可制得豆腐面。制成的豆腐面既可以用冰冷却后浇上调味汁食用,也可以加热后食用,不会出现加热溃散现象。这种豆腐面可冷冻、冷藏保存,经加热烹煮也不会变形或熔化。

另外,添加魔芋精粉的豆腐比普通豆腐韧性强,保水性好,不易破碎,口感细腻,外表白嫩,烹调时吸水性强。魔芋精粉制成的魔芋豆腐可炒、煮、拌、卤食用。用此种豆腐制作的豆干、豆丝、人造肉等食品更接近肉食品的风味,还增添了对人体有益的食物纤维,弥补了植物蛋白的不足。

第五节　增强肉制品的持水性

食品添加剂在肉制品中的应用非常广泛。正确地使用食品添加剂不仅能改善肉制品的色、香、味、形,而且在提高产品质量、降低产品成本等方面也起着关键作用。食品添加剂应用于肉制品中可以改进产品质构。本节主要讲解食品添加剂在增强肉制品持水性方面的作用。

一、肉的持水性概述

肉的持水性,又称系水性、保水性,是指肉在压榨、加热、切碎搅拌时,保持水分的能力,或向其中添加水分时的水合能力。肉的持水性不仅影响到肉的色、香、味、营养成分、多汁性、嫩度等食用品质,而且具有重要的经济价值。如肉在加工时可以通过添加一定量的水,从而提高出品率。如果肉持水性差,从畜禽屠宰到被烹调前这一段时间,肉因失水严重而造成经济损失。

肉中的水分包括结合水、不易流动水和自由水三部分,其中我们度量肉的持水力主要是指对不易流动水的保持能力,它取决于肌原纤维蛋白的网络结构和蛋白质带电荷的多少。蛋白质处于膨胀胶体状态时,网格空间大,持水力就高,反之处于紧缩状态时,网格空间小,持水力就低。

纯粹用肉加工的产品口感粗糙,切片不光滑,且食后不易消化,常需加入一些品质改良剂以改善组织结构、增加产品持水性和保水性。添加品质改良剂可使制成的产品口感良好、结构紧密、切片平滑、富有弹性。能起到这种作用的添加剂有淀粉、凝固性蛋白、卡拉胶、磷酸盐等。淀粉可以改善产品的黏着性和持水性,且物美价廉,在肉类加工中很受欢迎,通常在斩拌后期添加进去;加入热凝固性蛋白或植物蛋白在产品中可起到包水、包油、乳化作用,添加量为1%~5%;卡拉胶透明度高,吸水性强,易溶解,是肉制品加工中常用的增稠剂,它的吸水系数为30~60,肉制品中的添加量一般在1%以下;磷酸盐可显著提高肉类的持水性,改进肉制品的质构。

二、影响肉持水性的因素

影响肉持水性的因素很多,肉的持水性取决于动物的种类、品种、畜龄、宰前状况、宰后肉的变化及肌肉不同部位、加工方式等。

1. 畜禽品种和年龄对肉持水性的影响

幼子畜禽的肉持水性能高,老龄畜禽的肉持水性能低。从品种而言,肉的持水性以家兔最好,马肉最低,其顺序是兔肉>牛肉>羊肉>猪肉、鸡肉>马肉。从肉的肥瘦来看,肉中脂肪越多,持水性越高。这是因为肌肉间脂肪多,使肌肉组织的微细结构松散空隙多,处于一种海绵状态,提高了持水能力。因此,提倡育肥幼龄肉牛、屠宰当年羔羊、发展肉用鸡、育肥肉兔等,这对提高肉及肉制品的持水性很重要。

2. 不同肌肉部位对肉持水性的影响

实验表明,同一畜体的肌肉,由于部位不同,其持水性也不一样。特点是肌肉的总色素量越高,肌肉的颜色越深,持水性越高。日本学者安藤四郎以猪肉做试验,结果表明:猪肉不同部位的持水性依次是胸锯肌>腰大肌>半膜肌>股二头肌>臀中肌肉>半键肌>背最长肌。其他骨骼肌肉比平滑肌持水性好,颈肉、头部肉比腹部肉、舌肉的持水性好。这就提醒大家,在选用肉制品原料时,应根据肉品部位的特点选用,以达到提高产品出品率的目的。

3. 畜禽宰前活动状态和宰后不同阶段对肉持水性的影响

畜禽宰前由于环境的改变和受到驱赶惊恐等外界因素的刺激,破坏和抑制了正常生理机能,引起一系列应激性反应,致使血液循环加快,体温升高,体内糖原分解增加,乳酸增多,ATP 大量消耗。ATP 的减少,使肌肉中蛋白质的网状结构紧缩,持水性降低。其解决办法是:畜禽屠宰前,必须有一定的休息时间,对新环境有个适应过程,提倡文明生产,严禁野蛮屠宰。据测定,畜禽屠宰后,肉的持水性随时间的变化而变化,其变化和肉的僵直、成熟过程有关。当肉僵直未成熟时,持水性降低,其原因:一是 pH 值下降到 5.6 左右时,接近肌动球蛋白的等电点,使肌肉蛋白质的水化程度减弱;二是随着肌肉僵直的发展,ATP 分解,肌球蛋白和肌动蛋白结合生成肌动球蛋白,水化中心减少,持水能力降低。其解决办法是:利用肉品的持水性和时间关系曲线,在肉品持水性最高点的时间范围内加工肉制品,或在肌肉中加入 ATP 以提高持水性。

4. pH 值对肉持水性的影响

pH 值对持水性的影响实质是蛋白质分子的静电荷效应。蛋白质分子所带的静电荷,对蛋白质的持水性具有两方面的意义:其一,静电荷是蛋白质分子吸引水的强有力的中心;其二,由于静电荷使蛋白质分子间具有静电斥力,因而可以使其结构松弛,增加持水效果。对肉来讲,静电荷如果增加,持水性就得以提高,静电荷减少,则持水性降低。持水性最低时的 pH 值几乎与肌动球蛋白的等电点一致。如果稍稍改变 pH 值,就可引起持水性的很大变化。任何影响肉 pH 值变化的因素或处理方法均可影响肉的持水性,尤以猪肉为甚。在实际肉制品加工中常用添加磷酸盐的方法来调节 pH 值至 5.8 以上,以提高肉的持水性。

5. 金属离子对肉持水性的影响

肌肉中含有 Ca、Mg、Zn、Fe、Ag、Al、Sn、Pb、Cr 等多价金属元素。除前 4 种含有较多外,其余均属微量,这些多价金属在肉中浓度虽低,但对肉持水性的影响却很大。Bozlan 和 Hassllaeke 先后在试验中发现,Ca^{2+} 大部分与肌动蛋白结合,对肌肉中肌动蛋白具有强烈作用。Mg^{2+}对肌动蛋白的亲和性小,但对肌球蛋白亲和性强。Fe^{2+}与肉的结合极为牢固,即使用离子交换树脂处理也无法分离,这都说明 Fe^{2+} 与持水性并无相关性。除去 Ca^{2+},则使肌肉蛋白的网状构造分裂,将极性基团包围,此时与双极性的水分子结合时,可使持水性增加。Zn 及 Cu 也具有同样的作用。一价金属如 K 含量多,则肉的持水性低。但 Na 的含量多时,则持水性有变好的倾向。肉中 K 与 Na 的含量比二价金属多,但它们与肌肉蛋白的溶解性的作用却比二价金属小。

6. 尸僵和成熟对肉持水性的影响

持水性的变化是肌肉在成熟过程中最显著的变化之一。动物死亡后由于没有足够的能量解开肌动球蛋白,肌肉处于收缩状态,其中空间减少,导致持水力下降,随着尸僵的解除,肌肉又开始变软,持水力随时间的推移而缓慢增加。

7. 无机盐对肉持水性的影响

(1)食盐。

食盐对肌肉持水性的影响与食盐的使用量和肉块的大小有关,当食盐使用量过大或者肉块过大,由于渗透压的原因,则会造成肉的脱水。一定浓度的食盐具有增加肉持水能力的作用,主要是因为食盐能使肌原纤维发生膨胀。肌原纤维在一定浓度食盐存在下,大量氯离子被束缚在肌原纤维间,增加了负电荷引起的静电斥力,导致肌原纤维膨胀,使持水力增强。另外,食盐腌肉使肉的离子强度增高,肌纤维蛋白质数量增多。在这些纤维状肌肉蛋白质加热变性的情况下,将水分和脂肪包裹起来凝固,使肉的持水性提高。

(2)磷酸盐。

磷酸盐的种类很多,在肉制品加工中大多数使用多聚磷酸盐。磷酸盐之所以可以提高肉的持水性,是因为磷酸盐能结合肌肉蛋白质中的 Ca^{2+}、Mg^{2+},使蛋白质的羧基被解离出来。由于羧基间负电荷的相互排斥作用使蛋白质接合松弛,提高了肉的持水性。较低浓度下多聚磷酸盐就具有较高的离子强度,使处于凝胶状态的球状蛋白质的溶解度显著增加,提高了肉的持水性。焦磷酸盐和三聚磷酸盐可将肌动球蛋白解离成肌球蛋白和肌动蛋白,使肉的持水性提高。肌球蛋白是决定肉持水性的重要成分。但肌球蛋白对热不稳定,其凝固温度为 $42\sim51℃$,在盐溶液中 $30℃$ 就开始变性。肌球蛋白过早变性会使其保水能力降低。聚磷酸盐对肌球蛋白变性有一定的抑制作用,可使肌肉蛋白质的持水力稳定。

8. 加热对肉持水性的影响

肉加热时持水性明显降低,肉汁渗出。这是由于蛋白质受热变性,使肌纤维紧缩,空间变小,部分不易流动的水变成自由水而流出。同时,由于加热导致非极性氨基酸同周围的保护性半结晶结构崩溃,继而形成疏水键,也使持水性下降。

9. 冷冻对肉持水性的影响

冷冻使肉的持水性降低,通过解冻、烹调、加工可充分表现出来。冻结的肉,由于水分结成冰晶,体积膨胀,肌肉组织受到机械损伤,蛋白质结构受到破坏,产生不同程度的变性,所以肉的持水性降低。因此,在同样加工条件下,用冷冻肉不如用新鲜肉加工出的产品产量高、质量好。

当然,除了上述因素外,在肉制品加工过程中还有许多因素影响肌肉的持水性,例如滚揉按摩、斩拌、添加乳化剂等。

三、提高肉制品保水性的水分保持剂及作用原理

在肉制品加工中,为了使制得的成品形态完整,色泽美观,肉质细嫩,切断面有光泽,常常需要添加品质改良剂,以增强肉制品的弹性和黏着力,增加保水性能,改善制成品的鲜嫩度,并提高出品率,这一类物质称为水分保持剂。目前肉制品生产上使用的多属磷酸盐类,磷酸盐广泛应用于肉制品加工中,具有明显提高品质的作用。在肉制品中起乳化作用,具有控制金属离子、控制颜色、控制微生物、调节 pH 值和缓冲作用。此外,还能调整产品质构,改善风味,保持嫩度和提高成品率。

1. 种类

食品工业中,磷酸盐是应用最广泛的水分保持剂,肉制品中经常使用的磷酸盐类有正磷酸盐、聚磷酸盐和偏磷酸盐三大类。正磷酸盐包括磷酸三钠、磷酸三钾、磷酸氢二钠(钾)、磷酸二氢钠(钾)、磷酸二氢钙。聚磷酸盐包括三聚磷酸钠、焦磷酸钠、焦磷酸二氢二钠。偏磷酸盐主要有六偏磷酸钠。除此之外,乳酸钠也是水分保持剂。下面举几例常用水分保持剂。

(1)磷酸三钠。

又称磷酸钠、正磷酸钠,无色至白色晶体颗粒或粉末,易溶于水,不溶于乙醇,在水溶液中几乎完全分解为磷酸氢二钠和氢氧化钠,呈强碱性。在食品中可用作水分保持剂,具有持水、缓冲、乳化、络合金属离子、改善色泽、调整 pH 和组织结构等作用。磷酸三钠用于肉、鱼等制品能使食品保持新鲜、富有弹性;用于面包、点心,可增强制品韧性,防止酥条、断条,爽滑润口;还可防止海藻酸等增稠剂脱水收缩或由于金属离子引起的胶凝。此外,磷酸钠还具有缓冲、乳化作用。

(2)焦磷酸钠。

又称焦磷酸四钠、二磷酸四钠,分子式为 $Na_4P_2O_7 \cdot 10H_2O$,为无色或白色结晶或结晶性粉末,易溶于水,水溶液呈碱性,不溶于乙醇及其他有机溶剂,熔点为 988℃,相对密度为 1.824。有吸湿性,所以需要保存在密闭容器内,在肉品加工中是常用的保水剂之一。焦磷酸钠还可作为酸度调节剂和膨松剂。

(3)六偏磷酸钠。

又称磷酸钠玻璃、四聚磷酸钠、格雷汉姆盐,分子式为 $(NaPO_3)_6$,为无色透明玻璃片状或粉状,易溶于水,吸湿性大,在潮湿空气中会逐渐变成黏稠状液体,具有使蛋白质凝固作用,对金属离子的螯合力、缓冲作用、分散作用很强,常用作品质改良剂、酸度调节剂、黏结剂等,在肉类罐头中可使脂肪乳化,保持质构均匀,可提高持水性,防止肉中脂肪变质。

（4）三聚磷酸钠。

又称三磷酸五钠、三磷酸钠，分子式为 $Na_5P_3O_{10}$，白色结晶或结晶性粉末。有吸湿性，易溶于水，1%水溶液的 pH 值为 9.5，是肉品加工中常用的保水剂之一，具有很强的黏着作用，还有防止肉制品变色、变质、分散的作用，对脂肪也有很强的乳化性。添加三聚磷酸钠的肉制品，加热后水分流失少，成品形状完整、色泽好、肉质柔嫩，容易切片，切面有光泽，是应用最多的一种磷酸盐。

GB 2760—2014《食品安全国家标准　食品添加剂使用标准》规定，以上磷酸盐可应用于乳及乳制品、乳粉和奶油粉、稀奶油、再制干酪、水油状脂肪乳化制品、冷冻饮品、蔬菜罐头、熟制坚果与籽类、可可制品、巧克力和巧克力制品及糖果、米粉、小麦粉及其制品、小麦粉、生湿面制品、面糊、杂粮粉、杂粮罐头食用淀粉、方便米面制品、冷冻米面制品、焙烤食品、预制肉制品、熟肉制品、冷冻水产品、调味糖浆、复合调味料、婴幼儿配方和辅助食品、饮料类、果冻和膨化食品，可单独使用或混合使用。

2. 作用机理

尽管目前对多聚磷酸盐机理尚不完全确定，但是一般认为通过以下途径发挥其作用。

（1）改变肉中的 pH 值。

成熟肉的 pH 值一般在 5.7 左右，接近肉中蛋白质的等电点，因此肉的持水性极差。而多聚磷酸盐是一种具有缓冲作用的碱性物质，加到肉中后，能使肉中的 pH 值向碱性方向偏移至 7.2~7.6，在这种情况下，肌肉中的肌球蛋白和肌动蛋白离开等电点（pH 值为 5.4）而发生溶解，因而提高了肉的持水性。

（2）增大蛋白质的静电斥力。

多聚磷酸盐具有结合二价金属离子的性质，在加入肉中后，使原来与肌肉中肌原纤维结合的 Ca^{2+}、Mg^{2+} 被多聚磷酸盐夺取，使肌原纤维蛋白在失去 Ca^{2+}、Mg^{2+} 后释放出羧基，由于蛋白质羧基带有同种电荷，在静电斥力作用下，肌肉蛋白质结构松弛，提高了持水能力。

（3）提高肌球蛋白溶解度。

多聚磷酸盐是具有多价阴离子的化合物，在较低的浓度下，有较高的离子强度。肌球蛋白在一定离子强度范围内，溶解度增大，成为溶胶状态，从而提高了持水性。

（4）促进肌动球蛋白发生解离。

活体时机体能合成肌动球蛋白解离的三磷酸腺苷（ATP），但动物宰杀后由于 ATP 水平下降，导致肌动球蛋白不能解离成肌动蛋白和肌球蛋白，从而使肉的持水性下降；而焦磷酸盐和三聚磷酸盐具有解离肌肉中肌动球蛋白的特殊作用，能将肌动球蛋白解离成肌球蛋白和肌动蛋白，提取了大量的盐溶性蛋白质（肌球蛋白），因而提高了持水性。另外，肉中脂肪的酸败，使肉和肉制品气味不好，但在肉中加入磷酸盐时，可防止酸败。

综上所述，多聚磷酸盐能改变肌肉蛋白质的某些物理和化学性质，使肌肉蛋白质持水性增强，但由于盐溶性蛋白质（肌球蛋白）只能溶解在中性盐溶液中，要使肌肉蛋白质持水膨胀，还必须要有氯化钠的共同作用，因此多聚磷酸盐常同氯化钠共同使用。多聚磷酸盐与氯化钠的最佳配比,目前还没有确定,可根据加工条件摸索,通常多聚磷酸盐的浓度在0.125%~0.375%之间,氯化钠的浓度在2.25%~3%之间。各种多聚磷酸盐作用也不完全一样,实验证明焦磷酸盐比三聚磷酸盐好,三聚磷酸盐又比其他磷酸盐好。多种多聚磷酸盐共用,当比例调整适当时,可以获得比较理想的嫩化效果,若在配制多聚磷酸盐溶液时,再辅助以乳化剂和发色剂,如葡萄糖酸-δ-内酯、维生素 C 及一定量的大豆蛋白粉,其嫩化效果、口味及色泽更加理想。

目前,生产上使用的磷酸盐多为焦磷酸盐、三聚磷酸盐和六偏磷酸盐的复合盐,作为化学合成的品质改良剂,几种磷酸盐经常组合起来使用,效果较好。

3. 磷酸盐的安全性问题

食品加工中使用磷酸盐并不是简单地加入,其有效性与很多条件有关。例如,对于肉制品与下列因素有关:磷酸盐的品种、加入量、加入方式、温度、腌肉时间、离子强度、pH 值、原料肉、加工工艺及与其他添加剂的协同作用等,而且磷酸钙与蛋白质等高分子电解质的作用机理还未阐明。因此,使用磷酸盐时一定要慎重。

磷酸盐为人体组织,如牙齿、骨骼及酶的有效成分,并在糖类、脂肪、蛋白质代谢中是不可缺少的。因此,磷酸盐常被用作食品营养强化剂,一般动物与人体对磷酸盐的耐受量较大,正常的用量不至于导致磷钙失去平衡,但过多使用磷酸盐也不可以,磷酸及磷酸盐 ADI 为 0~70mg/kg,此值包括天然存在于食品的和添加剂中的磷的总量,并应注意与钙摄入量的关系。

膳食中磷酸盐食量过多时,能在肠道中与钙结合成难溶于水的正磷酸钙,从而降低钙的吸收,这是规定膳食中钙、磷的供给量应有适宜比例的原因之一。钙磷比不恰当的食品,即缺钙或缺磷的食品,会导致从人体骨骼组织中释出钙或磷的不足部分。持续时间长会造成发育迟缓,骨骼畸形,骨和齿质量不好,长期大量摄入磷酸盐可导致甲状腺肿大、钙化性肾机能不全等。

目前,磷酸盐在我国肉制品加工中的应用已十分广泛,从发展看应重视钙磷平衡问题,有关部门应该引起关注。国内外试验证明,在肉制品加工中使用规定量的食品级磷酸盐是无害的。

四、增稠剂在肉制品加工中的应用及作用原理

增稠剂在肉制品加工中的
应用及作用原理

五、水分保持剂在不同肉制品加工中的应用

1. 酱猪肉

将多聚磷酸盐按比例加入肉块中腌制 20 h,使其均匀渗入肉组织中,然后放入煮酱肉的老汤中煮沸 45 min,煮熟后取出放置 35 min 后称重标明,在酱猪肉中添加 0.5% 的多聚磷酸盐可比加等量食盐提高出品率 7.7% 左右。

2. 盐水火腿

制作盐水火腿时,由于多聚磷酸盐具有保水作用,为盐水火腿加工中滚揉挤出足量的蛋白质提供了必要条件。蛋白质本身具有胶黏性和乳化性,挤出的蛋白质、淀粉、大豆蛋白等,在适量盐水存在和滚揉机的搅拌下,可混合成具有足够黏度的凝胶物质,涂于肉块表面,火腿装模成型后,在适当的压力和煮制热变性后,即可把所有的小块肉结合成一体。若各道工序均能处理得当,则制得的盐水火腿会有很好的结着力,切片不会松散。同时,由于制品内部无空洞,或无大的空洞,所以保存期也长。

3. 香肠

卡拉胶具有非常高的蛋白反应性,故与高蛋白含量的肉类混合时,就会与蛋白质和水分结合(包括肉类本身水分和外来水),形成不可逆转的网络结构。由于只有结合的水分子才能保存于产品中,这个网络结构的形成就使产品更加多汁。卡拉胶的使用方法非常简单,只要将之与其他干配料进行预混合,便可如常地继续进行下一道加工工艺。必须注意的是,卡拉胶的颗粒非常细,若单独将其直接添加到切割机中,就会出现粉尘。另外,卡拉胶要在 70℃ 以上才能发挥其蛋白反应性、持水性等功能,故不论是在热火腿或肉糜中应用,都要保持足够的加工温度。至于卡拉胶的用量,则视不同的制品而异。

除了卡拉胶外,磷酸盐同样可以使产品的持水性提高,并有助于水分的吸收。盐($NaCl$ 或 KCl)对磷酸盐的作用来说非常重要。在磷酸盐一定时,食盐的添加对离子强度起主要影响。具体来说,氯化物离子引起肌肉蛋白的静电排斥。在没有添加食盐时,只加有磷酸盐的乳化物的稳定性显著降低。在盐含量很低时(0.75% 或更低),需要添加量大于 0.5% 的磷酸盐来维持乳化物的稳定。假如允许的话,再添加低于 0.5% 的量可以进一步加强乳化稳定性。通常情况下,最终产品中盐的含量为 2%~2.5% 时,磷酸盐在最终产品中的含量不超过 0.3%。磷酸盐对提高火腿类产品的出品率较乳化率更高。

4. 西式火腿

西式火腿中使用的主要是磷酸盐,包括六偏磷酸钠、焦磷酸钠和三聚磷酸钠,能够稳定制品,提高肉的保水性。使用量:六偏磷酸钠 ≤ 1 g/kg,焦磷酸钠 ≤ 1 g/kg,三聚磷酸钠 ≤ 2 g/kg。一般情况下经常是使用三种磷酸盐的混合物,即复合磷酸盐,常用的几种复合磷酸盐的比例见表 4-14。

表 4-14　几种复合磷酸盐比例

组合方式	1	2	3	4	5
六偏磷酸钠/%	72	72	30	27	20
焦磷酸钠/%	0	2	48	48	40
三聚磷酸钠/%	28	26	22	25	40

5. 肉类罐头

肉类罐头中广泛使用的增稠剂是淀粉,淀粉对制品的持水性和组织形态均有良好的效果。在加热过程中淀粉糊化,肉中水分被吸入淀粉颗粒而固定,持水性变好,提高了肉质的紧密度,同时淀粉颗粒变得柔软而富有弹性。淀粉又是肉类制品的填充剂,可以减少肉量,提高出品率,降低成本。用量可根据产品的需要适当加入。在糜状制品中,若淀粉加得太多,会使腌制的肉品原料在斩拌过程中吸水放热,同时增加制品的硬度,失去弹性,组织粗糙,口感不爽。此外,存放过程中产品也极易老化。

淀粉的种类很多,有小麦淀粉、马铃薯淀粉、绿豆淀粉、糯米淀粉等,其中糯米淀粉吸水性较强,马铃薯、玉米、绿豆淀粉其次,小麦淀粉较差。现在,在肉类制品中应用较多的为玉米、马铃薯、绿豆淀粉。

除了淀粉外,另外一种增稠剂——琼脂也广泛应用于红烧类、清蒸类、豉油类罐头及真空包装类产品中,用量按需要加入。使用前先将琼脂洗净,然后按规定使用量用热水溶解后过滤加入,加入前应充分搅拌均匀。另外,也可使用卡拉胶。例如,午餐肉经常出现的质量问题是脂肪析出过多(即"析油")和胶胨的析出。所谓"析油"是指脂肪在高温杀菌过程中从午餐肉制品中渗析出来,冷却后即粘在固形物周围和上下表面。原料肉持水性差是产生"析油"的主要原因。"胶胨析出"是指由于肉的持水性下降,肉内本身所含的水分和加工时所加入的水分,在加热杀菌时连同肉的胶原蛋白物质从固形物中分离析出,冷却后呈半透明的胶状聚集物。"析油"和"胶胨析出",不仅影响产品感官质量,而且会使产品成为不合格品,给生产厂家造成经济损失。李中东研究认为以添加 0.5% 卡拉胶、5% 冰屑或0.4% 卡拉胶,减少 4% 一级肉,效果较理想。生产实践证明:添加适量的卡拉胶可有效地防止脂肪和胶胨析出,从而提高午餐肉的合格率,降低成本,提高经济效益。

六、水分保持剂的发展趋势

水分保持剂在改进肉品质构方面主要用作品质改良剂。纯粹用肉加工的产品口感粗糙,切片不光滑,且食后不易消化,常加入一些品质改良剂以改善组织结构、增加产品持水性和保水性。添加品质改良剂可使制品口感良好、结构紧密、切片平滑、富有弹性。能起到这种作用的添加剂有水分保持剂和增稠剂,如淀粉、凝固性蛋白、卡拉胶、磷酸盐等。

随着社会的进步,人民生活水平的提高,品质改良剂的发展方向应具备以下特征:

A. 天然安全性,安全就是要无毒或无害。针对有些添加剂本身存在安全隐患,加上近年来发生的添加剂不规范使用造成的安全事件,天然添加剂代替人工合成的有毒添加剂是必然趋势。B. 特殊功能性,把营养与食疗联系在一起是人们多年来的梦想,所以将具有功能性的品质改良剂应用到肉制品中将是添加剂在肉制品应用的一个重要方向。C. 复合多功能性,这样可以简化生产工艺,有利于高科技的推广。

目前,肉制品中水分保持剂的发展方向是无磷保水剂。此产品是应用最新生物科技研制成的新型肉制品品质改良剂,可以嫩化各种肉原料,包括老牛肉、各种肉质很硬的肉。其主要有以下优点:A. 可以把各种原料肉嫩化为多汁高品质的肉制品,并能提高口感。B. 使用后营养成分更易人体吸收,保持了肉类的风味和营养,感观自然,煮制方便。其应用范围:可以用于牛肉、猪肉、羊肉、鸡肉等嫩化、去腥、保鲜、护色、增加口感。

国内外报道的新型无磷保水剂主要有蛋白质酶解产物、变性淀粉、酰胺化低甲基果胶、海藻糖、多聚糖等物质。聚谷氨酸是由 L-谷氨酸和 D-谷氨酸通过 γ-酰胺键结合形成的一种多肽分子。由于聚谷氨酸分子链上有大量游离羧基,从而具有一般聚羧酸的性质,如强吸水、能与金属离子螯合等特点。聚谷氨酸最大特点之一是保湿性极强,其水凝胶生物相容性好,可降解、安全无毒,且具有亲水性和保水性。聚谷氨酸具有抗冻性,可用于食品贮存,另外,在食品中添加聚谷氨酸可以提高钙的浓度,防止骨质疏松症。聚谷氨酸可作为增稠剂、膳食纤维、保健食品原料、稳定剂等应用于食品工业和作为蔬菜、水果的防冻剂等应用于农业领域。近年来,国内已有研究褐藻酸钠裂解产物对凡纳滨对虾及罗非鱼保水效果的报道,但尚无商业化产品。褐藻胶低聚糖在 2004 年研发成功,并规模化生产,因此,褐藻胶低聚糖作为新型保水剂具有更广泛的现实意义。文献报道褐藻胶低聚糖具有良好的抑菌和吸湿特性,可作为复合磷酸盐的替代品,并且褐藻胶低聚糖具有清除自由基的能力,也是一种新的保健成分。相信未来水分保持剂会沿着正确的轨道蓬勃发展,推动肉制品事业的日益昌盛。

第六节　改善食品的膨松性

焙烤食品不仅有良好的口味,而且口感松软,这种松软感是由于焙烤食品膨胀产生的。膨胀可使焙烤食品的体积达到适度的大小,并使其内部组织细腻而松软,又因其松软,经咀嚼后使唾液中的酶分解产品,从而获得更美好的风味。要使一种食品膨胀,体积增大,必须具备以下两个条件:一是要有一个能保住气体不遗漏的有弹性及延伸性的组织结构;二是要有足够的膨胀来源,即气体,而焙烤食品就是依据这样的原理制成的。在日常生活中,我们都喜欢买那些膨松柔软的面包,这是物料在拌和过程中,混入的空气和物料所含的水分在烘焙时受热所产生的水蒸气,能使制品产生一些海绵状组织,但要达到制品的理想效果,使面团保持有足量的气体,就必须在食品中加入一种食品添加剂——膨松剂。

一、膨松剂的定义及作用

膨松剂又叫膨胀剂、疏松剂或发粉,是在以小麦粉为主的焙烤食品中添加,并在加工过程中受热分解,产生气体,使面坯起发,形成致密多孔组织,从而使制品具有膨松、柔软或酥脆感的食品添加剂。膨松剂主要用于面包、蛋糕、饼干和发面制品中,一般分为生物和化学膨松剂两类。前者种类有液体酵母、鲜酵母、干酵母、速效酵母等。后者一般是碳酸盐、硫酸盐、磷酸盐、铵盐和矾类及其复合物。近年来,植物蛋白膨松剂应用越来越多,这种产品溶解性好,起泡性也十分理想,泡沫持久,无色无味,膨松效果良好,在粮油食品中应用逐渐趋于广泛。

膨松剂不仅能使食品产生松软的海绵状多孔组织,使之口感柔软可口、体积膨大,而且能使咀嚼时唾液很快渗入制品的组织,以透出制品内可溶性物质,刺激味觉神经,使之迅速反映出该食品的风味。当食品进入胃之后,各种消化酶能快速进入食品组织,使食品的养分能更容易快速地被消化、吸收,避免营养损失。在面包、蛋糕、馒头等的制作过程中,面团必须持有适量的气体,才能使成品具有海绵状多孔组织,口感柔软。物料搅拌过程中混入的空气和物料所含的水分在烘焙时受热所产生的水蒸气,能使产品产生一些海绵状组织,若想达到理想膨松效果,这些气体量是远远不够的,所需气体绝大多数由膨松剂提供,因此膨松剂在食品制造中具有重要的地位。

二、膨松剂的作用原理

焙烤食品在不添加任何膨松剂的情况下,在其加工工艺中某些物理因素的作用下也可以造成一定的体积膨胀,如搅拌可以将空气搅拌于油脂或蛋液中,这些气体在烘烤过程中也会产生膨胀,并被其他原料(如鸡蛋)融合保持而使食品体积增大。但单纯靠物理膨胀,其体积增大并不明显,所以还应在焙烤食品中添加膨松剂使其体积增大取得理想的效果。

膨松反应必须在以下三个阶段加以控制:面团调制、静置醒发及焙烤阶段。面团调制时,必须发生一定程度的反应放出气体,这样在油水界面上才能形成发泡点,这点十分关键,因为在此阶段之后就不可能再形成这样的点位了,这些点位的数目和位置决定了成品中气孔的数目和位置。由于面团醒发的时间变化不一,因此重要的是在此阶段不要发生膨松反应。生面团经焙烤成为成品,在这一过程中,必须再次膨胀,原来的发泡点扩大为较大的气孔,从而使产品质构膨松,如反应太快,面团尚未形成能包含 CO_2 的强度,CO_2 就已经逸出,如反应太慢,时间太长,则可能出现因气体膨胀而使产品出现裂皮的现象。

1. 膨松化

膨松化的理论定义是利用化学变化、相变和气体的热压效应原理,使被加工物料内部产生气体,使气体迅速升温汽化,增压膨胀,并依靠气体的膨胀力,带动食品组织分子中高分子物质的结构变性,从而使之成为具有网状组织结构的多孔状物质,依靠该工艺过程产生的食品统称为膨松化食品。

2. 膨松化过程

食品物料的膨松化过程可分为三个阶段,第一阶段为相变阶段,此时物料所含有的液体因吸热或过热发生膨胀和汽化;第二阶段为增压阶段,新产生的气体快速增压并带动物料膨胀;第三阶段为固化阶段,当物料内部的压力达到和超过物料所能承受的极限时,内部可被高温干燥固化,最终形成泡沫的膨松化产品。

3. 膨松化的过程分析

物料特性和外界环境与膨松化直接关联,换言之,只有当物料与环境同时符合膨松化所需的特定条件时,膨松化过程才有可能得以顺利进行。所谓特定条件就是:其一,膨松化发生之前,物料内部必须均匀含有安全的膨松剂,即可气化的固体、液体。其二,从相变段到增压段物料内部能广泛形成相对密闭的弹性气体小室。要保证小室内气体的增压速度大于气体外溢造成的减压速度,以满足气体增压的需要。其三,构成气体小室的内壁材料,必须具备拉伸成膜特性,且能在固化段蒸汽外溢后,迅速干燥并固化成膨松化制品的相对不回缩结构网架。其四,外界要提供足以完成膨松化全过程所需的能量,包括化学反应相变段的液体升温需能、汽化需能、膨胀需能和干燥需能等。对于食品物料而言,最安全的液体就是所含的水分,成膜材料是蛋白、淀粉等高分子类物质,其他高分子物质如纤维素也可充填其间。

(1)水分形态、结合态、含量对膨松化过程产生的影响。

水分对膨松食品的膨松化过程产生一定的影响,尤其在微波膨松化工艺中。在外部供能条件下,物料中水分热运动加剧,产生相变,汽化为蒸汽,对周围物料造成冲击,当这种冲击作用超出一定限度时,会带动大分子物质结构的扩展变形。

一般来说,粮食物料所含的水分大体有四种状态:水合态、胶体吸润态、自由态和表面吸附态。水合态和胶体吸润态的水分虽含量不高,但因为它们同粮食物料内的物质以氢键缔合而结合得较为紧密,若对其施加外力影响,就可能对与之结合的物料分子产生影响,食品膨松化主要是通过对这部分水分施加作用得以实现的。

理论上讲,粮食物料含水量越大,可能产生的蒸汽量越大,膨松化动力越强,膨松化的效果也越好。但含水量过大时,会影响膨松化的正常实现,究其原因:其一,过量水分往往是自由态和表面吸附态的水,它们很难取代结合态和胶体吸润态水分子原有的空间位置。这部分水分往往不存在于密闭气体小室中,很难成为膨松化动力,引起物料膨松化。其二,过量水在外部供能时,由于与物料其他组分相互间的约束力弱,较易优先汽化,占用有效能量,影响膨松化效应。其三,过量水会导致物料在增压段的升温,导致其中的部分淀粉提前糊化或部分蛋白质超前变性,反而阻碍了膨松化。其四,含过量水的物料即使经历膨松化过程,其制品也会因成品含水量偏大而回软,失去膨松化制成品的应有风味。因此,在膨松化之前,必须确定物料的适度含水量,以保证最佳效果。此外,物料在膨松化过程中,存在一定的含湿量梯度,梯度差异的形成是由水分在粮食物料中分布的差异和水分与物料之间的结合差异所致。不同的含湿量梯度会造成膨松化动力产生时间上的差异和质量上的不均匀性,影响膨松化结构的质量。

在明确了水分的作用后,还应明确:膨松剂加入食品后,必须与水接触才可反应,与膨松剂接触的水分是粮食物料中的自由态水和表面吸附态水,一旦有能量输入(如加热和油炸),膨松剂就会立即与水反应。与膨松剂作用的水,和面时的正常加入量就已足够,不必考虑多加。

(2)能量的影响。

外部能量的提供方式和能量的转化率对于膨松化起着至关重要的作用。在粮油食品的加工中,外部能量的供给方式有热能、机械能、化学能等,这些能量可以通过一定的传递、转换首先作用于食品膨松剂,导致加速食品膨松剂的作用,同时也作用于水分和膨松剂产生的气体,加剧分子热运动,增加分子动能。目前,最常见的外部能量向膨松化动力转换的方式是加热和油炸膨松化技术,它是同时利用热辐射和热传导原理来实现其工艺目的的。而微波技术则是通过电磁能的辐射传导,使水分子吸收微波产生激振,获得动能,实现水分的汽化,进而带动物料的整体膨松化。

膨松剂用在粮油食品加工中,外部能量传递必须遵循:第一,外部供能方式必须满足膨松剂的反应需要以便膨松化动力的形成;第二,外部能量向膨松化动力的转换必须保证能量的最大利用率及膨松剂最佳的膨松化效果;第三,外部供能和内部的能量变化应最大限度保持食品物料的营养性。所以,从理论上讲,在满足上述原则的前提下,膨松剂的膨松过程、膨松化工艺条件可以进行不同方式的变换和组合,这对膨松剂的研制及其相配合的新型膨松化工艺技术的开发,以及膨松化设备的发展创新具有极大的指导意义。如膨松剂的低温、超低温膨松剂技术、超声膨松化技术、真空膨松化技术都有可能在不久的将来,得到实际的应用。

(3)高分子物质的影响。

在膨松食品中起主要网络支撑作用的是淀粉和蛋白质,自然界的淀粉通常是以若干条链所组成的团粒形式存在。淀粉团粒内水分的含量与分配较大程度上取决于多糖链的密度与叠集的规则性,淀粉的结构对其理化性质和膨松化加工特性至关重要,蛋白质也是如此。目前,淀粉、蛋白、油脂等高分子物质与膨松剂的作用还没有研究结果,膨松的效果目前还只能依靠粮食流变仪来测定。

三、常用膨松剂及性质

食品膨松剂一般分为生物膨松剂和化学膨松剂两种类型。

1. 生物膨松剂(酵母)

生物膨松剂(包括酵母和蛋白质,目前的商品只有酵母)是面制品中一种十分重要的膨松剂,它不仅能使制品体积膨大,组织呈海绵状,而且能提高面制品的营养价值和风味。以前在食品中使用的是压榨酵母(鲜酵母),由于其不易保存,制作时间长,现在逐步使用由压榨酵母经低温干燥而成的活性干酵母。它不受时间的限制,使用方便。活性干酵母使用时应先用30℃左右温水溶解并放置20 min左右,使酵母活化,即可使用。酵母是利用面团中的单糖作为其营养物质。它有两个来源:一是在配料中加入蔗糖经转化酶水解成转化糖;二是淀粉经一系列水解最后成为葡萄糖。

酵母菌利用这些糖类及其他营养物质,先后进行有氧呼吸与无氧呼吸,产生二氧化碳、醇、醛和一些有机酸。

生成的二氧化碳被面团中面筋包围,使制品体积膨大并形成海绵状网络组织。而发酵形成的酒精、有机酸、酯类、羰基化合物则使制品风味独特、营养丰富。

利用酵母作膨松剂,需要注意控制面团的发酵温度,温度过高(>35℃)时,乳酸菌大量繁殖,面团的酸度增加,面团的pH值为5.5时,得到容积最大的成品。

2. 化学膨松剂

化学膨松剂是由食用化学物质配制的,一般是碳酸盐、磷酸盐、铵盐和矾类及其复合物,它们都能产生气体,在溶液中有一定的酸碱性。化学膨松剂根据其水溶液中所呈酸碱性又可分为碱性膨松剂、酸性膨松剂;也可根据所含的化学成分分为单一膨松剂和复合膨松剂。

(1)单一膨松剂。

一般为碱性膨松剂,常用的有碳酸氢钠(俗称小苏打)或碳酸氢铵,受热分解产生气体,反应方程如下:

$$2NaHCO_3 \longrightarrow CO_2 \uparrow + H_2O + Na_2CO_3$$
$$NH_4HCO_3 \longrightarrow CO_2 \uparrow + NH_3 \uparrow + H_2O$$

一般来说,碳酸氢铵只能用于焙烤后水分很低的产品。因为焙烤后水分高的产品中会带有残余的氨的气味。另外,国外已有用碳酸氢钾代替碳酸氢钠作为膨松剂,用于低钠的保健焙烤制品中,但是它极易吸潮,并略带苦味。

小苏打之所以被广泛运用,因其价格低、无毒性、保存方便、其商业成品纯度较高等优点,它的另一个优点是其碱性比碳酸钠弱,因此它的颗粒在面团中溶解时,不会形成局部面团碱性很高的现象。当然小苏打的使用必须在一定范围内(≤0.8%面粉量),超过这一范围会产生不良气味和制品变黄的现象。

当小苏打被加到面团中时,初始时CO_2气体以一种可以看到的速度放出,因为面团的pH值一般在5~6之间,当面团中酸性减少,趋向于碱性时,产生的气体明显减少,为了得到最大的气体产量和控制气体产生的速度,可应用酸性膨松剂。而苏打饼干中所需的酸性物质则是酵母发酵及其他细菌活动所产生的酸。

(2)复合膨松剂。

一般由3种成分组成:碳酸盐类、酸性盐类、辅料(淀粉和脂肪酸)。复合膨松剂可以根据碱性盐的组成和反应速度分类。根据碱性盐的组成可分为3类:一是单一成分膨松剂式复合膨松剂,即以$NaHCO_3$与酸性盐作用产生CO_2气体,膨松剂中只有一种原料产生CO_2;

二是二剂式复合膨松剂,即以两种能产生 CO_2 气体的膨松剂原料和酸性盐一起作用而产生 CO_2 气体;三是氨类复合膨松剂,即除能产生 CO_2 气体外,还产生 NH_3 气体。根据反应速度也可分为 3 类:快速膨松剂,在食品未受热前而产生膨松效果;慢性膨松剂,在食品未加热前产生较少气体,大部分气体和膨松效果均在加热后才出现;复合膨松剂,含有快性和慢性膨松剂,两者配合而成。

对于复合膨松剂的配制,根据实际经验,应注意以下 3 个原则:

①根据产品要求选择产气速度恰当的膨松剂。不同的产品要求的产气速度不尽相同。如糕点类粮食制品中使用的膨松剂应为具有二次膨发特性的膨松剂,因为在烘焙初期若产气太多、体积膨大快,此时的糕点组织尚未凝结,成品易塌陷且组织较粗,而后期无法继续膨大。若只用慢性膨松剂,初期膨大慢,制品凝结后部分膨松剂尚未产气,使糕点体积小,没有发挥膨松剂的作用。

②馒头、包子所用膨松剂由于面团相对较硬,需要产气稍快,若面团凝结后产气过多,成品将出现"开花"现象。而制作油条等油炸食品,需要常温下尽可能少产气、遇热产气快的膨松剂。

③根据酸性盐的中和值确定 $NaHCO_3$ 的份数。在复合膨松剂配制中,应尽可能使 $NaHCO_3$ 与酸性盐反应彻底,一方面可使产气量大,另一方面能使膨松剂的残留物为中性盐,保持成品的色、味。因此酸性盐和 $NaHCO_3$ 的比例在复合膨松剂配制中需要特别注意。

酵母和复合膨松剂单独使用时,各有不同之处。酵母发酵时间较长,有时制得的成品海绵结构过于细密、体积不够大;而合成膨松剂则正好相反,制作速度快、成品体积大、组织结构疏松、口感较差。因此,二者配合正好可以扬长避短,制得理想的产品。

3. 酸性膨松剂

酸性膨松剂的作用是促进面团中的二氧化碳化合物(不论是溶解形式或以化合物形式存在)中的 CO_2 可以有控制地、充分地释放出来。对酸性膨松剂的要求是无毒、无味或接近无味,同时不会对面筋有任何减弱的作用。现在已经发现一些酸性物质,它们能使面团中 CO_2 的释放速度达到人们预期的要求,几种常用的酸性膨松剂种类如表 4-15 所示。

表 4-15　几种常用的酸性膨松剂

化学名称	化学分子式	学名或缩写	常温反应速度	中和值
一水磷酸氢钙	$CaHPO_4 \cdot H_2O$	$MCP \cdot H_2O$	很快	80
无水磷酸氢钙	CaH_2PO_4	MCP	慢	83
二水磷酸氢钙	$CaHPO_4 \cdot 2H_2O$	DCP	微小	33
酸式焦磷酸钠	$Na_2H_2P_2O_7$	SAPP	慢到快	72
硫酸铝钠	$NaAl(SO_4)_2$	SAS	慢	100
磷酸铝钠水化物	$Na_3Al(PO_4)_2 \cdot 4H_2O$	SALP	慢	100
无水磷酸铝钠	$Na_3Al(PO_4)_2$	SALP	中等	110

续表

化学名称	化学分子式	学名或缩写	常温反应速度	中和值
酒石酸氢钾	$KHC_4H_4O_6$	酒石	中等快	50
葡萄糖-δ-内酯	$C_6H_{10}O_6$	GDL	慢	55

在制订焙烤食品的膨松方案时,以表中所列的中和值,作为出发点参考是很有用处的,但焙烤食品中为中和(或任何要求的 pH)所需的酸性膨松剂的量可能会与用中和值算出的量有较大的差异。

表 4-15 中所列的酸性化合物的化学式,并不说明它们在面团中的作用。这些添加剂在制造过程中很少的添加量可以有很重要的作用。例如一些添加剂公司可以提供几种不同形式的酸式焦磷酸钠,虽然主要成分的化学式是一样的,并且分析显示仅在痕量元素方面有些不同,但这一系列产品的产气初速度却有很大差异。

一水磷酸氢钙单独使用时反应很慢,它和碳酸氢盐的反应很快,在约 27℃ 面糊搅拌 2 min 就有 60% 以上的 CO_2 放出。它在室温下的台板操作期间,实际上变成不反应的休眠期。这是由于在搅拌初期有一种磷酸氢二钙的中间产物形成,这种中间产物只有一个氢离子。焙烤的温度使反应重新开始,引起剩余的 CO_2 的释放,这一反应特性限制了这种酸性膨松剂只适用在早期快速产气和有一个台板休眠期的面糊的面团中。例如,薄烤饼、皮什饼、曲奇饼、安琪饼等食品的面团。使用慢作用磷酸盐复合膨松剂时,可用一水磷酸一钙来加快早期产气,而无损台板和炉内的反应,它对形成气泡、增加面团和面浆搅拌期间的气泡数具有实际意义。

无水磷酸氢钙作用速度很快,但是它可能被一层溶解很慢的磷酸铝和钾所包覆,阻止水分渗入而推迟产气反应,仅约 20% 的 CO_2 在搅拌期间释出,而在 10~15 min 的台板期间释出其余的 40%~50%。

二水磷酸氢钙一般不单独作为酸性膨松剂,但它能够作为复合膨松剂的配料,以便在焙烤过程中后期产酸。它不是在操作台板上发生作用而通常是在经过 20~30 s 时间的焙烤、温度达到 55~60℃ 时开始发生作用。它的主要作用是调节 pH 值。

磷酸铝钠有较高的中和值,所以使用时较经济。一些厂商可以提供多种产酸速率不同的磷酸铝钠,它的反应速率通常较慢。例如有一种磷酸铝钠在调粉时有 22% 的气体释放出来,在工作台板的 10~15 min 期间放出 8% 的气体,其余部分在面糊达到 49℃ 后放出。这种酸性膨松剂可明显地提高面包的结构,可能是由于铝离子的作用并且最后的反应产物有柔和的香味。在许多情况下这些复合膨松剂具有很好的缓冲作用,使 pH 值在 7 附近。磷酸铝钠与其他酸性膨松剂的复合,在蛋糕和热面包中得到很好的应用。

4. 焙粉

焙粉一般指由酸性反应物和碳酸氢钠混合组成的膨松剂。可含有或不含有淀粉和面粉,它产生的 CO_2 不得少于有效二氧化碳的 12%。在焙粉中酸性反应物有四种:①酒石酸或酒石酸酸式盐;②酸式磷酸盐;③铝的化合物;④含上述物料的混合物。

对于产生 12%CO_2 能力的要求,理论上只要用 23% 的碳酸氢钠即可达到,但为了弥补储藏过程中的损失,在实际制造中一般加入较大的数量,一般配方中含有 26%~30% 的小苏打。焙粉中其余部分由酸性酥松剂、填充剂和稀释剂组成。稀释剂如乳酸钙,当 CO_2 从面团中放出时它有调节产气的作用。稀释剂并非完全惰性,是用来抑制因储藏期间吸湿而造成膨松剂组分的过早反应和在调粉期间调节反应速率。

大多数市售焙粉以酸式焦磷酸钠为基础。因为它在焙烤的条件下有很好的稳定性。由于大多数焙烤食品含有很大比例的糖,而糖对其异味有掩盖作用,可使其不令人讨厌。

根据 GB 2760—2014,常用的各种膨松剂的使用规则见表 4-16。

表 4-16 常用的各种膨松剂的使用规则

添加剂名称	英文名称	使用食品名称	最大使用量/(g·kg^{-1})
酒石酸氢钾	potassium bitartarate	小麦粉及其制品	按生产需要适量使用
		焙烤食品	按生产需要适量使用
磷酸及其盐	phosphoric acid	乳及乳制品	5.0
		乳粉和奶油粉	10.0
		水油状脂肪乳化制品	5.0
		其他油脂或油脂制品	20.0
		冷冻饮品、蔬菜罐头	5.0
		熟制坚果与籽类	2.0
		可可制品、巧克力和巧克力制品	5.0
		米粉	1.0
		小麦粉及其制品	5.0
		膨化食品	2.0
硫酸铝钾 硫酸铝铵	aluminium potassium sulfate aluminium ammonium sulfate	豆类制品、面糊、油炸面制品、虾味片、焙烤食品、腌制水产品	按生产需要适量使用

四、影响膨松食品膨松效果的因素

1. 面粉面筋含量的影响

研究表明,湿面筋含量在 22% 以下,馒头膨松度、内外相均好;湿面筋含量在 24%~28%,馒头膨松度、内外相一致;湿面筋含量在 30% 以上,馒头膨松度、内外相则较差。故制作膨松食品应选择低筋面粉配制,才能制作出优良的发酵食品。

2. 加水量的影响

小麦面粉平均吸水率为自身重的 50%,膨松面粉制作不同的面点其加水量也不相同。以 500 g 面粉计,不同面制品最佳添加冷水量分别为:馒头、面包 250 g,发糕 350 g,咸煎饼 300 g,油条 300 g 等。超过或少于所列的加水量,对制品均有很大的影响。

3. 和面时间的影响

以搅拌 500 g 膨松面粉为基数,在搅拌速度为 81 r/min 时,较合适的搅拌时间为 5 min 左右(粉多,搅拌时间相应增加)。搅拌时间过长,即搅拌过度,面团则过湿、粘手,加上面团温度升高,膨松剂产生的二氧化碳气体几乎逸尽,蒸制品完全失去膨松效果;面团搅拌时间过短,即搅拌不足,则面筋不能充分扩展,没有良好的弹性和延伸性,不能保留蒸制过程中所产生的二氧化碳气体,也无法使面筋软化,故做出的馒头体积小,口感差。试验表明,对制作馒头、面包而言,无论是机械搅拌,还是人工揉合面团,只要将面团揉合到柔软光滑即可做出品质优良的馒头、面包。

4. 面团静置时间的影响

揉合好的面团静置 30 min 左右,膨松度达到最佳,这是因为面团揉合后至少需要经过 15 min 的熟化过程,同时试验表明,面团放置 24 h 蒸制,不影响膨松效果及口感。

综上所述,使用膨松面粉制作面点时,只要掌握好加水量、和面时间及面团静置时间,无论是冬季或夏季(40℃以下),均可制作出令人满意的食品。

五、膨松剂在不同面食制品中的应用

1. 油条类油炸面食制品

油条是中国著名的传统早点主食,深受人们的喜爱。油条的含油量较高,含有丰富的蛋白质、维生素、粗纤维和较高的能量。油条加工中应用的膨松剂是明矾,学名硫酸铝钾。明矾为无色透明的结晶性碎块或结晶性粉末,无臭,有酸涩味,在水溶液中有水解作用,溶液呈酸性,在油条中起膨松酥脆等作用。明矾与碱相互作用,产生的氢氧化铝与同时产生的二氧化碳使制品具有膨松、酥脆的特点。油条制作过程中,如果明矾添加过量,因多余明矾留在油条中,使制品带有苦涩味;添加不足,剩余的碱使水溶液呈碱性。

明矾、碱的用量是制作油条的关键,此用量首先是由面粉中的面筋含量决定,其次与季节因素有关。一般情况下,明矾与碱的用量与面粉中面筋的含量成正比,这是因为面筋含量多,面团弹性强,如果膨松剂不足,成熟时面团所产生的二氧化碳气体不足以使制品充分膨胀或产生的气体压力过剩冲破制品表皮。如果产生破皮,油脂经过制品表皮的破孔渗透到制品内部而造成制品含油量过高。由于使用的面粉不是专用粉,其面筋含量每一批都有一定的差别,再加上季节变化及时间差别,因此制作油条的配方不是固定的,但变化是有规律的,在油条制作中,膨松剂、碱、盐水、面筋之间的作用与温度有关,由于季节的温差,达到效果的时间有差异,膨松剂的配方、用量也要变化。

2. 馒头、包子类蒸煮面食制品

食品工业中,馒头、包子等作为人们的主食,消费量大且受人们的欢迎。酵母作为优良的发酵剂广泛应用于以上面食。以酵母为膨松剂的面制品,具有发酵时间短、操作简单等优点。

这里以馒头为例,说明膨松剂在其制作过程中的作用。馒头是我国北方广大地区的主要食品,也是我国特有的面粉食品,和面包类似,主要不同点在于馒头不用烘烤而用蒸汽蒸煮,配料和制作也不如面包考究。馒头以传统的发酵方法为主,酵母在适宜水分、温度等外在条件下,利用面团里的营养物质,进行对数速率的增值。同时,在酶的作用下,酵母进行有氧呼吸或无氧呼吸,产生大量的 CO_2、酒精。酒精通过一系列的化学反应,可部分转化为酯类、醛酮类、有机酸类等风味物质。酵母中的少量脂肪酶和葡萄糖氧化酶,在适宜条件下,在面团中产生各种有机酸,这些有机酸可与酒精发生酯化作用,进一步改善馒头风味。

酵母在馒头发酵过程中,产生的 CO_2 及其他物质使面团形成多孔结构,体积膨大;由于多孔馒头的气囊间为薄膜结构,一般具有良好的柔韧性,使馒头柔软富有弹性;微小细腻而又均匀的气孔,使馒头颜色白而有光泽;发酵产生的氨基酸、低分子糖、酯类、醇类、醛酮类和有机酸类等风味物质,使馒头具有纯正而又柔和的香甜味。

酵母作为馒头制作的膨松剂,要严格掌握发酵条件。面粉品质、酵母活力、酵母添加量、面团水分含量、面团温度、发酵温度和湿度等对发酵非常关键。酵母用量、发酵时间和发酵程度要适当。若发酵不足,馒头口味平淡,甚至出现面粉、自来水等原料的不良风味;发酵过度,酵母的呼吸作用会消耗过多营养物质,生成无营养价值的 CO_2,营养物质严重损失,且固形物含量减少,面筋的机械强度及抗拉伸性减弱,甚至硬化坏死,馒头带有老酵味、苦涩味,甚至出现怪异味。

传统馒头制作使用酵母分解糖类物质产生 CO_2 气体进行发面,发酵时间长,同时伴随多种产酸菌的繁殖,产生很多酸性物质使面团变酸,故发好面后必须加入一定量的碱,以中和过多的酸。近年来,人们根据生物膨松剂和化学膨松剂的特点,把它们按一定比例结合起来,利用其双重产气作用,使面团体积很快膨大,大大节省了馒头制作时间,操作变得更为简便。目前,馒头工业化生产中多采用生化膨松剂进行发酵。制作工艺一般是:酵母用 $35\sim40$℃的温水浸泡 $10\sim20$ min,活化,然后按生产需要适量添加到混合均匀的面粉和化学复合膨松剂中,和面,然后静置、压面、成型、醒发、蒸制及冷却成型。

3. 面包、蛋糕类焙烤面食制品

焙烤食品,又称烘烤食品,是指以小麦面粉为基本原料,加水、盐和油等原辅料经过混合、成型和烘烤等工序,制成熟的和具有固定形态的面包、饼干、蛋糕、月饼和烧饼等糕点类食品。焙烤方法与煮熟和油煎炸等方法相比较,焙烤食品的优点是其色、香、味、形都很优美,品种花色为最多,冷热皆可食用,储存和携带都十分方便,深受消费者青睐。近年来,焙烤食品在人们生活中占有重要的地位,所以品种越来越丰富。为了适应当前形势的需要,焙烤食品企业除了改进生产工艺和设备外,还要使用一些新型食品添加剂以达到提高食品品质、增加花色品种、延长保存期、增强食品营养的目的。

面包是以面筋含量较高的面粉为主要原料,并加入砂糖、酵母、油脂、食盐等共同配制,经搅拌、发酵、成型、醒发、烘烤而制成的面食制品。酵母是生产面包必不可少的生物疏松剂。面包酵母是一种单细胞生物,在有氧及无氧条件下都可以进行发酵。酵母生长与发酵的最适温度为 26~30℃,最适 pH 值为 5.0~5.8。酵母要充分发挥作用,必须注意使用方法。一般鲜酵母与活性干酵母使用前要经过活化处理,其方法是将酵母放在 26~30℃ 的适量温水中,加入少量糖,搅碎后静置一段时间,当表面出现大量气泡时即可投产。另外,酵母在使用中也要避免直接接触冷、热水以防失活,还要避免直接接触糖、盐等具有渗透压的物质。酵母用量一般为鲜酵母 3% 左右,干酵母 1%~2%。

蛋糕是一类具有松软的海绵状组织结构的烘焙制品,这种结构的形成与面包的组织结构形成有着不同的途径。与面包不同,蛋糕采用蛋白质含量低的软质小麦粉制作。蛋糕制作中普遍使用的膨松剂是活性干酵母,化学膨松剂使用较少。市售的膨松剂名称很多,如蛋糕油、蛋糕起泡剂、泡打粉等。蛋糕油是半透明软蜡状的物体,是由蒸馏单甘酯、蔗糖酯、山梨醇酐脂肪酸酯等多种乳化剂,再与丙二醇、山梨糖醇及水等,在一定温度下混合而成。各种蛋糕起泡剂的用量为 8% 左右(以面粉为 100% 计)。使用这些膨松剂具有以下几方面的效果:

①简化蛋糕面糊调制的操作,使搅打鸡蛋与砂糖发泡的时间缩短,可在 5 min 左右完成,也可以将各种原料投入之后一起搅打,用一步法完成蛋糕面糊调制。

②使蛋糕泡沫稳定,调制好的蛋糕面糊在较长时间泡沫稳定,经过烘烤仍能保持膨松、较大的体积。

③能适当减少鸡蛋用量而不降低蛋糕质量,能增加适量的水使蛋糕调湿,产率高,降低生产成本。

④使蛋糕的体积膨大,组织疏松、瓤结构均匀细致、不易老化,货架寿命较长。

饼干是以面粉、糖、油、牛奶、蛋品及疏松剂等原辅料经调制、辊压成形、焙烤而制成的一种方便食品。生产饼干用的疏松剂主要是化学疏松剂碳酸氢钠和碳酸氢铵,而苏打饼干常用生物疏松剂(酵母)。烘烤时,化学疏松剂受热分解产生大量气体,形成均匀而密的多孔性组织,使饼干膨松酥脆。碳酸氢钠在反应中产生的碳酸钠如残留过多会使制品呈碱性,口味变劣。在实际生产中,常将其与有机酸(柠檬酸、酒石酸、乳酸、琥珀酸)或有机酸盐(酒石酸氢钾、明矾、焦磷酸钠等)混合使用,使碳酸氢钠能完全分解利用,且无碳酸钠残留,降低饼干碱度改善饼干口味。另外,在有机酸存在下也有用碳酸钠代替碳酸氢钠起疏松剂作用。

碳酸铵或碳酸氢铵膨松力较碳酸氢钠大 2~3 倍,但因其分解温度低,常在低温下分解,不能连续使饼干坯在凝固定型之间持续膨松,所以不能单独使用,而常与碳酸氢钠混合使用。因氯化铵能与碳酸氢钠作用生成碳酸氢铵,因此,有时也用氯化铵代替碳酸铵。

六、膨松剂的发展趋势

随着食品工业的发展和人民生活水平的提高,人们对自身健康的保护意识越来越强。油炸面食在我国膳食体系中占据相当大的比重,如油条、麻花、油饼等,受到人们喜爱。这些面食的生产都离不开添加适量的膨松剂,使制品具有酥脆和膨松的特性。这就要求膨松剂具有使用安全性高、价格低廉、使用量低时产生较多气体量的特点。此外,还要求膨松剂分解的残留物不影响人体健康,也不可在储存期间分解,产生污染。

食品工业曾以硼酸、硼砂等作为膨松剂的配料,但由于硼化合物会对人体健康造成严重的伤害,现已被禁止使用。目前普遍使用的都是由食用碱(小苏打或纯碱)、明矾(硫酸铝钾)和食盐组成的复合膨松剂。铵盐类膨松剂分解后会使制品呈碱性,给食品带来不良气味,若使用不当,还会使制品表面呈现黄色斑;遇酸或明矾时,剧烈分解,瞬间产生大量CO_2,目前已很少使用。明矾虽能降低制品碱性,去除异味,充分提高膨松剂的效能,但含有铝离子,给人体带来不良的影响,如导致记忆力减弱,甚至痴呆,导致阿尔茨海默病、诱发肝病及造成骨质软化等;沉积于皮肤,降低皮肤弹性产生皱纹;沉积于骨骼,易导致骨组织密度增加,骨质疏松;使胎儿生长停滞并会引起贫血。世界卫生组织(WHO)已于1989年正式把铝定为食品污染物,并加以控制。根据我国膳食结构的调查发现,人们在日常饮食中摄入铝的主要来源为含明矾的油条和油饼等油炸制品。因此,开发和推广安全、高效、方便的无铝膨松剂是膨松剂的主要发展趋势。近年来,硫酸铝钾、硫酸铝铵这两种膨松剂有减少使用的趋势,取而代之的是越来越多的无铝膨松剂得到开发和应用。新型无铝膨松剂一般还是以小苏打或碳酸氢铵作为二氧化碳源,而酸性物质则可选用磷酸氢钙、酒石酸氢钾、葡萄糖酸-δ-内酯、柠檬酸、蔗糖脂肪酸酯等物质。由此配制而成的无铝膨松剂除了提高产品安全性这个优点之外,在改善产品性状方面也能起到明显作用。研究表明,由新型无铝膨松剂制成的产品口味好,组织柔软而膨松,产气稳定、充分,加工性能也有所提高。其中的磷酸盐除对成品的口味和光泽有所帮助外,还是一种很好的营养强化剂。而葡萄糖酸-δ-内酯具有抗氧化的作用,非常适用于油炸食品;蔗糖脂肪酸酯兼有乳化剂的功能,对稳定油水相、提高产品表面性质作用明显。

开发高效、方便、安全的复配型食品添加剂是食品膨松剂另一主要发展方向。复合膨松剂可根据不同制品及品质要求、市场环节(家庭或商业用)、制剂类型(快、慢或热反应型)和气体释放特点(单反应或双反应),对配方进行设计,予以配制。此外,食品微胶囊技术应用于膨松剂,可极大地改善膨松剂的作用效果。利用微胶囊对膨松剂进行包埋,可有效地控制气体的产生速度,在保证产品品质的前提下为减少膨松剂的使用量提供了可能。选择不同的微胶囊壁材可以有效控制产气时间、速度和温度,进而延长膨松剂有效期,提高产品质量。所以,今后选择合适的壁材、确定恰当的微胶囊加工工艺是这一技术的关键,也是科技工作者研究的重点和难点。

复习思考题

1. 食品质构的定义是什么？

2. 食品添加剂在食品质构中起什么作用？

3. 什么是食品增稠剂？食品增稠剂在食品中有哪些作用？

4. 试举例说明食品增稠剂之间的协同效应。

5. 试阐明增稠剂的结构特点。

6. 增稠剂溶液的黏度受哪些因素的影响？

7. 食品乳化剂的结构有何特点？其作用原理是什么？

8. 什么是 HLB 值？HLB 值的大小与食品的亲水亲脂性有何关系？

9. 如何计算复合乳化剂的 HLB 值？

10. 什么是凝胶剂？凝胶机理是什么？

11. 什么是凝固剂？凝固剂在食品中有哪些作用？

12. 影响肉的保水性的主要因素有哪些？

13. 水分保持剂如何提高肉制品的持水性？

14. 什么是膨松剂？膨松剂在食品中的作用原理是什么？

课件

思政小课堂

第五章　增强食品的可接受性

本章主要内容：掌握合成色素与天然色素的性质及应用；熟悉肉制品的护色机理；了解漂白剂的作用机理及使用；掌握常用甜味剂的性质及应用；熟悉酸味剂的功能及应用；了解鲜味剂的协同效应；了解香气与分子结构的关系；熟悉热反应香精的形成机制；熟悉食用香精、香料的作用、使用原则及应用。

第一节　概述

食品的可接受性（acceptability）是反映食品质量属性的一个方面，集中表现为食品的感官质量。这是食品被消费者感官上接受程度的性质，可归纳为食品的颜色、滋味和香气。

食品的可接受性是食品非常重要的商品和质量属性。食品作为一种商品，在现代社会中不仅起到充饥的作用，也可使人们在选择及食用食品时得到快乐的满足。同时，食品的可接受性也在一定程度上反映了其新鲜程度、营养质量和加工工艺的优劣。孔子曾总结了饮食的基本原则：色恶，不食；嗅恶，不食；不得其酱，不食。意即食品的颜色和风味不正常时不可食用，吃的食物没有好的调味料时不可食用。

追求美食是与生俱有的，从古到今，海内外皆是如此。人为什么会有如此天性，简单地说，这里既包括了生理需求，又涉及心理需求。食品的色香味首先影响人体对食品营养成分的消化和吸收。倘若食品具有悦目的颜色、诱人的香气和可口的滋味，那么只要见到或闻到这种食品，甚至只要想到它们，就会引起条件反射，人体的消化器官就能从准备状态进入工作，分泌较多的消化液。苏联生物化学家巴甫洛夫（И. П. Павлов）把食用前引起的消化液分泌称为"反射相分泌"。所谓的"望梅止渴"就是借助于反射相分泌。当食品接触到消化器官后引起的消化液分泌，则称为"化学相分泌"，西方人饭前的开胃酒借助的就是化学相分泌。

所以，追求食品的色香味美，首先是人体生理的需要，其次是提高食品消化率的需要。

第二节　食品的着色与染色

一、食品颜色的重要性

食品的颜色、风味和质构是主要的质量属性，其中，颜色是最重要的。各种食品都有其特征性的颜色，具有吸引力的着色食物刺激了人们的食欲且增强了其观赏性。同时也不难确定这样一种事实，即颜色在风味感觉方面也是非常重要的。如果食品的颜色和风味不是恰当地关联时,那么,品尝者很有可能是根据食品的颜色而不是风味来鉴别该种食品。因此,颜色是食品重要的感官特性。此外,食品的颜色还与其安全性相关。例如,苹果应该是红色或绿色的,肉类是红色的,而青豆是绿色的。当食品呈现出不适当的颜色时,可能使人感到厌恶,甚至认为食品已经变质了。因此,食品的质量首先与颜色相关。

现在,食品的生产和消费往往会相距较远的距离,差不多75%的食品在消费前需要进行某种形式的加工。结果,其加工和运输对于食品来说是必需的,而外观的破坏和损失也就成了普通的现象。虽然在许多食品中存在大量鲜艳夺目的天然色素,但是当这些食品被加工时,由于色素在植物细胞中的保护环境遭到破坏,使得色素成分将暴露在可引起其部分破坏及使颜色变化或褪色的条件下。同时,在食品的加工和贮藏过程中,还可能因化学或生物化学反应,如非酶褐变和酶促褐变反应,产生有色的物质。因此,在食品加工中使用色素对食品进行着色或护色也就是顺其自然的结果。

总之,在食品中使用色素,是由于:恢复食品原来的外观;确保食品颜色的均匀性;强化食品中的颜色;保护其他组分(如抗氧化剂);获得最好的食品外观;保存与食物相关的特征;作为一个食品质量的视觉特性补救办法。

二、食用色素的分类

用于食品着色、改善食品色泽的食品添加剂称作食用色素,又称食品着色剂。所有的食用色素都含有一定的生色基团,即能够吸收一定波长的光的基本结构,由于吸收的光的波长不同,显示出的颜色也不相同。食用色素按其性质和来源通常分为两大类,即合成色素和天然色素。

1. 合成色素

合成色素是指用人工化学合成方法所制得的有机色素,主要是以煤焦油中分离出来的苯胺染料为原料制成的。

合成色素通常是具有标准颜色强度的非常纯的化学品,自19世纪问世以来,由于成本低廉、色泽鲜艳、着色力强、稳定、可任意调配而得到广泛运用,部分也用于食品着色。但是,由于合成色素大多属于煤焦油合成的染料,不仅本身没有营养价值,而且大多数对人体有害,因此世界卫生组织对合成食用色素的使用种类、使用量均有严格的规定。根据我国《食品安全国家标准 食品添加剂使用标准》(GB 2760—2014)规定,可用于食品中的合成色素共有11种:胭脂红、苋菜红、柠檬黄、日落黄、靛蓝、亮蓝、赤藓红、新红、诱惑红、酸性红、喹啉黄以及相应的色淀。色淀(color aluminum lake)是由某种一定浓度的合成色素物质水溶液与氧化铝(氧化铝是通过硫酸铝或氯化铝与氢氧化钠或碳酸钠等碱性物质反应后的水合物)进行充分混合,色素被完全分散吸附后,再经过滤、干燥、粉碎而制成的改性色素。

合成色素根据其化学结构可分为偶氮化合物和非偶氮化合物两类,根据其溶解性,分为水溶性色素和油溶性色素两类。大多数合成色素属于偶氮化合物。由于油溶性偶氮色素不溶于水,进入人体后不易排出体外,因此,这类色素的毒性较大,现在各国基本上已不再用它们作为食品的着色剂。一般认为,在水溶性色素的结构中,磺酸基越多,排出体外越快,毒性也越低。

2. 天然色素

天然色素大多从一些天然的植物体中分离而得,也有些来源于动物和微生物,它们种类繁多、色彩柔和、安全性相对较高,但稳定性一般较差。人们使用天然色素对食品进行着色的历史可以追溯到中古时期。在《齐民要术》《梦溪笔谈》和《天工开物》等古代著作中都有以天然色素进行染色的记载。因为天然提取物缺乏色调的一致性,对光和热较不稳定,受供应品种的制约,且能与食品产品反应或相互反应,所以较难使用。随着合成色素的发现,天然色素的需求量逐渐减少。近年来,由于提取与精制技术的发展,天然色素的需求量又显著增加。许多天然色素作为普通膳食的一部分而正常的消费,如绿色蔬菜中的叶黄素和叶绿素,许多水果中的花色素苷等。GB 2760—2014 中,批准使用的天然色素共 50 余种。

由于天然色素成分复杂,生产过程中化学结构可能发生变化,且可能混入其他有害物质,所以也存在毒性问题。为了安全起见,天然色素用于食品着色一般也需经过毒理学检验,对其最大使用量也有具体的规定。

三、发色原理

着色剂吸收一定波长的光而生色,决定着色剂吸收光的关键是其分子结构。着色剂分子中主要是化学键中的价电子吸收光波,特别是 π 键电子。当 π 键共轭时,由于共轭体系中电子的离域作用,吸收光的波长向长波方向移动。共轭体系越长,其吸收光的波长也越长。

着色剂的颜色主要由其分子中的两部分结构决定,即生色基团和助色基团。

(一)生色基团(chromophore)

使着色剂在紫外及可见光区具有吸收光能力的基团称作生色基团。常见的生色基团包括:

$$\text{>C=C<} \ 、 \ \text{>C-O} \ 、 \ \text{-CH=O} \ 、 \ \overset{\text{OH}}{\underset{|}{\text{-C=O}}} \ 、 \ \text{-N=N-} \ 、 \ \text{-N=O} \ 、 \ \text{>C=S} \ 、$$

$$\text{-C-N=O} \ 、 \ \text{-C≡C-} \ 、 \ \text{-C=N-}$$

显然,着色剂的生色基团均为不饱和基团。当这些基团及其共轭体系的吸光波长在可见光范围时,就会显示出一定的颜色。

(二)助色基团(auxochrome)

某些基团本身不能产生颜色,但当与生色基团连接时,可以使结构的吸光波长向长波方向转移,从而使着色剂显色或颜色增强,这些基团称作助色基团。包括:

$$\text{-OH} 、 \text{-OR} 、 \text{-NH}_2 、 \text{-NR}_2 、 \text{-SR} 、 \text{-Cl} 、 \text{-Br}$$

助色基团通常为吸电子基团,通过对价电子位置的产生影响而改变吸光波长。例如:偶氮苯为橙色物质,当其结构中引入硝基和羟基后,生成的对硝基偶氮邻苯二酚则为红褐色。

偶氮苯(橙色)　　　　　对硝基偶氮邻苯二酚(红褐色)

四、常用的食用色素

(一)合成色素

1. 偶氮类合成色素

偶氮类合成色素具有的发色基团为"—N=N—"。目前,偶氮类色素是世界上允许使用的主要合成色素。GB 2760—2014 允许使用的偶氮类合成色素主要有以下几种:

(1)苋菜红(amarath)。

又名 1-(4′-磺基-1′-萘偶氮)-2-萘酚-3,6-二磺酸三钠盐,水溶性。分子式为 $C_{20}H_{11}N_2Na_3O_{10}S_3$,相对分子质量为 604.48。苋菜红为紫红色均匀粉末,无臭,易溶于水,0.01%的水溶液呈玫瑰红色,可溶于甘油及丙二醇,不溶于油脂等其他有机溶剂。21℃ 时溶解度为:17.2%(水)、6.9%(10%乙醇)、0.5%(50%乙醇),最大吸收波长为(520±2) nm。

(2)胭脂红(ponceau 4R)。

又名 1-(4′-磺基-1′-萘偶氮)-2-萘酚-6,8-二磺酸三钠盐、丽春红 4R,水溶性。分子式为 $C_{20}H_{11}N_2Na_3O_{10}S_3 \cdot 1.5H_2O$,相对分子质量为 631.51。胭脂红为红色至深红色粉末,无臭,溶于水,水溶液呈红色,20℃时,在 100 mL 水中的溶解度为 23 g。溶于甘油,微溶于乙醇,不溶于油脂。吸湿性强。最大吸收波长为(508±2) nm。

（3）酸性红（carmosine）。

又名偶氮玉红（azorubine），分子式为 $C_{20}H_{12}N_2Na_2O_7S_2$，相对分子质量为 502.44。红色粉末或颗粒，溶于水，微溶于乙醇。

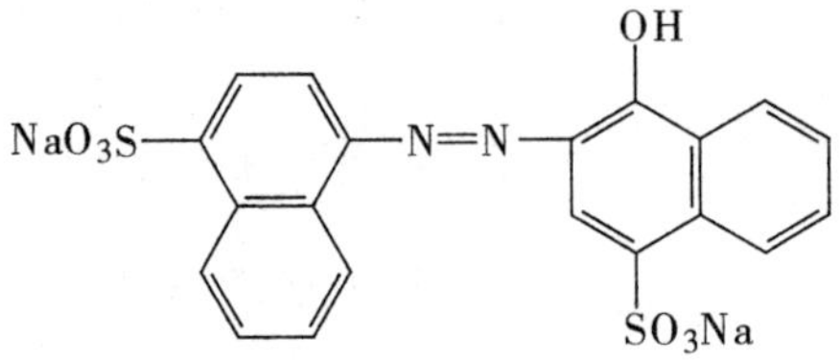

（4）新红（new red）。

又名 2-（4'-磺基-1'-苯氮）-1-羟基-8-乙酰氨基-3,7-二磺酸的三钠盐，水溶性，分子式为 $C_{18}H_{12}N_3Na_3O_{11}S_3$，相对分子质量 611.45。红色粉末，易溶于水，水溶液呈红色，微溶于乙醇，不溶于油脂，具有酸性染料特性。

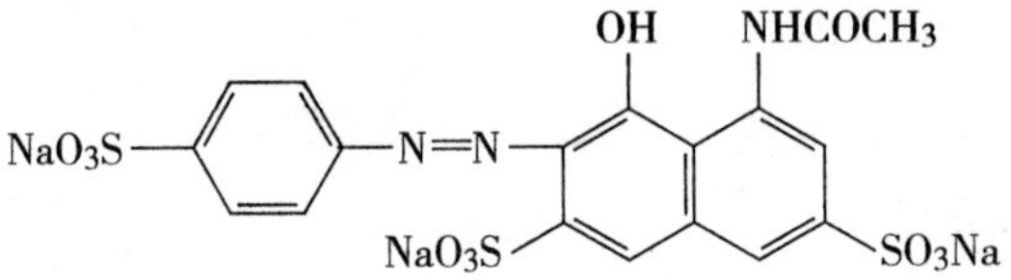

（5）诱惑红（allura red）。

又名 1-（4'-磺基-3'-甲基-6'-甲氧基-苯偶氮）-2-萘酚二磺酸二钠盐，分子式为 $C_{18}H_{14}N_2Na_2O_8S_2$，相对分子质量 496.43。暗红色粉末，无臭。溶于水、甘油和丙二醇，微溶于乙醇，不溶于油脂。中性和酸性水溶液中呈红色，碱性条件下则呈暗红色。

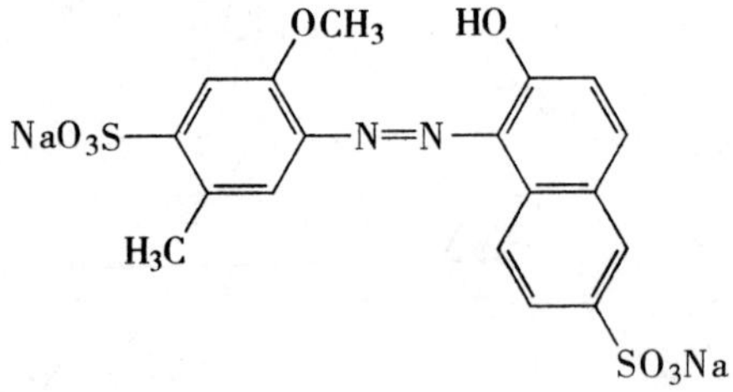

（6）日落黄（sunset yellow）。

又名 1-（4'-磺基-1'-苯偶氮）-2-萘酚-6-磺酸二钠盐，水溶性。分子式为 $C_{16}H_{10}N_2Na_2O_7S_2$，相对分子质量 452.37。橙色的颗粒或粉末，无臭。易溶于水，0.1%水溶液呈橙黄色。溶于甘油、丙二醇，但难溶于乙醇，不溶于油脂。在 25℃ 时的溶解度为：19.0%（水）、3.0%（50%乙醇）、20.0%（50%甘油）、7.0%（50%丙二醇）。易吸湿。最大吸收波长为（482±2）nm。

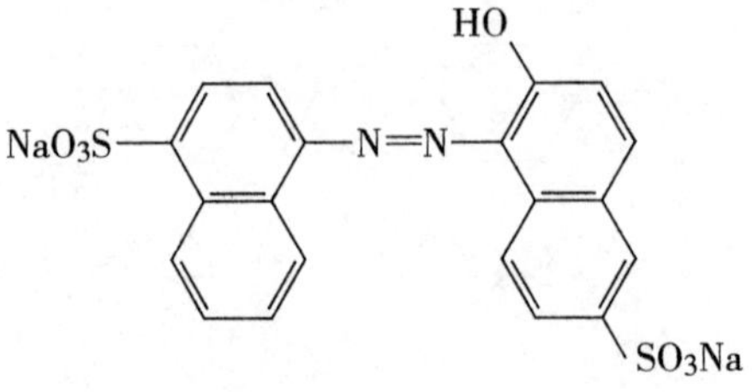

（7）柠檬黄（tartrazine）。

又名3-羧基-5-羟基-（对苯磺酸）-4-（对苯磺酸偶氮）吡唑三钠盐,水溶性。分子式 $C_{16}H_9N_4Na_3O_9S_2$,相对分子质量534.37。橙黄色粉末,无臭。易溶于水,0.1%水溶液呈黄色,溶于甘油、丙二醇,微溶于乙醇,不溶于油脂。25℃时溶解度为:20%（水）、12.0%（25%乙醇）、4.0%（50%乙醇）、20.0%（25%丙二醇、25%甘油）。最大吸收波长为（428±2）nm。

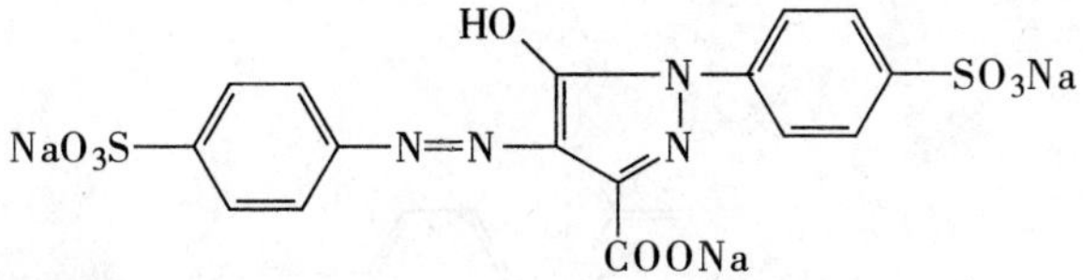

2. 非偶氮类合成色素

我国允许使用的非偶氮类合成色素主要有以下几种:

（1）赤藓红（erythrosine）。

又名2,4,5,7-四碘荧光素,属氧蒽类色素,水溶性。分子式为 $C_{20}H_6I_4O_5Na_2 \cdot H_2O$,相对分子质量897.88。红褐色颗粒或粉末,无臭。0.1%水溶液呈微蓝的红色,酸性时生成黄棕色沉淀,碱性时产生红色沉淀。溶于乙醇、甘油及丙二醇,不溶于油脂。25℃时的溶解度为19.0%（水）、1.0%（50%乙醇）、0.6%（75%乙醇）、6.0%（50%丙二醇）、16.0%（50%甘油）。着色力强,耐热、耐还原性好,但耐酸性、耐光性很差,吸湿性强。最大吸收波长（526±2）nm。

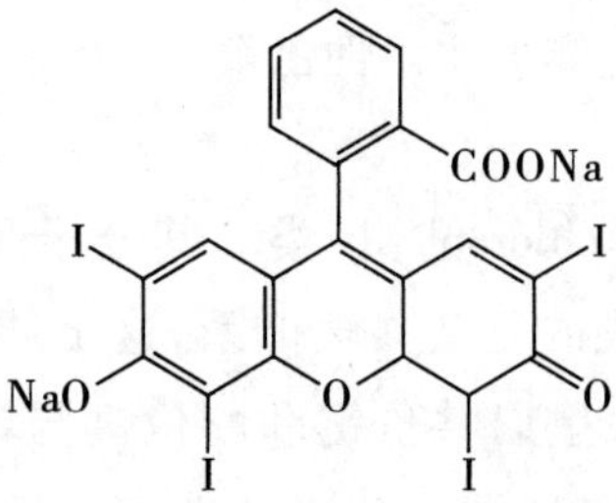

（2）靛蓝（indigotine）。

又名3,3′-二氧-2,2′-联吲哚基-5,5′-二磺酸二钠盐,水溶性。分子式为 $C_{16}H_8N_2Na_2O_8S_2$,相对分子质量466.36。蓝黑色粉末,无臭。0.05%水溶液呈深蓝色。对水的溶解度较其他合成着色剂低,溶于甘油、丙二醇,不溶于乙醇与油脂。在25℃时的溶解度为:1.6%（水）、0.5%（25%乙醇）、0.3%（50%乙醇）、0.6%（25%丙二醇）。最大吸收波长（610±2）nm。

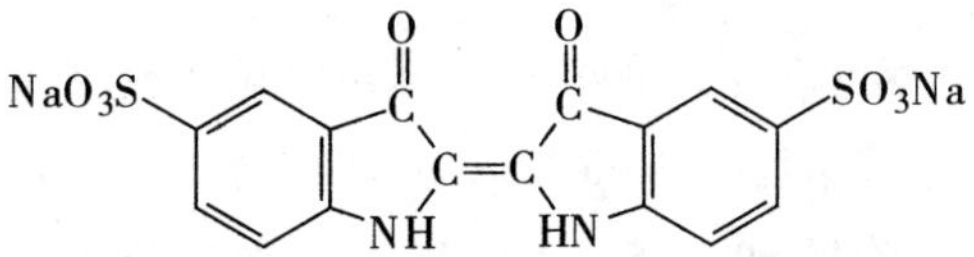

（3）亮蓝（brilliant blue）。

又名食用蓝色2号,水溶性。分子式为 $C_{37}H_{34}N_2Na_2O_9S_3$,相对分子质量792.86。有金属光泽的深紫色至青铜色颗粒或粉末,无臭。易溶于水,水溶液呈亮蓝色。也可溶于乙醇、丙二醇和甘油。在 25℃ 时的溶解度为:20.0%(水)、2.0%(25%、50%、75% 乙醇)、20%(25%～100% 甘油)、20%(25%、50%、75% 丙二醇)。耐光性、耐热性、耐酸性、耐盐性和耐微生物性均很好,耐碱性和耐氧化还原特性也好。弱酸时呈青色,强酸时呈黄色,在沸腾碱液中呈紫色。

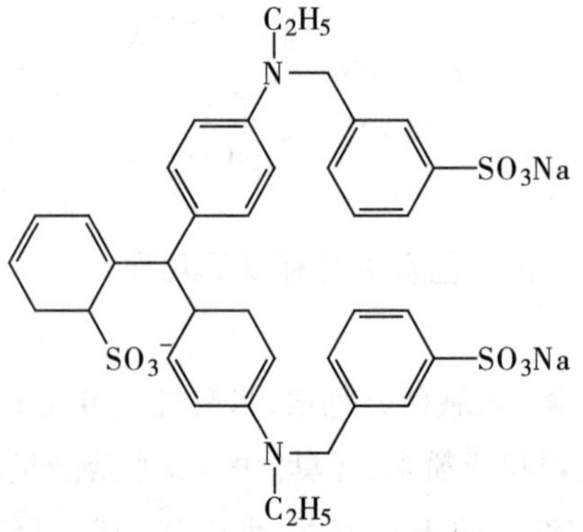

(二) 天然色素

从来源上分,天然色素可以分为植物性天然色素、动物性天然色素和微生物来源的天然色素。从化学结构上分,分为吡咯类、色烯类、多酚类、黄酮及其他酮类色素、醌类色素等。根据溶解性,可分为脂溶性色素和水溶性色素。

1. 吡咯类色素

这类着色剂主要是叶绿素(chlorophyll)类。其分子是由四个吡咯环的 α-碳原子通过次甲基(—CH ═)相连而成的复杂共轭体系,这个体系称为卟啉。卟啉环是平面形的,在四个吡咯环中间的空隙里以共价键和配位键与不同的金属元素结合,在叶绿素中结合的是镁。同时四个吡咯环的 β 位上还有不同的取代基。这种化合物分子中存在有共轭双键并形成闭合的共轭体系,具有特殊的吸收光波能量的能力,而能够呈现各种颜色。

由于叶绿素中镁的不稳定性,易形成脱镁叶绿素而改变其绿色,所以对于含叶绿素的绿色蔬菜,在加工过程中常需以其他金属取代镁,而保持蔬菜的绿色和表观新鲜度。我国允许使用的主要有叶绿素铜钠和叶绿素铜。

(1)叶绿素铜钠盐(钾盐)。

又名叶绿素铜钠,含有铜叶绿素二钠和铜叶绿素三钠。叶绿素铜钠为 a 和 b 两种盐的混合物。a 盐的分子式为 $C_{34}H_{30}O_5N_4CuNa_2$,相对分子质量 684.16;b 盐的分子式为 $C_{34}H_{28}O_6N_4CuNa_2$,相对分子质量 698.15。铜叶绿素三钠的分子式为 $C_{34}H_{31}O_6N_4CuNa_3$,相对分子质量 724.17。

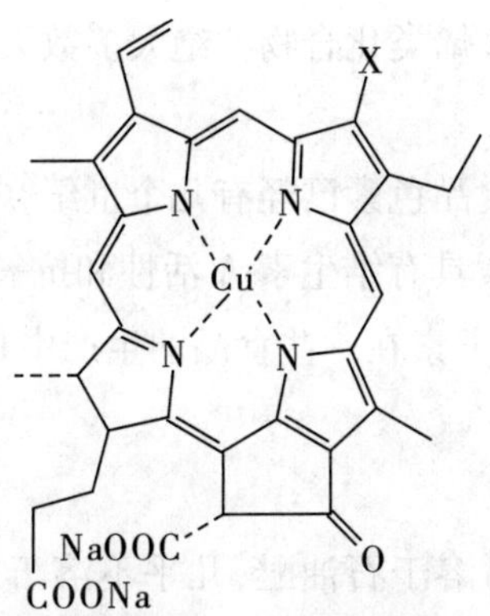

叶绿素铜钠为墨绿色粉末,无臭或略臭。易溶于水,水溶液呈蓝绿色,透明、无沉淀。1%溶液 pH 值为 9.5～10.2;当 pH 值在 6.5 以下时,遇钙可产生沉淀。略溶于乙醇和氯仿,几乎不溶于乙醚和石油醚。耐光性比叶绿素强,加热至 110℃ 以上则分解。

(2)叶绿素铜(copper chlorophyll)。

是以桑叶或者蚕沙提取的叶绿素与氯化铜反应制得的食品添加剂。同样,叶绿素铜也包括叶绿素铜 a 和 b 两种结构,a 的分子式为 $C_{55}H_{72}CuN_4O_5$,b 的分子式为 $C_{55}H_{70}CuN_4O_6$,它们的相对分子质量分别为 932.75 和 946.73。

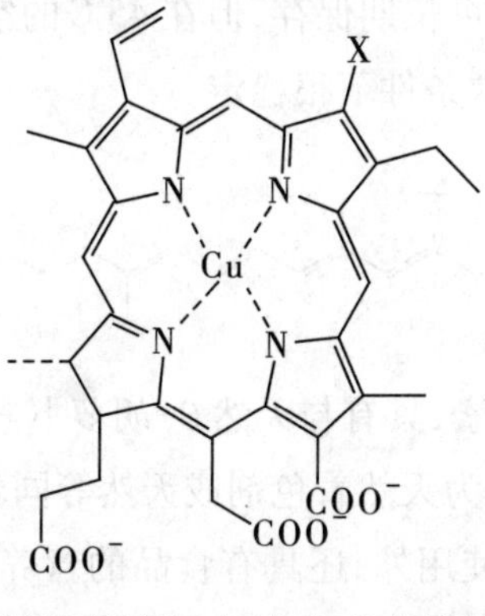

叶绿素铜是完全油溶性的,所以预溶解在油中或直接添加到油基食品。热稳定性远远优于非铜形式,对氧化稳定。可用合适的乳化剂制备成水分散形式用于水基食品。在国外,叶绿素铜不被认为是天然的色素,因为其是人工进行的铜添加。

2.色烯类

色烯类色素是以异戊二烯为单元构成的共轭双键相连的一类色素的总称,类胡萝卜素(carotenoids)是其主要代表,是一类从浅黄到深红色的脂溶性色素。类胡萝卜素包括胡萝卜素(carotene)和叶黄素(lutein)两类。

类胡萝卜素分子中含有四个异戊二烯单位,中间两个尾尾相连,两端两个头尾相连,形成一个链状的共轭结构,链的两端连接着不同的基团。

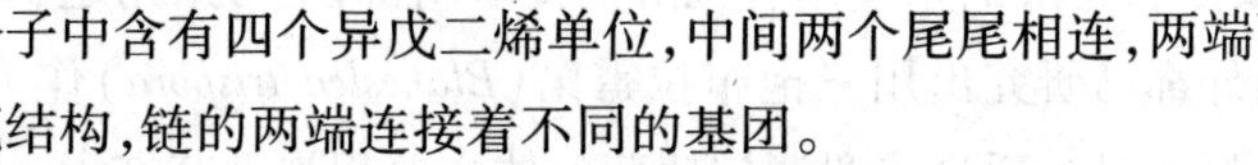

类胡萝卜素是高度共轭的多烯类化合物。绝大多数天然多烯色素全部为反式,因为反式的能量较低,比较稳定。

人类利用类胡萝卜素作为食品色素已经有几个世纪,藏红花、胡椒、树叶和红棕榈油是一些最常用的颜料。类胡萝卜素具有维生素 A 活性和抗氧化活性,对维护人体的健康具有非常重要的作用。因此,类胡萝卜素在一些食品的生产中是必不可少的,如人造奶油、黄油及饮料等。

(1)胡萝卜素类。

胡萝卜素系共轭多烯烃,易溶于石油醚,几乎不溶于水和乙醇。主要包括 α-胡萝卜素、β-胡萝卜素、γ-胡萝卜素和番茄红素,呈红色和橙色。

①天然 β-胡萝卜素(natural β-carotene)。又名 β-胡萝卜素,天然 β-胡萝卜素广泛存在于胡萝卜、南瓜和辣椒等蔬菜中,水果、谷物、蛋黄和奶油中的含量也比较丰富。可以从这些植物或盐藻中提取制得,现在多用合成法制取。分子式为 $C_{40}H_{56}$,相对分子质量536.88。β-胡萝卜素为紫红色结晶或结晶性粉末,不溶于水,可溶于油脂。色调在低浓度时呈黄色,在高浓度时呈橙红色。在一般食品的 pH 值范围内(pH = 2~7)较稳定,且不受还原物质的影响。但对光和氧不稳定,铁离子可促进其褪色。纯 β-胡萝卜素结晶在 CO_2 或 N_2 中储存,温度低于20℃时可长期保存,但在45℃的空气中储存 6 周后几乎完全被破坏。其油脂溶液及悬浮液在正常条件下很稳定。

人工化学合成的 β-胡萝卜素,具有与天然 β-胡萝卜素完全相同的结构,日本将其作为合成着色剂,但欧美各国将其视为天然着色剂或天然等同着色剂。

β-胡萝卜素除作为着色剂使用外,还具有食品的营养强化作用,可用作食品营养强化剂及用于特殊膳食用食品的营养强化剂。

②番茄红素(lycopene)。也称番茄红色素,是番茄中的主要色素,也存在于西瓜、杏、桃、辣椒、南瓜和柑橘等果蔬中。分子式为 $C_{40}H_{56}$,相对分子质量536.88。番茄红素易溶于油脂和脂肪性溶剂,不溶于水,微溶于甲醇和乙醇,对光和氧不稳定。

番茄红素主要是将番茄的果实用有机溶剂提取制得,也可采用超临界流体萃取法进行提取。现在,国内外都已研究出用三孢布拉霉菌(*Blakeslea trispora*)作为生产菌,经定向选育出高产番茄红素的菌株,通过代谢调控使菌丝体主要积累番茄红素。

③β-阿朴-8′-胡萝卜素醛(β-Apo-8′-carotenal)。由类胡萝卜素生产中常用的合成中间体,经过维蒂希聚合反应制备而成的阿朴胡萝卜素醛。包含少量的其他类胡萝卜素。

商业上用于食品的配方型制剂,是添加了抗氧化剂、乳化剂等辅料,将其配制成悬浮于食用油中的悬浮液或水溶性的粉末。

β-阿朴-8′-胡萝卜素醛为深紫色带有金属光泽的晶体或结晶性粉末,对氧气和光敏感。不溶于水,微溶于乙醇,略溶于植物油,溶解于氯仿。我国于2012年批准作为着色剂使用。

（2）叶黄素类（xanthophylls）。

叶黄素是共轭多烯烃的含氧衍生物,可以以醇、醛、酮、酸等形式存在,易溶于甲醇、乙醇和石油醚。主要有:叶黄素、玉米黄素、辣椒红、栀子黄等,通常表现为浅黄色至橙色。

①叶黄素（lutein）。又名3,3′-二羟基-α-胡萝卜素,植物黄体素。广泛存在于绿叶中,而在万寿菊属植物金盏花（也称万寿菊,*Tagetes erecta* L.）等花瓣中含量很高。叶黄素是万寿菊的花瓣中占支配地位的类胡萝卜素,分子式$C_{40}H_{56}O_2$,相对分子质量568.85。不溶于水,易溶于油脂和脂肪性溶剂。

按我国规定,作为食品添加剂和食品营养强化剂来源的叶黄素应由万寿菊（*Tagetes erecta* L.）花瓣制得的油状树脂。而在油状树脂中,叶黄素是作为棕榈酸、硬脂酸、肉豆蔻酸的酯类的混合物。

②玉米黄（corn yellow）。存在于禾本科植物玉蜀黍黄粒种子的角质胚乳中。是以黄玉米生产淀粉时的副产品黄蛋白为原料提取制得。其主要着色物质为玉米黄素（zeaxanthin,$C_{40}H_{56}O_2$）和隐黄素（cryptoxanthin,$C_{40}H_{56}O$）及叶黄素。玉米黄素的R_1、R_2均为OH,隐黄素R_1为OH、R_2为H。

玉米黄在温度高于10℃时为红色油状液体,低于10℃时为橘黄色半凝固油状体。不溶于水,可溶于乙醚、石油醚、丙酮和油脂。在不同的溶剂中色调有差别。在苯中呈亮黄,甲醇中呈浅黄,氯仿中呈橙黄。色调不受pH值影响。对光、热等敏感,40℃以下稳定,高温易褪色,但受金属离子的影响不大。

③辣椒红（paprika oleoresin）。又名辣椒红色素、辣椒油树脂,是由辣椒属植物的果实用溶剂提取后去除辣椒素制得。主要着色物质为辣椒红素（capsanthin）和辣椒玉红素

（capsorubin）。辣椒红素分子式为 $C_{40}H_{56}O_3$，相对分子质量 584.85。辣椒玉红素分子式为 $C_{40}H_{56}O_4$，相对分子质量 600.85。辣椒红素和辣椒玉红素均为深红色黏稠状液体，具有特殊气味或辣味，不溶于水，溶于油脂和乙醇。在石油醚（及汽油）中最大吸收峰波长为 475.5 nm，在正己烷中为 504 nm，在二硫化碳中为 503 nm 和 542 nm，在苯中为 486 nm 和 519 nm。乳化分散性及耐酸性、耐热性均好，在 160℃ 加热 2 h 几乎不褪色。耐光性稍差，波长 210~440 nm 特别是 285 nm 紫外光可促使辣椒红褪色。Fe^{3+}、Cu^{2+}、Co^{2+} 等重金属离子也可使其褪色，遇 Al^{3+}、Sn^{2+}、Pb^{2+} 等离子会发生沉淀，不受其他离子影响。pH 值在 3~12 间颜色不变。其着色力强，色调因稀释浓度不同从浅黄色至橙红色。

④栀子黄（gardenia yellow，crocin）。又名藏花素，是由茜草科植物栀子果实用水或乙醇提取的黄色色素，其主要着色物质为藏花素。分子式为 $C_{44}H_{64}O_{24}$，相对分子质量 976.99。栀子黄为橙黄色液体、膏状或粉末，易溶于水，可溶于乙醇和丙二醇中，不溶于油脂。pH 值对色调几乎无影响。在酸性（pH 值为 4~6）和碱性（pH 值为 8~11）时都比 β-胡萝卜素稳定，特别是碱性时黄色更鲜明。耐盐性、耐还原性和耐微生物特性均好，但耐热性、耐光性在低 pH 值时较差。着色于蛋白质比着色于淀粉时较稳定，但在水溶液中不够稳定。对金属离子（如铅、钙、铝、铜、锡等）相当稳定，铁离子有使栀子黄变黑的倾向。

3. 多酚类色素

这是植物中水溶性色素的主要成分，表现为艳丽多彩的色调，广泛存在于自然界中。这类色素主要包括花青素、儿茶素等。

（1）花青素类（anthocyanin）。

花青素类是自然界中分布最广泛的水溶性色素，通常与糖以苷的形式（称为花青苷）存在于植物细胞液中，并构成花、叶、茎及果实的美丽色彩，也存在于玫瑰茄色素、葡萄皮抽提物中。花青苷经酸水解后，生成糖与非糖部分，非糖部分即为花青素。花青素具有 C_6—C_3—C_6 碳架结构，基本结构为苯并吡喃环。

随着取代基团及位置的不同,有多种不同类型的花青素,常见的有以下几种取代模式,见表 5-1 所示。

表 5-1　取代模式

类别	3	5	7	3′	4′	5′
飞燕草素(delphinidin)	OH	OH	OH	OH	OH	OH
矢车菊素(cyanidin)	OH	OH	OH	OH	OH	H
天竺葵素(pelargonodin)	OH	OH	OH	H	OH	H
锦葵花素(malvidin)	OH	OH	OH	OCH_3	OH	OCH_3
芍药花素(peonidin)	OH	OH	OH	OCH_3	OH	H
牵牛花素(petunidin)	OH	OH	OH	OCH_3	OH	OH

正是这种取代基的大量不同的化学组合,才造就了惊奇的天然颜色范围。

我国批准使用的花青素类着色剂的花青素组成及其来源见表 5-2。

表 5-2　天然花青素类色素的来源及其色素成分

色素名称	来源	主要花青素
黑豆红(black bean red)	黑豆即野大豆(*Glyeine soja* Sieb. et Zucc)种皮	矢车菊素-3-半乳糖苷
黑加仑红(black currant red)	黑加仑(*Ribes nigrum* L.)浆果的果渣	矢车菊素-3-芸香糖苷、矢车菊素-3-葡萄糖苷、飞燕草素-3-芸香糖苷、飞燕草素-3-葡萄糖苷
红米红(red rice red)	优质红米	矢车菊素-3-葡萄糖苷
蓝靛果红(uguisukagura red)	蓝靛果(*Lonicera caerulea* L. var. *edulis* Turcdz. Ex Herd.)鲜果	矢车菊素-3-葡萄糖苷、矢车菊素-3,5-二葡萄糖苷、矢车菊素-3-芸香糖苷
萝卜红(radish red)	红心萝卜	天竺葵素衍生物
落葵红(basella rubra red)	落葵属植物落葵(*Basella alba* L.)的果实	甜菜花青素(betacyanine)
玫瑰茄红(roselle red)	玫瑰茄(*Hibicus sabdariffa* L.)花萼片	飞燕草素-3-双葡萄糖苷和矢车菊素-3-双葡萄糖苷
葡萄皮红(grape skin extract)	制造葡萄汁或葡萄酒的皮渣	锦葵色素、芍药色素、飞燕草素和牵牛花色素的葡萄糖苷
桑椹红(mulberry red)	桑科植物(*Morus alba* L.)成熟果穗	矢车菊素-3-葡萄糖苷
杨梅红(mynica red)	杨梅(*Myrica rubra* s. et Zucc.)果实	矢车菊素-3-葡萄糖苷
越橘红(cowberry red)	杜鹃花科越橘属越橘(*Vaccinium vitis-idaea* L.)果实	矢车菊素
紫甘薯色素(purple sweet potato color)	薯蓣属植物紫甘薯的块根	矢车菊素-3-葡萄糖苷

（2）儿茶素类（catechines）。

儿茶素是一种黄烷醇的总称，分子结构通式为：

当上式结构中 R＝R′＝H 时，称为儿茶素；当 R＝OH、R′＝H 时，称为没食子儿茶素；当

R′＝时，称作酯型儿茶素。

4. 黄酮类及酮类色素

黄酮类色素也是植物中存在的一类水溶性色素，常为浅黄色或橙黄色。黄酮类色素分子是由苯并吡喃酮与苯环构成，比较重要的色素物种是以查尔酮为主的来自菊科的红花黄色素、菊花黄色素，梧桐科可可色素和禾本科高粱红色素。属于酮类衍生物的天然色素主要有两种，即红曲色素和姜黄素。

（1）红花黄（carthamus yellow）。

红花黄是从菊科植物红花的花瓣中提取、浓缩干燥而得，主要呈色物质为红花黄及其氧化物，分子式 $C_{21}H_{22}O_{11}$，相对分子质量 450.39。

红花黄为黄色或棕黄色粉末。易吸潮，吸潮后呈褐色，并结成块状，但不影响使用效果。易溶于水、稀乙醇、稀丙二醇，微溶于无水乙醇，不溶于乙醚、石油醚、油脂和丙酮。耐光性较好，特别是有维生素 C 存在时更为显著。pH 值为 7 时在日光下照射 8 h，色素残留率为 88.9%。耐热性一般，在 pH 值为 5～6 时稍强，加于果汁经 80℃ 瞬间杀菌，色素残留率为 70%。在酸性溶液中呈黄色，在碱性溶液中呈橙黄色。在 pH 值为 2～7 范围内色调稳定。耐微生物性和耐盐性较好。红花黄遇铁离子（即使 1 mg/kg）变为黑色，若添加聚合磷酸盐则可防止变色。而遇 Ca^{2+}、Sn^{2+}、Mg^{2+}、Al^{3+} 等离子则几乎无影响。对淀粉的着色力强，对蛋白质稍差。

（2）菊花黄（coreopsis yellow）。

菊花黄是从菊科大金鸡菊的花中提取制得。菊花黄为棕褐色黏稠液体，易溶于水和乙醇，具有菊花的清香气味，溶液在酸性时呈黄色，色调稳定，在碱性时呈橙黄色，着色力强，

耐光性、耐热性均较好。

（3）可可壳色（cacao pigment）。

又名可可着色剂，是将可可壳粉碎、焙炒后用热水浸提制得。可可壳中的黄酮类物质如儿茶酸、无色花青素、表儿茶酸等在焙炒过程中，经复杂的氧化、缩聚而成颜色很深的多酚化合物，相对分子质量 1500 以上。

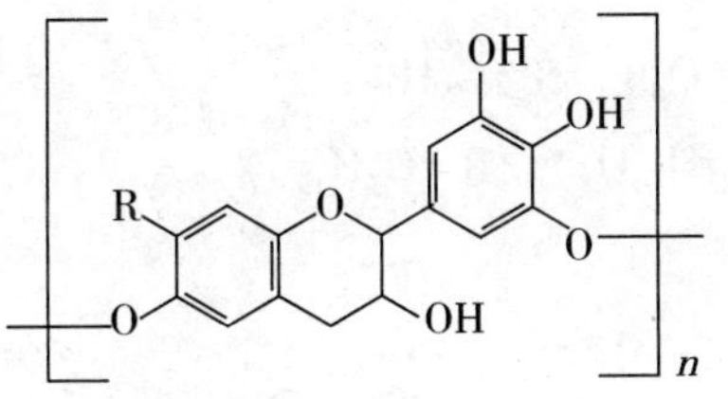

$n = 5\sim 6$ 或更大，R 为半乳糖醛酸

可可着色剂为巧克力色（或褐色）液体（或粉末），无异味，无臭，易溶于水，对光、热及氧化剂的稳定性均好，但遇还原剂易褪色。在 pH=4~11 时颜色稳定，pH 小于 4 时着色剂析出，色调随 pH 值的增大而加深。对蛋白质及淀粉的染着性较好，特别是对淀粉的着色远比焦糖色好，在加工及保存的过程中很少变化。

（4）高粱红（sorghum red）。

由黑紫色高粱壳提取制得，其主要着色物质为芹菜素和槲皮黄苷，前者分子式为 $C_{15}H_{10}O_5$，相对分子质量 270.24；后者分子式为 $C_{21}H_{20}O_{12}$，相对分子质量 464.38。

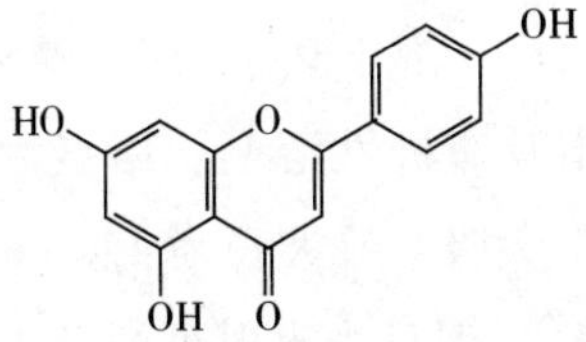

芹菜素 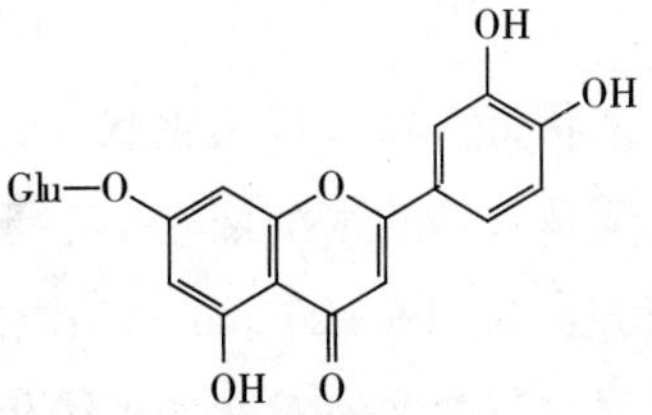　　　　　　　槲皮黄苷

高粱红为深红色液体、膏状或粉末，易溶于水、乙醇，不溶于油脂。水溶液在酸性时呈红色，在碱性时呈紫色；对光和热非常稳定，但易受金属离子影响，特别是遇铁离子变褐，添加微量焦磷酸钠能抑制金属离子的影响。

（5）红曲红（monascus red）。

又名红曲色素，可由红曲深层培养或从红曲米中提取制得。红曲红有多种色素成分，一般粗制品含有 18 种成分，其主要着色成分有以下 6 种：

①红色色素。

潘红（rubropunctatin，$C_{21}H_{22}O_5$）　　R＝C_5H_{11}

梦那玉红（monascorubrin，$C_{23}H_{26}O_5$）　　R＝C_7H_{15}

②黄色色素。

梦那红(monascin,$C_{21}H_{26}O_5$)　　R＝C_5H_{11}

安卡黄素(ankaflavin,$C_{23}H_{30}O_5$)　　R＝C_7H_{15}

③紫色色素。

潘红胺(rubropunctamine,$C_{21}H_{23}NO_4$)　　R＝C_5H_{11}

梦那玉红胺(monascorubramine,$C_{23}H_{27}NO_4$)　　R＝C_7H_{15}

红曲红为粉末状,色暗红,带油脂状,无味、无臭。溶于热水及酸、碱溶液,极易溶于乙醇、丙二醇、丙三醇及它们的水溶液。不溶于油脂及非极性溶剂。熔点为165～192℃。水溶液最大吸收峰波长为(490±2) nm。乙醇溶液最大吸收峰波长为470 nm,有荧光。对pH值稳定。耐热性强。其醇溶液对紫外光线相当稳定,但日光直射可褪色。几乎不受金属离子和氧化还原剂的影响。对含蛋白质高的食品染着性好,一旦染色后,经水洗也不褪色。结晶品不溶于水,可溶于酒精、氯仿,呈橙红色。红曲红对枯草芽孢杆菌、金黄色葡萄球菌具有较强的抑制作用,对大肠杆菌、灰色链霉菌的抑制作用较弱,而对酵母、霉菌和黄色八叠球菌无抑制作用。

(6)红曲黄色素(monascus yellow pigment)。

红曲米用碱溶液洗脱,分离得出红曲红色素,再加入硫化物黄化,干燥制成红曲黄色素。褐黄色粉末。

(7)姜黄素(curcumin)。

又名姜黄色素,是由姜黄经乙醇等有机溶剂抽提、精制所得,为二酮类着色剂,主要由三个组分组成:A. 姜黄色素。B. 脱甲氧基姜黄色素。C. 双脱甲氧基姜黄色素。

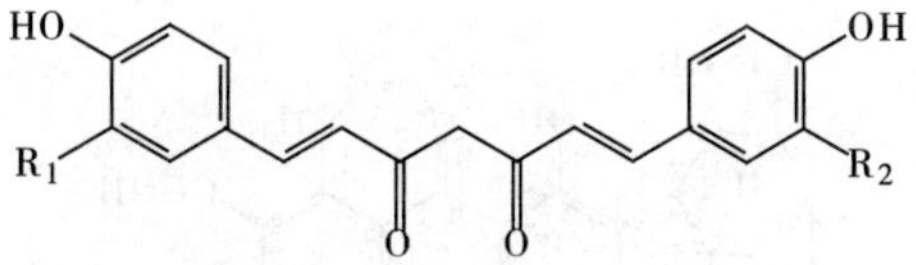

A. $R_1 = R_2 = OCH_3$；B. $R_1 = OCH_3$，$R_2 = H$；C. $R_1 = R_2 = H$

　　姜黄素为黄色结晶性粉末，不溶于冷水和乙醚，溶于热水、乙醇、丙醋酸、丙二醇和碱性溶液。在乙醇中最大吸收波长为 425 nm。熔点为 179~182℃。在中性或酸性条件下呈黄色，在碱性时则呈红褐色。对光、热、氧化作用及铁离子等不稳定，但耐还原性好。着色力强，尤其是对蛋白的着色更好。

　　5.醌类色素

　　醌类色素是醌类的衍生物，有苯醌、萘醌、蒽醌等形式，主要有紫胶红、胭脂虫红和紫草红三种色素。

　　（1）紫胶红（lac dye red）。

　　又名虫胶红，是由一种很小的蚧壳虫——紫胶虫在蝶形花亚科黄檀属、梧桐科芒木属等寄主植物上所分泌的紫胶原胶中的着色剂。主要着色物质是紫胶酸，且有 A、B、C、D、E 五个组分，以 A 和 B 为主。

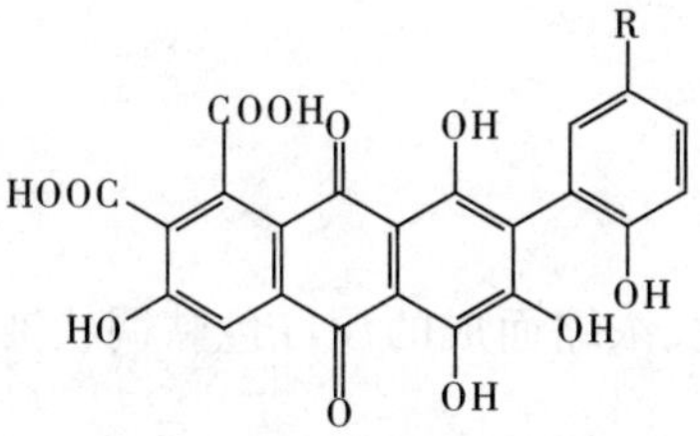

紫草酸 A、B、C、E 的结构 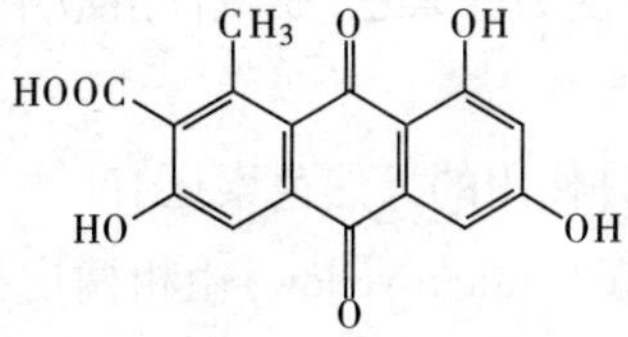　　　　　　　紫草酸 D 的结构

A：$R = CH_2CH_2NHCOCH_3$

B：$R = CH_2CH_2OH$

C：$R = CH_2CH(NH_2)COOH$

E：$R = CH_2CH_2NH_2$

　　紫胶红为鲜红色粉末，微溶于水、乙醇和丙醇。色调随 pH 值的变化而改变，pH<4 时为橙黄色，pH 值在 4.0~5.0 时为橙红色，pH>6 时为紫红色，pH>12 时放置则褪色。在酸性条件下对光和热稳定，但对金属离子不稳定。

　　（2）胭脂虫红（cochineal carmine）。

　　又名胭脂虫红提取物、胭脂红、胭脂红酸，是由干燥后的雌性胭脂虫体用水提取制得。

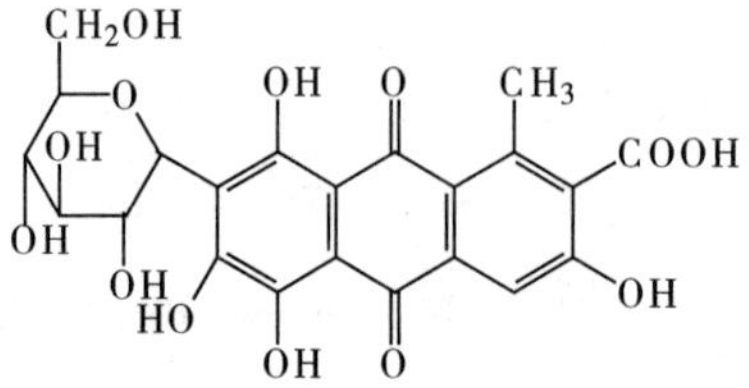

胭脂虫红是一种稳定的深红色液体,呈酸性(pH=5～5.3),其色调依 pH 而异,在橘黄至红色之间。易溶于水、丙二醇及食用油。

(3)紫草红(gromwell red)。

又名紫根色素、欧紫草,分子式 $C_{16}H_{16}O_5$,相对分子质量 288.29。

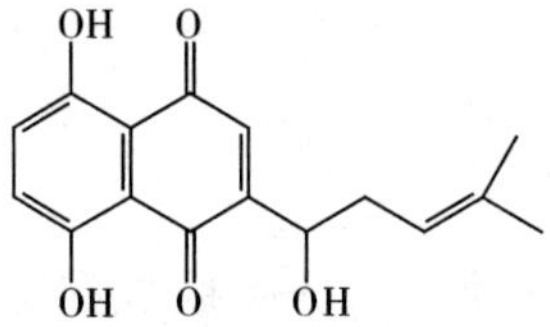

紫草红为紫红色结晶品或紫红色黏稠膏状或紫红色粉末。纯品溶于乙醇、丙酮、正己烷、石油醚等有机溶剂和油脂,不溶于水,但溶于碱液。酸性条件下呈红色,中性时呈紫红色,遇铁离子变为深紫色,在碱性溶液中呈蓝色。

6. 其他天然色素

我国允许使用的天然色素还有:

①柑橘黄(orange yellow)由柑橘皮提取、纯化、浓缩而成的深红色黏稠状液体,具有柑橘清香味。

②花生衣红(peanut skin red)以鲜花生(*Arachis hypogaea*)的内衣为原料,利用现代的生物技术提取而成的红褐色粉末或液体天然着色剂。主要色素成分为黄酮类化合物,另外还有含有花色苷、黄酮,二氢黄酮等。

③金樱子棕(rose laevigata michx brown)由蔷薇科植物金樱子(*Rosa laevigata* Michx.)的果实用温水或稀乙醇提取后,过滤、浓缩而成。主要色素成分为酚类色素,包括花黄色素类(anthoxanthins)。

④密蒙黄(buddleia yellow)以马钱科醉鱼草属落叶灌木密蒙花(*Buddleia officinalis* Maxim.)的穗状花序为原料,经醇、水提取后,过滤、浓缩、干燥而得的黄棕色粉末和棕色膏状色素,具有芳香气味。主要着色成分为藏红花苷与密蒙花苷(刺槐素)。

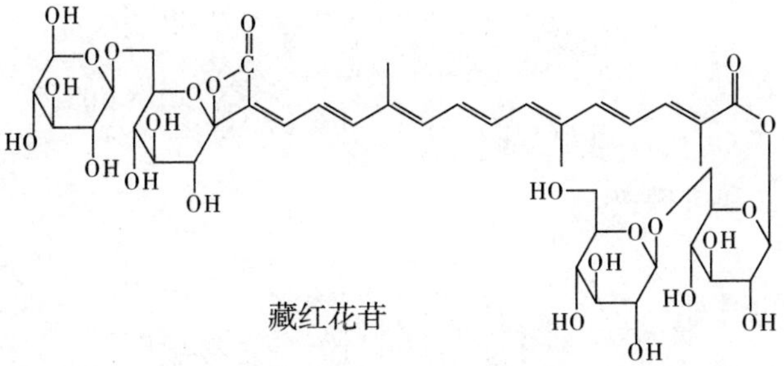

藏红花苷

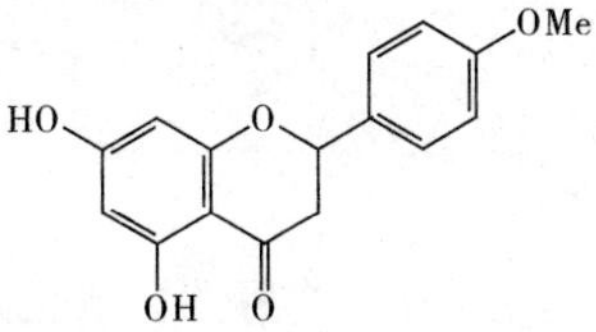

密蒙花苷

⑤沙棘黄(hippophae rhamnoides yellow)是以植物沙棘(*Hippophae rhamnoides*)的果实为原料,利用现代的生物技术提取而成的橙黄色粉末或流浸膏状天然着色剂。主要含胡萝卜素类和黄酮类黄色素。

⑥酸枣色(jujube pigment)由鼠李科枣属植物酸枣制取原汁后的渣(包括果肉和枣皮)经酸解、抽提、过滤、浓缩、改性、干燥而成的棕黑色结晶或棕褐色无定形粉末状天然色素。主要着色成分为羟基蒽醌衍生物。

⑦天然苋菜红(natural amaranthus red)以红苋菜可食部分为原料,经水提取、乙醇精制获得的浓缩液。通过干燥处理,即可获得紫红色干燥粉末状成品。主要着色成分为苋菜苷(amaranthin)和甜菜苷(betanine)。

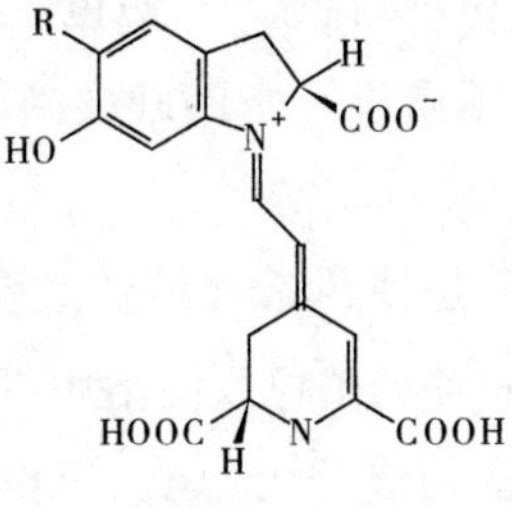

A. R=β-D-吡喃葡萄糖基糖醛酸-2′-葡萄糖;B. R=葡萄糖

⑧橡子壳棕(acorn shell brown)以栎树(*Quercus* L.)的果实即橡子的果壳为原料,利用现代的生物技术提取而成的深棕色粉末天然着色剂。主要成分为儿茶酚、花黄素、花色素连有糖基的化合物。

⑨栀子蓝(gardenia blue)由栀子(*Gardenia florida* L.)果实中的黄色素经酶处理后制成的蓝色色素。

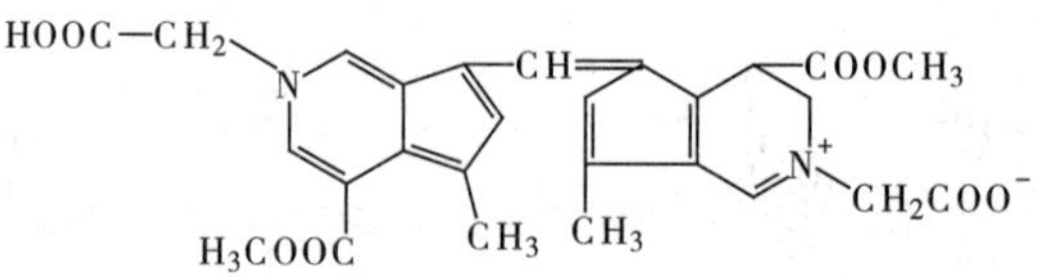

此外,还有甜菜红和焦糖色。

五、食用色素的性质

(一)合成色素的性质

1. 溶解性

合成色素的溶解性包含两层含义:

一是指食用色素的水溶性或油溶性。由于油溶性合成色素的毒性较强,现在各国基本上已不再使用油溶性合成色素作为食品的着色剂,所以,允许合成色素通常都是水溶性的。而要对油类或含油较多的食品,如奶油、奶脂类、泡泡糖等进行着色,可用乳化剂、分散剂对其转溶。

二是指食用色素的"溶解度"。由于合成色素均为有机物,且多为苯系化合物,因而它们的溶解度不同于无机化合物。实际上,合成食用色素的溶解度一般较低,只是借助于分子中一些亲水基团与水结合而表现出"溶解"能力。

通常,对合成色素的溶解度规定为:

$$>1.0\%\cdots\cdots可溶$$

$$0.25\%\sim1\%\cdots\cdots稍溶$$

$$<0.25\%\cdots\cdots微溶$$

要注意的是:合成色素的溶解度受温度、pH 值、含盐量、水硬度等因素的影响。一般的合成色素,温度升高,溶解度增大。pH 值降低,易使色素形成色素酸而致溶解度降低。某些盐类对色素起盐析作用而降低其溶解度。水的硬度高易产生色淀。

2. 染着性

食品的着色可分为两种情况,一是使色素在液体或酱状的食品基质中溶解,混合成分散状态;二是附着在食品的表面。前者是由色素的溶解性决定的,而后者则与色素的"染着性"相关。色素的染着性与它们与食品成分蛋白质、淀粉及其他糖类的结合程度有关。不同的色素具有不同的染着性。

3. 坚牢度

坚牢度是指染着在食品上的色素对周围环境(或介质)的抵抗程度。这是食用色素的一个重要指标,取决于自身的化学结构及所染着的基质。

通常,色素的坚牢度表现为以下几个方面:

①耐热性。由于加热是食品常用的加工方法,因此色素的耐热性是十分重要的方面。色素的耐热性与共存的物质如糖类、食盐、酸、碱等有关,当与这些物质共存时,多会促使色

素变色、褪色。

②耐酸性。一般食品的 pH 值大多在酸性范围,如水果类食品、糖果、饮料,特别是醋渍食品与乳酸发酵制品,而食用合成色素在酸性强的水溶液中可能形成色素酸而沉淀或变色,所以要考虑其耐酸性。

③耐碱性。对使用碱性膨松剂的糕点类制品,食品通常会呈现碱性。这时,则要考虑色素的耐碱性。

④耐氧化性。氧气及其他氧化剂可能会对色素起到氧化作用,使其褪色或变色。氧蒽类色素的耐氧化性较强,而偶氮类及其他色素较弱。

⑤耐还原性。由于食品的发酵作用,以及抗坏血酸或亚硫酸盐等的存在,导致食品具有一定的还原作用。这种还原作用将引起合成色素的变化。氧蒽类色素对还原作用相当稳定,而靛类和偶氮类色素则不稳定。

⑥耐光性。食品在光照条件下可能产生品质的劣变,色素也可能发生变化。因此,色素的耐光性也是应当考虑的性质。随着食品加工中使用水的性质(pH 值、硬度、重金属离子的含量等)及与色素共存物质的种类不同,色素的耐光性有较大的差异。

⑦耐金属性。不同的食品含有不同种类和不同量的矿物质,另外,在加工过程中由于水和辅料也会带入一些金属离子,特别是多价离子。这些离子会在一定程度上导致色素结构的变化。

⑧耐细菌性。不同色素对细菌的稳定性不同。

几种合成色素的溶解度和坚牢度见表 5-3。

表 5-3 合成色素的性质

名 称	溶解度[①]			坚牢度[②]							
	水/%	乙醇	植物油	耐热性	耐酸性	耐碱性	耐氧化性	耐还原性	耐光性	耐金属性	耐细菌性
苋菜红	17.2	极微	不	1.4	1.6	1.6	4.0	4.2	2.0	1.5	3.0
胭脂红	23	微	不	3.4	2.0	4.0	2.5	3.8	2.0	2.0	3.0
柠檬黄	11.8	微	不	1.0	1.0	1.2	3.4	2.6	1.3	1.6	2.0
靛蓝	1.1	不	不	3.0	2.6	3.6	5.0	3.7	2.5	34.0	4.0

①胭脂红的溶解度为 20℃时,其余为 21℃;②坚牢度项中,1.0~2.0 表示稳定,2.1~2.9 为中等程度稳定,3.4~4.0 为不稳定,4.0 以上是极不稳定。

4. 安全性

自合成色素问世以来,几乎所有的食品着色都使用合成色素。但是,随着对合成色素的深入研究,发现很多合成色素对人体健康有害,有的可以在人体内形成致癌物质。从大量研究得出的结论认为:合成色素的致癌性一般可能与其多为偶氮化合物有关。偶氮色素中都含有偶氮键—N $=$ N—,它是偶氮色素的颜色载体;偶氮色素的化学性质一般较活泼,在强还原剂作用下,偶氮键 N $=$ N 发生断裂生成胺基化合物,最后得到 2 分子的芳胺。食用类偶氮色素分子的芳香部分大多由萘环与偶氮键相连,在体内的生物转化过程中偶氮键断裂,含有萘环这部分最终可以被还原成 α-萘胺、β-萘胺,这两种物质具有致癌性(α-萘胺、β-萘胺 1967 年被英国、1973 年被美国职业安全卫生局列为受法律控制的致癌物,世界卫生组织所属的癌症研究中心也在 1984 年将它们列为致癌物)。因此,可用于食品的合成色素的数量大幅下降。

我国批准使用的合成色素的毒理学数据见表 5-4。

表 5-4　合成色素的毒理学指标

色素种类	$LD_{50}/(\text{g} \cdot \text{kg}^{-1})$	$\text{ADI}/(\text{mg} \cdot \text{kg}^{-1})$
赤藓红	6.8(小鼠经口)	0~0.1
苋菜红	>10.0(小鼠经口) >1.0(大鼠腹腔注射)	0~0.5
胭脂红	19.3(小鼠经口) >8.0(大鼠经口)	0~4.0
新红	10.0(小鼠经口)	0~0.1
酸性红	>10.0(小鼠经口)	0~4.0
诱惑红	10.0(小鼠经口)	0~7.0
柠檬黄	12.75(小鼠经口) 2.0(大鼠经口)	0~7.5
日落黄	2.0(小鼠经口) >2.0(大鼠经口)	0~2.5
靛蓝	>2.5(小鼠经口) 2.0(大鼠经口)	0~5.0
亮蓝	>2.0(大鼠经口)	0~12.5

(二)天然色素的性质

1. 安全性

天然色素多来源于动植物组织,大多数本身就是食品的基本组分,因而安全性较高。但是,大多天然色素需从食品原料中采用一定的方式分离。这样,在提取、精制过程可能导致色素成分的结构发生变化,从而影响其安全性。例如,天然色素姜黄素的 ADI = 0~1 mg/kg,该值要比合成色素柠檬黄(ADI = 0~7.5 mg/kg)高 7.5 倍。

为此,食品添加剂联合专家委员会(Joint Expert Committee for Food Additives,JECFA)于 1977 年将天然色素分为 3 类:

①从已知食品中分离,化学结构无变化的色素,且使用浓度又符合原食物中的天然浓度,可以作为食品对待,无需毒理学资料。

②从已知食品中分离、化学结构无变化的色素,当使用浓度超过原食物中的天然浓度时,可能需要进行毒理学评价。毒理学评价的要求应与合成色素相同。

③从已知食品中分离但化学结构已发生变化的色素,或者是从非食用原料中分离的色

素,必须进行毒理学评价。毒理学评价的要求与合成色素相同。

一些天然色素的毒理学指标见表5-5。

表5-5 天然色素的毒理学指标

色素种类	$LD_{50}/(g \cdot kg^{-1})$	ADI/$(mg \cdot kg^{-1})$	色素种类	$LD_{50}/(g \cdot kg^{-1})$	ADI/$(mg \cdot kg^{-1})$
叶绿素铜钠	>10.0(小鼠经口)	0~15	萝卜红	>15.0(大、小鼠经口)	
β-胡萝卜素	78(狗经口)	0~5	黑豆红	>19.0(小鼠经口)	
甜菜红	>10.0(大鼠经口)	无需规定	蓝锭果红	>21.05(小鼠经口)	
密蒙黄	>10.0(小鼠经口)		落葵红	>10.0(小鼠经口)	
栀子黄	22.0(小鼠经口)		红花黄	21.74(小鼠经口)	
黑加仑红	>10.0(大、小鼠经口)		高粱红	>10.0(小鼠经口)	
葡萄皮红	>10.0(小鼠经口)	0~2.5	紫胶红	1.8(大鼠经口)	
红米红	>21.5(大鼠经口)		胭脂虫红	>21.5(小鼠经口)	0~5
玫瑰茄红	9.26(小鼠经口)		紫草红	4.64(小鼠经口)	
沙棘黄	>21.5(大、小鼠经口)		桑椹红	13.4(小鼠经口) 26.8(大鼠经口)	
天然苋菜红	>10.0(大鼠经口) 10.8(小鼠经口)(雌) 12.6(小鼠经口)(雄)		辣椒红	>75.0(小鼠经口) >50.0(小鼠腹腔注射)	

β-胡萝卜素是胡萝卜中的主要色素物质,且是维生素A的前体。人体所需的维生素A有60%~70%来自β-胡萝卜素。但β-胡萝卜素过多时,会因皮肤胡萝卜素沉着症(Carotenosis)而使皮肤泛黄,但这种现象是无害的。人体对β-胡萝卜素的吸收较差,30%~90%在粪便中排泄出。一些β-胡萝卜素可存储在肝脏而有些转化为维生素A。大鼠可将吸收β-胡萝卜素的15%代谢为脂肪酸,40%为不可皂化的材料,5%作为CO_2呼出。当以40000~70000 IU维生素A/天的剂量对大鼠进行静脉注射、腹腔内给药或经口,未观察到影响。然而,经口1500 IU剂量可诱导大鼠上皮生长加速。

阿朴胡萝卜素醛(apocarotenal)可以转变成β-阿朴-8′-胡萝卜素酸和维生素A,这些化合物主要积聚在肝脏。阿朴胡萝卜素醛的急性毒性较低(LD_{50}>10 g/kg bw,小鼠经口),用500 mg/kg剂量连续喂养雄性鼠34周,未观察到不良效果。对狗每天喂养1g连续14周也会发现不良影响。β-阿朴-8′-胡萝卜素酸的甲酯和乙酯也具有较低的急性毒性(LD_{50}>10 g/kg bw)。番茄红素是番茄中的主要类胡萝卜素,占总类胡萝卜素的80%~90%。JECFA认定番茄红素为A类营养素。

一些研究已经表明,辣椒红色素无遗传毒性;急性经口毒性研究显示低的值(LD_{50}<11 g/kg bw)和寿命研究未能证明毒性或致癌性。胭脂树红不是遗传毒性化合物;急性经口毒性研究显示低的LD_{50}:大鼠,油溶性提取物大于50 g/kg bw,水溶性提取物大于35 g/kg bw;胭脂树的水提物对老鼠的LD_{50}是700 mg/kg。但对于人类已观察到如荨麻疹、哮喘等

过敏反应。

花青素不是遗传毒性的化合物。在老鼠或肠道微生物体外没有发现氯化矢车菊素的代谢产物。另外,天竺葵素分解成 p-羟苯基乳酸和另一个产品,大概是间苯三酚。飞燕草素灌胃在尿液中产生一种未识别的代谢物。锦葵花素苷产生大量的尿中观察到的代谢物,包括丁香酸。此外,非常缺乏有关花青素吸收的信息。Ames 试验未显示出矢车菊素和飞燕草素具有诱变活性。JECFA 确定葡萄皮提取物中花青素的 ADI 为 0~2.5 mg/kg bw。然而,从水果和蔬菜消费的花青素看来,很可能会大大超出他们作为颜色添加剂的消费。

2. 稳定性

许多关于类胡萝卜素稳定性的研究得出了以下结论:A. 降解和异构化反应是类胡萝卜素加工中常见的反应。B. 光照、加工和储存温度是保证产品质量的重要因素。C. 类胡萝卜素的不稳定性中包含自由基反应。D. 天然的或合成的其他抗氧化剂或食物组分可以用来保护类胡萝卜素完整性。E. 不同种类的胡萝卜素在不同加工条件下,表现出不同特性。模型系统的研究清楚地证明:类胡萝卜素结构的 9、13、15 位置最容易异构化。

花青素的颜色高度受 pH 值影响,在溶液中,是有色(阳离子)—无色(假碱)结构的平衡。低 pH 值时有利于阳离子形式(花色基阳离子),随着 pH 值向中性变化,平衡朝向无色的结构形式移动。此外,花青素结构中的 7 或 3′位置为羟基时,随 pH 值增加有利于醌式平衡,但与无色的假碱结构形成对照的是,醌式结构趋向蓝色色调。

红心萝卜的花青素具有良好的稳定性,用萝卜花青素着色的马拉斯金樱桃(maraschino cherries)25℃下的保质期至少 6 个月。萝卜花青素的稳定与酰化天竺葵色素衍生物的存在相关。

部分天然色素的主要性质见表 5-6。

表 5-6　部分天然色素的主要性质

名称	主要成分	耐光性	耐热性	耐氧性	耐菌性	耐酸性	耐碱性
葡萄皮红	花青素	差	差	差	中	好	差
玫瑰茄	花青素	可	中	好	中	好	差
黑加仑	花青素	好	好	好	中	好	差
萝卜红	花青素	好	好	好	中	好(橘红)	中(黄色)
番茄红素	类胡萝卜素	好	好	好	中	好	好
辣椒红	类胡萝卜素	中	好	差	中	好	好
栀子黄	类胡萝卜素	差	好	差	中	好	中
叶黄素	类胡萝卜素	好	好	中	中	好	好
可可色素	类黄酮	极好	好	好	好	好	好
红花黄	类黄酮	好	中	中	中	好	可

续表

名称	主要成分	耐光性	耐热性	耐氧性	耐菌性	耐酸性	耐碱性
甜菜红	甜菜碱	中	中	好	好	中	中
胭脂虫红	奎宁类	好	好	好	好	好(橙色)	深沉(紫色)
紫胶红	奎宁类	极好	极好	极好	好	好	中
叶绿素铜钠	卟啉类	好	好	好	好	可沉淀	好

3. 功能性

功能性

六、食用色素的应用

(一)食用色素的使用目的

1. 保持原料固有的颜色

由于食品加工中经常进行加热处理,这将会导致原料中的天然色素遭到破坏,从而使制品失去其固有的颜色。另外,食品在加工和贮藏过程,也会受到氧化、酸化和光照等影响,这些因素都将改变原料固有的颜色。

使用食用色素对食品产品进行着色或染色处理,使产品具有其特征性的色调,对增强产品的感官质量和商品性具有重要的意义。

2. 模拟天然物质的颜色,使色泽与风味保持一致

在加工食品,特别是人造食品,如饮料、糖果、冰激凌、人造奶油等,由于原料本身无颜色或具有极淡的颜色,以致产品不能体现出各自的特点。另外,当产品的颜色与风味不是恰当的相关时,人们往往是根据颜色而不是风味来鉴别产品。

因此,对食品着色或染色是关系到产品质量的重要因素。

3. 满足消费者的"心理意识","强化"产品色调

由于传统上的原因,人们对一些原料及制品本来的颜色产生了误解,从而把正常的制品颜色误认为是"不正常"的,例如山楂制品等。因此,需要对此类制品着色,以满足消费者的需求。

(二)使用应注意的问题

1. 色调的调配

由于食品着色对于色调的要求是千变万化的,所以为丰富着色剂的色彩,满足生产中着色的需要,可将着色剂按不同比例进行调配。理论上,由红、黄、蓝三种基本色可调配出不同的色调。最基本的如下：

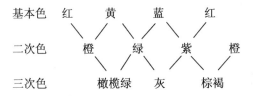

表5-7给出了一些常用色调的调配方案。

表5-7　几种色调搭配用量表

色调	苋菜红	胭脂红	柠檬黄	日落黄	靛蓝	亮蓝
橘红		40	60			
大红	50	50				
杨梅红	60	40				
番茄红	93			7		
草莓红	73			27		
蛋黄	7		93			
绿色			72			28
苹果绿			45		55	
紫色	68					32
葡萄紫	40	60				
葡萄酒	75		20			
小豆	43		32		25	
巧克力	36		48		16	
芝麻		33		33		34
橄榄绿		90				10

　　合成着色剂在溶解于不同的溶剂中时可能会产生不同的色调和强度，尤其是在使用两种或数种人工合成着色剂拼色时，情况更为显著。例如某一比例的红、黄、蓝三色的混合物，在水溶液中色较黄，而在50%酒精中则色较红。各种酒类因酒精含量的不同，溶解后的色调也各不相同，故需要按照其酒精含量及色调强度的需要进行拼色。此外，食品在着色时是潮湿的，当水分蒸发，逐渐干燥时，着色剂也会随之逐渐集中于表层，造成所谓"浓缩影响"，特别是在这种食品和着色剂的亲和力低时更为显著。拼色中各种着色剂对日光的稳定性不同，褪色快慢也各不相同，如靛蓝褪色较快，柠檬黄则不易褪色。由于影响色调的因素很多，在应用时必须通过具体实践，灵活掌握。

　　天然色素由于原料的不同、化学结构的差异及提取纯度的区别，通常难以用不同色素配出任意的色调。但是，其中的部分色素之间存在着良好的调配性（表5-8）。

表 5-8　天然色素的调色方案

食品	色调	色素	用量/%
果汁饮料、乳酸菌饮料	葡萄色	栀子红	0.1~0.2
	甜瓜色	栀子蓝+核黄素	0.05~0.1
	甜瓜色	栀子蓝+红花素	0.05~0.1
冰激凌	葡萄色	栀子蓝+栀子红	0.1~0.3
	草莓色	栀子黄+胭脂虫红	0.05~0.1
	柠檬色	栀子黄	0.1~0.2
	甜瓜色	栀子蓝+核黄素	0.1~0.3
	甜瓜色	栀子蓝+红花黄	0.1~0.3
	茶叶色	栀子蓝+红花黄	0.1~0.3
酒类	葡萄色	栀子红	0.1~0.2

2. 满足食品的染色与着色要求

不同的食品使用色素的状况是不一样的,某些要求在表面上染色,而另一些可能要求对整体进行着色。据此,前者要求染着性较好,即色素能够均匀,牢固地附着于食品的表面;而后者则要求色素具有良好的分散性,即色素能够均匀地溶解并分散在食品整体中。

3. 考察食品的性质及加工与贮藏条件

了解食品的基本组成情况,分析在加工和贮藏过程中的一些要因,主要是可能对食用色素有影响的因素,这对于正确地使用食用色素并获得良好的效果是非常重要的。

4. 根据色素的坚牢度和稳定性,选择适当的种类

由于食品性质的差异,以及加工与贮藏条件的不同,所以对食用色素的影响程度也有区别。应将色素的坚牢度和稳定性与之结合考虑。

5. 遵守色素的使用规范

色素的使用种类、使用范围及使用量应符合 GB 2760—2014 的规定。

(三)合成色素的应用

冷冻饮品、装饰性果蔬、可可和巧克力制品、糖果、焙烤食品、饮料、配制酒、果冻及膨化食品是合成色素主要应用的食品范围。根据 GB 2760—2014,表 5-9 给出了我国对合成色素在这些食品中的最大使用量(g/kg)。

表 5-9　合成色素及其铝色淀的最大使用量(g/kg)

类别	胭脂红	苋菜红	诱惑红	赤藓红	酸性红	新红	日落黄	柠檬黄	靛蓝	亮蓝
调制乳	0.05						0.05			
风味发酵乳	0.05						0.05	0.05		0.025
调制炼乳(包括加糖炼乳及使用了非乳原料的调制炼乳等)	0.05						0.05	0.05		0.025

续表

类别	胭脂红	苋菜红	诱惑红	赤藓红	酸性红	新红	日落黄	柠檬黄	靛蓝	亮蓝
冷冻饮品(03.04食用冰除外)	0.05	0.025	0.07		0.05		0.09	0.05		0.025
凉果类				0.05		0.05				0.025
蜜饯凉果	0.05	0.05					0.1	0.1	0.1	
熟制豆类			0.1				0.1	0.1		0.025
加工坚果与籽类			0.1				0.1	0.1		0.025
熟制坚果与籽类(仅限油炸坚果与籽类)				0.025					0.05	
粉圆			0.2					0.2		0.1
即食谷物,包括碾轧燕麦(片)(仅限可可玉米片)			0.07							0.015
糖果和巧克力制品包衣	0.1	0.1	0.05	0.1			0.2	0.1	0.2	0.1
可可制品、巧克力和巧克力制品(包括代可可脂巧克力及制品)以及糖果(05.04装饰糖果、顶饰和甜汁除外)	0.05	0.05	0.3	0.05	0.05	0.05	0.1	0.1	0.1	0.3
除胶基糖果以外的其他糖果							0.3	0.3	0.3	
果酱	0.5	0.3					0.5	0.5		0.5
糕点上彩装	0.05	0.05	0.05	0.05		0.05	0.1	0.1		
装饰性果蔬	0.1	0.1	0.05	0.1		0.1	0.2	0.1	0.2	0.1
腌渍的蔬菜	0.05	0.05					0.1	0.01		0.025
虾味片	0.05						0.1			0.025
蛋卷	0.01							0.04		
焙烤食品馅料及表面用挂浆(仅限饼干夹心和蛋糕夹心)	0.05	0.05	0.1		0.05		0.1	0.05	0.1	0.025
果蔬汁(浆)类饮料	0.05	0.05		0.05		0.05	0.1		0.1	0.025
半固体复合调味料(蛋黄酱、沙拉酱除外)	0.5		0.5							
调味糖浆	0.2		0.3							0.025
水果调味糖浆	0.5	0.3						0.5		0.5
香辛料酱(如芥末酱、青芥酱)								0.1		0.01
半固体复合调味料								0.5		0.5

续表

类别	胭脂红	苋菜红	诱惑红	赤藓红	酸性红	新红	日落黄	柠檬黄	靛蓝	亮蓝
固体复合调味料			0.04					0.2		
饮料类(包装饮用水除外)			0.1					0.1		0.02
含乳饮料	0.05									0.025
碳酸饮料	0.05	0.05		0.05		0.05	0.1		0.1	0.025
风味饮料(仅限果味饮料)	0.05	0.05		0.05		0.05	0.1		0.1	0.025
固体饮料		0.05								0.2
配制酒	0.05	0.05	0.05	0.05		0.05		0.1	0.1	0.025
果冻	0.05	0.05	0.025				0.025	0.05		0.025
膨化食品	0.05		0.1	0.025			0.1		0.05	0.05

清凉饮料中通常要加入色素全面着色,以突出风味特征,使产品更具吸引力。需要注意的是,许多饮料是装在透明容器中的,需要加入对光稳定性较强的天然色素。

硬糖、棒棒糖、糖衣巧克力等都有色彩引人注目的糖衣来吸引消费者。由于这类产品会常暴露在阳光下,因此需要选用对光和氧化具有较强稳定性的水溶性天然色素。

糕点上应用天然色素在增加安全的同时,会通过色泽增加食欲。乳浊型和油溶性色素在糕点中使用较多。柠檬黄和亮蓝用于焙烤食品馅料及表面用挂浆(仅限风味派馅料),最大使用量均为 0.05 g/kg。柠檬黄用于焙烤食品馅料及表面用挂浆(仅限布丁、糕点),最大使用量为 0.3 g/kg;用于面糊(如用于鱼和禽肉的拖面糊)、裹粉、煎炸粉,最大允许使用量为 0.3 g/kg;用于即食谷物,包括碾轧燕麦(片),最大允许使用量为 0.08 g/kg;用于谷类和淀粉类甜品(如米布丁、木薯布丁),最大允许使用量为 0.06 g/kg;用于其他调味糖浆,最大允许使用量为 0.3 g/kg,液体复合调味料,最大允许使用量为 0.15 g/kg。在实际应用中,由于赤藓红耐热、耐碱,故适于对饼干等焙烤食品着色。但其耐光性差,不适于在汽水等饮料中添加,尤其是赤藓红在酸性(pH = 4.5)条件下易变成着色剂酸沉淀,不适用于对酸性强的液体食品和水果糖等的着色。赤藓红用于复合调味料、酱及酱制品中的最大允许使用量均为 0.05 g/kg。而靛蓝色泽比亮蓝暗,染着性、稳定性、溶解度也较差,实际应用较少。

肉制品中通常不使用合成色素,只有熏烤、烟熏、蒸煮火腿等西式火腿,肉灌肠类、肉罐头类和肉制品的可食用动物肠衣类食品中允许使用诱惑红(和/或赤藓红和/或胭脂红),其中西式火腿和肉灌肠类中诱惑红的最大允许使用量分别为 0.025 g/kg 和 0.015 g/kg,肉灌肠类和肉罐头类中赤藓红的最大允许使用量为 0.015 g/kg,肉制品的可食用动物肠衣类中胭脂红和诱惑红的最大允许使用量分别为 0.025 g/kg 和 0.05 g/kg。胶原蛋白肠衣中胭脂红和诱惑红的最大允许使用量分别为 0.025 g/kg 和 0.05 g/kg。

另外,GB 2760—2014 规定,胭脂红用于蛋黄酱、沙拉酱中,最大允许使用量为 0.2 g/kg,用于植物蛋白饮料为 0.2 g/kg,用于水果罐头为 0.1 g/kg,用于调制乳粉和调制奶油粉为 0.15 g/kg。喹啉黄仅用于配制酒中,最大允许使用量为 0.1 g/kg。日落黄用于巧克力和巧克力制品,除 05.01.01 以外的可可制品、水果罐头(仅限西瓜酱罐头),最大允许使用量分别为 0.3 g/kg 和 0.1 g/kg。诱惑红用于水果干类(仅限苹果干),最大允许使用量为 0.07 g/kg。苋菜红用于固体汤料最大允许使用量为 0.2 g/kg。亮蓝用于香辛料及粉最大允许使用量为 0.01 g/kg。

(四)天然色素的应用

天然色素由于具有较高的安全性及具有一定的功能特性,正逐渐取代合成色素在食品中的应用。但与合成色素相比,天然色素存在着生产成本较高,着色时坚牢度较差,使用局限性大,容易受光、温度、酸碱性及金属离子等的影响等缺点,在实际使用时应结合食品的特性进行合理的选择。

由于乳制品中的乳蛋白可以与油溶性色素结合稳定,使质地纯正,因此,用于人造奶油和奶油中最理想的色素就是油溶性的天然色素,例如姜黄色素等。

鱼、肉加工制品和罐头制品由于加工贮藏过程中的处理工作,血红蛋白会发生变化,导致明显变色或者褪色。生产者为了吸引消费者,恢复产品原来的色泽,保持商品价值,会添加色素。目前,用于这类食品中的天然色素主要有红色素甜菜红和辣椒红色素。这些天然色素取代有致癌风险的合成发色剂,提高了食品的安全性,发色效果良好。

新鲜果蔬为了便于长时间贮藏,经常通过腌渍、加热、干燥等手段被加工成蜜饯果脯、脱水蔬菜、调味料等。在这个过程中,原本艳丽的颜色会改变、褪去。为了增加产品的吸引力,通常会选用水溶性天然色素来帮助校正色泽,例如叶绿素、辣椒黄色素、姜黄素、大麦芽和焦糖素等。

姜黄有特殊的香辛味,食品生产中使用较少,一般多用于调味品,如咖喱粉。制备着色溶液时,要先用少量酒精溶解后再用水稀释使用。因其对光稳定性差,使用时应注意避光。为避免变色,最好与六偏磷酸钠、酸式焦磷酸钠同用。

1. 类胡萝卜色素的应用

类胡萝卜素为油溶性色素,广泛用于奶油、人造奶油、起酥油、干酪、焙烤制品、糖果、冰激凌、通心粉、汤汁、饮料等食品中。类胡萝卜素色素用于水相食品时,常将其溶于食用油中,然后使用适当的乳化剂,使之稳定地分散于食品中。

在我国允许使用的类胡萝卜素色素中,天然胡萝卜素可在各类食品中按生产需要适量使用。GB 2760—2014 重新修订了 β-胡萝卜素使用范围和最大使用量,表 5—10 仅列出了部分食品中的应用,详细应用参考国标。辣椒红色素除冷冻米面制品(2.0 g/kg)、糕点(0.9 g/kg)、焙烤食品馅料及表面用挂浆(1.0 g/kg)和调理肉制品(生肉添加调理料)(0.1 g/kg)外,在允许使用的食品中均可按生产需要适量使用。

另根据原卫生部办公厅关于叶黄素酯使用问题的复函(卫办监督函〔2011〕449 号),叶黄素酯被批准为新资源食品。通过微囊化和稀释工艺生产的低浓度叶黄素酯,可以作为食品原料使用,其食用量应当按产品浓度折合计算。

根据 GB 2760—2014,我国规定的类胡萝卜素色素的最大使用量(g/kg)见表 5-10。

表 5-10 类胡萝卜色素的最大使用量

类别	β-胡萝卜素/ $(g \cdot kg^{-1})$	栀子黄/ $(g \cdot kg^{-1})$	玉米黄/ $(g \cdot kg^{-1})$	番茄红素/ $(g \cdot kg^{-1})$	叶黄素/ $(g \cdot kg^{-1})$	β-阿朴-8'-胡萝卜素醛⑥/ $(mg \cdot kg^{-1})$
调制乳	1.0			0.015		
风味发酵乳	1.0			0.015		0.015
调制乳粉和调制奶油粉	1.0					
稀奶油(淡奶油)及其类似品(01.05.01 稀奶油除外)	0.02					
非熟化干酪	0.6					
熟化干酪	1.0					
再制干酪	1.0					0.018
干酪类似品	1.0					
以乳为主要配料的即食风味甜点或其预制产品(不包括冰激凌和调味酸奶)	1.0				0.05	
水油状脂肪乳化制品(02.02.01.01 黄油和浓缩黄油除外)	1.0					
02.02 类以外的脂肪乳化制品,包括混合的和(或)调味的脂肪乳化制品	1.0					
脂肪类甜品	1.0					
其他油脂或油脂制品(仅限植脂末)	0.065					
人造黄油及其类似制品(如黄油和人造黄油混合品)		1.5				
氢化植物油			5.0			
冷冻饮品(03.04 食用冰除外)	1.0	0.3			0.1	0.020
醋、油或盐渍水果	1.0					
水果罐头	1.0					
果酱	1.0				0.05	
除 04.01.02.05 外的果酱(如印度酸辣酱)	0.5					

类别	β-胡萝卜素/$(g \cdot kg^{-1})$	栀子黄/$(g \cdot kg^{-1})$	玉米黄/$(g \cdot kg^{-1})$	番茄红素/$(g \cdot kg^{-1})$	叶黄素/$(g \cdot kg^{-1})$	β-阿朴-8'-胡萝卜素醛[6]/$(mg \cdot kg^{-1})$
蜜饯类	1.0	0.3				
蜜饯凉果	1.0					
装饰性果蔬	0.1					
水果甜品,包括果味液体甜品	1.0					
发酵的水果制品	0.2					
干制蔬菜	0.2					
腌渍的蔬菜	0.132	1.5				
蔬菜罐头	0.2					
蔬菜泥(酱),番茄沙司除外	1.0					
其他加工蔬菜	1.0					
腌渍的食用菌和藻类	0.132					
食用菌和藻类罐头	0.2					
其他加工食用菌和藻类	1.0					
熟制坚果与籽类(仅限油炸坚果与籽类)		1.5				
坚果与籽类罐头		0.3				
加工坚果与籽类	1.0					
可可制品、巧克力和巧克力制品(包括代可可脂巧克力及制品)以及糖果	0.1	0.3		0.06		
生湿面制品(如面条、饺子皮、馄饨皮、烧卖皮)		1.0				
生干面制品		0.3				
其他杂粮制品(仅限杂粮甜品罐头)					0.05	
糖果	0.5		5.0	0.06	0.15	0.015
糖果和巧克力制品包衣	20.0					
装饰糖果(如工艺造型,或用于蛋糕装饰)、顶饰(非水果材料)和甜汁	20.0					

类别	β-胡萝卜素/ (g·kg^{-1})	栀子黄/ (g·kg^{-1})	玉米黄/ (g·kg^{-1})	番茄红素/ (g·kg^{-1})	叶黄素/ (g·kg^{-1})	β-阿朴-8'- 胡萝卜素醛⑥/ (mg·kg^{-1})
面糊（如用于鱼和禽肉的拖面糊）、裹粉、煎炸粉	1.0					
油炸面制品	1.0					
杂粮罐头	1.0				0.05	
即食谷物，包括碾轧燕麦（片）	0.4			0.05		
方便米面制品	1.0	1.5			0.15	
冷冻米面制品	1.0				0.1	
谷物和淀粉类甜品（仅限谷类甜品罐头）					0.05	
谷类和淀粉类甜品（如米布丁、木薯布丁）	1.0					
粮食制品馅料	1.0	1.5				
焙烤食品	1.0①	②		0.05	0.15	0.015
熟肉制品（仅限禽肉熟制品）		1.5				
熟肉制品	0.02					
肉制品的可食用动物肠衣类	5.0					
冷冻鱼糜制品（包括鱼丸等）	1.0					
预制水产品（半成品）	1.0					
熟制水产品（可直接食用）	1.0					
水产品罐头	0.5					
蛋制品（改变其物理性状）（10.03.01、10.03.03 除外）	1.0					
其他蛋制品	0.15					
调味糖浆	0.05					
固体汤料				0.39		
调味料	③	1.5④		0.04⑤		0.005⑤
饮料类（14.01 包装饮用水类除外）				0.015	0.05	0.010
调味品（12.01 盐及代盐制品除外）		1.5				

续表

类别	β-胡萝卜素/(g·kg⁻¹)	栀子黄/(g·kg⁻¹)	玉米黄/(g·kg⁻¹)	番茄红素/(g·kg⁻¹)	叶黄素/(g·kg⁻¹)	β-阿朴-8′-胡萝卜素醛⑥/(mg·kg⁻¹)
果蔬汁(浆)类饮料	2.0	0.3				
固体饮料		1.5				
蛋白饮料类	2.0					
碳酸饮料	2.0					
茶(类)饮料	2.0					
咖啡(类)饮料	2.0					
植物饮料	1.0					
特殊用途饮料	2.0					
风味饮料	2.0	0.3⑦				
配制酒	⑨	0.3				
果冻	1.0	0.3⑧		0.05	0.05	
膨化食品	0.1	0.3				

①焙烤食品馅料及表面用挂浆0.1;②糕点0.9、饼干1.5、焙烤食品馅料及表面用挂浆1.0;③固体复合调味料2.0,半固体复合调味料2.0,液体复合调味料(不包括12.03,12.04)1.0;④12.01盐及代盐制品除外;⑤半固体复合调味料;⑥原卫生部公告2012年6号;⑦仅限风味饮料;⑧如用于果冻粉,按冲调倍数增加使用量;⑨蒸馏酒,发酵酒(15.03.01葡萄酒除外)0.6。

2. 吡咯类色素的应用

吡咯类色素为天然绿色色素,我国允许使用的吡咯类色素主要有叶绿素铜钠盐和叶绿素铜。它们的最大使用量见表5-11。

表5-11 叶绿素铜钠盐和叶绿素铜的最大使用量(g/kg)

类别	叶绿素铜钠盐	叶绿素铜
稀奶油		按生产需要适量使用
冷冻饮品(03.04食用冰除外)	0.5	
蔬菜罐头	0.5	
熟制豆类	0.5	
加工坚果与籽类	0.5	
糖果	0.5	按生产需要适量使用
粉圆	0.5	
焙烤食品	0.5	按生产需要适量使用
饮料类(14.01包装饮用水类除外)	0.5	固体饮料按稀释倍数增加使用量
果蔬汁(浆)类饮料	按生产需要适量使用	固体饮料按稀释倍数增加使用量
配制酒	0.5	
果冻	0.5	

3. 花青素的应用

花青素类天然色素来源于各种植物,颜色随 pH 值变化而变化。因此,该类色素通常应在酸性或接近中性条件下进行使用,常用于果蔬制品、饮料、糖果等产品的着色。需要注意的是,花青素类通常热稳定性较差,在使用过程中应尽可能避免高温加工。

表 5-12 给出了我国允许使用的花青素类天然色素的最大使用量(参见 GB 2760—2014)。

表 5-12　花青素类天然色素的最大使用量(g/kg)

类别	黑豆红	黑加仑红	红米红	蓝锭果红	萝卜红	落葵红	玫瑰茄红	葡萄皮红	桑椹红	杨梅红	越橘红	紫甘薯色素③
调制乳			①									
冷冻饮品(03.04 食用冰除外)			①	1.0	①			1.0		0.2	①	0.2
果酱					①			1.5				
果糕类									5.0			
蜜饯类					①							
糖果	0.8		①	2.0	①	0.1	①	2.0	2.0	0.2		0.1
糕点				2.0	①							
焙烤食品								2.0				
糕点上彩装	0.8	①		3.0		0.2				0.2		0.2
醋					①							
复合调味料					①					0.2②		
饮料类(14.01 包装饮用水除外)								2.5		0.1		
果蔬汁(浆)类饮料	0.8⑥			1.0⑥	①⑥		①		1.5		①	0.1
含乳饮料			①									
碳酸饮料			0.3⑥			0.13						
风味饮料	0.8④⑥			1.0⑥	①④⑥		①④		1.5		①④	
配制酒	0.8		①		①		①	1.0				0.2
果酒		①							1.5	0.2⑤		
果冻					①⑦	0.25			5.0	0.2		

①按生产需要适量使用;②半固体复合调味料;③④仅限果味饮料;⑤仅限于配制果酒;⑥固体饮料按稀释倍数增加使用量;⑦如用于果冻粉,按冲调倍数增加使用量。

4. 黄酮类天然色素的应用

黄酮类天然色素呈现出从黄到红的系列颜色,可以广泛地应用于乳制品、果蔬制品、饮料、糖果、谷物等,其中的红色色素可以用于肉制品。

我国允许使用的黄酮类天然色素的最大使用量见表 5-13。另外,根据 GB 2760—2014,黄酮类色素高粱红(sorghum red)可在各类食品中按生产需要适量使用。

表 5-13　黄酮类天然色素的最大使用量(g/kg)

类别	红花黄	菊花黄浸膏	可可壳色	红曲红	红曲黄色素①	姜黄
调制乳				②		
调制乳粉和调制奶油粉						0.4
风味发酵乳				0.8		
调制炼乳(包括加糖炼乳及使用了非乳原料的调制炼乳等)				②		
冷冻饮品(03.04 食用冰除外)	0.5		0.04	②		②
水果罐头	0.2					
果酱				②		②
蜜饯凉果	0.2					②③
装饰性果蔬	0.2					②
腌渍的蔬菜	0.5			②		0.01
蔬菜罐头	0.2					
蔬菜泥(酱),番茄沙司除外				②		
腐乳类				②		
熟制坚果与籽类(仅限油炸坚果与籽类)	0.5			②		②
可可制品、巧克力和巧克力制品(包括代可可脂巧克力及制品),以及糖果	0.2④	0.3	3.0	②④		②
装饰糖果(如工艺造型,或用于蛋糕装饰)、顶饰(非水果材料)和甜汁				②		
杂粮罐头	0.2					
即食谷物,包括碾轧燕麦(片)						0.03
方便米面制品	0.5			②		②
粮食制品馅料	0.5			②		
焙烤食品						②
面包			0.5			
糕点			0.9	0.9	②	
糕点上彩装	0.2	0.3	3.0			
饼干			0.04	②		

206

类别	红花黄	菊花黄浸膏	可可壳色	红曲红	红曲黄色素①	姜黄
焙烤食品馅料及表面用挂浆			1.0	1.0		
腌腊肉制品类（如咸肉、腊肉、板鸭、中式火腿、腊肠）	0.5			②		
熟肉制品				②	②	
调味糖浆				②		
调味品（12.01 盐及代盐制品除外）	0.5			②		②
饮料类（14.01 包装饮用水类除外）						②
果蔬汁（浆）类饮料	0.2	0.3		②	②	
蛋白饮料类				②	②	
植物蛋白饮料			0.25			
碳酸饮料	0.2		2.0	②	②	
风味饮料	0.2⑤	0.3⑤		②⑤	②	
固体饮料				②	②	
配制酒	0.2		1.0	②	②	②
果冻	0.2			②	②	②
膨化食品	0.5			②		0.2

①原卫生部公告 2012 年第 6 号；②按生产需要适量使用；③仅限凉果；④仅限糖果；⑤仅限风味饮料。

5. 醌类天然色素的应用

我国允许使用的醌类天然色素有紫胶红、胭脂虫红和紫草红三种色素。主要用于冷饮制品、巧克力与糖果、焙烤制品、饮料、配制酒等，它们的最大使用量见表 5-14。另外，胭脂虫红还可用于部分乳制品：风味发酵乳 0.05 g/kg、调制乳粉和调制奶油粉 0.6 g/kg、调制炼乳（包括加糖炼乳及使用了非乳原料的调制炼乳等）0.15 g/kg、干酪和再制干酪及其类似品 0.1 g/kg、粮食制品（面糊，如用于鱼和禽肉的拖面糊，裹粉，煎炸粉 0.5 g/kg）；即食谷物，包括碾轧燕麦（片）0.2 g/kg、方便米面制品 0.3 g/kg、熟肉制品 0.5 g/kg、焙烤食品 0.6 g/kg。

表 5-14　醌类天然色素的最大使用量（g/kg）

类别	紫胶红	胭脂虫红	紫草红
冷冻饮品（03.04 食用冰除外）		0.15	0.1
果酱	0.5	0.6	
熟制坚果与籽类（仅限油炸坚果与籽类）		0.1	

类别	紫胶红	胭脂虫红	紫草红
可可制品、巧克力和巧克力制品(包括代可可脂巧克力及制品)以及糖果	0.5		
代可可脂巧克力及使用可可脂代用品的巧克力类似产品		0.3	
糖果		0.3	
糕点			0.9
饼干			0.1
焙烤食品馅料及表面用挂浆	0.5①		1.0
复合调味料	0.5	1.0	
复合调味料(半固体复合调味料除外)		1.0	
半固体复合调味料		0.05	
饮料类(14.01 包装饮用水类除外)		0.6	
果蔬汁(浆)饮料	0.5		0.1
碳酸饮料	0.5		
风味饮料(仅限果味饮料)	0.5		0.1
果酒			0.1
配制酒	0.5	0.25	
果冻		0.05	
膨化食品		0.1	

①仅限风味派馅料。

6. 其他天然色素

天然苋菜红作为红色天然色素,可用于蜜饯凉果、装饰性果蔬、糖果、糕点上彩装、果蔬汁(浆)类饮料、碳酸饮料、风味饮料(仅限果味饮料)、配制酒、果冻,最大使用量均为 0.25 g/kg。

黄色色素中,密蒙黄可用于糖果、面包、糕点、果蔬汁(浆)类饮料、风味饮料、配制酒的着色,可按生产需要适量使用;沙棘黄可用于氢化植物油和糕点上彩装的着色,最大使用量分别为 1.0 g/kg 和 1.5 g/kg。

棕色色素中,金樱子棕可用于碳酸饮料(最大使用量为 1.0 g/kg)、配制酒(最大使用量为 0.2 g/kg)、糕点(最大使用量为 0.9 g/kg)和焙烤食品馅料及表面用挂浆(最大使用量为 1.0 g/kg)。橡子壳棕主要用于可乐型碳酸饮料和配制酒,最大使用量分别为 1.0 g/kg 和 0.3 g/kg。

甜菜红(beet red)可在各类食品中按生产需要适量使用。

第三节　食品的护色与漂白

在食品的加工过程中,为了改善和保护食品的色泽,除了使用食用色素对食品进行着色外,有时为了改善食品的感官性状及提高其商品性能,还需要对食品中的天然色素进行护色处理,即使用发色剂或发色助剂,维持食品的颜色。此外,在食品的加工过程中,还会出现因褐变而形成的新的色素物质或杂色,为使最后产品获得更好的感官效果,需要对一些浅色材料进行保护或将杂色进行漂白。

一、肉制品颜色的保护

(一)肉的颜色

肉的颜色主要表现为肌红蛋白(myoglobin)的颜色。肌红蛋白是由一条肽链和一个血红素(heme)辅基组成的结合蛋白。血红素是铁卟啉化合物。它由 4 个吡咯通过 4 个亚甲基相连成一个大环,Fe^{2+}居于环中。铁与卟啉环及多肽链氨基酸残基的连接方式为:铁卟啉上的两个丙酸侧链以离子键形式与肽链中的两个碱性氨基酸侧链上的正电荷相连。血红素的Fe^{2+}与 4 个咯环的氮原子形成配位键,另 2 个配位键 1 个与 F8 组氨酸结合,1 个与O_2结合,故血红素在此空穴中保持稳定位置。

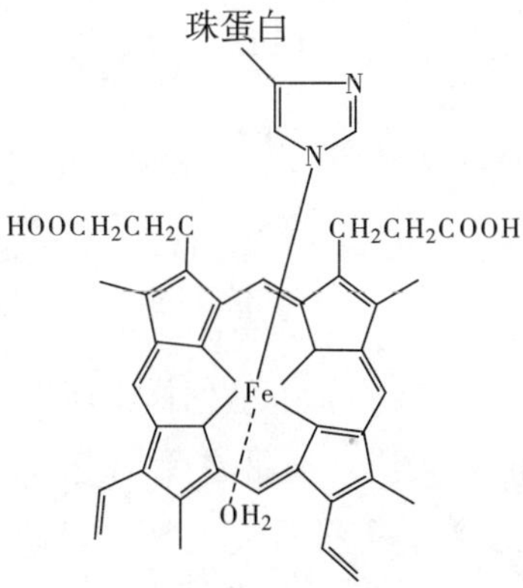

在活的动物体内,呈还原态的暗紫红色的肌红蛋白与呈充氧态的鲜红色氧合肌红蛋白(oxymyoglobin,MbO_2)之间处于平衡状态。这两种色素中的铁均呈亚铁状态。动物屠宰后,因缺氧而失去呼吸作用,但发酵作用和呼吸酶的活性仍将在一定时期内保持肌肉组织的还原状态,使肌肉保持暗红色。发酵及呼吸酶作用停止后,上述铁将被氧化,色素则变为高铁肌红蛋白(metmyoglobin,MMb),色泽表现为棕红色。

$$MMb(Fe^{3+}) \underset{氧化}{\overset{还原}{\rightleftharpoons}} Mb(Fe^{2+}) \underset{脱氧}{\overset{充氧}{\rightleftharpoons}} MbO_2(Fe^{2+})$$

(二)肉类的腌制

肉类腌制的目的有三个方面:一是提高肉制品的持水性;二是稳定肉制品的颜色;三是

增强肉制品的风味。担负着稳定肉色的物质主要是硝酸盐和亚硝酸盐。

1. 腌肉的护色机理

肉中的肌红蛋白氧化后生成高肌红蛋白，使肌肉失去天然色泽，从鲜红色变为灰褐色。腌制过程中，肌红蛋白可以与硝酸盐或亚硝酸盐作用，生成鲜红的亚硝基肌红蛋白（nitrosomyoglobin，NOMb），其在加热后形成稳定的粉红色。

亚硝基肌红蛋白是构成腌肉的主要成分，其中亚硝基来源于硝酸盐或亚硝酸盐，它们在腌制过程中发生复杂的变化产生 NO。

硝酸盐在酸性条件下经还原性细菌作用生成亚硝酸盐：

$$NaNO_3 \xrightarrow{\text{细菌还原作用}} NaNO_2 + 2H_2O$$

亚硝酸盐在微酸性条件下形成亚硝酸：

$$NaNO_2 \xrightarrow{H^+} HNO_2$$

亚硝酸在还原性物质作用下产生 NO：

$$3HNO_2 \xrightarrow{\text{还原物质}} H^+ + NO^- + H_2O + 2NO$$

上述反应所需的酸性环境是动物屠宰后，体内的糖原经酵解作用产生乳酸形成的。乳酸的积累使肌肉的 pH 值逐渐降低至 5.6～5.8，从而促进了硝酸盐和亚硝酸盐的转化。

硝酸盐或亚硝酸盐转化而来的 NO 与肌红蛋白反应，取代肌红蛋白分子中与铁相连的水分子，生成亚硝基肌红蛋白（NOMb）。这一反应大致分为三个阶段：

$$① NO-Mb \xrightarrow{\text{适宜条件}} NO-MMb$$

$$② NO-MMb \xrightarrow{\text{适宜条件}} NO-Mb$$

$$③ NO-Mb \xrightarrow{\text{热、烟熏}} NO-\text{血色原}(Fe^{2+})$$

2. 护色剂

护色剂又称发色剂，是能与肉及肉制品中呈色物质作用，使之在食品加工、保藏等过程中不致分解、破坏，呈现良好色泽的物质。通常主要是指向食品中添加的非色素类的并能使肉类制品发色的化学品。普通食品常用的护色剂有亚硝酸钠、亚硝酸钾、硝酸钠、硝酸钾。硝酸盐和亚硝酸盐具有一定的毒性，尤其可与胺类物质生成强致癌物质亚硝胺。因此，应严格控制它们的用量和在肉制品中的残留量。另外，绿色食品中禁止使用此类发色剂。

传统的肉制品护色剂，主要有硝酸盐（钠和钾盐）和亚硝酸盐（钠和钾盐）两种，其中亚硝酸盐是使用最多、最典型和最传统的肉制品护色剂。除作为护色剂外，还有抑制肉制品中肉毒梭状芽孢杆菌的繁殖及抗氧化的作用。另外，硝酸盐和亚硝酸盐还有增强肉制品风味特征的功效。因此，亚硝酸盐仍然是肉制品腌制加工中的主要添加剂。

硝酸盐为晶状固体，易溶于水，水溶液几乎无氧化作用。亚硝酸盐为晶状固体，易溶于水，微溶于乙醇。亚硝酸盐的毒性较大，大鼠经口 LD_{50} 值为 85mg/kg bw，ADI 值为 0～0.06

mg/kg,属于食品添加剂中毒性最大的物质。我国《食品添加剂使用标准》(GB 2760—2014)中除规定了硝酸盐和亚硝酸盐的最大使用量外,还规定了它们在肉制品中的残留量(表5-15)。

表5-15　硝酸盐和亚硝酸盐的最大使用量和残留量(g/kg)

类别	硝酸钠,硝酸钾	亚硝酸钠,亚硝酸钾
腌腊肉制品类(如咸肉、腊肉、板鸭、中式火腿、腊肠)	0.5	0.15
酱卤肉制品类	0.5	0.15
熏、烧、烤肉类	0.5	0.15
油炸肉类	0.5	0.15
西式火腿(熏烤、烟熏、蒸煮火腿)类	0.5	0.15[①]
肉灌肠类	0.5	0.15
发酵肉制品类	0.5	0.15
肉罐头类		0.15[②]

残留量以亚硝酸钠计,①≤70 mg/kg;②≤50 mg/kg;其余≤30 mg/kg。

3.发色助剂

在肉类腌制过程中,常添加一些可提高发色效果、降低发色剂用量及提高安全性的物质,该类物质称作发色助剂。常用的发色助剂有L-抗坏血酸及其钠盐、异抗坏血酸及其钠盐、烟酰胺及烟酸四种。

(1)抗坏血酸和异抗坏血酸的作用。

在腌制过程中,亚硝酸经自身氧化反应,一部分转化为NO,同时另一部分则转化成了硝酸。而硝酸是强氧化剂,能使肌红蛋白中的Fe^{2+}氧化成Fe^{3+},而把NO氧化,因而抑制了亚硝基肌红蛋白的生成。同时使部分肌红蛋白被氧化成高铁肌红蛋白。这样,将不利于肉类颜色的稳定。

L-抗坏血酸、L-抗坏血酸钠等是还原性物质,在肉类腌制中主要有以下作用:
①促进一氧化氮的生成。抗坏血酸可以与亚硝酸反应,提高NO的生成速度。

$$2HNO_2+AsA \longrightarrow 2NO+2H_2O+DHAsA$$

②加速高铁肌红蛋白还原。抗坏血酸可以将高铁肌红蛋白还原为亚铁肌红蛋白,因而加快了腌制速度。

$$MMb(Fe^{3+})+AsA \longrightarrow Mb(Fe^{2+})+DHAsA$$

③延缓肉类表面变色。抗坏血酸可以消耗腌制环境中的氧,延缓肉类表面的氧化变色现象。

④减少亚硝胺的生成。已经表明:550 mg/kg剂量的抗坏血酸可以减少腌肉中亚硝胺的生成,但具体机理尚不清楚。

添加抗坏血酸或异抗坏血酸对腌肉发色的影响见表 5-16。

表 5-16　抗坏血酸和异抗坏血酸添加率与发色的关系

添加率/%	赤色值[①]		发色效果	
	Na-ErA	Na-Asa	Na-ErA	Na-Asa
0.01	2.02±0.03	1.98±0.01	1.01	0.98
0.02	2.01±0.02	2.09±0.02	1.00	1.04
0.03	2.05±0.02	2.05±0.02	1.02	1.02
0.04	2.08±0.08	2.08±0.01	1.04	1.03
0.05	2.14±0.08	2.04±0.02	1.06	1.01
0.06	2.05±0.05	2.06±0.03	1.02	1.03

①表面反射率：$E_{640m\mu}/E_{540m\mu}$=赤色值。

（2）烟酰胺和烟酸的作用。

除了抗坏血酸和异抗坏血酸外，烟酰胺和烟酸也是常用的发色助剂。与前者不同的是，烟酰胺和烟酸是通过其分子结构中吡啶环上的 N 原子向肌红蛋白提供第 6 键对，形成稳定的烟酰胺肌红蛋白或烟酸肌红蛋白复合体，阻止肌红蛋白的氧化，从而达到辅助护色的效果。

烟酰胺　　　　烟酸

抗坏血酸是最常用的护色助剂，与护色剂复配广泛地用在肉制品中，使用量为原料肉的 0.02%~0.05%。异抗坏血酸也是常用的护色助剂，与亚硝酸钠复配使用可提高肉制品的成色效果。肉类制品中异抗坏血酸的添加量为 0.05%~0.08%。

烟酰胺可以与肌红蛋白结合成稳定的烟酰肌红蛋白，不再被氧化，防止肌红蛋白在亚硝酸生成亚硝基期间被氧化变色。用作肉制品的护色助剂，添加量为 0.01%~0.02%，可保持和增强火腿、香肠的色、香、味。

若 L-抗坏血酸与烟酰胺并用，则发色效果更好，并保持长时间不褪色。

4. 肉类护色剂的安全性

有关肉类腌制剂亚硝酸盐的安全性一直是人们关注的问题。

早在 1954 年，J. M. Barnes 和 P. N. Magee 就揭示了二甲基亚硝胺（dimethylnitrosamine，DMN）是一种对肝脏有剧毒的物质，能对各类动物和人类的肝脏造成严重损害。1956 年，P. N. Magee 和 J. M. Barnes 进一步确认 DMN 也是一种强烈的致癌物质。后来，其他研究也证实这种致癌性质是许多 N-亚硝基化合物，如二烷基亚硝胺、亚硝基脲、亚硝基胍和亚硝胺酸等所共有的特性。某些化合物甚至在一次剂量后即能诱发癌肿，而有些甚至能穿过胎盘屏障给后代诱发肿瘤。

亚硝胺是硝酸盐或亚硝酸盐与仲胺或叔胺之间相互作用形成的化合物。仲胺和叔胺是蛋白质代谢的中间产物,广泛存在于高蛋白的食品中。在肉制品加工中作为护色剂而加入的硝酸盐及亚硝酸盐可在一定的酸性条件下分解产生亚硝酸,通过这些途径,亚硝酸盐与仲胺能在动物和人的胃中合成亚硝胺。

$$\underset{H_3C}{\overset{H_3C}{\diagdown}} NH + HO-N=O \longrightarrow \underset{H_3C}{\overset{H_3C}{\diagdown}} N-N=O + H_2O$$

一般认为亚硝胺在机体内转变为重氮链烷后,才呈现生理活性,如二甲基亚硝胺经肝脏中的酶类氧化而脱去甲基成重氮链烷后,就使细胞的脱氧核糖核酸的第七位鸟嘌呤甲基化引起细胞遗传突变而致癌。二甲基亚硝胺对动物的试验结果表明,对大白鼠、小白鼠、豚鼠、兔、狗经口 25 mg/kg,可引起肝脏坏死。其他 4 种亚硝胺中,二烷基亚硝胺是稳定的化合物,其本身未见到有什么生理活性,但由于 R_1、R_2 的碳原子数不同,进入体内后,会经过不同的途径,经脱烷基作用而生成重氮链烷,随着它的化合物不同,则损害不同的脏器,主要是肝脏,其次是食道。N-甲基-N-亚硝基-N'-亚硝基胍的损害部位只限于胃,这是因为此种物质只作用于胃而不进入血液。N-甲基-N-亚硝基脲较不稳定,是向神经性的,而且有致畸性。

虽然硝酸盐、亚硝酸盐因其安全性在使用上受到了很大限制,有的国家禁止使用,但至今国内外仍在继续使用。原因就是硝酸盐类对肉类制品的色香味有特殊的作用,更重要的是它的抑菌作用,特别是对肉毒杆菌的抑制效果。硝酸盐的这些特性,迄今尚未发现理想的替代物。尽管在肉类腌制的悠久历史中,适当地应用硝酸盐类,并未发现任何损害健康的证据,但国际上各方面都在要求:在保证护色的前提下,把硝酸盐的加入量限制在最低水平,并应严格控制它们在食品中的残留量。

二、食品的漂白

食品在加工过程中往往会保留原料的杂色,或者在加工中产生一定的有色物质,导致食品色泽不正,从而产生令人不快的感觉。为消除这类杂色,需要使用称为漂白剂的物质进行漂白。所谓漂白剂(bleaching agents),是指能够破坏、抑制食品的发色因素,使其褪色或使食品免于褐变的物质。

(一)漂白剂的分类

食品漂白剂分为氧化型及还原型两类。

氧化型漂白剂是借助自身的氧化作用破坏着色物质或发色基团,从而达到漂白的目的。氧化型漂白剂被用于小麦面粉等部分食品原料中,以氧化面粉中的色素,使面粉白度增加,因此常被称为面粉处理剂。我国允许使用的氧化型漂白剂只有偶氮甲酰胺。

还原型漂白剂是利用漂白剂的还原作用使食品中的许多有色物质分解或褪色。我国允许使用的还原型漂白剂几乎全部是以亚硫酸制剂为主的漂白剂,其作用比较缓和,但是被其漂白的色素物质一旦再被氧化,可能重新显色。对于亚硫酸类物质在食品加工中的应用已有很长的历史。我国劳动人民自古以来就已利用浸硫、熏硫来保藏与漂白食品,其本质就是利用这类物质的防腐功能和漂白功能。无论哪种含硫抑制剂,最终都是通过在使用过程中释放出的二氧化硫而起作用的。

漂白剂除可改善食品色泽外,还有钝化生物酶活性,起到控制酶促褐变、抑制细菌繁殖等作用。面粉中使用的氧化型漂白剂还可增强面筋韧性。

(二)漂白剂的作用机理

氧化型漂白剂偶氮甲酰胺(azodicarbonamide)自身与面粉不起作用,当将其添加于面粉中加水搅拌成面团时,能快速释放出活性氧。这样,面粉中的类胡萝卜素和叶黄素等植物色素遇到活性氧的作用时,氧化褪色而变白。

还原型漂白剂亚硫酸(sulphite)制剂的还原作用是基于其有效成分SO_2,SO_2溶于水后生成亚硫酸,可以与发色基团的不饱和键进行加成反应,从而使有色物质褪色。

(三)漂白剂的种类

1. 偶氮甲酰胺

偶氮甲酰胺是我国允许使用的唯一一种氧化型漂白剂,化学式为$C_2H_4N_4O_2$。

偶氮甲酰胺

偶氮甲酰胺是一种黄色至橙红色的结晶状粉末,无臭,溶于热水,不溶于冷水和大多数有机溶剂。小鼠经口$LD_{50}>10$ g/kg;ADI 值为 0~45 mg/kg。

我国 GB 2760—2014 规定:偶氮甲酰胺作为面粉处理剂可应用于小麦粉,最大使用量为 0.045 g/kg。

2. 硫黄和亚硫酸盐

我国允许使用的还原型漂白剂亚硫酸盐类主要有:二氧化硫(sulfur dioxide)、焦亚硫酸钾(potassium metabisulphite)、焦亚硫酸钠(sodium metabisulphite)、亚硫酸钠(sodium sulfite)、亚硫酸氢钠(sodium hydrogen sulfite)和低亚硫酸钠(sodium hyposulfite)。

亚硫酸盐类漂白剂的主要有效成分是SO_2,各种亚硫酸盐的有效SO_2含量见表5-17。

表 5-17　亚硫酸盐的 SO_2 含量

名称	分子式	有效 SO_2 含量/%
二氧化硫	SO_2	100
焦亚硫酸钾	$K_2S_2O_5$	57.62
焦亚硫酸钠	$Na_2S_2O_5$	67.38

续表

名称	分子式	有效 SO_2 含量/%
亚硫酸钠	Na_2SO_3	25.42(七水化合物) 50.84(无水化合物)
亚硫酸氢钠	$NaHSO_3$	61.59
低亚硫酸钠	$Na_2S_2O_4$	73.56

亚硫酸盐是一类能够控制酶促褐变和非酶褐变、抑制微生物生长及具有漂白作用的食品添加剂,自古以来为了这些目的和其他用途一直在使用亚硫酸盐。对于酶促褐变,亚硫酸盐作为PPO抑制剂和也可与中间体反应来防止色素的形成。亚硫酸盐通过与羰基中间体反应抑制非酶褐变,从而阻断色素的形成。

硫黄通过燃烧生成 SO_2,也被允许作为食品漂白剂使用,但其使用仅局限在熏蒸。

亚硫酸盐和硫黄的最大使用量分别见表5-18和表5-19。

表5-18 亚硫酸盐的最大使用量(GB 2760—2014)

食品名称	最大使用量/$(g \cdot kg^{-1})$[1]	食品名称	最大使用量/$(g \cdot kg^{-1})$[1]
经表面处理的鲜水果	0.05	坚果与籽类罐头	0.05
水果干类	0.1	米粉制品(仅限水磨年糕)	0.05
蜜饯凉果	0.35	食用淀粉	0.03
干制蔬菜	0.2	粉丝、粉条	0.1
干制蔬菜(仅限脱水马铃薯)	0.4	冷冻米面制品(仅限风味派)	0.05
腌渍的蔬菜	0.1	饼干	0.1
蔬菜罐头(仅限竹笋、酸菜)	0.05	食糖	0.1
干制的食用菌和藻类	0.05	淀粉糖(果糖、葡萄糖、饴糖、部分转化糖等)	0.04
食用菌和藻类罐头(仅限蘑菇罐头)	0.05	调味糖浆	0.05
腐竹类(包括腐竹、油皮等)	0.2	半固体复合调味料	0.05

①最大使用量以二氧化硫残留量计。

表5-19 硫黄的最大使用量(GB 2760—2014)

食品名称	最大使用量/$(g \cdot kg^{-1})$	备注
水果干类	0.1	
蜜饯凉果	0.35	
干制蔬菜	0.2	只限用于熏蒸,最大使用量以二氧化硫残留量计
经表面处理的鲜食用菌和藻类	0.4	
魔芋粉	0.9	
食糖	0.1	

(四)亚硫酸盐类的安全性

人类使用亚硫酸盐的历史悠久,早期的资料研究显示亚硫酸盐是无害的。然而,随着研究的逐步深入,亚硫酸盐的毒性日益受到人们的关注。

①大量使用亚硫酸盐类食品添加剂会破坏食品的营养素。亚硫酸盐能与氨基酸、蛋白质等反应生成双硫键化合物;能与多种维生素如维生素 B_1、维生素 B_{12}、维生素 C、维生素 K 结合,特别是与维生素 B_1 的反应为不可逆亲核反应,结果使维生素 B_1 裂解为其他产物而损失,由此,FDA 规定亚硫酸盐不得用于作为维生素 B_1 源的食品;亚硫酸盐能够使细胞产生变异;亚硫酸盐会诱导不饱和脂肪酸的氧化。

②人类食用过量的亚硫酸盐会导致头痛、恶心、晕眩、气喘等过敏反应。哮喘者对亚硫酸盐更是格外敏感,因为其肺部不具有代谢亚硫酸盐的能力。

③动物长期食用含亚硫酸盐的饲料会出现神经炎、骨髓萎缩等症状并对成长有障碍。人们研究发现,大白鼠经 1~2 年服用含 0.1% 的亚硫酸盐饲料后,出现神经炎、骨髓萎缩症状,生长发育缓慢。二氧化硫的吸入可引起小鼠肺、脑、肝、心、脾、肾 6 种组织及生殖系统的氧化损伤作用。

因此,许多国家和地区对亚硫酸盐的使用,特别是亚硫酸盐在食品中的残留作了严格的规定。

各种亚硫酸盐的毒理学指标见表 5-20。除低亚硫酸钠外,其余的亚硫酸盐均已列入 GRAS 名单。

表 5-20 亚硫酸盐的毒理学指标值

名称	$LD_{50}/(mg \cdot kg^{-1} \ bw)$	$ADI/(mg \cdot kg^{-1} \ bw)$
二氧化硫		0~0.7
焦亚硫酸钾	兔经口 600~700	0~0.7
焦亚硫酸钠	大鼠静脉注射 115	0~0.7
亚硫酸钠	大鼠静脉注射 115	0~0.7
亚硫酸氢钠	大鼠经口 2000	0~0.7
低亚硫酸钠	兔经口 600~700	0~0.7

(五)漂白剂的使用

食品工业中应用亚硫酸盐历史悠久,最早记载的使用是古罗马时期用于葡萄酒的处理。1664 年,J. Evelyn 就在文献中报道了二氧化硫作为食品防腐剂的使用。

亚硫酸盐类漂白剂的使用方式主要有以下 4 种:

1. 熏蒸法

熏蒸法通常是利用硫黄燃烧产生的 SO_2 熏蒸库房或容器来达到防腐、保鲜、漂白、杀菌的目的。熏蒸法又称干法,最早使用于 1915 年,当时的美国人用硫黄燃烧产生的 SO_2 熏蒸刚入库的新鲜果蔬。这种方法要求库房密闭性好,同时具有较好的通风设施,以保证熏蒸

时 SO_2 不易散失。熏蒸完毕后,SO_2 又能较快地排除干净。这种方法的缺点是很难使库内 SO_2 分布均匀,使库内不同部位的果蔬保鲜效果不一。同时,排除 SO_2 时要进行通风,影响了库内的温度和湿度,而且长期熏蒸的果蔬出库后很快就会腐烂,达不到保鲜的目的。

2. 浸泡法

浸泡法又称湿法,将清洗、除杂后的原料放到盛有亚硫酸盐溶液的容器中,浸泡一定的时间来达到保鲜的目的。所使用试剂量以试剂中有效 SO_2 量为原料和水总重的 0.1% ~ 0.2% 为宜。因不同试剂有效二氧化硫含量不同,所以用量也各不相同。

3. 直接混入法

直接混入法是将一定量的亚硫酸盐直接加入食物或浆汁中,用于原料或半成品的保藏;也可制成包装和罐装食品,使其漂白作用随着放置而发挥作用,如蘑菇罐头等。混入法需注意残留漂白剂对成品的影响。

4. 气体通入法

气体通入法是将食品燃烧硫黄产生二氧化硫,气体不断地通往原料浸泡液中,以达到漂白、抑制褐变的效果,如淀粉糖浆生产中对淀粉乳的处理。通入的二氧化硫往往是过量的,因此需要脱除措施和处理设备。

在亚硫酸盐的使用过程中应注意:A. 根据亚硫酸盐的 SO_2 含量确定其用量,以避免过多残留。B. 应避免金属离子的干扰,因为金属离子可使还原的色素产生变色现象而影响漂白效果。C. 对于非完整果蔬原料,亚硫酸盐处理后,可利用加热处理降低 SO_2 的残留。如用于蘑菇护色时,可用亚硫酸盐溶液浸泡,然后再用柠檬酸溶液预案脱硫,可使 SO_2 残留量小于 0.01 g/kg。亚硫酸钠用于海棠果脯制作,海棠经 0.5 g/L 亚硫酸钠溶液漂洗后,再糖煮、烘干,成品 SO_2 残留量为 0.03 g/kg。D. 亚硫酸盐溶液易分解失效,最好现用现配。

第四节 食品的滋味与调味

食品的滋味(food taste)是指食品进入口腔咀嚼时或者饮用时给人的一种综合感觉,包括甜味、酸味、苦味、涩味、鲜味、辣味、咸味等。

用于改善食品滋味的食品添加剂称作食品调味剂。调味剂在食品中起着重要的作用,不仅可改善食品的感官性质,使食品更加可口,而且能促进消化液的分泌和增进食欲。在食品加工中应用广泛的有 3 类:甜味剂、酸味剂和鲜味剂。

一、甜味的赋予

食品甜味的作用是满足人们的嗜好要求,改进食品的可口性及其他食品的工艺性质。赋予食品以甜味的物质叫食品甜味剂,蔗糖是常见的甜味剂的代表。

史前时期,人类就已知道从鲜果、蜂蜜、植物中摄取甜味食物。后来又发展为从谷物中制取饴糖,继而发展为从甘蔗甜菜中制糖等。

《诗经·大雅》中有"周原膴膴,堇荼如饴"的诗句,意思是周的土地十分肥美,连堇菜和苦苣也像饴糖一样甜。《礼记·内则》也有"子事父母,枣粟饴蜜以甘之"的记述。由此可见在周代,我国人民已普遍掌握了制糖的技术。说明远在西周时就已有饴糖。饴糖被认为是世界上最早制造出来的糖。饴糖属淀粉糖,故也可以说,淀粉糖的历史最为悠久。甘蔗制糖最早见于记载的是公元前300年的印度的《吠陀经》和中国的《楚辞》。这两个国家是世界上最早的植蔗国,也是两大甘蔗制糖发源地。在世界早期制糖史上,中国和印度占有重要地位。在中国,最早记载甘蔗种植的是东周时代。公元前4世纪的战国时期,已有对甘蔗初步加工的记载。屈原的《楚辞·招魂》中有这样的诗句:"胹鳖炮羔,有柘浆些。"这里的"柘"即是蔗,"柘浆"是从甘蔗中取得的汁。说明战国时代,楚国已能对甘蔗进行原始加工。

英国18世纪杰出的政论家和讽刺小说家乔纳森·斯威夫特(Jonathan Swift)认为:追求甜和光明,是人类"两件最高贵的事情"。美国生活科学网站评出的改变人类历史的十大最重要的事件中也包括"糖的发现"。

但是,由于体内胰岛素分泌缺陷和(或)胰岛素作用障碍的缘故,部分人群不能或不宜摄入蔗糖。据《中国居民营养与健康现状》报告指出:我国有超过10%的人群患有糖尿病等代谢性疾病。另外,含糖食物(特别是蔗糖)进入口腔后,导致龋菌的作用,发酵产酸,这些酸(主要是乳酸)会溶解破坏牙的无机物,从而产生龋齿现象。"龋齿"是人类发病率极高的疾病。我国2005年第三次口腔健康流行病学调查显示:每100个5岁儿童中就有超过66人嘴里有龋齿,35~44岁中年人群中,这一比例上升到88.1%,而65~74岁老年人的患龋率则高达98.4%。世界卫生组织已将龋齿与肿瘤、心血管疾病并列为人类三大重点防治疾病。

因此,过多地摄入蔗糖将是一个重要的不健康因子,许多国家都提出了限制蔗糖摄入的忠告。但对愉快、纯正甜味刺激的向往又使人们对蔗糖及加糖食品爱恨交加。甜味剂的开发与使用,正是解决食品的口欲与健康之间矛盾的一种有效途径。

(一)甜味剂的条件

作为蔗糖的替代品,甜味剂必须具备以下条件:与蔗糖相同的滋味和功能特性;在甜味相等的基础上,有较低的热量密度;无致龋齿性;正常代谢或完全不变化;在人体中无过敏、诱变、致癌或其他毒性作用;化学及热稳定;可与其他食品配料良好地共存;与现有甜味剂具有竞争性。

(二)甜味剂的分类

1. 根据营养价值

甜味剂根据营养特点可分为营养型甜味剂和非营养型甜味剂两大类。

营养型甜味剂是指某甜味剂与蔗糖甜度相同时,其热值占蔗糖热值的2%以上。营养型甜味剂主要为糖醇类甜味剂。

非营养型甜味剂是指甜度相同时热值低于蔗糖热值的2%的甜味剂。

2. 根据来源

根据甜味剂的来源,可分为天然甜味剂和人工合成甜味剂两大类。前者是指从天然物质中提取出的甜味剂,如甜叶菊苷、索马甜、罗汉果甜苷、甘草素及其盐类等,后者则是经人工化学合成得到的甜味剂。

3. 根据化学结构

根据甜味剂的化学结构和性质又可分为糖类和非糖类甜味剂等,具体地包括:糖醇类(sugar alcohols)、磺胺类(sulfonamides)、二肽类(dipeptides)和非糖类。糖醇类主要有:麦芽糖醇、异麦芽糖醇、赤藓糖醇、甘露醇、山梨糖醇、木糖醇及乳糖醇;磺胺类主要有:糖精钠、甜蜜素、安赛蜜;二肽类主要有:阿斯巴甜、阿力甜、纽甜;非糖类主要有:索马甜、甜菊糖苷、罗汉果甜苷、三氯蔗糖及甘草素。

(三)常用的甜味剂

1. 糖醇类甜味剂

糖醇是指将糖类的醛、酮羰基被还原为羟基后生成的多元醇(Polyols),含有两个以上的羟基,通式为 $H(HCHO)_{n+1}H$。糖醇虽然不是糖,但具有某些糖的属性,可赋予食品结构和体积,因而糖醇被称为"填充型甜味剂(bulk sweeteners)"。糖醇具有以下特点:

①糖醇具有与蔗糖相近的甜度,但热量密度却低于蔗糖(表5-21)。

表5-21　糖醇的热量值(1 cal＝4.184 J)

类别	美国/(cal·g^{-1})	日本/(cal·g^{-1})	欧盟/(cal·g^{-1})
蔗糖	4.0	4.0	4.0
赤藓糖醇	0.2	0	1.0
异麦芽糖醇	2.0	2.0	2.4
乳糖醇	2.0	2.0	2.4
麦芽糖醇粉	2.1	2.0	2.4
麦芽糖醇糖浆	3.0	2.3	2.4
甘露糖醇	1.6	2.0	2.4
山梨糖醇	2.6	3.0	2.4
木糖醇	2.4	3.0	2.4

糖醇具有良好的水溶性,溶解度随温度升高而增大(图5-1)。

②糖醇溶液具有一定的黏度。糖醇在溶液中的黏度很大程度上由其相对分子质量决定。由于赤藓糖醇较小的相对分子质量,不能形成与当量浓度相等的蔗糖或较大的填充型糖醇相同水平的黏度;液相异麦芽糖醇溶液在60~90℃温度范围内与相应的蔗糖溶液没有明显的差别;乳糖醇溶液的黏度与蔗糖溶液完全相似,特别是在低浓度和中等浓度时。

③所有的糖醇都显示出负的溶解热(表5-22)。

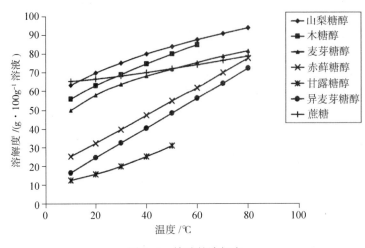

图 5-1　糖醇的溶解度

表 5-22　糖醇的性质(1 cal = 4. 184 J)

类别	赤藓糖醇	山梨糖醇	木糖醇	甘露糖醇	麦芽糖醇	异麦芽糖醇	乳糖醇	蔗糖
相对分子质量	122	182	152	182	344	355	344	342
平均甜度	0.7	0.6	0.95	0.5	0.9	0.5	0.4	1.0
溶解热/(cal · g⁻¹,25℃)	-43	-26	-36.5	-28.5	-18.9	-9.4	-13.9	-4.3
溶解性(25℃)	37	70	64	20	60	25	57	67
热稳定性/℃	>160	>160	>160	>160	>160	>160	>160	160
酸碱稳定性(pH 值)	2~10	2~10	2~10	2~10	2~10	2~10	>3	水解
黏度	非常低	中等	非常低	低	中等	高	非常低	低
熔点/℃	121	97	94	165	150	145~150	122	190
吸湿性/均衡湿度(20℃)	91	74	82	94	89	88	54~90	84
致腹泻性	—	++	++	+++	++	+++	+	

注　"—":无;"+":有;"++":中等;"+++":强。

这意味着当糖醇溶解时,将从其周围环境中吸收热量,即所谓的"清凉效应(cooling effect)"。当糖醇晶体在口腔中溶解时,会产生清凉的感觉。这种特性可以用于增强或补充给予清爽、清凉的最终产品中薄荷风味的传递。

④糖醇的另一特点在于,一方面它们所含的热量与糖基本相同,另一方面它们不会影响血糖(图 5-2),也不会促进蛀牙的产生。

⑤除山梨糖醇外,其余糖醇在 80% 的相对湿度下吸湿性几乎没有变化,但高相对湿度下吸湿性急剧增大(图 5-3)。

⑥由于糖类中的醛基或酮基被还原,因而糖醇类甜味剂不会参与 Maillard 反应。

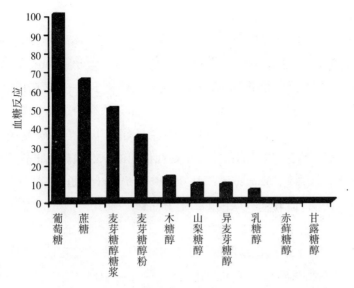

图 5-2　糖醇的血糖反应

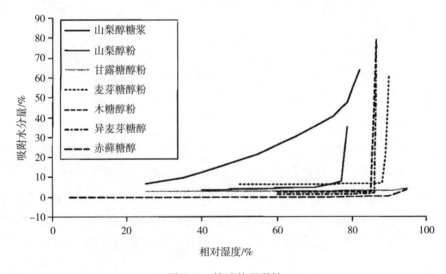

图 5-3　糖醇的吸湿性

糖醇类的一般性质见表 5-22。

2. 磺胺类甜味剂（sulfanilamide artificial sweeteners）

磺胺类甜味剂是指化学结构中含有磺酰胺（—NH—SO₂—）基团的一类人工合成甜味剂，主要有糖精、甜蜜素和安赛蜜。磺胺类甜味剂的化学结构见图 5-4。

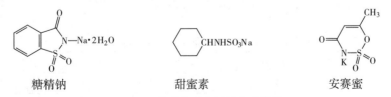

图 5-4　磺胺类甜味剂的化学结构

（1）磺胺类甜味剂的发现均存在着偶然性。

糖精是 I. Remsen 和 C. Fahlberg 于 1879 年偶然发现的。1873 年，Fahlberg 在莱比锡获得博士学位后，访问巴尔的摩（Baltimore）的约翰霍普金斯大学（Johns Hopkin University）。在那里，他在 Remsen 教授的指导下，从事 Remsen 教授关于 O-甲苯磺酰胺氧化的研究工作。出乎两个化学家的意料，元素分析表明：氧化产品是浓缩的杂环邻苯甲硫酰亚胺，而不是预期的对胺磺酰苯甲酸。几周后，Fahlberg 将杂环邻苯甲硫酰亚胺溶液洒在手上后，晚餐吃面包时发现该化合物有强烈的甜味。于是在他们的原始报告中正式提出了这个意外：Sie schmeckt angenehm süss, sogar süsser als der Rohrzucker（味道甘甜，甚至比蔗糖更甜）。最初，糖精是用于防腐，而在 1900 年以后作为甜味剂使用。其钠盐曾长期占据甜味剂市场。

糖精及其钠盐在广泛的 pH 范围的水溶液中具有极高的稳定性，1952 年，O. De Garmo 及其合作者研究了糖精在液相溶液中的稳定性，发现在 pH = 3.3 ~ 8.0 范围内，150℃ 加热 1 h 后，基本没有变化。只是在实验室严格的高温、高 pH 和低 pH 条件下维持较长的时间，发现糖精可发生水解（图 5-5）。

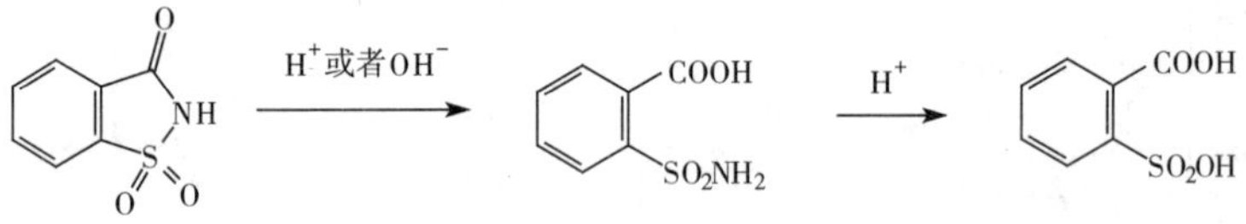

图 5-5　糖精的水解

1937 年，Illinois 大学的研究生 M. Sveda 意外发现了环己基氨基磺酸盐的甜味，最终专利的所有权归为雅培公司。他们对环己基氨基磺酸盐进行了必要的研究，并于 1950 年提交了关于钠盐的新药申请。环己基氨基磺酸盐最初是作为药品销售，推荐作为糖尿病和那些不得不限制糖摄入的患者使用的餐桌甜味剂。1958 年美国食品和药物管理局（FDA）颁布《食品药品化妆品法案的食品添加剂修正案》，将环己基氨基磺酸盐归类为 GRAS 或公认安全的甜味剂。

安赛蜜是 K. Clauss 和 H. Jensen 于 1967 年偶然发现的一种新的甜味物质，其化学名称为 6-甲基-1,2,3-恶唾嗪-4(3H)-酮-2,2-二氧化物钾盐（potassium salt of 6-methyl-1,2,3-oxathiazin-4(3H)-one-2,2-dioxide）。1978 年，WHO 将这种化合物注册为乙酰磺胺酸钾盐（acesulfame potassium），缩写为 Acesulfame K，又称作 AK 糖。1960 年后，其以钠盐及钙盐形式占据人造甜味剂的主导地位。

（2）磺胺类甜味剂的基本性质见表 5-23。

表 5-23　磺胺类甜味剂的主要性质

类别	糖精钠	环己基氨基磺酸钠	乙酰磺胺酸钾
分子式	$C_7H_4O_3NSNa \cdot 2H_2O$	$C_6H_{12}NNaO_3S$	$C_4H_4SKNO_4$
相对分子质量	241.21	201.23	201.24

续表

类别	糖精钠	环己基氨基磺酸钠	乙酰磺胺酸钾
性状	无色结晶或稍带白色的结晶性粉末	白色结晶或结晶性粉末	白色结晶状粉末
相对甜度	300	40~50	200
熔点/℃	>300	169~170	123
溶解度/(g·100mL^{-1})	100	20	27
稳定性		280℃分解	225℃以上分解
甜味特征	浓度大于0.026%时有苦味	甜味刺激较慢,但持续时间长;高浓度时有苦味	甜味感觉快,不延留,无不愉快后味,高浓度时略苦

磺胺类甜味剂作为化学合成的甜味剂,其安全性备受人们的关注,它们也因此受到了严格的毒理学测试。

尽管有研究认为老鼠的膀胱癌与糖精的吸收有关,但对人体进行的广泛研究未得出这种联系。尽管如此,人们仍担心糖精的致癌性问题,所以美国在1971年将其从"公认安全(GRAS)"名单中删除,后曾宣布禁用而又延缓禁用。1985年对糖精的安全性进行重新评价的结果认为:在正常的摄取范围内,人体内不会出现异常变化,在白鼠身上发生的肿瘤病变似乎与种属及机体特异性有关。糖精的LD_{50}值为17.5(小鼠经口),ADI值为0~11 mg/kg。

在1989年,由于环己基氨基磺酸钠被报道有致畸性而失去了GRAS的地位,1970年美国禁止使用该甜味剂,随后在英国和其他国家也禁止使用。但后来大量的试验表明其并无致畸、致癌作用,JECFA于1982年对其重新评价后制订了0~11 mg/kg的ADI值。

安赛蜜具有较好的安全性,已经发现摄入安赛蜜在人体内没有有害的反应。JECFA在1983年确定其ADI值为0~9 mg/kg,1994年确定为0~15 mg/kg,并发现安赛蜜既没有诱变性,也没有龋齿性,同时也没有其他的毒性问题。

3. 二肽类甜味剂

二肽类甜味剂是由两个氨基酸分子构成的甜味二肽,主要有阿斯巴甜(aspartame)、阿力甜(alitame)和纽甜(neotame),其中阿斯巴甜和纽甜是由天门冬氨酸和苯丙氨酸构成的,而阿力甜是由天门冬氨酸构成的。

(1)阿斯巴甜。

阿斯巴甜化学名称为L-天冬氨酰-L-苯丙氨酸甲酯(L-aspartyl-L-phenylalanine methyl ester,APM)(图5-6),是化学家James M. Schlatter于1965年偶然发现的。他在G. D. Searle公司合成制作抑制溃疡药物时,无意间将该中间体溅到手指上,在为取纸而舔手指时,发现阿斯巴甜具有糖一样的甜味。

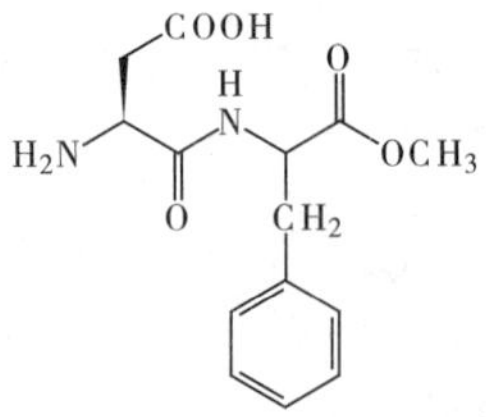

图 5-6　阿斯巴甜的化学结构

阿斯巴甜为无味的白色结晶状粉末,具有清爽的甜味,没有人工甜味剂通常具有的苦涩味或金属后味,可溶于水,25℃时的溶解度为 10.20%,难溶于乙醇,不溶于油脂。用定量描述性分析比较阿斯巴甜和蔗糖的甜度显示,阿斯巴甜的口感类似于蔗糖。其甜度是蔗糖的 200 倍,但没有常与其他一些高强度甜味剂相关联的苦味、化学味或金属后味。用定量描述性分析比较阿斯巴甜和蔗糖的甜度显示,阿斯巴甜的口感类似于蔗糖。

阿斯巴甜在液体中及特定的水分、温度、pH 值条件下,酯键水解,形成二肽,天冬酰苯丙氨酸和甲醇。最终,天冬酰苯丙氨酸可水解成各自氨基酸——苯丙氨酸和天冬氨酸。另外,阿斯巴甜环化形成二酮哌嗪(diketopiperazine,DKP)的过程也可以水解出甲醇。

阿斯巴甜的分解是动态的,其稳定性是由时间、水分、温度和 pH 值决定。在 25℃ 时最大稳定性是在 pH 4.3。阿斯巴甜在广泛的 pH 条件范围功能良好,但是在弱酸性的范围最稳定,大多数食物的 pH 在 3~5 之间。冷冻乳制品甜点的 pH 范围从 6.5 到 7.0 以上,但是由于是冷冻状态,反应的速率大幅减少。同时,由于较低的游离水分,阿斯巴甜的保质期稳定性超过这些产品预测的保质期稳定性。

阿斯巴甜增强或延伸各种食品和饮料的风味,尤其是酸性水果风味。使用天然风味剂时,这种风味增强或风味扩展作用特别明显,在许多食品应用中是重要的。这味道增强特性,在口香糖中很明显,可以延长风味的 4 倍以上。

当 FDA 于 1974 年批准阿斯巴甜在干果中使用后,其安全性一再产生争议。美国 FDA 也因此多年未批准食品中加入阿斯巴甜。1983 年起,美国 FDA 逐渐放宽阿斯巴甜的使用限制,批准阿斯巴甜用于碳酸饮料。直至 1996 年取消所有限制,允许它使用在任何食品中,包括所有的加热和烘烤食品。1983 年起,日本将阿斯巴甜作为食品添加物。FAO/WHO 给定阿斯巴甜的 LD_{50} 为 10000 mg/kg(小鼠经口),ADI 值为 0~40 mg/kg。

由于化学结构中包含氨基酸中的苯丙氨酸,苯酮尿症患者无法代谢此氨基酸,对于此疾病患者就必须避免接触阿斯巴甜。一份 2007 年的医疗审查结论是:现有的科学证据表明,在目前的消费水平下,阿斯巴甜作为一个非营养性甜味剂是安全的。然而,由于其分解产物包括苯,患遗传性疾病苯丙酮尿症(phenylketonuria,PKU)的人必须避免阿斯巴甜。

(2)阿力甜。

阿力甜化学名称为 L-α-天冬氨酰-N-(2,2,4,4-四甲基-3-硫化三亚甲基)-D-丙氨酰胺[L-α-Aspartyl-N-(2,2,4,4-tetramethyl-3-thietanyl)-D-alaninamide],又名天冬氨酰

丙氨酰胺（alitame），分子式为 $C_{14}H_{25}N_3O_4S \cdot 2.5H_2O$，相对分子质量为376.5。其结构式见图5-7。

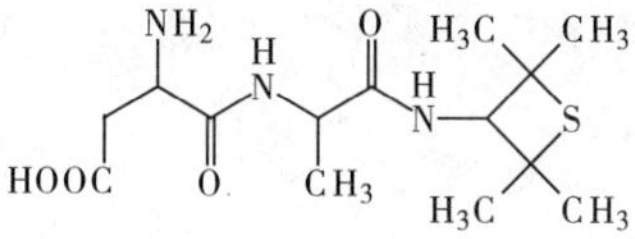

图5-7 阿力甜的化学结构

1965年偶然发现了阿斯巴甜这种甜味剂后，二肽类化合物就成为高倍甜味剂开发的非常活跃的领域。阿力甜就是按特别研究设计程序进行商业开发新型高效甜味剂的极少实例，1979年由美国辉瑞公司（Pfizer Inc.）研制成功。阿力甜的主要降解途径见图5-8。

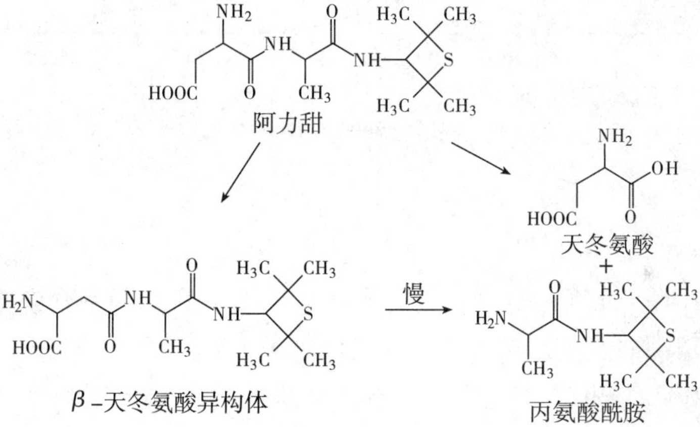

图5-8 阿力甜的主要降解途径

阿力甜是无异味、非吸湿性的结晶性粉末，它的甜度是蔗糖的2000倍。阿力甜甜味品质很好，甜味特性类似于蔗糖，没有强力甜味剂通常所带有的苦后味或金属后味。但甜味刺激来得快，与甜味素相似的是其甜味稍有延迟。它与安赛蜜或甜蜜素混合时发生协同增效作用，与其他甜味剂（包括糖精）复配使用甜味特性也很好。阿力甜性质稳定，尤其是对热、酸的稳定性大。

在酸性pH值（2~4）时，阿力甜溶液的半衰期是阿斯巴甜的2倍多。随着pH值增大，这种稳定性的优势显著增加。特别是在中性pH值范围（5~8）时，阿力甜在室温下1年以上是完全稳定的。

阿力甜用于硬糖、软糖、热力巴氏杀菌食品、高温处理的中性pH值食品（如甜的焙烤食品）中，是足够稳定的。在模拟烘烤条件下，阿力甜的热稳定性远大于阿斯巴甜（见图5-9）。可见，阿力甜在焙烤的热力和pH条件下，只有少量进行分解。

另外，在一些酸性液体饮料中长时间存储的阿力甜可能会产生感官测量的不协调性（不良风味）。这种不良风味的水平低于现代分析检测的水平。含有阿力甜的液体产品，在贮存过程中，可能产生的不良风味物质是过氧化氢、亚硫酸氢钠、抗坏血酸和某些pH值

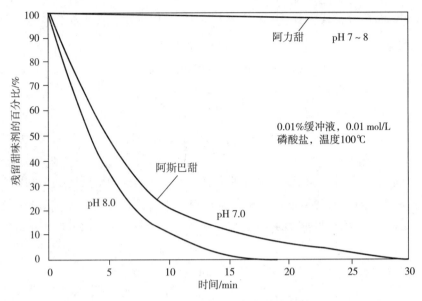

图 5-9　阿斯巴甜和阿力甜的热稳定性

小于 4.0 的焦糖色素。

（3）纽甜。

纽甜是由法国化学家 Claude Nofre 和 Jean-Marie Tinti 在 1980 年代中期通过将阿斯巴甜简单甲酯化而发明的高倍甜味剂,其化学名称为 N-[N-(3,3-二甲基丁基)-L-α-天门冬氨]-L-苯丙氨酸-1-甲酯{N-[N-(3,3-dimethylbutyl)-L-α-aspartyl]-L-phenylalanine 1-methyl ester},是阿斯巴甜的衍生物。纽甜目前已被一些国家准许合法使用。2001 年澳大利亚和新西兰最早批准使用,2002 年 7 月美国也开始准许使用。2002 年 7 月 9 日美国 FDA 食品添加物审核通过,允许纽甜应用在所有食品及饮料,欧盟于 2010 年 1 月 12 日正式批准其应用。我国于 2003 年正式批准纽甜为新的食品添加剂品种。纽甜的分子式为 $C_{20}H_{30}N_2O_5$,结构式见图 5-10。

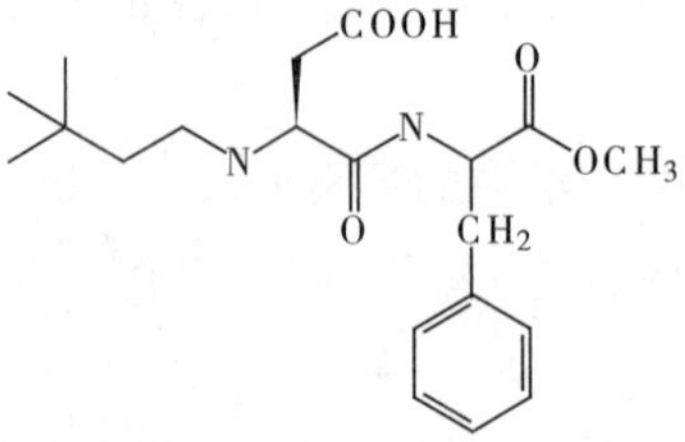

图 5-10　纽甜的化学结构

纽甜在常温(25℃)下水中的溶解度为 1.3%(w/w),并随着温度的升高而增大。其甜味是蔗糖的 7000~13000 倍,阿斯巴甜的 30~60 倍,其能量值几乎为零,且甜味纯正。

由于天门冬氨酰氨基上 N-烷基取代基的存在,纽甜不能从二肽进行分子内环而形成二酮哌嗪(DKP),因而可以在烘焙过程中保持良好的稳定性。纽甜的主要降解途径是分子中甲基酯的水解形成脱酯纽甜(de-esterified neotame)。脱酯纽甜是纽甜分子的唯一降解产物,也是纽甜在人类和动物中发现的主要代谢物。

在酸性条件下,纽甜具有与阿斯巴甜大致相同的稳定性。在中性 pH 范围或瞬时高温等条件下,纽甜要比阿斯巴甜稳定得多,这扩大了其应用领域,如在焙烤食品中的应用。在常规储存条件下,纽甜干粉具有很好的稳定性,但其水溶液的稳定性有一定的局限,受温度、酸碱度、时间等因素的影响,甜度会有一定程度下降。常温下(25℃),纽甜在水溶液中的稳定性,大致为:pH=3.0 时半衰期为 78 d;pH=4.0 时半衰期为 156 d;pH=4.5 时半衰期为 208 d;pH=5.0 时半衰期为 150 d;pH=5.5 时半衰期为 112 d。最佳 pH 值为 4.5。在相关使用条件下(pH 值 3.2 和 20℃),纽甜在存储 8 w 后的模拟饮料配方中仍保留大约 89%。

因此,纽甜与蔗糖或者其他甜味剂配合使用,可以提高其稳定性。

人们对纽甜进行了广泛的毒理学研究,以确保在食品中使用的安全性。试验结果表明:纽甜对大鼠和狗的慢性毒性和致癌性的无副作用量(NOEL)分别至少为 1000 mg/(kg·d)和 800 mg/(kg·d)。纽甜及其降解产物脱酯纽甜均未显示出致突变性。JECFA 给出纽甜的 ADI 值为 0~2 mg/kg。

4. 非糖类甜味剂

非糖类甜味剂是从一些植物的果实、叶、根等提取的物质,也是当前食品科学研究中正在极力开发的甜味剂,主要为糖苷类物质。具有较高甜味的糖苷在自然界中数量不多,可作为甜味剂资源加以开发的种类就更少。

(1)甜菊苷(steviolside)。

甜菊苷又名斯替维苷,是从甜叶菊(*Stevia rebaudiana*)的叶子中提取出来的一种糖苷,分子式为 $C_{38}H_{60}O_{18}$,相对分子质量为 805.00,结构式见图 5-11。

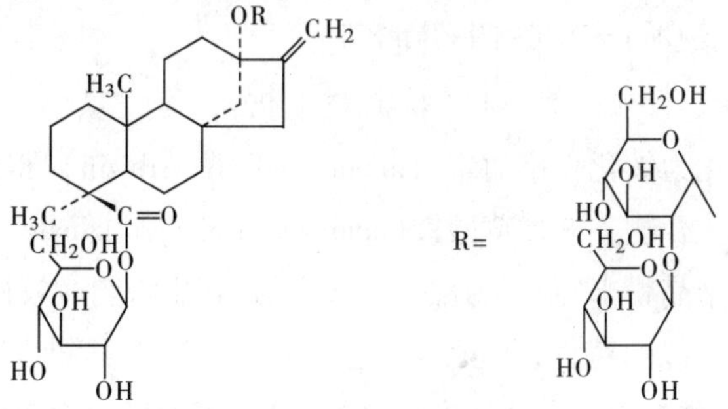

图 5-11 甜菊苷的化学结构

甜菊糖苷甜味纯正,清凉绵长,味感近似白糖,甜度为蔗糖的 150~300 倍。其中提纯的莱鲍迪工苷 A 糖的甜度约为蔗糖的 450 倍,味感更佳。甜菊糖苷的溶解温度与甜度味感的关系很大。一般低温溶解甜度高;高温溶解后味感好,但甜度低。它与柠檬酸、苹果酸、酒石酸、乳酸、氨基酸等使用时,对甜菊糖苷的后味有消杀作用,故与上述物质混合使用可起到矫味作用,提高甜菊糖苷甜味质量。

甜菊苷为白色或微黄色粉末。易溶于水,室温下的溶解度超过40%。在空气中会迅速吸湿。对热稳定,甜菊苷带有轻微的类似薄荷醇的苦味及一定程度的涩味。甜度为蔗糖的150~200倍,适度可口,纯晶后味较少,是最接近砂糖的天然甜味剂。但浓度高时会有异味感。与柠檬酸或甘氨酸并用,味道良好;与蔗糖、果糖等其他甜味料配合,味质也较好。食用后不被吸收,不产生热能,为糖尿病、肥胖病患者良好的天然甜味剂。

尽管甜菊苷号称为"天然甜味剂",但一直未能得到欧美等国家的认可,目前世界上仅中国、日本、韩国、巴西、巴拉圭、泰国、马来西亚等8个国家批准使用,甜菊苷的ADI值为5.5 mg/kg。甜菊苷毒性:小鼠经口 LD_{50}>15 g/kg bw(甜菊糖结晶)。

根据我国《食品安全国家标准 食品添加剂使用标准》(GB 2760—2014),甜菊糖苷作为甜味剂可用于蜜饯凉果、熟制坚果与籽类、糖果、糕点、调味品、饮料类(包装饮用水类除外)、膨化食品,按生产需要适量使用。

(2)甘草甜素(glycyrrhizin)。

甘草甜素,也称作甘草酸,是一种齐墩果烷(oleanane)型三萜糖苷。从欧亚甘草(*Glycyrrhiza glabra* L. Fabaceae)和其他甘草属(Glycyrrhiza)的根茎中提炼制成的甜味剂,是甘草酸与两分子葡萄糖醛酸组成的苷,分子式为 $C_{42}H_{62}O_{16}$,结构式见图5-12。

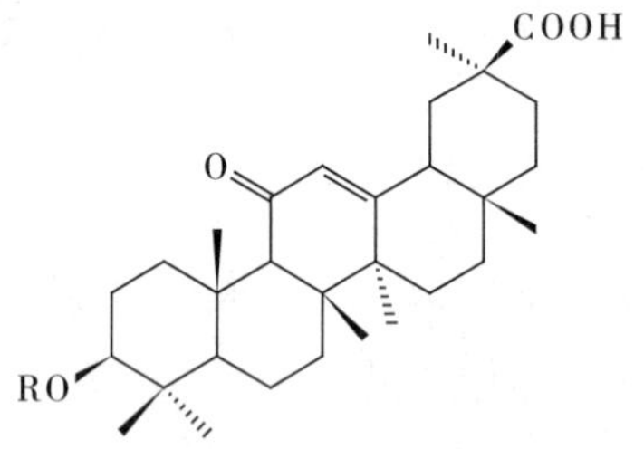

$$R=\beta\text{-GlcA}^2\text{-}\beta\text{-GlcA}$$

β-GlcA=D-吡喃葡萄糖醛基

图5-12 甘草甜素的化学结构

甘草甜素可以转化为铵化甘草甜素(ammoniated glycyrrhizin),得到一种在更高温度下稳定的水溶性更好的化合物——甘草酸铵(ammonium glycyrrhizinate)。

甘草甜素为白色结晶粉末,甜度为蔗糖的200倍,其甜味刺激较慢,但回味绵长。甘草酸铵有着与甘草甜素相似的特性,甜度约为蔗糖的50倍,但其甜度效力在蔗糖存在时增大。在美国,氨化甘草甜素包含在公认安全(GRAS)的天然风味剂清单中,不是作为甜味剂被批准的。氨化甘草甜素仅用于pH值不太低的碳酸饮料中,因为这种物质在pH值低于4.5时往往会沉淀。

少量甘草甜素与蔗糖共用,可少用20%的蔗糖,而甜度保持不变。甘草素本身并不带香味物质,但有增香作用。甘草甜素有特殊风味,不习惯者常有持续性不快的感觉,但与蔗糖、糖精配合效果较好,若添加适量的柠檬酸则甜味更佳。甘草素不是微生物的营养成分,不易引起发酵。在腌制品中用甘草素代替糖,可避免加糖出现的发酵、变色、硬化等现象。甘草是我国传统的调味料与中药,自古以来作为解毒剂及调味品,未发现对人体有危害,正常使用量是安全的。

(3)罗汉果甜苷(Lo-Han-Kuo Extract,Mogrosides)。

罗汉果甜苷Ⅳ和罗汉果甜苷Ⅴ是我国罗汉果干果中的重要的、有甜味的葫芦烷(cucurbitane)型三萜糖苷组分。早在1975年,C. H. Lee就确立了罗汉果中的甜味化合物是糖苷,1983年,日本的竹本(T. Takemoto)及其同事分离出了两种甜味组分,命名为罗汉果甜苷Ⅳ和Ⅴ,并经过大量的化学和光谱学研究后建立了它们的化学结构(见图5-13)。罗汉果干果的最丰富的甜味根源是罗汉果甜苷Ⅴ,它是含有5个葡萄糖残基的极性化合物。

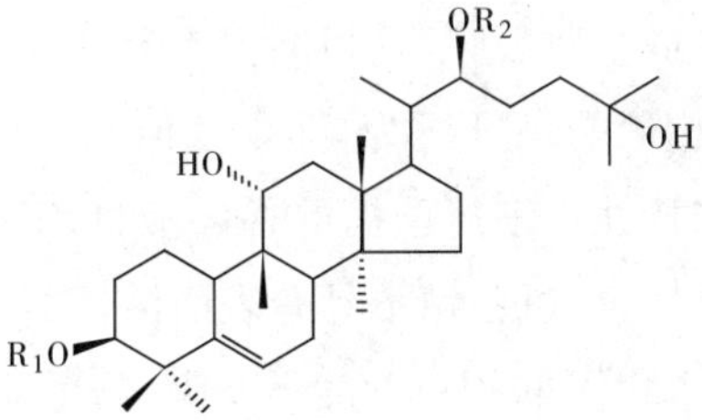

罗汉果甜苷Ⅳ:$R_1=\beta\text{-Glc}^6\text{-}\beta\text{-Glc}$;$R_2=\beta\text{-Glc}^2\text{-}\beta\text{-Glc}$

罗汉果甜苷Ⅴ:$R_1=\beta\text{-Glc}^6\text{-}\beta\text{-Glc}$;$R_2=\beta\text{-Glc}^{2,6}(\beta\text{-Glc})\text{-}\beta\text{-Glc}$

Glc=吡喃葡萄糖基

图5-13　罗汉果甜苷的化学结构

罗汉果甜苷为无色至淡黄色粉末,易溶于水和稀乙醇溶液。1%罗汉果甜苷Ⅳ和Ⅴ溶液的甜度分别是蔗糖的233~392倍和250~425倍。罗汉果甜苷的甜味接近蔗糖,但达到最大甜味强度要迟于蔗糖,且带有类似甘草的、清凉的后味。

尽管没有涉及罗汉果甜苷稳定性的报道,但从化学结构上来看,它与甜菊苷相似,似乎是一种非常稳定的甜味剂。

1996年,中国政府批准罗汉果甜苷作为甜味剂使用。2002年,美国FDA批准罗汉果果汁作为一种常规添加剂,用于食品和饮料中。2007年,CANTOX组织的专家组认为,参照美国FDA有关食品安全法规规定,莱茵公司的罗汉果果汁及罗汉果果汁粉符合GRAS要求。2011年,莱茵公司的罗汉果提取物(含25%、45%、55%罗汉果甜苷Ⅴ)通过美国FDA GRAS认证。

(4)三氯蔗糖。

三氯蔗糖是1976年英国的L. Hough教授的团队与Tate & Lyle公司合作的研究小组发现并合成的一种新型甜味剂,它是蔗糖化学改性后的衍生物,化学名称为4,1′,6′-三氯-4,1′,6′-三脱氧半乳蔗糖(4,1′,6′-tri-chloro-galacto-sucrose)。分子式为$C_{12}H_{19}Cl_3O_8$,相对分子质量为397.64。三氯蔗糖的化学结构式见图5-14。

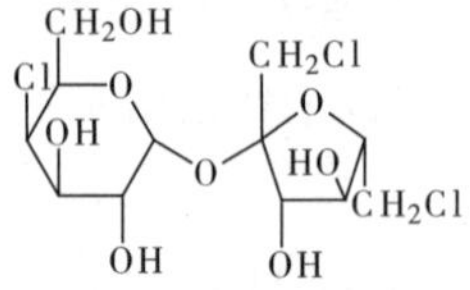

图 5-14　三氯蔗糖的化学结构

三氯蔗糖通常为白色粉末状产品,易溶于水和乙醇。20℃时其在水中的溶解度为 28.2 g/100 mL(20℃)。三氯蔗糖也易溶于甲醇、乙醇、丙二醇等有机溶剂,但不溶于油脂。通常认为三氯蔗糖的甜度是蔗糖液 600 倍,但这取决于蔗糖溶液的浓度。蔗糖溶液在 2%~9%(w/v)的范围时,三氯蔗糖的甜度倍数会有轻微的降低。与 2% 蔗糖溶液等甜时,三氯蔗糖的甜度倍数大约为 750,而在与 9% 的蔗糖溶液等甜时,三氯蔗糖的甜度倍数降低为 500。其甜味纯正,不带任何苦后味或金属后味,是目前世界上公认的强力甜味剂。

三氯蔗糖溶液与有蔗糖相似的黏度行为,即黏度值不受剪切速率的影响,仅随温度和压力而变,表现为牛顿流体的特性。三氯蔗糖的稀溶液(0.1 mL 和 1 g/100 mL)对表面张力可产生忽略不计的影响,这样,三氯蔗糖不具有表面活性剂的活性,因而在食品产品中不会产生泡沫。三氯蔗糖在 80% 以下的相对湿度下不吸湿,因而不需要特别的贮藏条件。

三氯蔗糖在酸性水溶液中特别稳定,但是,也有两种可能的降解途径:一是在高酸性条件下(pH≤3.0)的水解反应,二是碱性条件下的消除反应(图 5-15)。

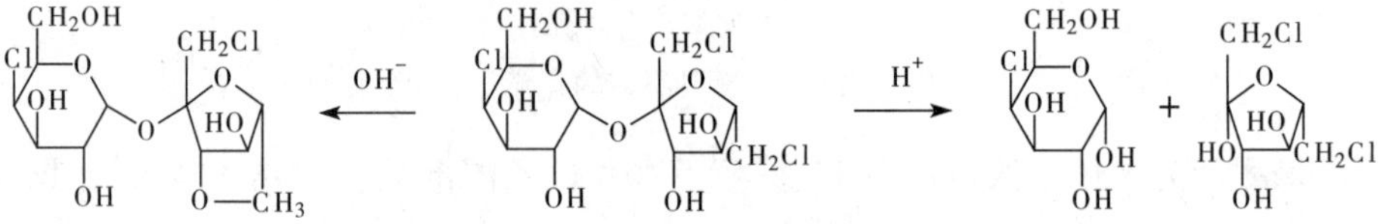

图 5-15　三氯蔗糖在水溶液中的分解途径

三氯蔗糖溶液在高酸性下可分解为组成单糖的衍生物:4-氯半乳糖(4-chlorogalactose,4-CG)和 2,6-二氯果糖(2,6-dichlorofructose,2,6-DCF)。酸性条件下的稳定性随温度、pH 而变,分解过程符合一次动力学规律。在 pH 5.0 左右条件下三氯蔗糖溶液的稳定性最好。在碱性条件下,三氯蔗糖从果糖分子的 3′ 和 6′ 位消去氯化氢而生成酐,即 3′,6′-脱水-4,1′-二氯半乳糖蔗糖(3′,6′-dehydro-4,1′-dichlorogalacto-sucrose)。

已有 100 多个试验的结果证实了三氯蔗糖的安全性,包括大鼠、小鼠、狗、兔子等的喂养试验,没有发现三氯蔗糖任何的不利作用。用极高剂量(16000 mg/kg)喂养啮齿动物终生,也可确认其安全、无毒性。JECFA 规定,三氯蔗糖的永久性 ADI 值为 15 mg/kg。

(5)索马甜。

索马甜,又被称为非洲竹芋甜素,是从西非植物非洲竹芋(*Thaumatococcus daniellii*)的果实假种皮中提取的甜味剂,属于蛋白质甜味剂,甜味爽口,没有不良后味或苦涩味。已知有 5 种不同的索马甜分子(索马甜Ⅰ、Ⅱ、Ⅲ和 a、b)。索马甜Ⅰ由 270 个氨基酸残基构成,相对分子质量为 22209。其甜味平均为蔗糖的 1600 倍,但取决于稀释的浓度:0.00011 时为 5500~8000 倍;0.001 时为 3500 倍,0.01 时为 1300 倍,0.02 时为 850 倍。

索马甜为奶黄色到棕色粉状,具典型气味及强烈甜味,溶于水。甜味爽口,无异味,持续时间长。其水溶液在 pH 值为 1.8~10 时稳定,等电点约 pH 值为 11。因属蛋白质,加热可发生变性而失去甜味,与丹宁结合后也会失去甜味。在高浓度的食盐溶液中甜度会降低。极易溶于水。与糖类甜味剂共用有协同效应和改善风味作用。

1979 年,日本最初允许索马甜作为食品添加剂,在澳大利亚和一些欧洲国家,索马甜已经被批准作为甜味剂,但该产品将来的主要用途可能是作为风味增强剂。在美国已给予索马甜公认安全的地位(GRAS),用于多种类别的食品的风味调节剂。我国 2012 年批准作为甜味剂使用。

索马甜在苏丹作为甜味剂应用已有长久历史,在日本也已有 20 年食用史。鼠、狗饲养 90 d 发现无不良影响。经急性和亚急性毒性试验、致畸、突变和免疫性等试验,均证明安全。FAO/WHO 于 1994 年规定索马甜的 ADI 不做特殊规定,用量以 GMP 为限。LD_{50} 值为 20 g/kg(大鼠、小鼠)。

(四)甜味剂在食品中的应用

在食品产品中使用甜味剂替代蔗糖,是为了降低产品的热量,减轻血糖升高的负担及预防龋齿。在考虑选择甜味剂时,最重要的一个方面自然是甜味的程度或强度。但是,蔗糖在食品体系中有许多其他功能。如:对许多食品的质构和填充有较大的影响;糖有渗透作用,从而有助于保护产品和延长其保质期;糖的吸水性,可帮助焙烤产品保持潮湿的质构。

尽管有着众多的人造甜味剂,但没有任何一种甜味剂在甜味与功能方面能适用于所有需要加甜味的产品。例如,糖醇作为填充型甜味剂对质构具有贡献,但甜度通常较低;木糖醇和山梨糖醇等糖醇通常被添加到无糖冰激凌中。糖醇的独特作用在于,一方面它们所含的热量与糖基本相同;另一方面它们不会影响血糖,也不会促进蛀牙的产生。三氯蔗糖素因其耐热性,通常被添加到烧烤食品中;阿斯巴甜通常被添加到酸奶酪等低糖和无糖乳制品中。然而,非营养甜味剂无填充特性,在清凉饮料等产品中很难模仿蔗糖产生黏度和愉悦的口感,而在果酱类的产品中也不能满足质构的要求。

因此,甜味剂在食品中的应用,一方面要考虑食品产品的特点,特别是要注意蔗糖在其中所起的作用;另一方面要结合甜味剂自身的性能。

1. 糖醇类甜味剂的应用

糖醇现在已成为国际食品和卫生组织批准的无须限量使用的安全性食品之一。

由于糖醇是由相应的糖得到的产物,因而在可以使用糖的食品中几乎都可以使用糖醇。但是,在特定的情况下,糖醇的使用有一些限制条件。糖醇最具吸引力的特性是防龋齿性及适应于糖尿病患者。甜度、溶解度和清凉效应是考虑糖醇在食品中应用的最重要的特性。

糖果是应用糖醇类甜味剂的重要食品种类。例如,溶解度是几乎所有糖果制作的基础。麦芽糖醇是最可溶的多元醇之一,与蔗糖最相似。用麦芽糖醇制作的糖果在质构和风味释放方面与蔗糖基糖果非常相似。另外,麦芽糖可利用与蔗糖相似的方式结晶,但结晶形式的吸湿性比蔗糖小。这成为麦芽糖醇在糖果中作为有效的蔗糖替代品的主要原因。口香糖是最适宜使用糖醇类甜味剂的糖果品种,原因在于几乎所有的糖醇都显示出负的溶解热,这样,当咀嚼口香糖时,糖醇的溶解会在口腔中产生清凉感。赤藓糖醇在糖醇中具有最高的吸热性,且溶解较慢,因而可保持较长时间的清凉效果,是口香糖中使用的重要的糖醇。

糖醇不同于高倍甜味剂,它们除了提供甜味外,还具有填充功能。因此,在一些乳制品中得到良好的应用。

冰激凌制品中甜味剂系统(典型的是蔗糖和葡萄糖浆)要占到产品总固形物的一半。除提供甜味外,这些甜味剂还担负着冷冻点下降、固定水、填充和体质产品形状的功能。在无糖冰激凌产品中,通常使用糖醇(山梨糖醇)与高分子量聚合物的混合物替代蔗糖和葡萄糖浆,具有保障冰点降低、固定水分及保持形状的功效,再使用高倍甜味剂维持产品的甜度。

低糖或无糖饮用酸奶和风味奶产品通常是用高倍甜味剂和亲水胶体稳定剂来替代蔗糖,但这种做法的不足是:与全糖产品相比,风味和质构发生了变化。用麦芽糖醇作为蔗糖替代品可以克服这一缺点。需要注意的是,为避免可能的致泻效应,要确保麦芽糖醇的含量每份在 20 g 以下。

良好的滋味和质构与营养同样重要。大多数早餐谷物食品只是没有糖或部分糖被纤维素替代。简单地减少糖或用没有糖的基本特性的配料替代,将导致产品滋味和质构的改变,丧失了典型的产品质量。乳糖醇的低吸湿性使其在无糖脆性焙烤产品(如饼干)中具有优势。

但是,糖醇类甜味剂在使用时也有一些局限性。例如,木糖醇会抑制酵母的生长及代谢活性,因此不适于那些需要酵母的食品;山梨醇的吸湿性限制了其在一些食品(如脆、酥食品)中的应用。另外,美国规定必须在食品标签上注明每天摄取量不得超过 50 g,并标明"过量摄取可能会引起腹泻"以示警告等。

我国规定的糖醇类甜味剂的使用见表 5-24。

表 5-24　糖醇类甜味剂的使用规则(GB 2760—2014)

类别	异麦芽酮糖	麦芽糖醇	乳糖醇	D-甘露糖醇	山梨糖醇
冷冻饮品(03.04 食用冰除外)	①	①			①
果酱	①				
糖果	①	①		①	①

类别	异麦芽酮糖	麦芽糖醇	乳糖醇	D-甘露糖醇	山梨糖醇
面包	①	①			①
糕点	①	①			①
饼干	①	①			①
巧克力和巧克力制品，除05.01.01以外的可可制品					①
饮料类(14.01包装饮用水类除外)	①	①			①
配制酒	①				
调味乳		①			
炼乳及其调制产品		①			①
稀奶油			①		
稀奶油类似品		①			
腌渍的蔬菜		①			①
熟制豆类		①			
加工坚果与籽类		①			
熟制坚果与籽类（仅限油炸坚果与籽类）					①
焙烤食品馅料及表面用挂浆		①			
液体复合调味料（不包括12.03,12.04）		①			
果冻		①			

①按生产需要适量使用。

另外,GB 2760—2014还规定:木糖醇、乳糖醇(4-O-β-D-吡喃半乳糖-D-山梨醇)和赤藓糖醇可在各类食品中按生产需要适量使用。

2. 磺胺类甜味剂的应用

磺胺类甜味剂因价格低廉、发现时间早而成为食品加工中最常用的甜味剂,特别是糖精,已有近百年的应用历史,甜蜜素和安赛蜜的使用也有几十年。

磺胺类甜味剂主要是作为低热量甜味剂使用,主要用于饮料、糖果、冷冻饮品、水果和蔬菜制品及一些糕点中。

但是,糖精的最大缺陷是水溶液带有明显的后苦味和金属后味,而甜蜜素和安赛蜜在使用的浓度范围内时感觉不到后苦味。因此,糖精常与甜蜜素或其他甜味剂混合使用,以掩蔽不良后味。

我国规定:婴幼儿食品中严禁使用磺胺类甜味剂。磺胺类甜味剂的最大使用量见

表 5-25。

表 5-25 磺胺类甜味剂的最大使用量(GB 2760—2014)

食品分类号	食品名称	糖精钠/(g·kg⁻¹)	甜蜜素/(g·kg⁻¹)	安赛蜜/(g·kg⁻¹)
01.02.02	风味发酵乳			0.35
01.07	仅限乳基甜品罐头			0.3
03.0	冷冻饮品(03.04 食用冰除外)	0.15	0.65	0.3
04.01.02.02	水果干类(仅限芒果干、无花果干)	5.0		
04.01.02.04	水果罐头		0.65	0.3
04.01.02.05	果酱	0.2	1.0	0.3
04.01.02.08	蜜饯凉果	1.0	1.0	
04.01.02.08.01	蜜饯类			0.3
04.01.02.08.02	凉果类	5.0	8.0	
04.01.02.08.04	话化类(甘草制品)	5.0	8.0	
04.01.02.08.05	果丹(饼)类	5.0	8.0	
04.02.02.03	腌渍的蔬菜	0.15	1.0	0.3
04.04.01.05	新型豆制品(大豆蛋白膨化食品、大豆素肉等)	1.0		
04.04.01.06	熟制豆类(五香豆、炒豆)	1.0	1.0	
04.04.02.01	腐乳类		0.65	
04.03.02	加工食用菌和藻类			0.3
04.05.02.01	熟制坚果与籽类			3.0
04.05.02.01.01	带壳熟制坚果与籽类	1.2	6.0	
04.05.02.01.02	脱壳熟制坚果与籽类	1.0	1.2	
05.02	糖果			2.0
05.02.01	胶基糖果			4.0
06.04.02.01	八宝粥罐头			0.3
06.04.02.02	其他杂粮制品(仅限黑芝麻糊和杂粮甜品罐头)			0.3
06.09	谷类和淀粉类甜品(仅限谷类甜品罐头)			0.3
07.0	焙烤食品			0.3
07.01	面包		1.6	
07.02	糕点		1.6	
07.03	饼干		0.65	

续表

食品分类号	食品名称	糖精钠/(g·kg⁻¹)	甜蜜素/(g·kg⁻¹)	安赛蜜/(g·kg⁻¹)
11.04	餐桌甜味料			0.04 g/份
12.0	调味品			0.5
12.04	酱油			1.0
12.10	复合调味料	0.15	0.65	
14.0	饮料类(14.01 包装饮用水类除外)		0.65	0.3
15.02	配制酒	0.15	0.65	

3. 二肽类甜味剂的应用

阿斯巴甜已被批准用于一般食品,包括碳酸软饮料、粉状饮料、酸奶、硬糖和糖果。在干燥产品的应用中(如餐桌甜味剂、粉状饮料、混合甜点),阿斯巴甜的稳定性是优秀的。阿斯巴甜可以承受用于乳制品和果汁的高温处理、无菌加工和其他加工等过程中使用的高温短时和超高温度条件。阿斯巴甜在某些过热条件下可能的水解或环化的可能性潜力将限制阿斯巴甜的一些应用。由于稳定性的原因,阿斯巴甜通常不用于烘焙食品、经过广泛的和长时间的热处理产品或 pH 值接近中性需要很长保质期的液体产品。

纽甜在食品中的应用也非常广泛,但主要是在清凉饮料中与其他甜味剂混合使用。

阿力甜对 pH 值和温度显示出优越的稳定性,在无糖糖果产品、巴氏杀菌产品和高温加工的中性食品中得到良好的应用。阿力甜也可以在许多饮料产品中使用,但其与焦糖及抗坏血酸反应产生不良风味,因而在可乐饮料和含果汁饮料中的应用受到一定的限制。

我国规定:阿斯巴甜和纽甜作为甜味剂可在各类食品中按生产需要适量使用。阿力甜的最大使用量见表 5-26。

表 5-26 阿力甜的最大使用量(GB 2760—2014)

食品名称	最大使用量/(g·kg⁻¹)
冷冻饮品(03.04 食用冰除外)	0.1
话化类(甘草制品)	0.3
胶基糖果	0.3
餐桌甜味料	0.15 g/份
饮料类(14.01 包装饮用水类除外)	0.1
果冻	0.1

4. 非糖甜味剂的应用

非糖甜味剂是天然提取物或其衍生物,除三氯蔗糖外,基本上带有原料自身的味感。如甜菊苷带有轻微的类似薄荷醇的苦味及一定程度的涩味;甘草甜苷有微弱的特异臭,且带后苦味;罗汉果甜苷有罗汉果香。

与其他类甜味剂一样,非糖类甜味剂主要应用于饮料、乳制品、糖果及糕点等产品中。其中,三氯蔗糖优越的甜质量和稳定性,在更广泛的食品中得到应用。

我国规定:罗汉果甜苷作为甜味剂可在各类食品中按生产需要适量使用。其他非糖类甜味剂的最大使用量见表5-27和表5-28。

表5-27　索马甜、甜菊糖苷和甘草及盐类的最大使用量

食品分类号	食品名称	索马甜[①]/ (g·kg⁻¹)	甜菊糖苷[②]/ (g·kg⁻¹)	甘草及盐类[②]/ (g·kg⁻¹)
03.0	冷冻饮品(03.04 食用冰除外)	0.025		
04.01.02.08	蜜饯凉果		按生产需要适量使用	按生产需要适量使用
04.05.02	加工坚果与籽类	0.025		
04.05.02.01	熟制坚果与籽类		按生产需要适量使用	
05.02	糖果		按生产需要适量使用	按生产需要适量使用
07.0	焙烤食品	0.025		
07.02	糕点		按生产需要适量使用	
07.03	饼干			按生产需要适量使用
08.03.08	肉罐头类			按生产需要适量使用
11.04	餐桌甜味料	0.025 g/份	0.05 g/份	
12.0	调味品		按生产需要适量使用	按生产需要适量使用
14.0	饮料类(14.01 包装饮用水类除外)	0.025	按生产需要适量使用	按生产需要适量使用
16.06	膨化食品		按生产需要适量使用	

①原卫生部公告2012年第6号;②GB 2760—2014。

表5-28　三氯蔗糖的使用规则(GB 2760—2014)

食品分类号	食品名称	最大使用量/ (g·kg⁻¹)	食品分类号	食品名称	最大使用量/ (g·kg⁻¹)
01.01.02.01	调味乳	0.3	04.01.02.08	蜜饯凉果	1.5
01.02.02	风味发酵乳	0.3	04.01.02.12	煮熟的或油炸的水果	0.15
01.03.02	调制乳粉和 调制奶油粉	1.0	04.02.02.03	腌渍的蔬菜	0.25
03.0	冷冻饮品	0.25	04.04.02.01	腐乳类	1.0
04.01.02.02	水果干类	0.15	05.02	糖果	1.5
04.01.02.04	水果罐头	0.25	06.04.02.01	八宝粥罐头类	0.25
04.01.02.05	果酱	0.45	06.04.02.02	微波爆米花	5.0

续表

食品分类号	食品名称	最大使用量/($g \cdot kg^{-1}$)	食品分类号	食品名称	最大使用量/($g \cdot kg^{-1}$)
06.06	即食谷物,包括碾轧燕麦(片)	1.0	12.10	复合调味料	0.25
07.0	焙烤食品	0.25	12.10.02.01	蛋黄酱、沙拉酱	1.25
11.04	餐桌甜味料	0.05 g/份	14.0	饮料类	0.25
12.03	醋	0.25	14.02.02	浓缩果蔬汁(浆)	1.25
12.04	酱油	0.25	15.02	配制酒	0.25
12.05	酱及酱制品	0.25	15.03	发酵酒	0.65
12.09.03	香辛料酱(如芥末酱、青芥酱)	0.4	16.01	果冻	0.45

二、酸味的调节

酸味是味蕾受到 H^+ 刺激的一种感觉。在食品中能产生过量氢离子 H^+ 以控制 pH 值并产生酸味的一类食品添加剂叫作酸味剂。

酸味剂能赋予食品酸味,给人爽快的感觉,可增进食欲,有助于纤维素和钙、磷等物质的溶解,促进人体对营养素的消化、吸收,同时具有一定的防腐和抑菌作用。

(一)酸味剂分类

从化合物结构上进行分类,可将酸味剂分为无机酸和有机酸。

从酸味特征上可以分为以下几种:

①兼有清凉感的酸味剂:柠檬酸、抗坏血酸、葡萄糖酸。

②兼有苦味的酸味剂:苹果酸。

③兼有涩味的酸味剂:盐酸、磷酸、乳酸、酒石酸、富马酸。

④兼有刺激味的酸味剂:醋酸、丁酸。

⑤兼有异味的酸味剂:琥珀酸。

(二)酸味剂的功能

酸味剂在食品中有以下功能:

1. 可用于调节食品体系的酸碱性

如在凝胶、干酪、果冻、软糖、果酱等产品中,为了取得产品的最佳性状和韧度,必须正确调整 pH 值,果胶的凝胶、干酪的凝固尤其如此。酸味剂降低了体系的 pH 值,可以抑制许多有害微生物的繁殖,抑制不良的发酵过程,并有助于提高酸性防腐剂的防腐效果;减少食品高温杀菌温度和时间,从而减少高温对食品结构与风味的不良影响。

2. 可用作香味辅助剂

酸味剂广泛应用于调香。许多酸味剂都构成特定的香味,如酒石酸可以辅助葡萄的香味,磷酸可以辅助可乐饮料的香味,苹果酸可辅助许多水果和果酱的香味。酸味剂能平衡风味、修饰蔗糖或甜味剂的甜味。

3. 可作螯合剂

某些金属离子如 Ni^{3+}、Cr^{3+}、Cu^{2+}、Se^{2+} 等能加速氧化作用,对食品产生不良的影响,如变色、腐败、营养素的损失等。许多酸味剂具有螯合这些金属离子的能力,酸与抗氧化剂、防腐剂、还原性漂白剂复配使用,能起到增效的作用。

4. 遇碳酸盐可以产生 CO_2 气体

这是化学膨松剂产气的基础,而且酸味剂的性质决定了膨松剂的反应速度。此外,酸味剂有一定的稳定泡沫的作用。

5. 还原性

酸味剂在水果、蔬菜制品的加工中可以做护色剂,在肉类加工中可做护色助剂。

6. 缓冲作用

酸味剂在糖果生产中用于蔗糖的转化,并抑制褐变。

(三)影响酸味的因素

1. 酸的强度与刺激阈值

酸味剂的酸味是溶液中解离的 H^+ 刺激味觉神经的感觉,但是,酸味的强弱不能单用 pH 值来表示。例如,同一 pH 值的弱酸比强酸的酸味强。由此可知,弱酸所具有的未离解的 H^+(与 pH 值无关)与酸味也有关系。以同一浓度来比较不同酸的酸味强度,其顺序为磷酸>醋酸>柠檬酸>苹果酸>乳酸。如果在相同浓度下把柠檬酸的酸味强度定为100,则酒石酸的相对强度为120~130,磷酸为200~230,延胡索酸为263,L-抗坏血酸为50。

酸味的刺激阈值是指感官上能尝出酸味的最低浓度,例如柠檬酸刺激阈值的最大值为0.08%,最小值为0.0025%。若用 pH 值来衡量,一般来说,无机酸的酸味阈值为 pH 3.4~3.5,有机酸则为3.7~3.9。而对缓冲液来说,即使是离子浓度更低也能感觉到酸味。

2. 温度

温度不同,味觉感受也不相同。酸味与甜味、咸味及苦味相比,受温度的影响最小。各种味觉在常温时的阈值与0℃时的阈值相比,各种味觉都变钝。例如,盐酸奎宁的苦味约减少97%,食盐的咸味减少80%,蔗糖的甜味减少75%,而柠檬酸的酸仅减少17%。

3. 其他味觉

酸味与甜味、咸味、苦味等味觉可相互影响,酸味剂与甜味剂之间有拮抗作用,两者易相互抵消,故食品加工中需要控制一定的糖酸比。酸味与苦味、咸味一般无拮抗作用。酸味剂与涩味物质混合,会使酸味增强。

(四)食品中常用的酸味剂

1. 柠檬酸(citric acid)

柠檬酸又名枸橼酸,学名为3-羟基-3-羧基戊二酸,分子式 $C_6H_8O_7 \cdot H_2O$,相对分子质量210.14。其结构式为:

$$CH_2-COOH$$
$$HO-C-COOH$$
$$CH_2-COOH$$

柠檬酸是在食品工业中使用最广泛的一种酸味剂,为无色半透明结晶或白色颗粒、白色结晶性粉末。无臭,有强酸味,酸味纯正,温和,芳香可口。柠檬酸在干燥空气中可失去结晶水,在潮湿空气中慢慢潮解。极易溶于水,使用方便。20℃时在水中的溶解度为59%,其2%水溶液pH值为2.1。也易溶于甲醇、乙醇,略溶于乙醚。相对密度1.542,熔点153~154℃。其刺激阈的最大值为0.08%,最小值为0.02%。易与多种香料配合而产生清爽的酸味,适用于各类食品的酸化。

柠檬酸有较好的防腐作用,特别是抑制细菌的繁殖效果较好。它螯合金属离子的能力较强,作为金属封锁剂,作用之强居有机酸之首,能与本身质量20%的金属离子螯合。可作为抗氧化增强剂,延缓油脂酸败,也可作色素稳定剂,防止果蔬褐变。

2. 乳酸(lactic acid)

乳酸又名丙醇酸,学名2-羟基丙酸,分子式$C_3H_6O_3$,相对分子质量90.08。其分子结构中含有一个不对称碳原子,因此具有旋光性。其结构式为:

$$COOH$$
$$HO-C-H$$
$$CH_3$$

乳酸在自然界中广泛存在,是世界上最早使用的酸味剂。乳酸制剂多为乳酸与乳酸酐的混合物,其乳酸含量大于85.0%。产品为澄清无色或微黄色的糖浆状液体,几乎无臭,味微酸,有吸湿性,能与水完全互溶,水溶液呈酸性,相对密度约为1.206(20℃),可以与水、乙醇、丙酮或乙醚任意混合,不溶于氯仿。

按其构型及旋光性可分为L-乳酸、D-乳酸和DL-外消旋乳酸3类,但人体只具有代谢L-乳酸的L-乳酸脱氢酶,因此只有L-乳酸能被人体完全代谢,且不产生任何有毒、副作用的代谢产物,D-乳酸和DL-乳酸的过量摄入则有可能引起代谢紊乱甚至中毒。

3. 酒石酸(tartaric acid)

酒石酸学名2,3-二羟基丁二酸,分子式$C_4H_6O_6$,相对分子质量150.09。酒石酸分子中有2个不对称的碳原子,存在D-酒石酸、L-酒石酸、DL-酒石酸和中酒石酸(内消旋体)4种异构体。DL-酒石酸和中酒石酸的溶解性不及D型和L型异构体,用作酸味剂的主要是D-酒石酸和L-酒石酸,结构式为:

$$OH$$
$$H-C-COOH$$
$$HOOC-C-OH$$
$$H$$

酒石酸为无色至半透明结晶性粉末,无臭,味酸,有旋光性,熔点 168~170℃,易溶于水,可溶于乙醇、甲醇,但难溶于乙醚,稍有吸湿性,但比柠檬酸弱,酸味为柠檬酸的 1.2~1.3 倍。

4. 苹果酸(malic acid)

苹果酸又名羟基丁二酸、羟基琥珀酸,分子式 $C_4H_6O_5$,相对分子质量 134.09。它广泛存在于未成熟的水果如苹果、葡萄、樱桃、菠萝、番茄中。苹果酸分子中含有一个手性碳原子,有两种对映异构体,即左旋苹果酸和右旋苹果酸。结构式为:

$$HO-CH-COOH$$
$$|$$
$$CH_2-COOH$$

苹果酸为白色的结晶或结晶性粉末,无臭,有特殊的酸味,熔点 127~130℃。它易溶于水,20℃时的溶解度为 55.5%,可溶于乙醇但不溶于乙醚。苹果酸有吸湿性,1%水溶液的 pH 值为 2.4。

苹果酸的酸味柔和、持久性长。在获得同样效果的情况下,苹果酸用量比柠檬酸少 8%~12%,最少可比柠檬酸少用 5%,最多可达 22%。

5. 富马酸(fumaric acid)

富马酸又名延胡索酸、反丁烯二酸,分子式 $C_4H_4O_4$,相对分子质量 116.07。结构式为:

$$H-C-COOH$$
$$\|$$
$$HOOC-C-H$$

富马酸为白色晶体粉末,无臭,有特异酸味,相对密度 1.635,熔点 287~302℃,290℃分解。其被加热到230℃以上,先转变为顺丁烯二酸,然后失水生成顺丁烯二酸酐。富马酸与水共煮可得苹果酸。它微溶于水,溶于乙醚和丙酮,极难溶于氯仿。富马酸的酸味强,为柠檬酸的 1.5 倍,故低浓度的富马酸溶液可代替柠檬酸。但由于富马酸微溶于水,一般不单独使用,与柠檬酸、酒石酸香醇使用能呈现果实酸味。

6. 己二酸(adipic acid)

己二酸又名肥酸,分子式 $C_6H_{10}O_4$,相对分子质量 146.14。其结构式为:

$$CH_2-COOH$$
$$|$$
$$CH_2$$
$$|$$
$$CH_2$$
$$|$$
$$CH_2-COOH$$

己二酸为白色结晶或晶体粉末,味酸,熔点 152℃。它不吸湿,相当稳定,可燃烧,易溶于乙醇,溶于丙酮,微溶于水。0.1%己二酸水溶液的 pH 值为 3.2。己二酸的酸味柔和、持久、并能改善味感,使食品风味保持长久,能形成后酸味。

7. 醋酸(acetic acid)

醋酸又名乙酸,分子式 $C_2H_4O_2$,相对分子质量 60.05。含量为 99%的醋酸称为冰醋酸。

冰醋酸不能直接使用,稀释后才成为通常说的醋酸。其结构式为:

$$CH_3—COOH$$

醋酸常温下为无色透明液体,有强刺激性气味,味似醋。冰醋酸在16.75℃凝固成冰状结晶,故而得名。其相对密度为1.049。醋酸可与水、乙醇混溶,水溶液呈酸性,6%的水溶液pH值为2.4。醋酸味极酸,在食品中使用受到限制,用大量水稀释仍呈酸性。醋酸能除去腥臭味。

8. 磷酸(phosphoric acid)

这是酸味剂中唯一使用的无机酸,为透明无色稠厚溶液,一般浓度为85%~98%。密度为1.874,熔点42.35℃。磷酸被加热至215℃时失去部分水变为焦磷酸,继续加热变为偏磷酸。磷酸易吸水,可与水或乙醇混溶。

除作为酸味剂外,磷酸还可以用作螯合剂、抗氧化增效剂等。

各种酸味剂的安全性见表5-29。

表5-29 酸味剂的毒理学指标值

酸味剂名称	$LD_{50}/(g \cdot kg^{-1})$	$ADI/(mg \cdot kg^{-1})$
柠檬酸	6.73(大鼠经口)	未作限制性规定
乳酸	3.73(大鼠经口)	无限制性规定
酒石酸	4.36(小鼠经口)	0~30
苹果酸	1.6~3.2(大鼠经口)	无限制性规定
富马酸	8.00(大鼠经口)	无限制性规定
己二酸	5.05(大鼠经口)	0~5
醋酸	4.96(小鼠经口)	无需规定
磷酸	1.53(大鼠经口)	0~70

(五)酸味剂在食品工业中的应用

酸味剂在使用时必须注意:A. 酸味剂大都电离出H^+,因而影响食品的加工条件。酸味剂可与纤维素、淀粉等食品原料作用,也可同其他食品添加剂相互影响。所以在食品加工工艺中一定要考虑加入酸味剂的程序和时间,否则会产生不良后果。B. 当使用固体酸味剂时,要考虑它的吸湿性和溶解性。因此,必须采用适当的包装材料和包装容器。C. 阴离子除影响酸味剂的风味外,还能影响食品风味,如前所述的盐酸、磷酸具有苦涩味,会使食品风味变劣。而且酸味剂的阴离子经常使食品产生另一种味,这种味称为副味。一般有机酸可具有爽快的酸味,而无机酸一般酸味不是很适口。D. 酸味剂有一定的刺激性,能引起消化系统的疾病。

1. 清凉饮料

甜酸比是饮料产品重要的风味特性。饮料中添加酸味剂,可以改善其风味,并对香味有增强效果。未添加酸味剂的饮料味道平淡,甜味也很单调。加入适量的酸味剂以调整甜酸比,就能使食品的风味显著改善,使产品更加适口。

常见的几种水果风味碳酸饮料的甜酸比见表5-30。

表5-30　中糖型水果风味碳酸饮料的甜酸比

风味类型	甜酸比	风味类型	甜酸比
橘子	118	梨	119
菠萝	114	猕猴桃	113
葡萄	116	杏	112
苹果	124	荔枝	128
桃	117		

磷酸具有很强的收敛性,是可乐饮料的传统酸味剂,也是可乐风味不可缺少的风味增进剂和增香剂。可以说,没有磷酸就不存在可乐。磷酸用作可乐型饮料的酸味剂时,用量为0.02%~0.06%。

2. 罐头食品

对于一些酸度较低产品(特别是糖水水果)来说,经常需要添加酸味剂调整风味。例如,菠萝罐头加入柠檬酸量为0.1%~0.3%;糖水梨罐头的酸度一般要在0.1%以上,以防止罐头的败坏和风味不足,特别是莱阳梨,原料酸量不足,糖水中要添加0.15%~0.2%的柠檬酸,橘子罐头要求添加适量的柠檬酸,使pH值达3.7以下。

根据我国规定,酒石酸、柠檬酸、苹果酸、乳酸和乙酸(醋酸)可在各类食品中按生产需要适量使用。此外,柠檬酸还可用于婴幼儿配方食品和婴幼儿辅助食品,按生产需要适量使用;乳酸可用于婴幼儿配方食品,按生产需要适量使用。

富马酸和己二酸作为酸味剂在食品中的最大使用量见表5-31。

表5-31　富马酸和己二酸的最大使用量(g/kg)

食品分类号	食品名称	富马酸	己二酸
05.02.01	胶基糖果	8.0	4.0
14.02.03	果蔬汁(肉)饮料(包括发酵型产品等)	0.6	
14.04.01	碳酸饮料	0.3	
14.06	固体饮料类		0.01
16.01	果冻		0.1

三、鲜味的增强

增强食品的风味,使之呈鲜味感的物质叫作鲜味剂(flavor enhancers),也可称为风味增强剂。当这些物质的使用量低于其单独检测阈值时,仅起到增强风味的作用;只有当其用量高于其单独的检测阈值时,才能产生鲜味。

远古时代起,人们就知道如何用蔬菜和肉类或骨头制备美味的汤和其他食品。从 2000 多年前开始,日本开始使用海带(*Laminaria japonica*)、发酵鲣鱼干、香菇(*Lentinus edodes*)和其他天然物料改进食品质量,直到 1908 年日本科学家池田(K. Ikeda)首次将干海带的风味改良效果归因于谷氨酸,并将谷氨酸钠命名为鲜味(umami)。儿玉(S. Kodama)于 1913 年发现鲣鱼干中的 5′-肌苷酸组胺酸盐也具有鲜味效果,其后研究证实肌苷酸部分是鲜味的来源物质。在 20 世纪 60 年代早期,国仲(A. Kuninaka)、中岛(N. Nakajima)及岛薗进(H. Shimazono)分别确认香菇的风味改良成分为岛苷 5′-单磷酸酯。其后,人们还发现并确认了包括肽类、氨基酸和胺类的其他鲜味物质。

(一)鲜味剂的分类

鲜味剂的种类很多,但对其分类还没有统一的规定。

按来源分,包括动物性鲜味剂、植物性鲜味剂、微生物鲜味剂和化学合成鲜味剂等。

按化学成分分,包括氨基酸类鲜味剂、核苷酸类鲜味剂、有机酸类鲜味剂、其他鲜味剂等。

(二)常用的鲜味剂

1. 氨基酸类鲜味剂

氨基酸是蛋白质的基本构成单元,但某些游离的氨基酸会表现出一定的鲜味,其中以谷氨酸为代表。除谷氨酸外,其他的一些氨基酸也有一定的鲜味。但各种氨基酸呈现出的味不是单纯的,而是多种风味的复合体,或称为综合味感。例如:味精的味是鲜 71.4%、咸 13.5%、酸 3.4%、甜 9.8%、苦 1.7%;组氨酸的味是鲜 53.4%、甜 8.8%、苦 2.1%;天冬氨酸的味是鲜 53.4%、酸 6.8%。

表 5-32 给出了各种氨基酸的鲜味比较。

表 5-32 氨基酸的鲜味强度

氨基酸类型	相对鲜度	氨基酸类型	相对鲜度
谷氨酸钠	1.0	口蘑氨酸	5~30
天冬氨酸钠	0.31	谷氨酰甘氨酰丝氨酸三肽	2.0
天冬氨酸	0.08	谷氨酰谷氨酰丝氨酸三肽	20
半胱氨酸硫代磺酸钠	0.10		

谷氨酸在水中的溶解度较小,但其钠盐溶解度较大,故常用其钠盐。谷氨酸的一钠盐(谷氨酸钠,monosodium L-glutamate,MSG)有鲜味,俗称味精。其分子式为 $C_5H_8O_4NNa \cdot H_2O$,相对分子质量 187.14。结构式如下:

谷氨酸　　　　　谷氨酸钠(味精)

和所有氨基酸一样，谷氨酸可以发生电离，且电离程度与 pH 值相关。只有完全电离的谷氨酸才呈现出鲜味效果。因此，只有 pH 值在 6~8 之间的谷氨酸才能表现出最佳的增鲜作用。

最初，味精是从天然物质中(如面筋)提取出的，现在发酵法是生产味精的主要方法。棒状杆菌属(*Corynebacterium*)和短杆菌属(*Brevibacterium*)细菌是广泛使用的味精发酵微生物。味精是人们普遍使用的第一代鲜味剂，现在仍在广泛使用。味精为无色至白色的结晶或结晶性粉末，无臭，带有微甜或咸的鲜味，易溶于水，微溶于乙醇，不溶于乙醚，无吸湿性，对光稳定，水溶液加温也相当稳定。它在碱性条件下加热发生消旋作用，呈味力降低；在 pH 值为 5.0 以下的酸性条件下加热时也发生吡咯烷酮化反应(图 5-16)，变成焦谷氨酸，呈味力降低；在中性时加热则很少变化。

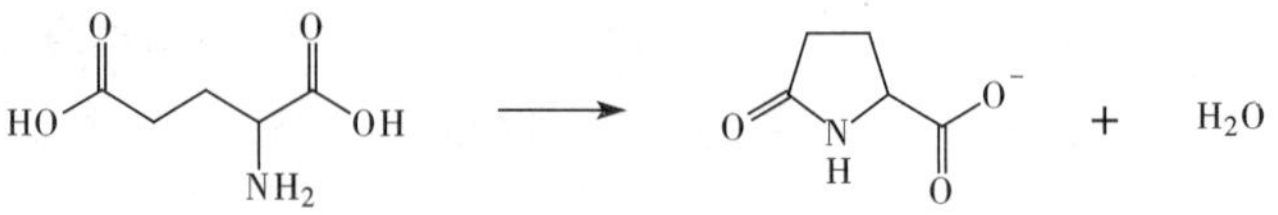

图 5-16　味精形成 5-吡咯烷酮-2-羧酸酯的反应

L-丙氨酸和氨基乙酸(又名甘氨酸)也是允许使用的鲜味氨基酸。

L-丙氨酸(L-alanine)是以 L-天冬氨酸为原料，经 β-脱羧酶水解后得到的鲜味剂。L-丙氨酸为白色无臭结晶性粉末，分子式为 $C_3H_7NO_2$，相对分子质量 89.09，结构式为：

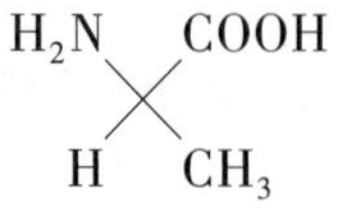

L-丙氨酸呈现略有甜味的鲜味，相对密度 1.401，熔点 297℃(分解)，200℃以上开始升华，易溶于水(17%，25℃)，微溶于乙醇，不溶于乙醚，5%水溶液的 pH 值为 5.5~7.0。

氨基乙酸(又名甘氨酸，glycine)是动物蛋白消解后得到的产物，几乎不存在于植物蛋白中。甘氨酸为白色单斜晶系或六方晶系晶体，或结晶性粉末，分子式为 $C_2H_5NO_2$，相对分子质量 75.07，结构式如下：

$$\begin{array}{c}H—CH—COOH\\ \quad\ |\qquad\qquad\\ \quad NH_2\qquad\quad\end{array}$$

甘氨酸有特殊的甜味，熔点 232~236℃(产生气体并分解)，易溶于水(25 g/100 mL，25℃)，水溶液呈微酸性(pH=5.5~5.7)。

通常，L-丙氨酸和甘氨酸不单独作为鲜味剂使用，而是用作风味增强剂。

2. 核苷酸类鲜味剂

核苷酸类鲜味剂均属于芳香杂环化合物，结构相似，都是酸性离子型有机物，呈味基团是亲水的核糖-5-磷酸酯，辅助基团是芳香杂环上的疏水取代基 X，它们的基本结构骨架为：

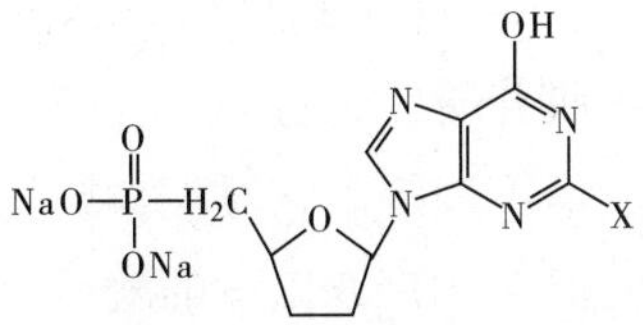

有鲜味的核苷酸的结构特点是:嘌呤核第 6 位碳上有羟基;核糖第 5′位碳上要有磷酸酯。

根据这一规律,人们又相继合成了许多 α-取代-5-核苷酸,且都具有鲜味,这些衍生物的特点是 α-位取代基上含有硫。

(1)当核苷酸类增味剂基本骨架中 X=NH$_2$ 时,得到 5′-鸟苷酸二钠。

5′-鸟苷酸二钠(disodium 5′-guanylate)是 5′-鸟苷酸(guanosine-5′-mono-phosphoric acid,GMP)的二钠盐,又名 5′-鸟苷酸钠、鸟苷-5′-磷酸钠,也简称 GMP。它的分子式为 C$_{10}$H$_{12}$N$_5$Na$_2$O$_8$P,相对分子质量 407.19,结构式如下:

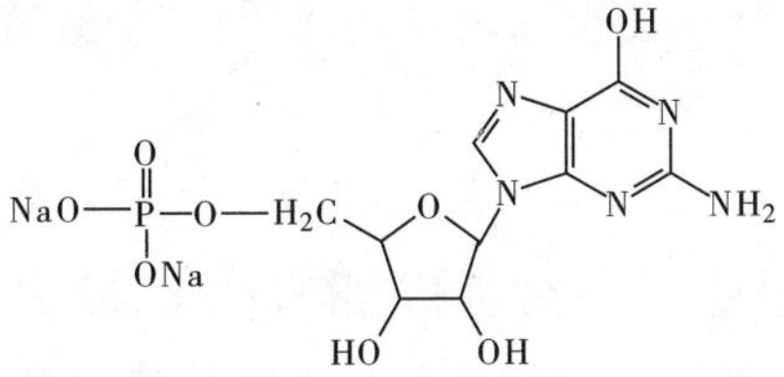

5′-鸟苷酸二钠可由酵母的核酸分解、分离得到,或由葡萄糖经发酵得到鸟苷,再经磷酸化而成。5′-鸟苷酸二钠为无色结晶白色粉末,无臭,具有特殊的类似香菇的鲜味,鲜味阈值为 0.0125 g/100 mL,鲜味强度为肌苷酸钠的 2.3 倍。它与谷氨酸钠合用有很强的协同作用,在 0.1%谷氨酸钠水溶液中,其鲜味阈值为 0.00003%。5′-鸟苷酸二钠易溶于水(1:4),微溶于乙醇,几乎不溶于乙醚,吸湿性较强,在通常的食品加工条件下,对酸、碱、盐和热均稳定。

(2)当核苷酸类增味剂基本骨架中 X=H 时,得到 5′-肌苷酸二钠。

5′-肌苷酸二钠(disodium 5′-inosinate)是 5′-肌苷酸(inosine-5′-mono-phosphoric acid,IMP)的二钠盐,又名 5′-肌苷酸钠、肌苷-5′-磷酸钠,简称 IMP。其分子式为 C$_{10}$H$_{11}$N$_4$Na$_2$O$_8$P·7.5H$_2$O,相对分子质量 527.20,结构式为:

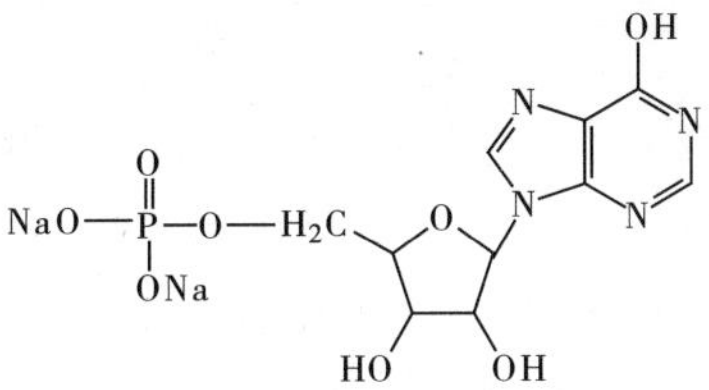

与 5′-鸟苷酸二钠相同,5′-肌苷酸二钠也可由酵母的核酸分解、分离得到,或由葡萄糖经发酵得到。5′-肌苷酸二钠为白色结晶颗粒或白色粉末,无臭。5′-肌苷酸二钠有特异鲜鱼味,鲜味阈值为 0.025 g/100 mL,鲜味强度低于鸟苷酸钠,但两者合用有显著的协同作

用。当两者以 1:1 混合时,鲜味阈值可降至 0.0063%。与 0.8% 谷氨酸钠合用,其鲜味阈值更进一步降至 0.000031%。5′-肌苷酸二钠易溶于水(13 g/100 mL,20℃),不溶于乙醚、乙醇,水溶液呈中性,稍有吸湿性,但不潮解。它对酸、碱、盐和热均稳定,在一般食品的 pH 值范围内,100℃加热几乎不分解;但在 pH=3 以下的酸性条件下长时间加压、加热时,则有一定的分解。5′-肌苷酸二钠可被动植物组织中的磷酸酯酶分解而失去鲜味。

3. 有机酸类鲜味剂

琥珀酸二钠(disodium succinate)是少有的有机酸类鲜味剂,又名琥珀酸钠、丁二酸钠,分子式 $C_4H_4N_4Na_2O_4$,相对分子质量 162.05。其结构式:

$$\begin{array}{l} CH_2—COOH \\ | \\ CH_2—COOH \end{array}$$

琥珀酸二钠为无色(或白色)结晶或白色结晶性粉末,无臭,无酸味,有特异的贝类鲜味,味觉阈值 0.03%,与谷氨酸钠、呈味核苷酸二钠复配使用效果更好。琥珀酸二钠通常与谷氨酸钠合用,用量约为谷氨酸钠用量的 1/10。它易溶于水,不溶于乙醇,在空气中稳定。

4. 其他鲜味剂

酵母抽提物(yeast extracts),又名酵母精、酵母味素,简称 YE,是将啤酒酵母、糖液酵母、面包酵母等酵母细胞内的蛋白质降解成小分子氨基酸和多肽,核酸降解成核苷酸,并把它们和其他有效成分,如 B 族维生素、谷胱甘肽、微量元素等一起抽提出来,所制得的人体可直接吸收利用的可溶性营养物质与风味物质的浓缩物。酵母提取物含有 19 种氨基酸,以谷氨酸、甘氨酸、丙氨酸、缬氨酸等较多,另含有 5′-核苷酸。

酵母抽提物具有氨基酸平衡良好、滋味鲜美、肉香浓郁而持久的特性,且集营养、调味和保健三大功能于一体,广泛用作液体调料、鲜味酱油、肉类加工、粉末调料、罐头、饮食业等食品的鲜味增强剂,起到改善产品风味、增进食欲、提高产品品质及营养价值等作用。如在酱油、蚝油、鸡精、各种酱类、腐乳、食醋中加入 1%~5% 的酵母抽提物,可与调味料中的动植物提取物及香辛料配合,引发出强烈的鲜香味,具有相乘效果;添加 0.5%~1.5% 酵母抽提物的葱油饼、炸薯条、玉米等经高温烘烤,更加美味可口;在榨菜、咸菜和梅干菜中添加 0.8%~1.5% 酵母抽提物,可以起到降低咸味的效果,并可掩盖异味,使酸味更加柔和,风味更加香浓持久。

(三)鲜味剂的协同增效作用

鲜味剂之间有着显著的增效作用,特别是核苷酸类鲜味剂与氨基酸类鲜味剂混合使用时会明显增强鲜味。表 5-33 中的数据明确地证实了这种增效作用。尽管 1:1 的 MSG/GMP 混合物可产生 30 倍味精单独使用时的鲜味强度,但由于核苷酸类鲜味剂的成本较高,这种比例的混合物极少使用。典型的混合比例是味精与 I+G(1:1)的比例为 95:5,这种组合可产生 6 倍味精单独使用的鲜味强度。

表 5-33　鲜味剂的协同作用效果

比例		相对鲜味强度	比例		相对鲜味强度
MSG	IMP		MSG	GMP	
1	0	1.0	1	0	1.0
1	1	7.0	1	1	30.0
10	1	5.0	10	1	18.8
20	1	3.5	20	1	12.5
50	1	2.5	50	1	6.4
100	1	2.0	100	1	5.4

（四）鲜味剂的应用

鲜味剂的典型使用范围是调味品、速食快餐、肉制品、水产制品、膨化食品及蔬菜制品等食品,但味精显然不适应腌渍蔬菜,因为该类产品的 pH 值仅为 2~3。过低的 pH 会妨碍味精的呈鲜作用。

我国规定:5′-呈味核苷酸二钠(5′-肌苷酸二钠和 5′-鸟苷酸二钠的混合物,I+G)、5′-肌苷酸二钠、5′-鸟苷酸二钠和谷氨酸钠可在各类食品中按生产需要适量使用,L-丙氨酸可用于调味品,按生产需要适量使用;氨基乙酸(又名甘氨酸)在预制肉制品和熟肉制品中的最大使用量为 3.0 g/kg;在调味品、果蔬汁(肉)饮料(包括发酵型产品等)和植物蛋白饮料中的最大使用量为 1.0 g/kg。

第五节　食品的赋香与增香

食品的香气不仅增加人们的快感、引起人们的食欲,而且可以刺激消化液的分泌,促进人体对营养成分的消化吸收。人们选择食品,主要是根据食品的色、香、味。香味尤其是诱使人们继续选用他们所喜爱食品的重要因素。咀嚼食物时所感知的香味与香气密切相关。咀嚼食物时,香味物质的微粒进入鼻咽部并与呼出气体一起通过鼻小孔进入鼻腔,甚至当食物进入食道,在呼气时也会使带着香味物质微粒的空气由鼻咽向鼻腔移动,这时对食物或饮料的香气感觉最敏锐。食物进入口腔所引起的香味感觉称为香味,可见香气和香味在感知上是相辅相成的。香和味在英语字典里是一个词 flavor,现在把它译成"香味"。香味是食品食用时,感觉器官鼻、口中的综合感觉。感觉正常的人,都具有辨别多种多样香味的能力,有时甚至能达到现代分析仪器不能检出的水平。

食品香料和香精是指能够增加食品香气和香味的食品添加剂。食品中香味成分的含量一般较低,例如面包含有约十万分之二的香味成分,却影响着面包的质量。因此,食品工业的发展是与香料、香精的发展密切相关的。

历史上,将芳香料运用到调味增香中,可追溯至神农时期,此时椒桂等芳香植物已被利用。我国许多古籍中都记载了食品中使用香料的内容。《齐民要术》记载的制作"五味脯"

"胡炮肉""鳢鱼汤"等食物中,都利用香料进行调味增香。《商书说命》中提到的"用蘖(麦芽)做成的甜酒叫醴,用秬(黑黍)和郁金香草做成的香酒叫鬯"是我国关于香酒制作的最早记载。"鬯"是由郁金(一种可以食用的芳香植物)与黑黍酿造而成的一种色黄而香的酒,该酒是商周时期用作敬神和赏赐的珍品。宋代饮食文献《山家清供》中记载了许多香花、香草食物的制作与利用,如将剔去花蒂并洒上甘草水的桂花与米粉合蒸,制成被称作"广寒糕"的点心。用菊花、香橙与螃蟹一起腌熏制成的"蟹酿橙",用菊花、甘草汁放入米中制成的可明目延年的"金饭",用荷花、胡椒、姜与豆腐制成的"雪霞羹",用莳萝、茴香、姜、椒等制成的"满山香",以及"梅粥""木香菜""蜜渍梅花""通神饼""麦门冬煎""梅花脯""牡丹生菜""菊苗煎"等。《山家清供》是宋代具有代表性的饮食起居类文献,其中所记载的内容反映了该时期人们的日常生活状况,由此可见当时人们食用芳香食物的风气已很盛行。

从 11 世纪到 17 世纪,由芳香植物制成的香料主宰着欧洲人的口味与想象力,中世纪的烹饪呈现出新的着重点和创意,就是所有东西都必须加香料,而且要有浓浓的色泽,至于香料的昂贵则全然不顾。欧洲人对香料的追求,催生了航海业的发展。许多欧洲伟大的航海家,包括哥伦布(Cristoforo Colombo)、达·伽马(Vasco da Gama)和麦哲伦(Ferdinand Magellan),他们铤而走险进行的所谓地理大发现,其实动因根本与地理大发现无关,而是为了香料和黄金。对于香料的需求,促使葡、西、英、荷等西欧诸国在 12 世纪至 17 世纪展开了新航线的开拓、新大陆的发现,以至于贸易权的争夺及殖民地的建立。

一、香气与分子结构的关系

一些物质之所以能够产生一定的香味,是因为这些物质中含有具有特殊结构的化合物。这些特殊化合物的分子均具有一定的原子团,对香味的产生起着重要的作用,我们将其称为发香团(发香基)。

1. 发香团

常见的发香团有:

①含氧基团:如羟基、醛基、酮基、羧基、醚基、苯氧基、酯基、内酯基等。

②含氮基团:如氨基、亚氨基、硝基、肼基等。

③含芳香基团:如芳香醇、芳香醛、芳香酯、酚类及酚醚。

④含硫、磷、砷等原子的化合物及杂环化合物。

2. 碳链结构

单纯的碳氢化合物极少具有怡人的香气,但会对香气产生影响。

(1)不同的碳链长度具有不同的香气。

根据经验,分子中碳原子数在 10~15 时香味最强。醇类分子中的碳原子在 1~3 时具有轻快的醇香,4~6 时有麻醉性气味,7 以上时有芳香气,10 以内的醇分子质量增加时气味增加,10 以上的气味渐减至无味。脂肪酸类中,一般低分子者气味显著,但不少具有臭味和刺激性异味,但 16 以上者一般无明显气味。

（2）不饱和化合物常比饱和化合物的香气强。

双键能增加气味强度,三键的增强能力更强,甚至产生刺激性。羰基化合物多具有较强气味,低级脂肪醛具有刺鼻气味,并随结构中碳原子的增加刺激性减弱而逐渐出现愉快的香气,尤其是 8~12 碳原子的饱和醛,在高倍稀释下有良好的香气。α、β 不饱和醛有臭味,尤其含 5~10 碳原子的醛有恶臭,酮类一般也具有香气。

例如,丙醇 $CH_3—CH_2—CH_2OH$ 香味平淡,而丙烯醇 $CH_2 = CH—CH_2OH$ 香气就强烈得多;桂皮醛 $C_6H_5—CH =CH—CHO$ 香气温和,苯丙醛 $C_6H_5—CH_2—CH_2—CHO$ 是刺激性香气。

（3）分子中碳链的支链,特别是叔、仲碳原子的存在对香气有显著的影响。

例如,乙基麦芽酚比麦芽酚的香气强 4~6 倍。

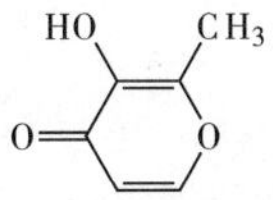

麦芽酚 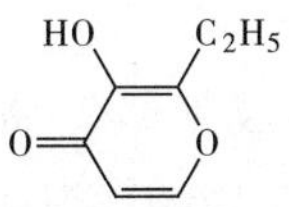　　　　　　　乙基麦芽酚

（4）结构中碳原子数目超过一定数量时通常都引起香气的减弱和消失。

例如,α-烃-γ-丁内酯分子中 R 的碳原子数从 3 增至 11 的各同系物中,香味增加。麝香子油素中,其环上的碳原子数超过 18 个时,香气消失。

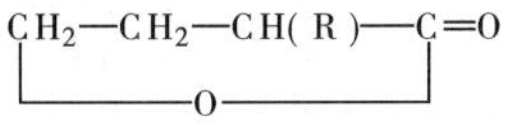

α-烃-γ-丁内酯 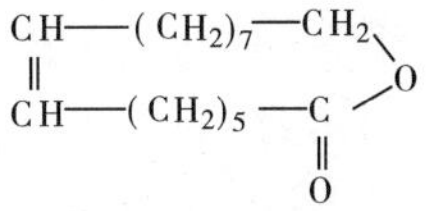　　　　　　　麝香子油素

（5）取代基相对位置的影响。

取代基相对位置不同对香气的影响很大,尤其是对于芳香族化合物影响更大。例如,香兰素是香兰气味,而异香兰素是大茴香味。

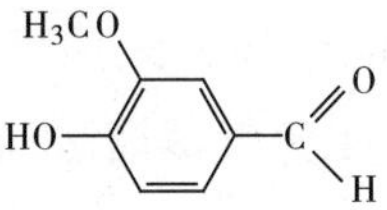

香兰素 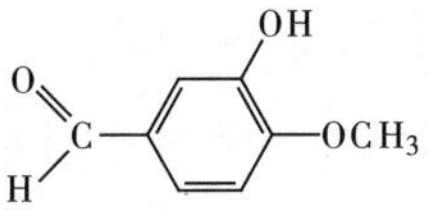　　　　　　　异香兰素

（6）分子中空间排列的影响。

一种化合物的同分异构体往往气味不同,例如,顺式结构的叶香醇比反式结构的橙花醇要香得多。

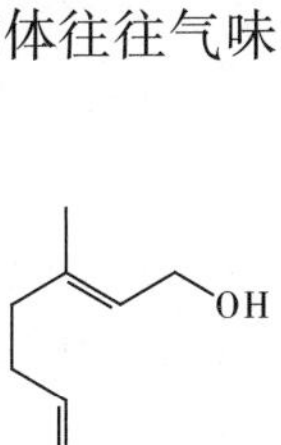

叶香醇 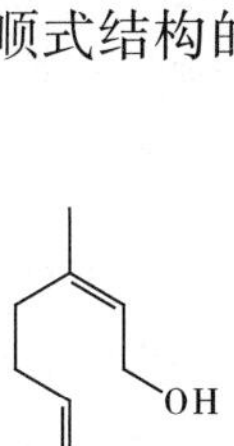　　　　　　　橙花醇

二、赋香物质

具有香味及香气的物质通常称为香料,其分子中含有一个或数个主香团。由于发香团在分子中的结合方式与数量的不同,香料产生的香气与香味不同。所谓食品用香料,是指能够用于调配食品香精,并使食品增香的物质。

(一)食用香料

食用香料按其来源和制造方法的差异分为天然香料、天然等同香料和人造香料。根据我国《食品安全国家标准 食品添加剂使用标准》(GB 2760—2014),允许使用的食品用天然香料有400余种,合成香料有1400余种,并规定凡列入合成香料目录的香料,其对应的天然物(即结构完全相同的对应物)应视作已批准使用的香料。

1. 天然香料

天然香料(natural flavor)成分复杂,是由多种化合物组成的。天然香料又分为动物性香料和植物性香料。食品中所用的香料主要是植物性香料。

根据天然香料产品和产品形态可分为香辛料、精油、浸膏、压榨油、净油、酊剂、油树脂及单离香料制品等。其产品具有以下特点:

(1)香辛料(spices)。

主要是指在食品调香调味中使用的芳香植物或干燥粉末。此类产品中的精油含量较高,具有强烈的呈味、呈香作用,不仅能促进食欲,改善食品风味,而且有杀菌防腐功能。包括具有热感和辛辣感的香料,如辣椒、姜、胡椒、花椒、番椒等;具有辛辣作用的香料,如大蒜、葱、洋葱、韭菜、辣根等;具有芳香性的香料,如月桂、肉桂、丁香、孜然、众香子、香夹兰豆、肉豆蔻等;香草类香料,如茴香、葛缕子(姬茴香)、甘草、百里香、枯茗等。这些香辛料大部分在我国都有种植,资源丰富,有的享有很高的国际声誉,如八角茴香、桂皮、桂花等。

(2)精油(essential oil)。

又称香精油、挥发油或芳香油,是植物性天然香料的主要品种。植物精油是取自草本植物的花、叶、根、树皮、果实、种子、树脂等,以蒸馏、压榨方式提炼出来的植物特有的芳香物质。例如,玫瑰油、薄荷油、八角茴香油等均是用水蒸气蒸馏法抽取的精油。对于柑橘类原料,则主要用压榨法抽取精油。例如,红橘油、甜橙油、圆橙油、柠檬油等。液态精油是我国目前天然香料的最主要的应用形式。

早在16世纪人们就发明了用水蒸气蒸馏提取芳香植物精油的方法。至此,香料的应用从固态芳香植物的直接应用发展到天然芳香植物经加工提取出芳香成分。这不但给运输贸易打开了方便之门,而且香气可以较持久保存下来,给各方面的用户创造了条件。从此,香草不仅应用于熏香,还应用于药物、化妆品、饮食品和调味品等。天然香料的应用价值就进一步获得发挥,这为整个香料工业的兴起和发展奠定了基础。

在14世纪末至15世纪初期,布鲁史维写了第一本有关蒸馏法的书目,成为人们的参考书籍。然而由于当时蒸馏所得的香精油实在有限,因此在这本厚达1000多页的书中只介绍了薰衣油、松香油、欧洲刺柏油及迷迭香油。

近年来,压缩丁烷和超临界二氧化碳萃取技术用来提取新鲜香花精油和辛香料等取得了新发展,使所得萃取物具有天然原料逼真的香气和香味。另外,精油的深加工采用了分子蒸馏技术,使那些沸点较高、色泽较深、黏度大、香气粗糙的精油和一些净油类产品得到精制、提纯和脱色,使香料植物的应用更加方便有效。

(3)浸膏(concrete)。

浸膏是一种含有精油及植物蜡等呈膏状浓缩的非水溶剂萃取物。用挥发性有机溶剂浸提香料植物原料,然后蒸馏回收有机溶剂,蒸馏残留物即为浸膏。在浸膏中除含有精油外,尚含有相当量的植物蜡、色素等杂质,所以在室温下多数浸膏呈深色膏状或蜡状。例如,大花茉莉浸膏、桂花浸膏、香荚兰豆浸膏等。

(4)油树脂(oleoresin)。

一般是指用溶剂萃取天然香辛料,然后蒸除溶剂后得到的具有特征香气或香味的浓缩萃取物,通常为黏稠液体,色泽较深,呈不均匀状态。例如,辣椒油树脂、胡椒油树脂、姜黄油树脂等。

(5)酊剂(tincture)。

又称乙醇溶液,是以乙醇为溶剂,在室温或加热条件下,浸提植物原料、天然树脂或动物分泌物所得到的乙醇浸出液,经冷却、澄清、过滤而得到的产品。例如,枣酊、咖啡酊、可可酊、黑香豆酊、香荚兰酊、麝香酊等。

(6)净油(absolute)。

净油是指用乙醇萃取浸膏、香脂或树脂所得到的萃取液,经过冷冻处理,滤去不溶的蜡质等杂质,再经减压蒸馏蒸去乙醇,所得到的流动或半流动的液体。例如,玫瑰净油、小花茉莉净油、鸢尾净油等。

2. 合成香料

合成香料(synthetic flavor)是采用天然原料或化工原料,通过化学合成制取的香料化合物。

19世纪,随着有机化学的迅速发展,人们通过分析植物芳香油的化学成分,找到了芳香的根源,进而合成了人造香料。19世纪下半时期,人们通过减压分馏和水蒸气蒸馏的方法得到提纯和单离天然香料,然后利用单离物通过化学合成方法获得新香料,即单离合成香料。到20世纪,合成香料以产量高、成本低的特点,使天然香料渐渐减少。

合成香料根据其合成所用原料的来源不同及是否在天然产品中有所发现,可分为天然级香料、天然等同香料和人造香料。合成香料的制备包括了对各种类型香料中主体物质(化合物)的合成。从化学结构上合成香料可按照其中的官能团和碳原子骨架进行分类。

①按官能团分类:可分为烃类香料、醇类香料、酚类香料、醚类香料、醛类香料、酮类香料、缩羰基类香料、酸类香料、酯类香料、内酯类香料、腈类香料、硫醇香料、硫醚类香料等。

醇类香料在食品工业中占有重要地位,其品种约占合成香料总数的 1/5。醇类化合物存在于自然界中。例如,乙醇、丙醇、丁醇,在酒、酱油、食醋、面包中均有存在;苯乙醇是玫瑰、橙花、依兰的主要香成分之一;萜醇在自然界中存在更为广泛,例如,在玫瑰油中,香味醇含量约为 14%,橙花醇约为 7%,芳樟醇约为 1.4%,金合欢醇约为 1.2%。

酚类香料广泛存在于自然界中,例如,丁香酚存在于丁香油(含 80% 左右)、月桂叶(含 80% 左右)中,百里香酚存在于百里香油(含 50% 左右)中,在酒类、烟熏肉类等食品中常有酚类化合物。

醛类香料约占香料总数的 1/10。由于醛类香料容易氧化聚合,使其应用受到限制。

酮类香料在香料工业中占有重要地位。许多萜酮和脂环酮类化合物是天然香料的主要成分;一些大环酮类化合物是动物性天然香料的主要香成分;许多食品的香味成分中都含有酮类化合物,如苹果、香蕉、桃、黄瓜等。酮类香料由于其良好的香气和化学稳定性,在调香中得到了广泛的应用。

缩羰基类香料包括缩醛和缩酮两大类,是最近二三十年发展起来的新型香料化合物。此类香料大部分化合物未发现天然存在,多数为人造香料。由于它们的化学稳定性强、香气好,目前使用已经很普遍。

酯类香料在香料工业中占有特别重要的地位,其中大多具有花香、果香、酒香或蜜香香气,是鲜花、水果、酒等香味成分的重要组成部分。酯类香料品种约占香料总数的 1/5,在食品香精中都是不可缺少的。

含硫香料主要用于食品香精。含硫香料阈值都很低,香势很强,纯品一般具有令人厌恶的气味,极度稀释后则香气诱人,广泛存在于各种肉类、蔬菜等食品中。含硫香料在最终加香食品中的用量一般为 10^{-6} 数量级,甚至更低。

②按碳原子骨架分类:可分类为萜烯类(萜烯、萜醇、萜醛、萜酮、萜酯)、芳香族类(芳香族醇、醛、酮、酸、酯、内酯、酚、醚)、脂肪族类(脂肪族醇、醛、酮、酸、酯、内酯、酚、醚)、杂环和稠环类(呋喃类、噻唑类、吡咯类、噻吩类、吡啶类、吡嗪类、喹啉类)。

(二)食用香精

食用香精是根据天然物质的香气特征,用天然精油和(或)合成香料调配而成的合成风味化合物。

1. 食用香精的分类

(1)根据香型分类。

①果香型香精:大多是模仿果实的香气调配而成,如橘子、香蕉、苹果、葡萄、梨、草莓、柠檬、甜瓜等。这类香精大多用于食品、洁齿用品中。

②酒用香型香精:如清香型、浓香型、酱香型、米香型、朗姆酒香、杜松酒香、白兰地酒香、威士忌酒香等。

③坚果香型香精:如咖啡香精、杏仁香精、椰子香精、糖炒栗子香精、核桃香精、榛子香精、花生香精、可可香精等。

④肉味香精:如牛肉香精、鸡肉香精、海鲜香精、羊肉香精等。

⑤乳香型香精:如奶用香精、奶油香精、白脱香精、奶酪香精等。

⑥辛香型香精:如生姜香精、大蒜香精、芫荽香精、丁香香精、肉桂香精、八角茴香香精、辣椒香精等。

⑦凉香型香精:如薄荷香精、留兰香香精、桉叶香精等。

⑧蔬菜香型香精:如蘑菇香精、番茄香精、黄瓜香精、芹菜香精等。

⑨其他香型食品香精:如可乐香精、粽子香精、泡菜香精、巧克力香精、香草香精、蜂蜜香精、香油香精、爆玉米花香精等。

(2)根据形态分类。

①水溶性香精:所用的各种香料成分必须能溶于水或醇类溶剂中。水溶性香精广泛用于果汁、汽水、果冻、果子露、冰激凌和酒类中。

②油溶性香精:选用的天然香料和合成香料溶解在油性溶剂中配制而成。油溶性香精主要用于糖果、巧克力等食品中。

③乳化香精:以香料、乳化剂、稳定剂及蒸馏水为主要组分的混合物。乳化香料主要用于果汁、奶糖、巧克力、糕点、冰激凌、奶制品等食品中。

④膏状香精:是一种形态介于固体和液体之间的香精,以肉味香精居多。

⑤固体香精:大体上可分为固体香料磨碎混合制成的粉末香精、粉末担体吸收香精制成的粉末香精、由赋形剂包覆香料而形成的微胶囊粉末香精和通过冷冻干燥形成的粉末香精4种类型。粉末香精广泛应用于固体饮料、固体汤料、奶粉中。

(3)按味道分类。

①甜味香精:指具有甜味的食品香精,按香型分为果香型香精、乳香型香精、坚果香型香精等。一般用于软饮料、冰制品、糖果、烘烤食品和奶制品等食品。

②咸味香精:指由热反应香料、食品香料化合物、香辛料(或其提取物)等香味成分中的一种或多种与食用载体和或其他食品添加剂构成的混合物,用于咸味食品的加香。从品种来看,咸味食品香精主要包括牛肉、猪肉、鸡肉等肉味香精,鱼、虾、蟹、贝类等海鲜香精,各种菜肴香精及其他调味香精。从制备方法来看,咸味食品香精主要包括调和型咸味香精、反应型咸味香精、发酵型咸味香精、酶解型咸味香精、脂肪氧化型咸味香精。一般用于方便面和各种肉制品等食品。

③调和型咸味香精:指用各种食品香料、溶剂和载体等原料混合而成的咸味香精,此类香精常作为热反应咸味香精的头香使用。如牛肉调和香精通常添加到牛肉热反应香精中,然后应用于各种肉制品中。

2. 香精的基本组成

关于香精的组成,国内外有两种观点。国内大多数调香师认为香精应包括主香剂、辅香剂、头香剂、定香剂4种类型的香料;国外某些调香师认为应包括头香、体香、基香3种类型的香料。以下仅介绍4部分组成香精的内容。

（1）主香剂（base）。

又称香精主剂或打底原料。主香剂是形成香精主体香韵的基础，是构成香精香型的基本原料。调香师要调配某种香精，首先要确定其香型，然后找出能体现该香型的主香剂。

（2）辅香剂。

又称配香原料或辅助原料。主要作用是弥补主香剂的不足。添加辅助剂后，可使香精香气更趋完美，以满足不同类型的消费者对香精香气的需求。辅助剂可以分为协调剂和变调剂两种。

①协调剂（blender）：又称合香剂或调合剂。协调剂的香气与主香剂属于同一类型，其作用是协调各种成分的香气，使主香剂香气更加明显突出。例如，在调配香蕉香精时，常用乙酸甲酯、乙酸丁酯、丁酸-3-甲基丁酯、3-甲基丁酸-3-甲基丁酯等做协调剂。

②变调剂（modifier）：又称矫香剂或修饰剂。用作变调剂香料的香型与主香型不属于同一类型，是一种使用少量即可奏效的暗香成分，其作用是使香精变化格调，使其别具风格。例如，在调配香蕉香精时，常用乙醛、玫瑰—紫罗兰香型香料、香兰素等做变调剂。

（3）头香剂。

又称顶香剂，用作头香剂的香料挥发性高，香气扩散力强。其作用是使香精的香气更加明快、透发，增加人们的最初喜爱感。例如，在调配甜橙香精时，常用乙醛等脂肪醛做头香剂。

（4）定香剂（fixer）。

又称保香剂，它的作用是使香精中各种香料成分挥发均匀，防止快速蒸发，使香精香气更加持久。

必须指出，香精的各个组成物质在不同香精配方中的作用是变化的。例如，香草香精中的主香剂是香兰素，但香兰素本身又是定香香料；橘子油在橘子香精中是主香剂，但在香蕉香精中它又是辅助香料。

在食用香精调配中，稀释剂也是不可缺少的组成，常用的稀释剂有蒸馏水、酒精、甘油、丙二醇、邻苯二甲酸二丁酯和精制的茶油、杏仁油、胡桃油、色拉油及乳化液等。

3. 食品风味及典型风味化合物

（1）青草香味。

青草香味是指刚割下的青草或落叶的绿色植物材料的气味。其代表性的物质是短链不饱和醛类和醇类，如反-2-己烯醛和顺-3-己烯醇。烷基取代的噻唑和烷氧基吡嗪类阈值极低的酯类和杂环类也属于该族。常见的具有典型青草香味的化合物见图5-17。

（2）水果香味。

成熟的水果如香蕉、梨、瓜类等的甜气味为特征的香味。其典型的物质为酯类和内酯类，也涉及酮、醛和乙缩醛类（图5-18）。热带水果常含有含硫化合物，乙酸异戊酯与几乎所有的果味香韵中的甜味有关，2,4-癸二烯酸酯是西洋梨中的关键香味物质，而3-甲硫基丙酸则是菠萝的特征果味物质。

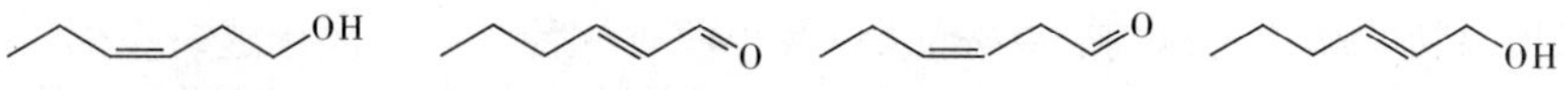

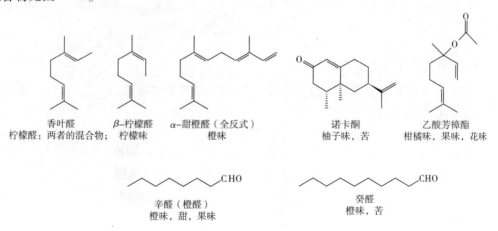

顺-3-己烯醇（叶醇）　　反-2-己烯醛（叶醛）　　顺-3-己烯醛　　反-2-己烯醇
　　青草味　　　　　　新鲜青草叶　　　　青草味　　　　　青果味

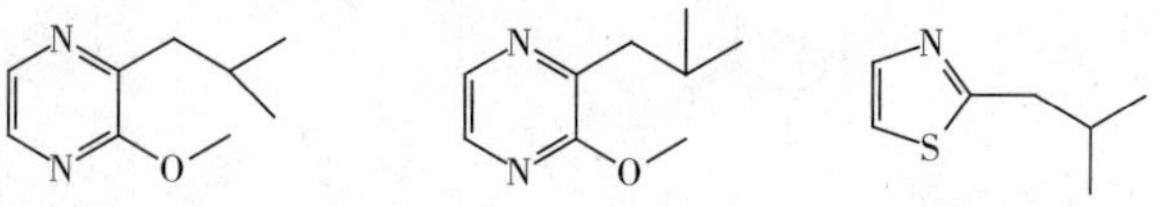

2-异丁基-3-甲氧基吡嗪　　2-仲丁基-3-甲氧基吡嗪　　2-异丁基噻唑
　　青辣椒味　　　　　　　青泥土味　　　　　青番茄叶味

图 5-17　常见的具有典型青草香味的化合物

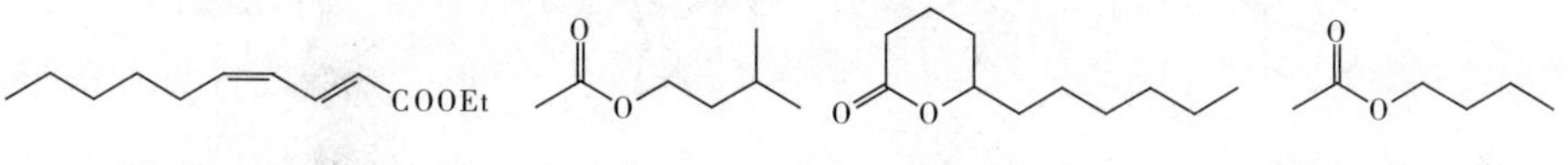

反-2,顺-4-癸二烯酸乙酯　　乙酸异戊酯　　δ-十一碳酸内酯　　乙酸己酯
　果味，梨味　　　　　果味，甜　　　果味，奶油味　　蜜饯百果味

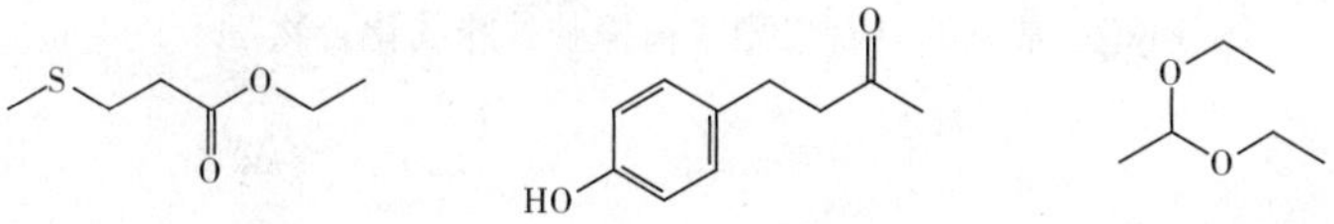

3-甲硫基丙酸乙酯　　　4-(对-羟苯基)-2-丁酮　　　二乙基乙缩醛
　果味，菠萝味　　　　　　果味，花味　　　　　果味，新鲜味

图 5-18　常见的具有典型水果香味的化合物

（3）柑橘香味。

其代表性物质一个是具有强烈气味的柠檬醛（香叶醛和 β-柠檬醛的混合物）；另一个是诺卡酮，它是柚子味的关键成分。中长链的简单脂肪醛(辛醛、癸醛)、甜橙醛及单萜烯醇的一些酯类(乙酸芳樟酯)可使柑橘香味更加丰满和圆润。常见的具有典型柑橘香味的化合物见图 5-19。

香叶醛　　　　　　β-柠檬醛　　　α-甜橙醛（全反式）　　　　诺卡酮　　　　乙酸芳樟酯
柠檬醛：两者的混合物；　柠檬味　　　　橙味　　　　　　柚子味，苦　　柑橘味，果味，花味

辛醛（橙醛）　　　　　　　　　　　癸醛
橙味，甜，果味　　　　　　　　　　橙味，苦

图 5-19　常见的具有典型柑橘香味的化合物

（4）薄荷樟脑香味。

具有甜、新鲜、清凉的感觉，其代表化合物是 L-薄荷醇、长叶薄荷酮、L-香芹醇乙酸酯、

L-香芹酮和樟脑。冰片、桉树脑(=桉油醇)及小茴香酮传统上也属于这一系列(图5-20)。

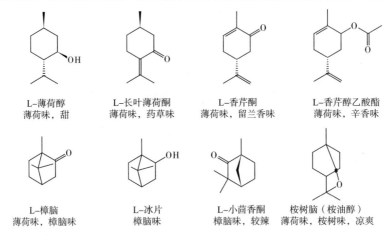

L-薄荷醇
薄荷味,甜

L-长叶薄荷酮
薄荷味,药草味

L-香芹酮
薄荷味,留兰香味

L-香芹醇乙酸酯
薄荷味,辛香味

L-樟脑
薄荷味,樟脑味

L-冰片
樟脑味

L-小茴香酮
樟脑味,较辣

桉树脑(桉油醇)
薄荷味,桉树味,凉爽

图5-20 常见的具有典型薄荷樟脑香味的化合物

(5)甜蜜花香味。

可以定义为由花散发出的气味,含有甜味、青草味、水果味和药草味等特征,没有典型的关键配料,但单个风味物质的范围属于不同的化学类别。苯乙醇、香叶醇、β-紫罗兰酮和一些酯类(乙酸苄酯、乙酸芳樟酯)是该族的重要化合物。常见的具有甜蜜花香味的化合物见图5-21。

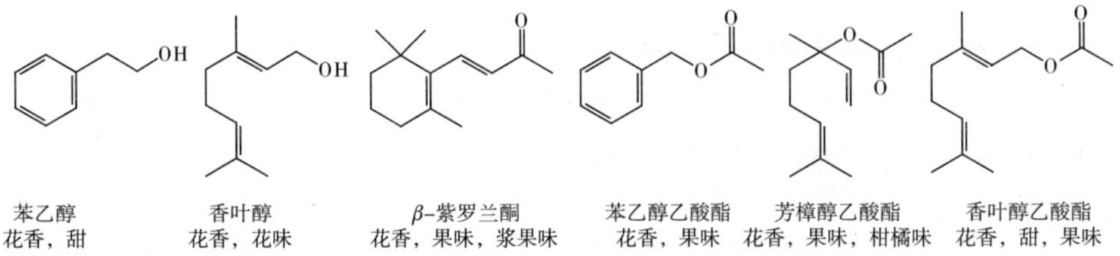

苯乙醇
花香,甜

香叶醇
花香,花味

β-紫罗兰酮
花香,果味,浆果味

苯乙醇乙酸酯
花香,果味

芳樟醇乙酸酯
花香,果味,柑橘味

香叶醇乙酸酯
花香,甜,果味

图5-21 常见的具有甜蜜花香味的化合物

(6)辛香药草香味。

辛香药草香味是药草类植物和辛香料所共有的,彼此间差异甚微。芳香醛类、醇类和酚类的衍生物是典型的成分(图5-22)。

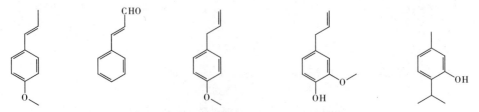

反—茴香脑
药草味,甜,茴香味

反—肉桂醛
辛香味,甜,辣,肉桂味

甲基胡椒酚
药草味,辣,茴香味

丁香酚
辛香味,辣,灼烧感,丁香

百里酚
药草味,甜-药味,辛香味

图5-22 常见的具有辛香药草香味的化合物

（7）木熏香味。

木熏香味是特有的温热木材味、甜味和烟熏的气味。常见的是取代的苯酚（邻甲氧基苯酚等）、甲基化的紫罗兰酮的衍生物（甲基紫罗兰酮）之类的化合物，某些醛类（反-2-壬烯醛）为其代表化合物（图5-23）。

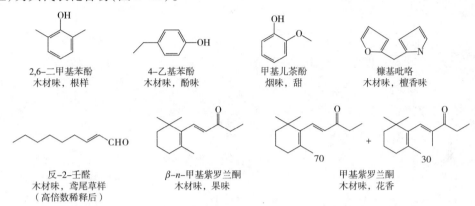

2,6-二甲基苯酚
木材味，根样

4-乙基苯酚
木材味，酚味

甲基儿茶酚
烟味，甜

糠基吡咯
木材味，檀香味

反-2-壬醛
木材味，鸢尾草样
（高倍数稀释后）

β-n-甲基紫罗兰酮
木材味，果味

甲基紫罗兰酮
木材味，花香

图5-23　常见的具有木熏香味的化合物

（8）烧烤香味。

烧烤香味与"吡嗪"有关，因为吡嗪类可以覆盖这类风味的整个范围，是烧烤产品中占支配地位的化学物质。烷基、酰基和烷氧基的不同取代和组合导致了风味的丰富多样性，其中，烷基和乙酰取代的吡嗪是最重要的常见化合物（图5-24）。

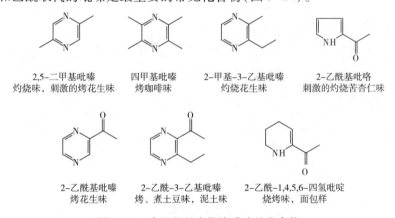

2,5-二甲基吡嗪
灼烧味，刺激的烤花生味

四甲基吡嗪
烤咖啡味

2-甲基-3-乙基吡嗪
灼烧花生味

2-乙酰基吡咯
刺激的灼烧苦杏仁味

2-乙酰基吡嗪
烤花生味

2-乙酰-3-乙基吡嗪
烤、煮土豆味，泥土味

2-乙酰-1,4,5,6-四氢吡啶
烧烤味，面包样

图5-24　常见的具有烧烤香味的化合物

（9）焦糖化坚果香味。

指焙烤坚果轻微的苦味和焙烤香气。除榛酮、麦芽酚、呋喃酚外，香兰素、乙基香兰素、苯甲醛、苯乙酸、肉桂醇、脱氢香豆素、三甲基吡嗪也属于这类化合物（图5-25）。

（10）乳品奶油香味。

从黄油香味（联乙酰、乙偶姻、戊二酮）到香甜的奶油发酵香味（乙酸丙酮醇酯、δ-癸内酯、γ-辛内酯），表现出多样性。图5-26给出了具有该类风味的常见化合物。

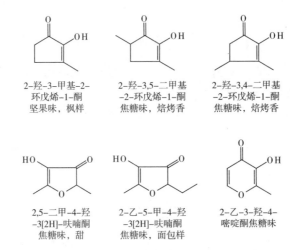

图 5-25　常见的具有焦糖化坚果香味的化合物

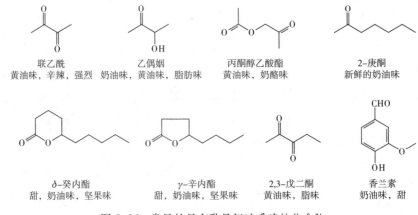

图 5-26　常见的具有乳品奶油香味的化合物

(11)蘑菇泥土香味。

常见的具有蘑菇泥土香味的化合物见图 5-27。

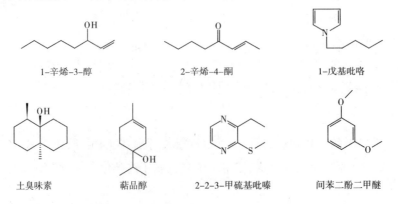

图 5-27　常见的具有蘑菇泥土香味的化合物

(三)热反应香精

热反应香精(thermal process food flavour,TPF)是通过加热特定的混合组分,经过调和、修饰而制备的具有特定风味的香精产品。这类香精主要包括肉类风味香精,当然也包含咖啡、可可甚至坚果的肉味香精。其中,最主要的是肉类肉味香精。

关于肉味风味的精确开发研究是第二次世界大战期间开始的。英国的 Unilever 于1951 开始对牛肉风味的研究包括两个方面:一是分离和鉴定烹煮牛肉所产生的芳香物质;二是分离和鉴定产生牛肉风味基本特征的前体物质。他得出结论:挥发性化合物中有许多是含硫化合物或头羰基化合物;牛肉中的低分子量水溶性物质是烹煮牛肉风味的主要前体物质,这些物质是由大量的氨基酸或小肽和/或氨基酸和还原糖组成的。这些研究结果及基于加热氨基酸、糖类前体热反应风味的开发导致第一个有关热反应香精专利的获批。

1. 美拉德(Maillard)反应

早在 1912 年法国化学家路易斯·卡米拉·美拉德(Louis Camille Maillard)曾发现甘氨酸与葡萄糖的混合物加热时,在形成颜色为黑色液体的同时也产生香味物质,称为非酶褐变反应,或称作美拉德(Maillard)反应。

美拉德反应包括 3 个阶段:

起始阶段,氨基酸与还原糖缩合生成薛夫碱,环化后生成 N-取代糖基胺,再经阿姆德瑞重排形成阿姆德瑞化合物(1-氨基-1-脱氧-2-酮糖)。

中间阶段,阿姆德瑞化合物通过 3 条路线进行反应:A. 酸性条件下,经 1,2-烯醇化反应,生成羟甲基糠醛。B. 碱性条件下,经 2,3-烯醇化反应,产生二羰基化合物(还原酮类和脱氢还原酮类)。C. 二羰基化合物经斯特勒克(Strecker)降解反应,形成少一个碳的醛类、吡嗪衍生物等。

最终阶段,各中间产物之间相互缩合(醛醇缩合、胺醛缩合等),最后形成类黑精。

显然,美拉德反应的中间阶段是形成肉类香味的重要途径。

2. 肉类香味形成的机理

(1)肉类香味的前体物质。

生肉是没有香味的,只有在蒸馏和焙烤时才会有香味。在加热过程中,肉的各种组织成分间发生一系列复杂变化,产生了挥发性香味物质,目前有 1000 多种肉类挥发性成分被鉴定出来,主要包括:内酯化合物、吡嗪化合物、呋喃化合物和硫化物。研究表明,形成这些香味的前体物质主要是水溶性的糖类和含氨基酸化合物,以及磷脂和三甘酯等类脂物质。肉在加热过程中瘦肉组织赋予肉类香味,而脂肪组织赋予肉制品特有风味,如果从各种肉中除去脂肪则肉的香味是没有差别的。

(2)Maillard 反应与肉味化合物。

并不是所有的 Maillard 反应都能形成肉味化合物,但其在肉味化合物的形成过程中起着很重要的作用。肉味化合物主要有 N-、S-、O-杂环化合物和其他含硫成分,包括呋喃、吡咯、噻吩、咪唑、吡啶和环乙烯、硫醚等低分子量前体物质。其中,吡嗪是一些主要的挥发性物质。另外,在 Maillard 反应产物中,硫化物占有重要地位。若从加热肉类的挥发性成分中除去硫化物,则形成的肉香味几乎消失。肉香味物质可以通过以下途径分类,即:氨基酸类通过 Maillard 和 Strecker 降解反应产生;糖类、氨基酸类、脂类通过降解产生肉香味;脂类通过氧化、水解、脱水、脱羧产生肉香味;维生素 B_1 产生肉香味;硫化氢、硫醇与其他组分反应产生肉香味;核糖核苷酸类、核糖-5'-磷酸酯、甲基呋喃醇酮通过硫化氢反应产生肉香味。可见,杂环化合物来源于一个复杂的反应体系,而肉类香气的形成过程中,Maillard 反应对许多肉香味物质的形成起了重要作用。

(3)氨基酸种类对肉香味物质的影响。

对牛肉加热前后浸出物中氨基酸组分分析,加热后有变化的主要是甘氨酸、丙氨酸、半胱氨酸、谷氨酸等,这些氨基酸在加热过程中与糖反应产生肉香味物质。吡嗪类是加热渗出物特别重要的一组挥发性成分,约占 50%。另外从生成的重要挥发性肉味化合物结构分析,牛肉中含硫氨基酸、半胱氨酸、胱氨酸及谷胱甘肽等是产生牛肉香气不可少的前体化合物。半胱氨酸产生强烈的肉香味,胱氨酸味道差,蛋氨酸产生土豆样风味,谷胱氨酸产生出较好的肉味。当加热半胱氨酸与还原糖的混合物时,便得到一种刺激性"生"味,如有其他氨基酸混合物存在的话,可得到更完全和完美的风味,蛋白水解物对此很适合。

(4)还原糖对肉类香味物质的影响。

对于反应来说,多糖是无效的,二糖主要指蔗糖和麦芽糖,其产生的风味差,单糖具有还原力,包括戊糖和己糖。研究表明,单糖中戊糖的反应性比己糖强,且戊糖中核糖反应性最强,其次是阿拉伯糖、木糖。由于葡萄糖和木糖,廉价易得,反应性好。所以常用葡萄糖和木糖作为 Maillard 反应原料。

(5)脂类氧化对肉类香味物质的影响。

脂类在肉类香味的形成过程中起着重要的作用。没有脂类,Maillard 反应仅可以产生模拟肉味,但不能形成特征性的肉香。未经氧化的脂类,通常不能产生诱人的香味,如生的肉类。因此,在形成特征性肉香时,脂类的氧化是必要的,但氧化程度必须适当。脂类的氧化程度过低,特征香气较弱;氧化程度过高,则会产生刺激性的异味。

3. 热反应中风味产生的主要途径

在热反应中,主要通过以下反应产生风味物质:

(1)糖与氨基酸之间的反应。

生成挥发与不挥发性的成分,即 Maillard 反应的产物。如 Maillard 反应中通过醛醇化途径生成吡嗪化合物:

不同的氨基酸产生的香味特性也不相同(表5-34)。

表 5-34　葡萄糖与氨基酸在 100℃下热反应产生的香味

氨基酸种类	香味	氨基酸种类	香味
甘氨酸	焦糖香味,弱啤酒香味	胱氨酸	肉香味,焦烟香味,土耳其火鸡香味
α-丙氨酸	啤酒香味	脯氨酸	玉米香味,焦烟蛋白香味
缬氨酸	黑麦面包香味	羟脯氨酸	土豆香味
亮氨酸	甜巧克力香味,吐司香味,黑面包香味	精氨酸	爆玉米花香味,奶糖香味
蛋氨酸	烤过头的土豆香味	组氨酸	奶油香
半胱氨酸	肉香味,硫化物样香味	谷氨酸	巧克力香味

（2）原料中糖类物质降解。

加热后糖类的降解,生成呋喃与呋喃酮化合物:

（3）氨基酸、肽类的降解。

胱氨酸和半胱氨酸的热降解可产生噻唑类化合物:

（4）脂肪及类脂类物质的热降解作用形成特征香味。

脂类特别是不饱和脂类易发生自动氧化,生成氢过氧化物（ROOH）。氢过氧化物在高温下可以分解,生成挥发性的香味物质和非挥发性的物质。如 ROOH 分解后生成烷氧自由基（RO·）和羟基自由基（·OH）,烷氧自由基在—C—C—处裂解,生成醛和乙烯基（或不饱和醛和烷基自由基）,继而产生醛、烯、醇等。

（5）脂类氧化降解产物参与的 Maillard 反应而形成风味物质。

烃基吡啶是热处理间相互反应的特征芳香组分。研究表明,甘氨酸可以和来自牛脂的壬醛进行反应,产生 2-丁基吡啶。

总之,热反应的基本原料植物水解蛋白和动物水解蛋白是产生基本肉香味的主要前体物质,脂肪氧化产物是特征肉香味的主要来源。脂肪经过控制后,可产生大量脂肪族的醛、酮和羧酸,氧化产物直接用于热反应香精或热反应原料,可显著提高肉味香精的特征性香味。

三、增香物质

能显著增加食品的原有风味,尤其是能增加香味和甜味的物质叫增香剂,也称香味增效剂或香味改良剂。

(一)增香机理

增香剂的增香作用不是通过改变香味物质的结构和组成,而是通过改变人的生理感觉功能实现的。

通常,增香剂具有高度的选择性,能使人舌部和鼻部的某一范围的感觉细胞的敏感性改变,从而相应地抑制了其他区域的信号,造成一种或几种气味增强、而另一些气味被削弱的效果。增香剂也是一种香料,自身也有一定的香气。但它们在食品中并不是提供自身固有的香气特性,而是使其他某种或某几种香味成分得到增强。

(二)麦芽酚与乙基麦芽酚

麦芽酚是 Stenhouse 于 1861 年首先从落叶松的树皮中分离提取出的,他发现麦芽酚具有愉快的气味和轻微的苦味和涩味。1894 年,Brand 从烤麦芽中分离提取了麦芽酚。

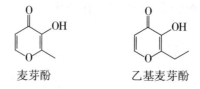

麦芽酚　　　　　乙基麦芽酚

1. 麦芽酚

麦芽酚(maltol),化学名为 2-甲基-3-羟基-γ-吡喃酮,γ-吡喃酮的衍生物,是一种芬芳香气的白色结晶状粉末,伴有焦糖香甜味,溶于水和乙醇,易蒸发,弱酸条件下稳定,碱性介质中不稳定。麦芽酚的风味特征适合于水果味、焦糖味为基础的食品的增香。麦芽酚对咸味无作用,对酸/甜味、香/甜味有增效作用,对苦味、涩味有消杀作用。麦芽酚在饮料中的最终含量为 5~25 mg/kg,通常以 50~250 mg/kg 浓度为增香剂。

2. 乙基麦芽酚

乙基麦芽酚(ethyl maltol)与麦芽酚同属 γ-吡喃酮衍生物,化学名为 3-羟基-2-乙基-γ-吡喃酮,但至今未从自然界的物质中发现。乙基麦芽酚为白色结晶体,可溶于水(1.66 g/100 mL,20℃)和乙醇。乙基麦芽酚具有强烈的甜味、面包/水果香气,香气较持久。与麦芽酚不同的是,乙基麦芽酚的焦糖味更低,而面包味更浓且更柔和。

乙基麦芽酚对含铁物品十分敏感,与铁离子结合变成紫红色;制作过程中应避免接触含铁物质,特别是浓度较高时,更要小心。乙基麦芽酚遇碱会呈现黄色。当某些产品颜色不能发黄时,应避免使用碱性原辅料。

乙基麦芽酚能对某一成分的香味起增效作用,在肉、蛋、奶食品中效果显著。如把它加在肉制品中,能够和肉中的氨基酸起作用,明显增加肉香。对水果制品可根据水果的不同风味增香。加在各种天然果汁配制的原料中能明显提高果味。加入饮料中,可抑制苦、酸味。加入以糖精代替糖的低热或疗效食品和饮料中,也可使糖精所产生的一种滞后的、较强的苦味大大减少,同时获得最适宜的甜度,口感也由粗糙变得圆润。

由于乙基麦芽酚在非常低的浓度下即可产生极强的增香效果,使用时应注意掌握其添加量。通常是将乙基麦芽酚配成 0.25% 的溶液,然后按照产品配方的要求添加。

乙基麦芽酚的参考用量为:清凉饮料 1.5~6 mg/kg,冰激凌、冰制食品、果冻、番茄酱和番茄汤 5~15 mg/kg,巧克力涂层、糖果、胶姆糖和甜点心 5~50 mg/kg。

(三)香兰素和乙基香兰素

从 1816 年起,香兰素(vanillin)就以香料物质而著称。1858 年以前,香兰素的纯化学品都是从香草荚的乙醇提取物中得到的,1874 年由德国的 M·哈尔曼博士与 G·泰曼博士进行了人工合成。香兰素是人类所合成的第一种香精。

主要包括香兰素(vanillin)和乙基香兰素(ethyl vanillin)两种物质。

香兰素　　　　　乙基香兰素

1. 香兰素

香兰素,化学名 3-甲氧基-4-羟基苯甲醛,外观白色或微黄色结晶,具有香荚兰香气及浓郁的奶香,为香料工业中最大的品种,是人们普遍喜爱的奶油香草香精的主要成分。其用途十分广泛,如在食品、日化、烟草工业中作为香原料、矫味剂或定香剂,其中饮料、糖果、糕点、饼干、面包和炒货等食品用量居多。还没有相关报道说香兰素对人体有害。香兰素在最终产品中的用量通常为 0.004%~0.5%。

2. 乙基香兰素

乙基香兰素,化学名为 3-乙氧基-4-羟基苯甲醛,为白色至微黄色针状结晶或结晶性粉末,类似香荚兰豆香气,香气较香兰素更浓。乙基香兰素属广谱型香料,是当今世界上最重要的合成香料之一,也是食品添加剂行业中不可缺少的重要原料。其香气是香兰素的 2~2.5 倍,具有浓郁的香荚兰豆香气,且留香持久。广泛用于食品、巧克力、冰激凌、饮料及日用化妆品中,起增香和定香作用。另外,乙基香兰素还可做饲料的添加剂、电镀行业的增亮剂、制药行业的中间体。

乙基香兰素广泛用于配制香草、巧克力、奶油等香精,用量可达 25%~30%,或直接用于饼干、糕点,用量 0.1%~0.4%,冷饮 0.01%~0.3%,糖果 0.2%~0.8%。

四、食用香精的作用

食品香精能补充和增强食品的香气,增加人们的愉快感和食欲,同时促进消化系统的唾液分泌,增强对食物的消化和吸收。食用香精的功能主要表现在以下4个方面。

1. 赋香作用

食用香精可使食品产生香味。某些原料本身没有香味,要靠食用香精使产品带有香味,如人造肉、饮料等。加入香精后,使这些食品人为地带有各种风味,以满足人们对食品香味的需要。

2. 增香作用

食用香精可使食品增加或恢复香味。因为食品加工中的某些工艺,如加热、脱臭、抽真空等,会使香味成分挥发,造成食品香味减弱。添加香精可以恢复食品原有的香味,甚至可以根据需要将某些特征味道强化。

3. 矫味作用

食用香精能改变食品原有的风味,或改善其中的不良味道。食品加工中,对某些带难闻气味的食品原料需要矫正和掩饰,如羊肉、鱼类的膻、腥味气味的消除。添加适当的香精可使异味得到矫正、去除或抑制。

4. 赋予产品特征

许多风味性食品,其特征需要使用香精显现出来,否则就没有风味的差异。现今,不少的香料或香型制品已成为许多国家和地区饮食文化的一部分。

五、食品用香料、香精的合理使用

1. 食品用香料、香精的使用原则

根据我国《食品安全国家标准　食品添加剂使用卫生标准》(GB 2760—2014),食品用香料、香精的使用发布遵守以下原则:

①在食品中使用食品用香料、香精的目的是使食品产生、改变或提高食品的风味。食品用香料一般配制成食品用香精后用于食品加香,部分也可直接用于食品加香。食品用香料、香精不包括只产生甜味、酸味或咸味的物质,也不包括增味剂。

②食品用香料、香精在各类食品中按生产需要适量使用,表5-35中所列食品没有加香的必要,不得添加食品用香料、香精,法律、法规或国家食品安全标准另有明确规定者除外。除表5-35所列食品外,其他食品是否可以加香应按相关食品产品标准规定执行。

③用于配制食品用香精的食品用香料品种应符合GB 2760—2014的规定。用物理方法、酶法或微生物法(所用酶制剂应符合GB 2760—2014的有关规定)从食品(可以是未加工过的,也可以是经过了适合人类消费传统的食品制备工艺的加工过程)中制得的具有香味特性的物质或天然香味复合物可用于配制食品用香精。

注:天然香味复合物是一类含有食品用香味物质的制剂。

④具有其他食品添加剂功能的食品用香料,在食品中发挥其他食品添加剂功能时,应符合GB 2760—2014的规定。例如,苯甲酸、肉桂醛、瓜拉纳提取物、二醋酸钠、琥珀酸二钠、磷酸三钙、氨基酸等。

⑤食品用香精可以含有对其生产、贮存和应用等所必需的食品用香精辅料(包括食品添加剂和食品)。食品用香精辅料应符合以下要求:

a. 食品用香精中允许使用的辅料应符合 GB 30616—2020《食品安全国家标准　食品用香精》标准的规定。在达到预期目的前提下尽可能减少使用品种。

b. 作为辅料添加到食品用香精中的食品添加剂不应在最终食品中发挥功能作用,在达到预期目的前提下尽可能降低在食品中的使用量。

⑥食品用香精的标签应符合 GB 29924—2013《食品安全国家标准　食品添加剂标识通则》标准的规定。

⑦凡添加了食品用香料、香精的食品应按照国家相关标准进行标示。

表 5-35　不得添加食用香料、香精的食品名单

食品分类号	食品名称	食品分类号	食品名称
01.01.01	巴氏杀菌乳	06.02.01	大米
01.01.02	灭菌乳	06.03.01	小麦粉
01.02.01	发酵乳	06.04.01	杂粮粉
01.05.01	稀奶油	06.05.01	食用淀粉
02.01.01	植物油脂	08.01	生、鲜肉
02.01.02	动物油脂(猪油、牛油、鱼油和其他动物脂肪)	09.01	鲜水产
		10.01	鲜蛋
02.01.03	无水黄油、无水乳脂	11.01	食糖
04.01.01	新鲜水果	11.03.01	蜂蜜
04.02.01	新鲜蔬菜	12.01	盐及代盐制品
04.02.02.01	冷冻蔬菜	13.01	婴幼儿配方食品①
04.03.01	新鲜食用菌和藻类	14.01.01	饮用天然矿泉水
04.03.02.01	冷冻食用菌和藻类	14.01.02	饮用纯净水
06.01	原粮	14.01.03	其他饮用水

①较大婴儿和幼儿配方食品中可以使用香兰素、乙基香兰素和香荚兰豆浸膏,最大使用量分别为 5 mg/100 mL、5 mg/100 mL 和按照生产需要适量使用,其中 100 mL 以即食食品计,生产企业应按照冲调比例折算成配方食品中的使用量;婴幼儿谷类辅助食品中可以使用香兰素,最大使用量为 7 mg/100 g,其中 100 g 以即食食品计,生产企业应按照冲调比例折算成谷类食品中的使用量;凡使用范围涵盖0~6 个月婴幼儿配方食品不得添加任何食用香料。

2. 食品用香料、香精的使用要求

选择使用有香味的食品添加剂时,首先要了解食品产品的性质及加工过程,其次要考虑各种香料、香精的特性,最后还必须注意使用的温度、时间和香料成分的化学稳定性。否则可能造成效果不佳,或产生相反的效果。

在使用香料、香精时应注意以下问题:

(1)使用前必须对香料、香精做预备试验。

这是因为香料、香精在食品中由于以下原因,可能产生香味的改变:受其他原料的影响;受其他添加剂的影响;受食品加工过程的影响;受人感觉的影响。因此,要根据试验找出香料、香精的最佳使用条件才能成批生产食品。

(2)香料、香精的计量。

尽管香精为液体物料,可以采用体积进行计量。但由于香精的比重及温度的差别,会造成计量的误差。因此,以重量法计量要比体积法更精确。

(3)使用中要注意香料、香精的稳定性。

香料、香精一般为挥发性的化合物,因此,其在食品产品(特别是加工)中添加时要受到加工方法的制约。如加热、干燥、真空脱臭等。此时,应注意尽可能在加工后期加入。

另外,香料、香精在酸性条件下较稳定,而在碱性条件下则受影响。例如,香兰素与$NaHCO_3$接触时会变成棕红色。因而,在碱性条件下使用香料、香精时,应避免直接与碱性物质接触。

(4)对于含气的饮料和食品,以及真空包装的食品,体系内的压力、包装过程可能引起香味的改变,此外,产品温度对风味的体现也有一定的影响。对这类食品要增减风味剂中的某些成分。

(5)合成香料一般与天然香料混合使用,这样的效果更接近天然。

(6)要考虑消费者的接受程度,产品的形式、档次。

3. 食品用香料、香精在食品工业中的应用

随着食品工业的发展和消费者对食品口味的增多,食用香料和香精的应用范围也在不断扩大,香料和香精的品种也有所增加。由于不同食品的风味特征不同,应该选择适宜的食品用香料和香精来满足消费者对食品香味的要求。

食品用香料和香精一般是在以下3种情况时使用:A. 产品本身无香味,需要依靠香料、香精使食品产生香味。B. 食品本身的香味在加工过程中部分丧失,为了增强和改善产品的香味,使加工食品具有特征性香味,需要添加香料、香精。C. 使用香料、香精来修饰或掩盖产品本身所具有的不良风味。

(1)碳酸饮料。

碳酸饮料的香味完全来自香精。根据其产品类型,澄清型碳酸饮料使用最多的是水溶性香精;混浊型则多使用乳化香精。利用乳化香精制成的碳酸饮料其外观很接近天然果汁。在碳酸饮料生产中添加香精时,添加前最好用滤纸过滤。在配制糖浆时,一般在加热过滤后的糖浆中先添加防腐剂、酸味剂、色素、乳化剂、稳定剂等,最后添加香精,因为香精受热易挥发。

(2)雪糕与冰激凌。

在雪糕与冰激凌生产中使用最多的是香草型香精,以及草莓、巧克力、柠檬、橘子等水果香型香精。其用量依据产品种类与香精种类不同,一般为0.02%~0.1%。在料液温度降低到10~15℃时,或者是料液在凝冻机内搅拌开始凝冻时添加。

（3）糖果与巧克力制品。

糖果制品的香味一般都是由添加香精所赋予。糖果生产中使用的多数是水果香型香精，如柠檬、橘子、菠萝、草莓、葡萄、水蜜桃等香精，有时也使用咖啡、巧克力、薄荷等香精。在硬糖生产时，香精要在糖膏冷却过程中，温度降到 105~110℃ 时，按顺序加入酸味剂、色素、香精。软糖生产中，产品使用的增稠剂会影响加香的效果，使用果胶的产品效果最好，琼脂次之，动物胶最差。香精与酸味剂一般要在糖浆温度降到 80℃ 以下时添加。

口香糖要求香味在口腔中有持续性，所以一般使用香精浓度较高，约 1%，多使用微胶囊型香精使产品留香效果良好。

巧克力及其制品是由可可豆加工制成的，产品本身具有一定的巧克力香味，为了增加巧克力的花色品种，也常常使用奶油香精、香草香精、香兰素等。近年由于巧克力等制品加工中代可可脂的用量增加，所以同时还要使用巧克力香精，以增加巧克力香味。

（4）肉制品及焙烤制品。

肉类由于本身的组成成分不同，产生的香味就不同，即使同一种肉由于加工方法、烹调方法不同所产生的香味也不相同，因此肉类的香味非常复杂。在肉制品与仿肉制品加工中和一些调味品加工中，常常使用肉类香精。肉制品与仿肉制品加工中其添加方法多数是将香精的 3/4 与其他调味料先混入原料中，剩余的 1/4 在加工后喷涂在成品表面。

焙烤制品中使用的主要是油溶性香精，常用的有奶油、杏、香草等香精及香兰素，也有用牛肉、火腿等肉类香精的。其添加方法：将香料、香精添加在面团中；将香料、香精喷洒在刚出炉的制品表面；制品涂油后再喷洒香料、香精；将香料、香精添加在夹心或包衣中。香精在面包中的用量为 0.01%~0.1%，在饼干、糕点中为 0.05%~0.15%。

总之，在食品生产中，香料、香精的使用量要适当，使用过少，影响增香效果；使用过多，也会带来不良效果。这就要求使用量要准确，并且要使其尽可能在食品中分布均匀，还要注意香料、香精多数易挥发，使用时应该注意掌握合适的添加时机与正确的添加顺序，这样才能获得良好的增香效果。

复习思考题

1. 食用色素分为哪几类？
2. 什么是食用色素？
3. 比较合成色素和天然色素的性质。
4. 试述天然色素的功能性质。
5. 食用色素的使用目的是什么？使用食用色素时需注意哪些问题？
6. 简述亚硝酸盐在肉制品生产中的功能及应用。
7. 在肉制品中常使用的发色助剂有哪些？它们有什么作用？
8. 食品漂白剂的类型有哪些？简述漂白剂的作用机理。

9. 调查研究市售饮料食品中甜味剂的使用种类,分析不同类型食品中甜味剂选择的依据和使用目的。

10. 什么是甜度倍数? 有何作用?

11. 我国允许使用的甜味剂有哪些种类?

12. 酸味剂在食品中起哪些作用? 在使用过程中应注意哪些问题?

13. 什么是食用香料与香精? 如何分类?

14. 简述食用香料与食用香精的关系? 哪些食品不得添加食用香料、香精?

15. 什么是香味增效剂? 其增香机理是什么?

课件

思政小课堂

第六章　方便食品的加工操作

本章主要内容:熟悉酶的特性,掌握酶制剂在食品加工中的主要应用及主要酶制剂的特性;熟悉消泡剂的作用机理,了解常用消泡剂的性能;了解其他加工助剂的作用机理,熟悉常用澄清剂的特性。

《中华人民共和国食品安全法》第一百五十条规定:"食品添加剂,指为改善食品品质和色、香、味以及为防腐、保鲜和加工工艺的需要而加入食品中的人工合成或者天然物质,包括营养强化剂。"因此,除前几章讨论的各类食品添加剂对食品品质的作用外,还存在一类根据食品的加工需要而添加的食品添加剂。这些食品添加剂主要包括酶制剂和食品加工助剂。

第一节　酶制剂

一、酶制剂的概念

酶制剂是指由动物或植物的可食或非可食部分直接提取,或由传统或通过基因修饰的微生物(包括但不限于细菌、放线菌、真菌菌种)发酵、提取制得,用于食品加工,具有特殊催化功能的生物制品。

我国《食品安全国家标准　食品添加剂　食品工业用酶制剂》(GB 1886.174—2016)对生产酶制剂的原料提出以下要求:A. 用于生产酶制剂的原料必须符合良好生产规范或相关要求,在正常使用条件下不应对最终食品产生有害健康的残留污染。B. 来源于动物的酶制剂,其动物组织必须符合肉类检疫要求。C. 来源于植物的酶制剂,其植物组织不得霉变。D. 对微生物生产菌种应进行分类学和(或)遗传学的鉴定,并应符合有关规定。菌种的保藏方法和条件应保证发酵批次之间的稳定性和可重复性。

二、酶的发现与发展

酶的发现与发展

三、酶的特性

首先,酶的化学本质主要是蛋白质。19世纪,James Batcheller Sumner 和 John Howard Northrod 先后制得了晶体脲酶和胃蛋白酶。20世纪80年代和90年代,又发现了核酶和抗体酶。但应用在食品中的酶的本质为蛋白质,正因为酶是蛋白质,所以在食品加工中可以通过简单的方法(如加热)除去作为食品添加剂使用的酶。

其次,酶是生物催化剂。1897年,Buchner 兄弟揭示了酶的这一化学特性。作为催化剂,酶只是对某特定的反应起到加速的作用,但不会改变反应的历程,即对特定反应不会产生新的物质。这一特点保证了酶法加工工艺的安全性。

再次,酶催化反应的专一性。不同酶的专一性程度也不相同,分为相对专一性、绝对专一性和立体异构专一性3类。因而,酶促反应只会针对特定的食品成分起作用,通常不会对其他成分产生影响。

最后,酶促反应的温和性。酶促反应通常是在温和的条件下进行的,即在常压、中等温度和非极端 pH 条件下催化特定的反应,仅有少数酶促反应希望在高温下进行(如发酵工业中的淀粉糖化)。因此,酶法处理不会显著改变食品产品的营养、色泽和风味。

四、酶制剂在食品加工中的应用

酶制剂作用于食品原料中的某个或某几个组分,使它们的结构与性质发生改变,产生期望的效果。

(一)酶制剂在果葡糖浆制备中的应用

酶制剂在食品中的工业化应用始于日本。1949年,日本人开始采用液体深层培养法生产细菌 α-淀粉酶,这标志着微生物酶的生产进入大规模工业化阶段。20世纪60年代,随着能将淀粉分解成葡萄糖的葡萄糖淀粉酶的上市,迎来了酶制剂工业的大发展。此后,几乎所有的葡萄糖生产都由传统的酸水解法转化为酶解法。淀粉加工业成为继洗涤剂工业之后的第二大酶制剂应用市场。果葡糖浆的生产从21世纪开始真正的工业化。

从淀粉转化成果葡糖浆的步骤主要包括液化、糖化和异构化。淀粉的转化过程,过去通常是用酸法并一定要伴随高温和高压才能完成,而现在,如果使用酶制剂,则在温和的条件下就可以完成同样的过程,并且将葡萄糖产率从86%提高到97%。

果葡糖浆的制备工艺见图6-1。果葡糖浆生产中的酶包括 α-淀粉酶、β-淀粉酶、葡萄糖淀粉酶和葡萄糖异构酶。

α-淀粉酶   葡萄糖淀粉酶

淀粉→调浆→液化(DE=15~20)→糖化(DE=96~98)→脱色→过滤→离子交换→初浓缩(42%~45%)→

异构化→脱色离子交换→再浓缩→高果糖浆

    葡萄糖异构酶

图6-1 果葡糖浆的制备工艺

1. α-淀粉酶(EC 3. 2. 1. 1)

α-淀粉酶存在于所有的生物体中,能水解淀粉(直链淀粉和支链淀粉)、糖原和环状糊精分子内的 α-1,4-糖苷键,但不能水解淀粉的 α-1,6-糖苷键或靠近 α-1,6-糖苷键的 α-1,4-糖苷键。α-淀粉酶作用于直链淀粉时以随机的方式作用于淀粉分子,产生麦芽糖和低聚糖,水解产物的构型保持不变。α-淀粉酶作用于支链淀粉时产生葡萄糖、麦芽糖和 α-极限糊精。

目前工业上应用的 α-淀粉酶主要由细菌和曲霉所得。不同来源的 α-淀粉酶具有不同的特性(表6-1)。

表6-1 各种 α-淀粉酶的性质

来源	淀粉水解限度/%	主要水解产物	碘反应消失时的水解度/%	最适 pH 值	pH 值稳定范围 (30℃,24 h)	最适作用温度/℃	热稳定性 (15 min)/℃
麦芽	40	G_2	13	5.3	4.8~8.0	60~65	70
淀粉液化芽孢杆菌	35	G_5,G_2(13%),G_3,G_6	13	5.4~6.4	4.0~10.6	70	65~80
地衣芽孢杆菌	35	G_6,G_7,G_2,G_5	13	5.5~7.0	5.0~11.0	90	95~110
米曲霉	48	G_2(50%),G_3	16	4.9~5.2	4.7~9.5	50	55~70
黑曲霉	48	G_2(50%),G_3	16	4.0	1.8~6.5	50	55~70

因为淀粉的糊化过程需在一定温度下进行,而一般淀粉的糊化温度大多在65℃以上,所以在果葡糖浆生产中使用的 α-淀粉酶应是耐热性的,这可以保证淀粉充分地糊化。所谓耐热性 α-淀粉酶通常指最适反应温度在90~95℃、热稳定性在90℃以上的 α-淀粉酶。它们比普通 α-淀粉酶的作用温度高10~20℃。目前,地衣芽孢杆菌是世界上许多酶制剂生产商普遍采用的菌株,经多种方法诱变和生物技术改造,已得到许多不同的菌株,所产 α-淀粉酶具有较高的耐热性。如丹麦 NOVO 公司由地衣芽孢杆菌经基因工程诱变而成的工程菌生产出的 α-淀粉酶,在105℃下仍保持较高的活性。

一些耐热性 α-淀粉酶的特性在表6-2中给出。

表6-2 耐热性 α-淀粉酶的特性

来源	最适温度/℃	最适 pH 值	pH 值稳定范围
嗜热脂肪芽孢杆菌	65~73	5~6	6~11
地衣芽孢杆菌	90	7~9	7~11
枯草芽孢杆菌	95~98	6~8	5~11
嗜热芽孢杆菌	70	3.5	4~4.5
梭状芽孢杆菌	80	4.0	2~7

2. β-淀粉酶(EC 3. 2. 1. 2)

β-淀粉酶是从淀粉的非还原末端水解 α-1,4 糖苷键生成 β-麦芽糖的酶。它不能水解

支链淀粉的 α-1,6-糖苷键,但能够完全水解直链淀粉为 β-麦芽糖。

β-淀粉酶主要存在于高等植物(大麦、小麦、山芋、大豆类等)和微生物中,但微生物来源的 β-淀粉酶直到 1964 年才被发现。生产 β-淀粉酶的微生物主要有芽孢杆菌、假单胞杆菌、放线菌等。

β-淀粉酶是外切酶,作用于淀粉时,从淀粉分子的非还原端依次切下两个葡萄糖单位,即一个麦芽糖分子,并使其由原来的 α-构型转变成 β-构型。β-淀粉酶只能水解 α-1,4 糖苷键,不能水解 α-1,6 糖苷键,也不能绕过支链淀粉的分支点继续作用于 α-1,4 糖苷键。因此,支链淀粉仅能被 β-淀粉酶有限水解,50%~60% 转变为麦芽糖,其余为相对分子质量较大的极限麦芽糊精。当 β-淀粉酶作用于高度分支化的糖原时,只有 40%~50% 可以转化为麦芽糖。

植物来源的 β-淀粉酶的最适 pH 值范围为 5.0~6.0,最适作用温度为 60~65℃,一般不能为生淀粉所吸附,也不能水解生淀粉。常见植物来源 β-淀粉酶的性质如表 6-3 所示。

表 6-3　植物来源 β-淀粉酶的性质

类别	大豆	小麦	大麦	山芋
最适 pH 值	5.3	5.2	5.0~6.0	5.5~6.0
pH 值稳定范围	5.0~8.0	4.9~9.2	4.5~8.0	
等电点(pH)	5.1	6.0	6.0	4.8
淀粉消解率/%	63	67	65	62

多粘芽孢杆菌是 1964 年第一个报道产 β-淀粉酶的菌种,其后,巨大芽孢杆菌、芽孢杆菌、环状芽孢杆菌和蜡状芽孢杆菌中也发现了产 β-淀粉酶的能力。因此,芽孢杆菌成为 β-淀粉酶的主要微生物源。但由于其最适 pH 偏碱性,热稳定性不如植物 β-淀粉酶,工业上仍以植物来源 β-淀粉酶为主生产果葡糖浆。

不同微生物所产 β-淀粉酶的性质见表 6-4。

表 6-4　不同微生物来源 β-淀粉酶的性质

类别	作用方式	最适温度/℃	最适 pH 值
多粘芽孢杆菌 ATCC8523	对淀粉作用产生糊精;对 schandinger 糊精产生麦芽糖和麦芽三糖;对麦芽八糖产生麦芽糖、麦芽三糖和麦芽四糖	40	7.0
多粘芽孢杆菌 NCIB8158	对支链淀粉作用分解率 50%,产物为麦芽糖;不能作用于 schandinger 糊精	37	6.8
多粘芽孢杆菌 AS1.546	对可性淀粉作用生成麦芽糖可达 96%。不仅能产 β-淀粉酶,而且能产 α-淀粉酶和异淀粉酶	45	6.5
巨大芽孢杆菌	对麦芽低聚糖作用,从非还原性末端切下麦芽糖	50	6.5
蜡状芽孢杆菌	具有典型 β-淀粉酶活性,分解产物为麦芽糖	40~60	6.0~7.0

续表

类别	作　用　方　式	最适温度/℃	最适 pH 值
环状芽孢杆菌	对糖原作用亲和力较淀粉高	60	6.5~7.5
假单孢菌	具有典型 β-淀粉酶活性,分解产物为麦芽糖	45~55	6.5~7.5
土佐链霉菌	对淀粉分解率为 74%,生成葡萄糖为 32%、麦芽糖为 58.2%、麦芽低聚糖为 38.6%;对直链淀粉分解率为 78.6%,生成麦芽糖为 62.8%、麦芽低聚糖为 34.9%。产物麦芽糖为 α-型,不是 β-型	50~60	4.5~5.0

3. 葡萄糖淀粉酶(EC 3.2.1.3)

葡萄糖淀粉酶又名葡萄糖糖化酶,是从淀粉的非还原末端水解 α-1,4 糖苷键生成葡萄糖,并将构型转变为 β-型。葡萄糖淀粉酶不仅可以水解淀粉分子中的 α-1,4 糖苷键,而且可以水解 α-1,3 糖苷键和 α-1,6 糖苷键,但对支链淀粉中的 α-1,6 糖苷键的水解速率比水解直链淀粉的 α-1,4 糖苷键要慢 30 倍。黑曲霉淀粉酶水解不同糖苷键的速度见表 6-5。

表 6-5　黑曲霉葡萄糖淀粉酶水解不同双糖的速度

糖苷键	水解速度/$(mg \cdot U^{-1} \cdot h^{-1})$	相对速度/%
α-1,4	2.3×10^{-1}	100
α-1,3	2.3×10^{-2}	6.6
α-1,6	0.83×10^{-2}	3.6

4. 葡萄糖异构酶(EC 5.4.1.5)

葡萄糖异构酶实际上是木糖异构酶,能将 D-木糖、D-葡萄糖、D-核糖等转化为相应的酮糖。葡萄糖异构酶的生产菌种主要有放线菌、芽孢菌、节杆菌和链霉菌等。不同微生物的葡萄糖异构酶对木糖、葡萄糖和核糖的相对活性见表 6-6。

表 6-6　不同微生物的葡萄糖异构酶对木糖、葡萄糖和核糖的相对活性

微生物	木糖	葡萄糖	核糖
乳酸杆菌	100	108	16.5
链霉菌	√	√	—
芽孢杆菌	100	47	23
游动放线菌	100	204	33

自 1957 年最早在嗜水假单胞菌(*Pseudomonas hydrophila*)中发现葡萄糖异构酶以来,有近百种微生物被鉴定为产葡萄糖异构酶的菌株。葡萄糖异构酶的最适 pH 值为 7.0~9.0,最适温度为 70~80℃。除嗜水假单胞菌(*Pseudomonas hydrophila*)外,其他主要产葡萄糖异构酶的菌株为:短乳杆菌(*Lactobacillus brevis*)、暗色链霉菌(*Streptomyces phaecochromogenes*)、白色链霉菌(*Streptomyces albus*)、玫瑰暗黄链霉菌(*Stremptomyces roseo flavus*)、玫瑰红链霉菌(*Stremptomyces roseoruber*)、密苏里游动放线菌(*Actinoplancs missouriensis*)。

（二）酶制剂在低聚糖制备中的应用

1. 低聚果糖

低聚果糖，又称蔗果低聚糖，分子结构是在蔗糖分子上连接1~3个果糖的低聚糖的总称，其组成主要为蔗果三糖、蔗果四糖和蔗果五糖。蔗糖与果糖以β-1,2糖苷键连接（图6-2）。

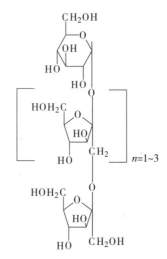

图 6-2　低聚果糖的结构

制备低聚果糖主要有两种方法：一是利用果糖基转移酶水解蔗糖，然后将果糖转移到另一个果糖分子上；二是采用菊粉酶水解菊糖得到低聚果糖。

（1）果糖基转移酶（fructosyltransferase，EC 2.4.1.9）法生产低聚果糖。

合成低聚果糖的酶类称为果糖基转移酶，也有一种观点认为合成低聚果糖的酶是水解酶类，所以又称为β-呋喃果糖苷酶（β-fructosyltransferase，EC 3.2.1.26）。它不仅具有水解蔗糖活性，而且具有转果糖基活性。多数情况下，它可以断开蔗糖上葡萄糖单元和果糖单元之间β-（2→1）糖苷键，从而将果糖基转移至另一蔗糖分子上而生成低聚果糖。

目前对用于生产低聚果糖的果糖基转移酶的研究和利用多来源于微生物。早在1943年，Hestrin研究小组就利用菌株产吲哚气杆菌（*Aerobacter levanicum* NCIB 9966）进行了果聚糖合成，并在后续的工作中对该菌所产的果糖基转移酶的反应机理、专一性进行了详细的研究。1988年Muramatsu研究小组分离到一株可产生低聚果糖的曲霉——真菌萨氏曲霉（*Aspergillus sydowi* IAM2544），并研究了低聚果糖的化学结构。1991年Balken等从海枣曲霉（*Aspergillus phoenicis* CBS294.80）中获得高活性的β-呋喃果糖苷酶。该酶在60℃时具有最高的活性，低聚果糖产率为60%。1998年Cruz等用固定化日本曲霉（*Asnergillus japonicus* 119T）制备低聚果糖的产率为61.28%，且该菌在60℃条件下保持60 min后活性仍不会降低。2000年王建华筛选到一株产果糖基转移酶的出芽短梗霉（*Aureobasidium pullulans*

FW9901），利用所产酶以 62.5%（W/V）蔗糖为原料在 55℃条件下合成低聚果糖，产率高达 68.70%。

利用果糖基转移酶合成低聚果糖的主要问题是：第一，产率不高，一般在 60% 左右。由于反应体系中生成的葡萄糖等副产物可以抑制酶的活性，如何从体系中除去葡萄糖等抑制物，使反应体系向合成方向移动是提高产率的关键。第二是如何提高酶在反应体系中的稳定性，多数果糖基转移酶的适宜反应温度为 30~60℃，这对于大规模的工业化生产来说很不适宜。因此，进行具有高耐热性的果糖基转移酶来源的筛选工作显得极其重要。

（2）菊粉酶（inulinase，EC 3.2.1.7）水解菊糖生产低聚果糖。

菊粉酶是一种菊糖水解酶，主要来源于菊科植物组织和部分微生物。前者的底物专一性较强，仅作用于菊粉；而微生物产生的菊粉酶的底物专一性普遍较差，通常都能作用于菊粉、蔗糖和棉籽糖。一般将前者称为内切菊粉酶（endo inulinase），将后者称为外切菊粉酶（exo inulinase）。内切菊粉酶则是另一类菊粉水解酶，其作用特性为：从菊糖分子内部随机切断糖苷键，其产物为 GF（S）、GF_2、GF_3、GF_4、F_2、F_3、F_4、F_5 等低聚果糖；外切菊粉酶的作用特性为：从菊糖分子的非还原末端顺次切下果糖分子并最终将其水解成果糖和葡萄糖。对于同时具有内切菊粉酶活性及外切菊粉酶活性的粗酶液，通常测定其对 2% 菊糖溶液的活性（I）和对 2% 蔗糖溶液的活性（S），计算出其 I/S 值，并以此作为确定其作用方式的指标。一般认为当 $I/S>10$ 时，粗酶液的外切活性被抑制，而表现为内切活性。

能产生菊粉酶的微生物包括曲霉属（*Aspergillus*）、青霉属（*Penicillium*）、克鲁维氏酵母属（*Kluyveromyces*）、假丝酵母属（*Candida*）、芽孢杆菌属（*Bacillus*）、酵母菌属（*Saccharomyces*）、镰刀菌属（*Fusarium*）、篮状菌属（*Talaromyces*）、毛壳霉属（*Chaetomium*）、毕赤氏酵母属（*Picha*）和金孢菌属（*Chrysosporium*）等，其中以曲霉属（*Aspergillus*）和青霉属（*Penicillium*）所产酶的活力为最高。

2. 低聚半乳糖

低聚半乳糖（*galactooligosaccharides*，*GOSs*）是在乳糖分子的半乳糖基上以 β-1，4 键和/或 β-1，6 键连接 2~3 个乳糖分子的低聚糖混合物（图 6-3），被视为新兴特殊益生元。这种低聚半乳糖最早是在 1988 年利用米曲霉产生的 β-半乳糖苷酶进行工业化生产的。

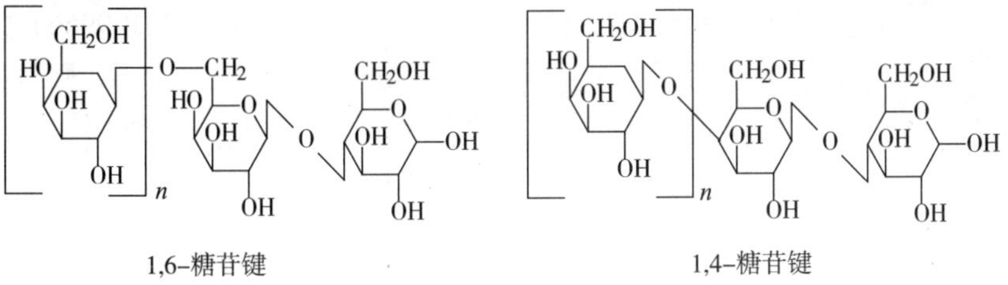

1，6-糖苷键　　　　　　　　1，4-糖苷键

图 6-3　β-低聚半乳糖的结构（$n=1~4$）

乳糖是通过称为转糖基化作用反应过程合成低聚半乳糖的主要基质。转糖基化作用

是半乳糖苷酶水解乳糖,将半乳糖通过酶催化作用转移到另一个半乳糖单位,产生具有高度聚合的低聚糖的过程。乳糖水解和转糖基化作用是 β-半乳糖苷酶催化的共存反应。反应产生的 β-糖苷,主要是二糖、三糖和四糖。

β-半乳糖苷酶,也称为乳糖酶(EC 3.2.1.23),是一种攻击乳糖中 O-葡萄糖基的水解酶,可以将乳糖水解为葡萄糖和半乳糖,也能将水解得到的半乳糖苷转移到乳糖分子上。这种酶来源于各种微生物,包括真菌和细菌,如乳酸菌、芽孢杆菌、大肠杆菌、米曲霉、黑曲霉、琉球曲霉、脆壁克鲁维酵母、乳酸克鲁维酵母、乳酸酵母、产朊假丝酵母、天蓝色链霉等。不同微生物具有不同程度的转半乳糖基生物转化活性,因而导致合成的低聚半乳糖含量和组成会发生不同程度的变化。米曲霉和环状芽孢杆菌产生的 β-半乳糖苷酶可以合成三聚及以上的低聚糖,而黑曲霉和大肠杆菌产生的 β-半乳糖苷酶以合成二糖为主。

真菌、酵母、细菌来源的 β-半乳糖苷酶特性见表6-7。

表6-7　真菌、酵母和细菌来源的 β-半乳糖苷酶的特性

来源	pH_{opt}	T_{opt}/℃	乳糖 K_m/(mol·L^{-1})	Mr
真菌				
黑曲霉	3.5	58	85	124
米曲霉	5.0	55	50	90
酵母				
乳酸克鲁维酵母	6.5	37	35	115
脆壁克鲁维酵母	6.6	30	0.23~0.99	200
梗孢酵母 CBS8119	6.0	60	—	—
细菌				
大肠杆菌	7.2	40	2	540
枯草芽孢杆菌	6.5	50	700	220
嗜热脂肪芽孢杆菌	6.2	55	2	—
嗜热乳酸杆菌	6.2	55	6	540
罗伊氏乳杆菌 L103	8.0	45	13	35
罗伊氏乳杆菌 L461	6.5	50	31	72
布勒掷孢酵母 KCTC 7534	5.0	50	580	53
嗜热脂肪芽孢杆菌	7.0	70	2.98	70
两歧双歧杆菌	4.8	45	800	362
婴儿双歧杆菌	5.0	60	2.6	470
环状芽孢杆菌	6.0	65	41.7	67
凝结芽孢杆菌	6.5	55	50	430

(三) 酶在果蔬汁加工中的应用

1930 年,Kertész 和 Mehlitz 首先利用果胶酶澄清仁果类水果汁,然而直到 20 世纪 70 年代初才有了果胶酶处理苹果浆的报道,从而开辟了苹果汁工业化规模生产的新纪元。时至今日,果胶酶法生产苹果汁工艺已经发展为一种成熟的工艺。

各种核果类水果和浆果类水果的果胶含量都较高,果汁的黏度往往较大,因而影响出汁率。采用压榨法提取果汁时,常常会将一些浑浊物质转入果汁中,这些组分包括水果细胞壁碎块、中胶层碎块、原生质成分、细胞器官等。同时,水果汁液中也含有一定的可溶性果胶,这些可溶性果胶缠绕在许多浑浊颗粒的表面而对浑浊颗粒起到保护作用,是最重要的浑浊物稳定剂。除果胶外,压榨果汁中还含有少量来源于水果的淀粉,也会起到保护浑浊颗粒的作用。因此,有必要添加果胶酶,以分解果浆或果汁中的果胶物质。

目前,果胶酶在果汁加工中的应用主要表现在两个方面:一是处理果浆,提高出汁率;二是果汁的澄清,包括提高超滤效率。

1. 提高出汁率

水果经破碎后得到果浆,果浆再经过榨汁才能得到果汁。在破碎过程中,水果细胞间的原果胶已部分水解,果浆的结构还保持一定的程度。一方面破碎的水果组织碎片会阻塞果汁的流出通道;另一方面水解的果胶使果汁黏度增大,增加了果汁的流动阻力。加入果胶酶,不仅可以降低汁液的黏度,而且会部分液化水果组织碎片,以提高出汁率。经果胶酶处理后,水果的出汁率可大幅提高。

2. 提高澄清效率

压榨得到的果汁中通常含有一定量的果胶、少量淀粉和蛋白质,并悬浮着一些不溶性的水果组织碎片等非果汁成分。水解果胶和淀粉能够缠在不溶性水果组织碎片的表面,并借助水解果胶和淀粉分子上的亲水基团而使悬浮的固体颗粒表面形成水化层,从而有助于悬浮颗粒的稳定。果胶的这种稳定作用最终会导致果汁产品出现混浊现象。

果胶酶澄清果汁工艺就是向果汁中添加一定量的果胶酶制剂(通常是不同果胶酶、纤维素酶和淀粉酶的混合物),通过分解果胶,使悬浮颗粒推动保护而沉降,同时果胶的分解也降低了果汁的黏度,加速悬浮物质的下沉。

果汁经过酶处理后,还需要过滤,才能最终得到澄清的果汁。超滤是过滤方式的一种,20 世纪 80 年代后期才发展起来,现已在苹果汁工业化规模生产中广泛应用。但是,果胶的存在将引起膜表面的污染,因而膜通量下降。造成超滤膜堵塞的原因主要是在过滤苹果汁的时候,苹果汁中的果胶、纤维素、淀粉等高分子多糖被截流在膜的表面,当积累到一定量的时候,就会在膜表面形成凝胶层,造成了膜的堵塞。采用果胶酶处理,不仅降低黏度,而且液化被膜截留的不溶性细胞多糖,提高过滤分离的效率。

根据果胶酶分解果胶物质的机理,可以将其分为以下 3 类:

(1) 果胶甲酯酶(pectin methylesterase,EC 3.1.1.11)。

果胶甲酯酶又称作果胶酯酶(pectin esterase)、果胶酶(pectase)、脱甲氧基果胶酶

（pectin demethoxylase），可以催化果胶脱酯，生成低酯化果胶和果胶酸（图6-4）。果胶甲酯酶对半乳糖醛酸中的甲酯有高度的特异性，但它不能水解聚甘露糖醛酸甲酯。某些果胶酶也可以水解半乳糖醛酸酶的乙酯和丙酯，但水解速度通常较低。

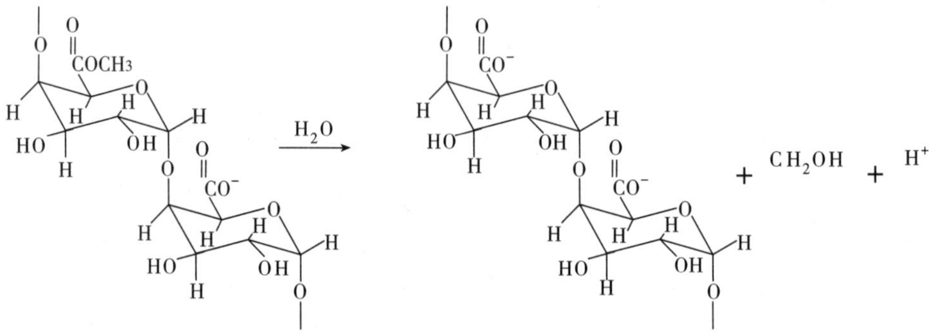

图6-4　果胶甲酯酶催化的水解反应

果胶甲酯酶可由植物、真菌、某些细菌和酵母菌产生。霉菌果胶酯酶的最适pH值一般在酸性范围，其热稳定性较低。细菌果胶酯酶的最适pH值为7.5~8.0，主要由植物的病原菌产生。

（2）聚半乳糖醛酸酶（polygalacturonase，EC 3.2.1.15）。

聚半乳糖醛酸酶水解果胶分子中脱水半乳糖醛酸单位的 $\alpha-1,4$ 糖苷键（图6-5）。聚半乳糖醛酸酶有内切酶和外切酶两种形式，外切酶水解聚合物的末端糖苷键，而内切酶则作用于分子的内部。

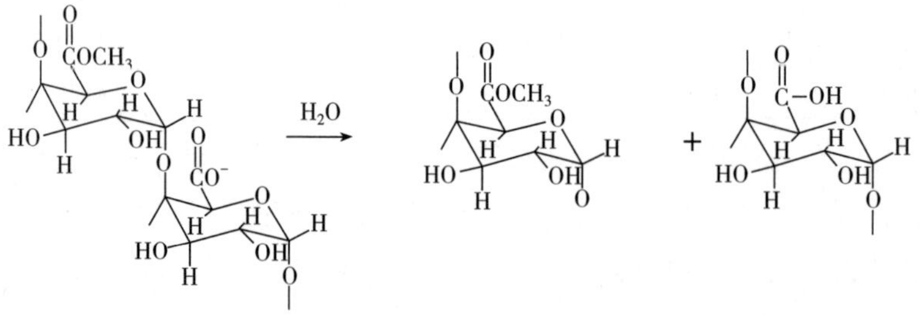

图6-5　半乳糖醛酸酶催化的水解反应

内切聚半乳糖醛酸酶存在于高等植物、霉菌、细菌和一些酵母中，它能使底物的黏度迅速下降。大多数内切聚半乳糖醛酸酶的最适pH值为4.0~5.0，其中黑曲霉内切酶的最适pH值为4.0，因而在水果加工中得到广泛应用。外切聚半乳糖醛酸酶主要存在于高等植物和霉菌中，最适pH值在5.0左右，钙离子对其具有激活作用。

用黑根霉菌制得的聚半乳糖醛酸酶具有很高的温度稳定性，即使常规的巴氏杀菌也不能完全钝化该酶。

（3）果胶酸裂解酶（pectatelyase，EC 4.2.2.2）。

果胶酸裂解酶在无水条件下裂解果胶和果胶酸之间的糖苷键，反应机理遵循 $\beta-$ 消去反应(图 6-6),因此又称作转移消去酶。

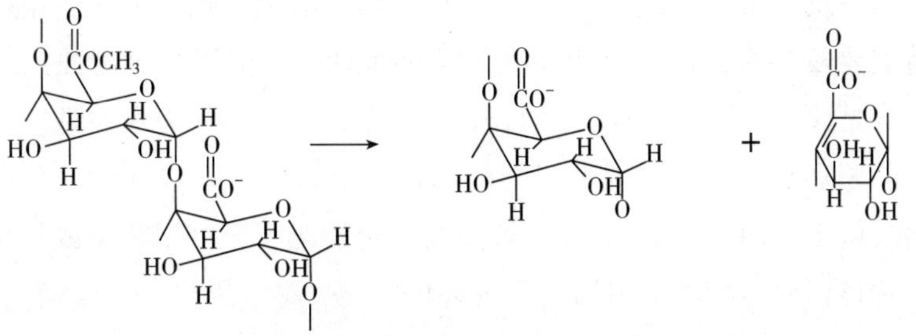

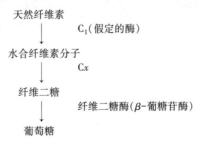

图 6-6　果胶裂解酶催化的反应

霉菌和少数细菌能够产生果胶裂解酶,而高等植物中不存在果胶裂解酶。目前已知的果胶裂解酶都是内切酶。高度酯化的果胶是果胶裂解酶最好的底物。果胶裂解酶同底物的亲和力(米氏常数的倒数)随底物的酯化程度提高而增加。不同来源的果胶裂解酶具有大致接近的相对分子质量(30000 左右),但最适 pH 值却差别较大。黑曲霉果胶裂解酶的最适 pH 值在 6.0 左右,而镰刀霉菌的酶则为 8.6。

(四)酶制剂在功能性食品原料提取中的应用

各种植物性食品原料除含有一定量的传统营养素(碳水化合物、脂肪、蛋白质、维生素和矿物质)外,还含有许多称为植物化学品(phytochemicals)的生理活性物质。由于这类物质具有调节人体机能的功效,现在备受人们关注。

通常,这些植物活性物质存在于植物的细胞中,其被构成细胞壁的组分(如果胶、纤维素、半纤维素和木质素等)所包围。这样,在提取时,这些活性成分的扩散就会受到这些细胞壁成分的阻碍。因此,通过相应的酶处理,可以有效分解或降解这些细胞壁成分,从而提高活性物质的提取率。

关于纤维素酶的作用机理,Reese 曾作出总结:纤维素酶复合物含有几个胞内 β-1,4-葡聚糖酶(β-1,4-glucanases),其中一个可能是最先与纤维素作用的酶。此酶与胞外 β-1,4-葡聚糖纤维二糖水解酶(β-1,4-glucancellobiohydrolase)协同作用(当为 C_1 酶)。此外,尚有胞外 β-葡聚糖葡萄糖水解酶(β-glucanglucohydrolase)和纤维二糖酶的体系。这些酶必须共同合作才能获得最适的水解。天然纤维素分解机理如图 6-7 所示。

天然纤维素

$\downarrow$　　C_1(假定的酶)

水合纤维素分子

$\downarrow$　　Cx

纤维二糖

$\downarrow$　　纤维二糖酶(β-葡糖苷酶)

葡萄糖

图 6-7　天然纤维素分解机理

（五）酶制剂在果蔬酶法去皮中的应用

柑橘类水果去皮的传统方法是手工或机械分离外壳,然后化学降解剩余的内果皮和囊衣。这意味着需要较多的劳动力、大量的水,以及面对由于使用去皮腐蚀剂而引起的环境问题。酶法去皮是比传统方法消耗更少的水、造成更少污染的除去水果外皮的一种替代方法。酶法去皮的原理是基于酶制剂引起的植物细胞中存在的果胶物质的分解。在酶法去皮过程中,首先,将水果用稀释的消毒水清洗,在一定情况下可以用热水或热烫处理;其次,在水果表面上切口以允许酶溶液渗透进入内果皮;再次,将水果浸入酶溶液并开启真空;最后,用高压水冲洗水果,得到最终产品。

果胶、纤维素和半纤维素是使果皮附着于果肉的主要原因(见柑橘类水果果皮的化学组成,表6-8)。因此,酶法去皮需要果胶酶和纤维素酶两种酶共同作用。其中,纤维素酶将内果皮中的果胶释放出来,而果胶酶则水解细胞壁的多糖。Bruemmer于1978年首次通过真空浸泡酶溶液的方法对葡萄柚进行高效且高质量地去皮。

表6-8　柑橘类水果果皮的组成

类别	含量	类别	含量
鲜重的含量	50%的全果重量	总糖	6.35%
干物质中的含量	20%的全果重量	戊聚糖	0.8%
水分	76%~80%	果胶酸钙	3.2%
总可溶性固形物	16%	橙皮苷	0.4%
灰分	0.7%	皮的pH	5.9%~6.4%
柠檬酸	0.7%	皮汁的pH	3.0%~3.3%
挥发油	0.4%	总糖	25%~37%
粗纤维	1.7%	水解多糖	7%~11%
蛋白质	1.0%	不溶性固体	30%~40%
果胶	4.0%	外皮与内果皮的重量比	0.75%

酶法去皮对于食品工业来说是一种有重要意义的替代方法,因为这种方法可以应用于不同类型的水果和蔬菜,如葡萄柚、柑橘、杏、油桃、桃、土豆、胡萝卜和芜菁甘蓝等。此外,由于柑橘类水果橘瓣囊衣主要是由果胶、纤维素等形成的致密的膜,因此也可以用此种酶法处理而除去。

水果和蔬菜的酶法去皮效果除因果蔬品种而异外,温度和pH值也是重要的影响因素。

研究表明:30~45℃的温度是最好的酶法去皮范围。温度超过50℃,果皮变软,酶溶液向内扩散分散作用较弱;温度低于20℃,去皮和分离囊衣所需的时间太长(超过2.5 h)。此外,时间过长还会破坏水果的多孔结构。

pH值是影响果蔬酶法去皮的另一个重要因素。果蔬去皮使用的主要是果胶酶和纤维素酶,因此,去皮时的 pH 值应在酶的最适活性范围,同时要考虑在操作条件下的稳定性。多数关于酶法去皮的最适 pH 值在 3.5~4.5 之间。由于柑橘类水果的果皮为酸性介质,浸泡时酶溶液的 pH 值会下降。如 Rouhana 和 Mannheim 建立的酶水解最适 pH 值在 4.0~5.0 之间,当柑橘放入酶溶液后,pH 值降低到 3.5 或 3.8。

(六)酶制剂在功能肽制备中的应用

肽是蛋白质在酶解过程中产生的由 2 个或 2 个以上氨基酸分子通过肽键连接而成的结构或片段。10 个以下氨基酸组成的肽称作小分子肽或低聚肽(oligopeptide),10 个以上氨基酸组成的肽称作多肽(polypeptide),构成肽的分子通常不超过 50 个。

功能肽是一些具有特殊生理调节功能的肽分子,其本身以非活性状态存在于蛋白质的序列中,当用适当的蛋白酶水解或在胃肠道消化过程中,这些活性肽就被释放出来。食物蛋白源活性肽是现代营养学和食品加工的热点,是极具发展前景的营养性食品添加剂和功能因子,近年来受到广泛的重视。

(1)降血压肽。

血管紧张素转移酶(angiotensin-converting enzyme, ACE),又称激肽酶 II 或肽基-羧基肽酶,对机体血压和心血管功能起着重要的调节作用。ACE 可以催化十肽血管紧张素 I (angiotensin I)转化为具有强烈收缩血管作用的八肽血管紧张素 II,从而刺激促进醛固醇的分泌进而促进肾脏对水、Na^+、K^+ 的重吸收,引起钠容量和血容量的增加,使血压升高。此外,ACE 还能催化具有舒张血管作用及降压作用的舒缓激肽的降解。

血管紧张素转移酶抑制肽(ACE 抑制肽)是一类具有抑制 ACE 作用的肽类物质,其对 ACE 的亲和度强于血管紧张素 I 或舒缓激肽,且不易从 ACE 结合区释放,因而可以阻碍 ACE 对上述两种物质的催化降解,起到降压作用。

(2)抗氧化肽。

氧化与人类及其他动物的许多疾病诸如癌症、老化、动脉硬化等的发病机理有关。适当摄入具有抗氧化活性的物质可以降低体内自由基水平,防止脂质过氧化,帮助机体抵御疾病。

抗氧化肽是一类具有清除自由基活性的蛋白质片段,各种食物蛋白质的水解物都有一定的抗氧化活性。来源于动物食品的乳蛋白(酪蛋白、乳清蛋白)、鸡蛋蛋白(蛋清蛋白、蛋黄蛋白)、鱼类蛋白、畜禽蛋白,以及来源于植物食品的大豆及豆类蛋白、玉米蛋白、大米蛋白等抗氧化肽的制备及其抗氧化活性均有报道。

抗氧化肽通过与自由基结合,阻断自由基链式传递,或者通过螯合金属离子,消除其对脂质氧化的催化作用,从而达到抗氧化的效果。

目前,生物活性肽的制备方法主要有 3 种:化学合成;天然活性肽的提取;酶法生产。酶法降解蛋白质制备 ACE 抑制肽是最主要的生产方法,其一般工艺过程如图 6-8 所示。

蛋白质原料 → 预处理 → 酶解 → 灭酶 → 提取 → 精制 → 成品 → 检测
　　　　　　　　　　　　　　↓
　　　　　　　　　　　脱苦脱色胶盐

图 6-8　酶法制备生物活性肽的工艺

用于制备生物活性肽的蛋白酶有多种,包括动物蛋白酶、植物蛋白酶、真菌蛋白酶和细菌蛋白酶。不同的蛋白酶作用的位点不同,得到的肽的氨基酸序列也不相同。因此,在酶法制备生物活性肽时,除选择适宜的蛋白质原料外,酶的选择是十分重要的。部分蛋白酶的作用位点见表 6-9。

表 6-9　部分蛋白酶的作用位点

蛋白酶	作用位点
胃蛋白酶	芳香族氨基酸或其他疏水性氨基酸的氨基端或羧基端
胰蛋白酶	Lys、Arg 的羧基端(Lys-Pro、Arg-Pro 较少)
胰凝乳蛋白酶	Phe、Trp、Tyr、Leu 的羧基端
嗜热菌蛋白酶	疏水性氨基酸(Ile、Leu、Phe、Val、Met、Trp)的羧基端
枯草杆菌蛋白酶	具有广泛特异性,但更倾向于 Ile、Leu、Phe、Val、Met、Trp 和 Tyr 的羧基端
碱性蛋白酶	该酶的主要组分为枯草蛋白酶(丝氨酸蛋白酶)
中性蛋白酶	Phe、Trp、Tyr 的羧基端
蛋白酶 K	Ala、Glu、Phe、Ile、Leu、Phe、Val、Met、Trp 或 Tyr 的羧基端
蛋白酶	Arg 和 Lys 的羧基端

(七)酶制剂在肉类嫩化中的作用

使用外源蛋白水解酶的研究已经进行了 60 多年,调查了无数种植物、细菌和真菌来源的酶。外源酶添加到肉类与肌纤维和结缔组织不同的反应增强了肉类嫩度。目前,只有 5 种研究的外源酶被美国农业部食品安全检验局(USDA's Food Safety Inspection Service,FSIS)分类为"公认安全的"(GRAS),它们来自植物、细菌和真菌(表 6-10)。

表 6-10　用于肉类嫩化的主要蛋白酶

酶	类型	来源	蛋白酶分类
木瓜蛋白酶	植物	木瓜	半胱氨酸
菠萝蛋白酶	植物	菠萝	半胱氨酸
无花果蛋白酶	植物	无花果	半胱氨酸
杆菌蛋白酶	细菌	枯草杆菌	丝氨酸
天冬氨酸蛋白酶	真菌	米曲霉	天冬氨酸

1. 木瓜蛋白酶(papain)

木瓜蛋白酶(EC 3.4.22.2)属巯基蛋白酶,具有较宽的底物特异性,能作用于 L-精氨酸、L-赖氨酸、甘氨酸和 L-瓜氨酸残基羧基参与形成的肽键。此酶属内肽酶,对动植物蛋白、多肽、酯、酰胺等有较强的水解能力,能切开蛋白质分子内部肽链—CO—NH—生成相对分子质量较小的多肽类。

木瓜蛋白酶由 212 个氨基酸残基组成,并含有 3 对二硫键。它的三维结构是由两个不同的结构域所组成的,两个结构域之间形成一个缝隙;缝隙内含有酶的活性位点,包括一个与胰凝乳蛋白酶中所含的相似的催化三联体。木瓜蛋白酶中的催化三联体由 25 位的半胱氨酸(Cys-25)、159 位的组氨酸(His-159)和 158 位的天冬酰胺(Asn-158)三个氨基酸所组成。木瓜蛋白酶的剪切肽键的机制包括:在 His-159 作用下 Cys-25 去质子化,而 Asn-158 能够帮助 His-159 的咪唑环的摆放,使得去质子化可以发生;然后 Cys-25 亲核攻击肽主链上的羰基碳,并与之共价连接形成酰基—酶中间体;接着酶与一个水分子作用,发生去酰基化,并释放肽链的羰基末端。当用氨基肽酶从 N 末端水解掉分子中的 2/3 肽链后,剩下的 1/3 肽链仍保持 99% 的活性,说明木瓜蛋白酶的生物活性集中表现在 C 末端的少数氨基酸残基及其所构成的空间结构区域。其主要作用是对蛋白质有极强的加水分解能力。其最适作用温度为 65℃,最适作用 pH 值为 5.0~7.0,在中性或偏碱性时也有作用,耐热性强,可在 50~60℃时使用,90℃时不会完全失活,等电点为 8.75。

木瓜蛋白酶主要被用于肉类的嫩化,可将肉纤维(蛋白质组成)切断,并且该用途已经被南美洲的土著居民使用了数千年。该酶是嫩肉粉的成分之一。此外,木瓜蛋白酶也可作为啤酒的澄清剂。我国规定木瓜蛋白酶用于饼干、肉禽制品水解和动、植物蛋白,可按生产需要适量使用。

2. 菠萝蛋白酶(bromelain)

1891 年委内瑞拉的化学家文森特·马卡罗(Vicente Marcano)首次从菠萝的果实中成功分离出菠萝蛋白酶。该酶的有效温度为 40~60℃,最适温度为 50~60℃,失活温度在 65℃以上;有效 pH 值为 4.0~8.0,最适 pH 值为 4.5~5.5。菠萝蛋白酶主要有两种:菠萝茎酶(stem bromelain, EC 3.4.22.32)和菠萝果酶(fruit bromelain, EC 3.4.22.33)。

菠萝蛋白酶是一种糖蛋白,分子结构中含有一个寡糖分子,由木糖(xylose)、岩藻糖(fucose)、甘露糖(mannose)和 N-乙酰葡萄胺(N-aceltylglucosamine)组成,共价连接在肽链上。Yasuda 等研究表明,菠萝蛋白酶分子结构中糖分子不是催化必需的基团,巯基基团是菠萝蛋白酶分子催化水解活性基团。陈清西等研究认为:羧基和羟基与酶活性无关,而氨基、巯基、色氨酸残基和组氨酸残基是酶催化活性的必需基团。

Melendo 等人于 1995 年研究了菠萝蛋白酶对香肠的嫩化作用,菠萝蛋白酶以不同的浓度加入一种干燥的西班牙口利左香肠中,结果表明:菠萝蛋白酶对肌浆球蛋白和其他的肌原纤维蛋白有明显的水解作用。以浓度 6 U/100 g 的浓度加入香肠中低温冷藏 48 h,感官分析可得,此浓度和作用时间的菠萝蛋白酶有很好的嫩化效果并且不影响香肠固有的风味。1997 年,Melendo 等又用菠萝蛋白酶对鱿鱼进行嫩化研究,发现菠萝蛋白酶在 80 U/100 g 的浓度、pH=7.0、温度为 37℃条件下与切成片状的鱿鱼作用 30 min,能产生比较理想的嫩化效果。

菠萝蛋白酶主要用于啤酒抗寒(水解啤酒中的蛋白质,避免冷藏后引起的浑浊)、肉类软化(水解肌肉蛋白和胶原蛋白,使肉类嫩化)、谷类预煮准备、水解蛋白质的生产,以及面包、家禽、葡萄酒中等。

3. 无花果蛋白酶(ficin)

无花果蛋白酶(EC 3.4.22.3)是榕属植物树树胶中有蛋白水解活性的组分,由 Walti 于 1938 年首次从榕属的干燥乳汁中结晶获得。无花果蛋白酶的相对分子质量约为 24000,等电点约为 9.0。其活性中心的氨基酸序列为:Pro-Val-Lys-Asn-Gln-Gly-Cys-Trp 和 Thr-Gly-Pro-Cys-Gly-Thr-Ser-Leu-Asp-His-Ala-Val-Ala-Leu。无花果蛋白酶是一种巯基肽链内切酶,优先水解酪氨酸及苯丙氨酸残基,但特异性较低。无花果蛋白酶和木瓜蛋白酶具有许多相似之处,两者都是单链多肽,含有三个二硫键,只有一个半胱氨酸残基与活性中心有关,但木瓜蛋白酶没有化学惰性的巯基。木瓜蛋白酶和无花果蛋白酶都遇酸不可逆变性。两者的氨基酸组成相似,木瓜蛋白酶没有蛋氨酸残基,但有两个组氨酸残基,无花果蛋白酶中只有一个组氨酸残基。

与木瓜蛋白酶和菠萝蛋白酶相比,无花果蛋白酶对所有类型的蛋白质都显示出较低的活性。虽然这种巯基蛋白酶能够最低程度地降解胶原蛋白和弹性蛋白,但将优先降解肌纤维蛋白。无花果蛋白酶在温度低至 20℃能够降低弹性蛋白,而低于 40℃时对胶原蛋白和肌纤维蛋白几乎没有活性。无花果蛋白酶是断裂纤维,而木瓜蛋白酶则是消化纤维,因而嫩化后的肉类有塌陷。

4. 枯草芽孢杆菌蛋白酶(subtilisin)

枯草芽孢杆菌蛋白酶(EC 3.4.21.62)是一种最早从枯草杆菌中得到的蛋白酶,属于枯草杆菌酶类,通过活性位点丝氨酸残基对肽键的亲核进攻而造成蛋白质的水解,典型的相对分子质量为 2 万~4.5 万。来自枯草芽孢杆菌的蛋白酶是碱性弹性蛋白酶(elastase)和中性蛋白酶的混合物,1999 年被 FDA 批准为 GRAS。碱性弹性蛋白酶特别降解胶原蛋白和弹性蛋白,但对肌原纤维蛋白的降解较小,导致较小的嫩化效果,但也减少了过度嫩化的可能性。枯草芽孢杆菌蛋白酶的最优和活性范围取决于产生酶的微生物。中性蛋白酶属于一种内切酶,活性在 50℃迅速增加,但在 65℃以上急剧下降。中性蛋白酶在广泛的 pH 值范围(pH=5.0~9.0)内具有活性,最适 pH 值为 7.0。这种细菌蛋白酶是作为无花果蛋白酶的替代品而开发的。

5. 天冬氨酸蛋白酶(aspartic proteinase)

米曲霉可产生在肉类体系中呈自我限制蛋白水解活性的天冬氨酸蛋白酶。曲霉菌的蛋白水解活性在 1950 年便已开始研究,并广为人知。肌纤维蛋白是天冬氨酸蛋白酶活性的主要底物,尽管其活性较低,但也会导致胶原蛋白的断裂。来源于曲霉菌的蛋白酶在酸性条件具有活性,pH 值达到 7.0 后活性迅速下降。作为一个自我限制酶,有限的降解可以改善嫩度而没有糊状或粉状质构的风险。

各种蛋白酶嫩化肉类的特性及其活性的温度和 pH 值范围见表 6-11 和表 6-12。

表 6-11 蛋白酶嫩化肉类的特性

酶	肌原纤维蛋白的水解	胶原蛋白的水解
木瓜蛋白酶	极好	中等
菠萝蛋白酶	中等	极好
无花果蛋白酶	中等	极好
天冬氨酸蛋白酶	中等	弱
杆菌蛋白酶	弱	极好

表 6-12 蛋白酶活性的温度和 pH 值范围

酶	温度/℃		pH 值	
	范围	最适	范围	最适
木瓜蛋白酶	50~80	65~75	4.0~9.0	4.0~6.0
菠萝蛋白酶	50~80	65~75	4.0~7.0	4.0~6.0
无花果蛋白酶	45~75	60~70	5.0~9.0	7.0
杆菌蛋白酶	50~65	55~60	5.0~9.0	7.0
天冬氨酸蛋白酶	40~60	55~60	2.5~7.0	<6.5

(八)酶制剂在乳制品加工中的应用

乳制品行业是传统的使用酶的行业。最著名的乳制品酶制剂是凝乳酶,一类含有从动物组织中提取的酸性蛋白酶的商业酶制剂。这类产品通过消除牛奶蛋白主要形式的胶束状酪蛋白表面的 κ-酪蛋白的高带电肽片段,破坏酪蛋白的胶束聚合而形成牛奶凝块的结构,然后由乳酸菌培养制作奶酪。该行业使用的超过一半的牛乳凝固酶来源于微生物,主要来自包含复制小牛基因的转基因(GM)的酵母和霉菌,常用的牛乳凝固酶主要是酸性蛋白酶。其他主要类型的微生物凝乳酶(凝固剂)是由非转基因霉菌米黑根毛霉(*Rhizomucor miehei*)生产。

除了使用凝乳酶制作奶酪外,乳品行业也使用如脂肪酶、蛋白酶、胺肽酶、乳糖酶、溶菌酶、乳过氧化物酶等酶。对于酶的应用,一般是利用其传统作用(如脂肪酶对风味增强),又逐步开发其新的功能(如乳糖水解加速干酪成熟、控制微生物变质、改变蛋白质功能)。表 6-13 为乳制品加工中常使用的酶。

表 6-13　乳制品加工中常使用的酶

酶	应用实例
酸性蛋白酶	牛乳凝固
中性蛋白酶和肽酶	促进奶酪成熟;脱苦;酶法改性奶酪;生产低变应原乳基食品
脂肪酶	促进奶酪成熟;酶法改性奶酪;风味改进奶酪;结构改进奶酪
β-乳糖酶	减少乳糖的乳清产品
乳过氧化物酶	牛乳的冷杀菌;小牛代乳品
溶菌酶	洗涤凝乳奶酪的硝酸盐代用品(如瑞士干酪)

1. 凝乳酶(rennin)

牛乳中的酪蛋白分为 α_s-、β-、κ-酪蛋白,对 Ca^{2+} 的敏感度各不同。α_s-酪蛋白易受 Ca^{2+} 的影响而沉淀;β-酪蛋白在室温以上且有 Ca^{2+} 存在时可发生沉淀;但 κ-酪蛋白却较稳定,不受 Ca^{2+} 的影响,同时还能抑制 Ca^{2+} 对 α_s-酪蛋白及 β-酪蛋白的沉淀作用。牛乳可在凝乳酶的作用下凝固成凝块,这一过程是由于凝乳酶使 κ-酪蛋白降解成副 κ-酪蛋白,后者可在 Ca^{2+} 的存在下形成不溶性凝块。凝乳酶使 κ-酪蛋白分解成副 κ-酪蛋白的过程如下所示:

$$\kappa\text{-酪蛋白} \xrightarrow{\text{凝乳酶}} \text{副}\kappa\text{-酪蛋白} + \text{糖肽}$$

即 κ-酪蛋白受凝乳酶一定限度的分解,解离出可溶性的相对分子质量为 6000~8000 的糖肽而变成副 κ-酪蛋白。副 κ-酪蛋白本身可受钙离子的影响而凝固,本来对 Ca^{2+} 不稳定的 α_s-及 β-酪蛋白,由于失去 κ-酪蛋白的保护而一并凝固。

凝乳酶(chymosin,EC 3.4.23.4)是一种天冬氨酸蛋白酶,含有大量的二羧基和羟基氨基酸以及少量碱性氨基酸,存在于新生牛的皱胃,以无活性的酶原形式分泌到胃里,在胃液的酸性环境中被活化。可专一地切割 κ-酪蛋白 Phe105-Met106 之间的肽键,从而使牛奶凝集。传统所用的凝乳酶是从反刍哺乳动物幼畜的第四个胃(皱胃)中提取的,也称皱胃酶(rennet)。

由于凝乳酶的来源及成本等原因,导致了凝乳酶的短缺,因而需寻找其他的代用酶。根据来源,代用酶分为植物性、动物性及微生物代用凝乳酶。这些来源于动物(牛胃、猪胃和羊胃)、植物(无花果和菠萝)及微生物的具有凝乳作用的蛋白酶,称作 milk-clotting enzyme。作为皱胃酶的替代品,主要有 6 种酶可用于干酪的生产,包括牛胃蛋白酶、猪胃蛋白酶、鸡胃蛋白酶及来源于米黑根毛霉(*Rhizomucor miehei*)、微小根毛霉(*Rhizomucor pusillus*)的栗疫霉菌(*Cryphonectria parasitica*)的酸性蛋白酶。

最早使用的凝乳酶替代物是猪胃蛋白酶,其单独或与小牛凝乳酶以 50∶50 的比例混合使用。猪胃蛋白酶的缺点是它的凝乳活性对 pH 的依赖性,对 pH 的要求比牛胃蛋白酶还苛刻,因而对 pH 敏感而易失活。在干酪生产过程中,pH 值约为 5.6、温度约为 30℃时,猪胃蛋白酶开始失活,1 h 后其活力仅保留 50%。如今,猪胃蛋白酶已很少使用。鸡胃蛋白酶作为凝乳酶的替代品,由于其水解活性太强而不适合大部分的干酪生产。微生物来源的凝乳酶替代品的蛋白质水解特异性不同于牛凝乳酶,它们能像凝结剂一样对多数的干酪有良好的效果。如栗疫霉菌蛋白酶能在 Ser104—Phe105 位点上切开 κ-酪蛋白。

通常,上述所有替代品的相关蛋白质水解活性都强于凝乳酶,这将导致干酪产量的下降和干酪乳清中蛋白质含量的升高,以及酪蛋白的过度水解产生更强的苦味。可用的牛乳凝乳酶替代品要求蛋白水解酶的凝乳活性与综合蛋白水解作用之间具有高比率。

奶酪生产中所添加的酶为凝乳酶(主要为蛋白水解酶类),其作用除了促进乳蛋白的凝固、提高产品的得率之外,在奶酪的生产和成熟期间,酶对奶酪的组织结构、风味和营养价值的提高也都起着非常重要的作用。

2. 脂肪酶(lipase)

乳和乳制品中的脂类主要是由不同脂肪酸组成的甘油三酯,其特点是含有 4~10 个碳原子的短脂肪酸,这些脂肪酸赋予了牛乳脂肪独特的香味。

脂肪酶应用在奶酪生产中,主要用于加速干酪的成熟。利用酶处理来增加干酪的香味,这一做法始于 20 世纪 60 年代。在碎凝乳中添加解脂酶后发现,添加解脂酶的奶酪游离挥发性脂肪酸的含量远比未添加的高,挥发性游离脂肪酸含量随成熟期延长而升高。米曲霉中分离的脂酶添加到奶酪中可使奶酪风味迅速增加,但需和蛋白酶共同作用才能使奶酪的风味平衡。用米黑根毛霉的脂酶对两种风味截然不同的意大利奶酪进行研究,发现使用脂肪酶组比对照组风味评分高 5 倍之多。

现在的奶酪生产一般都是同时添加蛋白酶和脂肪酶,以促进奶酪的成熟,使奶酪产生出其特有的风味;还可以缩短成熟时间,提高生产效率。

脂肪的裂解对于瑞士奶酪风味很重要,而蓝色奶酪辛辣的风味是由短链脂肪酸和甲基酮形成。在蓝色奶酪中,大部分的脂肪裂解是由一种青霉(*Penicillium ropuefori* 或 *Penicillium candidum*)脂肪酶催化的,少部分是由牛奶中内源的脂肪酶催化。

3. 乳糖酶(lactase)

乳糖酶(lactase,EC 3. 2. 1. 108),别名:β-半乳糖苷酶(β-galactosidase),主要作用是使乳糖水解为葡萄糖和半乳糖。

$$乳糖 \xrightarrow{\text{乳糖酶}} 葡萄糖 + 半乳糖$$

乳糖酶在乳制品中的作用主要有:

(1)预防乳糖不耐症。

牛乳是一种最接近完善的营养食品,牛奶中的主要碳水化合物是乳糖,正常情况下,这些乳糖应该在人体内的乳糖酶的作用下,水解成葡萄糖和半乳糖后吸收并进入血液。但是很多人由于体内缺乏这种酶,饮用牛乳后常会引起对乳糖的消化不良现象,出现腹胀、肠鸣、急性腹痛甚至腹泻等症状,即乳糖不耐症。在牛乳加工的过程中,添加乳糖酶将乳糖水

解成 α-D-葡萄糖和 β-D-半乳糖,制造乳糖水解乳。经水解后的牛乳有以下优点:增加了滋味,明显提高了奶香味;甜度比不经水解的牛乳提高 3 倍,明显改善了口味;提高了牛乳的营养价值,特别是对体弱者及婴幼儿有着重要意义。一般,α-D-葡萄糖和 β-D-半乳糖这两种单糖可占水解后牛乳总糖类的 60%,同时又产生了 8%左右的低聚糖。这些低聚糖可促进肠道有益菌群的繁殖。另外,乳糖水解乳保留了原有含量 20%左右的乳糖,发挥其原有的营养与保健作用(适量的乳糖能促进肠道系统内乳酸菌的生长,达到抑制有害菌生长的效果,适量的糖还能改进钙和氨基酸的吸收)。对患有轻、重程度不同乳糖不耐症的人群来说,乳糖水解乳大大增加了这些人群对牛乳的摄入量。

(2)防止乳糖结晶。

一些浓缩乳制品如甜炼乳,由于乳糖易形成结晶往往造成产品不合格,若在加工中添加 25%~30%乳糖酶水解乳,不但可以防止结晶现象,还可以增加产品的甜度,减少蔗糖的用量。

(3)缩短发酵时间。

用乳糖酶水解乳制造酸奶时,可以缩短乳凝固时间的 15%~20%,由于乳酸菌生长快、菌数多,可延长酸奶的货架寿命;用于加工奶酪时,不仅缩短奶酪的凝固时间,而且生产出的奶酪凝固坚实,减少了奶酪澄清时造成的损失,降低了成本。

乳糖酶仅存在于哺乳动物的肠道及微生物中,而微生物来源的酶是唯一可以实际用于商业使用的酶。从安全角度考虑,仅少数几种微生物来源的乳糖酶可用于食品:乳酸克鲁维酵母属(*Kluyveromyces lactis*)、脆壁克鲁维酵母(*Kluyveromyces fragilis*)和假热带念珠菌(*Candida pseudorropical*)、黑曲霉(*Aspergillus niger*)、米曲霉(*Aspergillus oryzae*)和一种与嗜热脂肪芽孢杆菌相似的杆菌。一些微生物来源的乳糖酶的特性见表 6-14。

表 6-14　乳糖酶的特性

来源(M_r)	最适 pH 值	最适温度①/℃	离子激活剂	乳糖(K_m)/mmol	半乳糖(K_i)/mmol
大肠杆菌(464000)	7.2~7.4	约40	Na^+、K^+、Mg^{2+}	2	21
嗜热链球菌(464000)	7.0	约55	Na^+、K^+、Mg^{2+}	7	60
嗜热脂肪芽孢杆菌(116000)	5.5~6.0	约65	Mg^{2+}	2	20
枯草芽孢杆菌(88000)	6.5	约50	无	28	40
脆壁克鲁维酵母(20000)	6.5~7.5	约37	K^+、Mg^{2+}、Mn^{2+}	14	28
乳酸克鲁维酵母(228000)	6.5~7.5	约35	K^+、Mg^{2+}、Mn^{2+}	15	42
黑曲霉(124000)	2.5~4.0	55~60	无	85~125	4
米曲霉(96000)	4.5~6.0	约50	无	50	57

①无乳糖的缓冲液中。

第二节　消泡剂

消泡剂是用于降低张力、消除食品在加工过程中产生的泡沫而加入的物质。消泡剂属于一种相对分子质量较大的表面活性剂,多为非离子型。某些食品在加工过程中,或一些蛋白质造成的胶体溶液所产生的气泡或泡沫会影响生产的延续或进行,并且也会影响最终产品的质量。如不加控制,泡沫的产生会降低设备的利用容积,增加加工时间。一般消泡剂可分为水溶性消泡剂[如含羟基的物质(醇类或甘油类)]和非水溶性消泡剂(以疏水基为主体)两类。

泡沫的产生是溶液中的表面活性物质(如蛋白质等)受外力作用在溶液和空气的界面处形成气泡并上浮所致。在食品加工过程中,发酵、搅拌、浓缩等操作可产生大量气泡,影响操作的正常进行,也会导致计量的困难。因此,需要消除泡沫,或使之不产生泡沫。

食品过程中产生的泡沫一般比较稳定,要消除这类泡沫,需在溶液中加入具有破泡能力的物质。一般具有破泡能力的液体物质表面张力较低,且易于吸附、铺展于液膜上,使液膜的局部表面张力降低,同时带走液膜下层邻近液体,导致液膜变薄、破裂。因此,消泡剂在液面上铺展得越快,液膜变得越薄,消泡能力越强。

一、消泡剂的作用原理

泡沫是不溶性气体在外力作用下进入液体之中,并被液体相隔离的非均相体系。溶液体系中存在的表面活性物质(如蛋白质)会在气泡表面吸附并定向排列,当其达到一定浓度时,就在气泡周围形成了一层坚固的薄膜。表面活性物质吸附在气液界面上,造成液面表面张力下降,从而增加了气液接触面,这样气泡就不易合并。当气泡上升透过液面时,把液面上的一层表面活性分子吸附上去。因此,暴露在空气中的吸附有表面活性分子的气泡膜同溶液里的气泡膜不一样,它包有两层表面活性分子,形成双分子膜,被吸附的表面活性物质对液膜具有保护作用。

根据 Ross 理论,消泡剂是在溶液表面易于铺展的液体。当消泡剂渗入泡沫间的液面,并在溶液表面铺展时会带走邻近表面的一层液体,使液膜变薄。当液膜厚度达到临界厚度以下时,在内部气体压力的作用下,液膜破裂,泡沫消失。

消泡剂的渗入和铺展能力可分别用渗透系数(E)和铺展系数(S)表示。

$$E = \gamma_F + \gamma_{DF} - \gamma_D$$
$$S = \gamma_F - \gamma_{DF} - \gamma_D$$

其中,γ 为表面张力;下标 F、D、DF 分别是发泡剂、消泡剂和消泡剂—泡沫界面。

因此,消泡剂要起作用,必须首先渗入泡沫间的液面上,同时要在液面上快速地铺展。消泡剂在液面上铺展的速度越快,消泡能力越强。显然,当 E、S 分别大于 0 时,消泡剂才有效。

应该说,消泡与抑泡是两种不同的性能。但消泡与抑泡之间没有严格的界限,即在一定条件下,两种作用可以发生转换。当消泡剂在泡沫体系中的溶解度降低时,则表现为抑泡作用;而消泡剂大量使用时,也有抑泡效果;反之,抑泡剂大量使用时,也有消泡作用。目前尚未发现仅有消泡作用而无抑泡作用或仅有抑泡作用而无消泡作用的物质。

二、消泡剂的基本要求

有效的消泡剂既要迅速破泡,又要长时间防止泡沫的产生。故应具有以下性质:消泡能力强,用量少;加入发泡体系后不影响它的基本性质;张力小;与表面的平衡性好;扩散性、渗透性好;耐热性好;化学性稳定,耐气化性强;气体溶解性、透过性好;在发泡体系中的溶解度小;无生理活性,安全性好。

一般来说,消泡剂具有两方面的功能:一是破泡性,即对已产生的泡沫消除的能力,二是抑泡性,即阻止泡沫产生的能力。

三、食品工业常用的消泡剂

1. 高碳醇消泡剂

高碳醇是高疏水弱亲水的线性分子,在水体系中是有效的消泡剂。我国允许使用的消泡剂有以下几种:

(1)白油(液体石蜡)。

为液体类烃类的混合物,主要成分为 C16~C20 的正异构烷烃的混合物,是自石油分馏的高沸馏分(即润滑油馏分)中经脱蜡、碳化、中和、活性白土精制等处理后而成。它可用于薯片的加工工艺、油脂的加工工艺、糖果的加工工艺、胶原蛋白肠衣的加工工艺、膨化食品的加工工艺、粮食的加工工艺(用于防尘)。

(2)高碳醇脂肪酸酯复合物。

本品组成除三乙醇胺和液体石蜡外,其余均为天然物。可用于发酵工艺、大豆蛋白加工工艺。

(3)矿物油。

主要是含有碳原子数比较少的烃类物质,多的有几十个碳原子,多数是不饱和烃,即含有碳碳双键或是三键的烃。主要用于发酵工艺、糖果、薯片和豆制品的加工工艺。

2. 聚醚消泡剂

聚醚消泡剂是以甘油为起始剂,由环氧丙烷,或环氧乙烷与环氧丙烷的混合物进行加成聚合而制成的一类消泡剂。主要有以下几种:

(1)聚氧丙烯甘油醚。

亲水性差,在发泡介质中的溶解度小,所以宜使用在稀薄的发酵液中。它的抑泡能力比消泡能力优越,适宜在基础培养基中加入,以抑制整个发酵过程的泡沫产生。主要用于发酵工艺。在味精生产时采用在基础料中一次加入,加入量为 0.02%~0.03%。对制糖业浓缩工序,在泵口处,预先加入,加入量为 0.03%~0.05%。加入勿过量,以免影响氧的传递。

(2)聚氧丙烯氧化乙烯甘油醚。

亲水性较好,在发泡介质中易铺展,消泡能力强,但溶解度也较大,消泡活性维持时间短,因此用在黏稠发酵液中效果较好。使用时用水稀释后,继续冷却到其浊点以下,用于滴加。必须使其全部溶解,溶液温度再回升到浊点以上,使其形成极细微乳状粒子,能够显著提高消泡能力,反之液温在浊点以下使用,效果明显降低。主要用于发酵工艺。

(3)聚氧乙烯聚氧丙烯胺醚。

是破泡型消泡剂,消泡力强,用量少,在规定的用量范围内破泡率为 96%~98%。主要用于发酵工艺,在味精工业中具有产酸高、生物素减少、转化率提高等优点。具体用量0.03%~0.06%。种子罐用量 0.012%。

(4)聚氧乙烯聚氧丙烯季戊四醇醚。

消泡效果取决于相对分子质量、HLB 值、使用浓度及温度等。相对分子质量在 3000 以上时,有良好的消泡效果;低于 3000,效果差。HLB 值在 3.5 以下,使用浓度为 40 mg/L;使用温度在 18℃时,其消泡效果最好。可采用将 PPE 原液直接放入培养基中,经高温灭菌,接种运转。通常加入量为容积的 0.03%以下。主要用于发酵工艺。

(5)蔗糖聚丙烯醚。

属聚醚多元醇范畴,蔗糖聚醚具有优异的消除和抑制泡沫作用。主要用于发酵工艺和制糖工艺。

3. 有机硅消泡剂

有机硅消泡剂是含硅表面活性剂,作为有机硅化合物中的一族,从 20 世纪 60 年代起就用于各工业领域,但大规模和全面的快速发展,是从 20 世纪 80 年代开始的。

聚二甲基硅氧烷及其乳液。它表面能低,表面张力也较低,在水及一般油中的溶解度低且活性高。它的主链为硅氧键,为非极性分子。不与极性溶剂水亲和,与一般油的亲和性也很小。它挥发性低并具有化学惰性,比较稳定且毒性小。纯粹的聚二甲基硅氧烷,不经分散处理难以作为消泡剂。可能是由于它与水有高的界面张力,铺展系数低,不易分散在发泡介质上。

有机硅消泡剂的缺点:聚硅氧烷难溶于水,大水体系中分散较困难,需加入分散剂,但若分散过多,则稳定乳液,消泡效果差;有机硅为油溶性,降低了在油体系中的消泡效果;耐高温、耐强碱性差。

部分消泡剂的使用规定见表 6-15。

表 6-15　消泡剂使用规定（GB 2760—2014）

消泡剂	使用范围	最大使用量/（g·kg⁻¹）	备注
二氧化硅	其他（豆制品工艺用）	0.025	复配消泡剂用,以每千克黄豆的使用量计
聚氧乙烯山梨醇酐脂肪酸酯类(吐温类)	豆类制品	0.05	以每千克黄豆的使用量计
	果蔬汁（浆）类饮料	0.75	
	植物蛋白饮料	2.0	
高碳醇脂肪酸酯复合物	发酵工艺、大豆蛋白加工工艺	按生产需要适量添加	
聚二甲基硅氧烷及其乳液	豆制品工艺	0.3	以每千克黄豆的使用量计
	肉制品、啤酒加工工艺	0.2	
	焙烤食品工艺	30 mg/dm²	在模具中的最大使用量
	果冻、果汁、浓缩果汁粉、饮料、速溶食品、冰激凌、果酱、调味品和蔬菜加工工艺	0.05	
	发酵工艺	0.1	
聚氧丙烯甘油醚	发酵工艺	按生产需要适量添加	
聚氧丙烯氧化乙烯甘油醚			
聚氧乙烯聚氧丙烯胺醚			
聚氧乙烯聚氧丙烯季戊四醇醚			
矿物油	发酵工艺、糖果、薯片和豆制品的加工工艺		
乳化硅油	豆制品、饮料和薯片加工工艺、发酵工艺		
蔗糖聚丙烯醚	发酵工艺和制糖工艺		
蔗糖脂肪酸酯	制糖工艺、豆制品加工工艺		
聚甘油脂肪酸酯	糖果	5.0	

第三节　其他加工助剂

食品工业用加工助剂是指保证食品加工能顺利进行的各种物质,与食品本身无关。如助滤、澄清、吸附、脱模、脱色、脱皮、提取溶剂、发酵用营养物质等。

食品工业用加工助剂的使用原则:加工助剂应在食品生产加工过程中使用,使用时应具有工艺必要性,在达到预期目的前提下应尽可能降低使用量;加工助剂一般应在制成最终成品之前除去,无法完全除去的,应尽可能降低其残留量,其残留量不应对健康产生危害,不应在最终食品中发挥功能作用;加工助剂应该符合相应的质量规格要求。

一、澄清剂

一些液体食品如果汁、果酒、啤酒等在加工过程中常混入一些可引起混浊的物质,包括可溶性的酚类、蛋白质及不溶性微小颗粒等,其中的酚类和蛋白质之间会发生化学反应,形成不溶于水的酚类—蛋白质复合体。酚类和蛋白质在这些食品中的含量通常较低,形成沉淀所需的时间较长,因而沉淀往往出现在产品的贮藏期间。

澄清剂是指与液体食品中的某些成分产生化学反应或物理化学反应,从而达到使其中的混浊物质沉淀或使溶解在液体中的某些成分沉淀的添加剂。通过澄清剂的使用,可使液体食品中形成沉淀的各种物质,包括不溶性物质和可溶性组分、絮凝或沉淀,从而很容易地过滤除去,使液体食品达到满意的澄清度。

(一) 常用的澄清剂

1. 明胶

明胶的主要成分是蛋白质,是通过水解动物体内含有胶原的结缔组织(如皮、骨、软骨、肌膜等)得到的多肽的高聚合物。可以用酸或碱水解动物的结缔组织得到明胶,以酸法水解得到的称作 A 型明胶,以碱法水解得到的称作 B 型明胶。两者有区别在于等电点的不同,A 型明胶的等电点在 pH = 7~9,B 型明胶的等电点在 pH = 5.0 左右。

明胶澄清作用的机理为:在液体食品(如果蔬汁)中,明胶呈正电性,可与带负电荷的多酚物质反应,聚合成胶体状的可溶性化合物。根据食品中多酚物质聚合程度和氧化程度的不同,反应化合物或快或慢地形成较大的球状混浊物颗粒,然后凝聚并吸附其他混浊物成分一同沉降于底部。此外,液体食品中的胶体粒子带有负电性,依电荷排斥作用而悬浮于液体中。加入带正电的明胶分子,通过静电相互作用与这些胶体粒子相互吸引并凝聚,最终沉降于底部。

明胶的等电点是影响其澄清能力的重要因素。明胶的等电点与食品的 pH 值相差越大,明胶的正电性越强,澄清效果越好。

2. 硅胶

硅胶是胶体状的硅酸水溶液。硅胶呈乳浊液,二氧化硅含量为 29%~31%,pH 值为 9.0~10.0。用作果蔬汁澄清的硅胶溶液的平均粒径为 5~10 nm,比表面积为 100~460 m^2/g。

在液体食品中,硅胶粒子呈负电性,可与液体食品中的带正电荷的粒子包括蛋白质、黏性物质结合而沉淀,从而达到澄清效果。硅胶粒子也能与明胶结合形成沉淀,消除因过量使用明胶引起的液体食品混浊。此外,硅胶也具有较强的吸附能力,可吸附多酚物质等。

3. 膨润土

膨润土是一种具有膨胀能力的蒙胶石(montmorillonite)类的铝氧土(alumina),分子式

为 $Al_2O_3 \cdot 4SiO_2 \cdot nH_2O$，分为 Na-膨润土（膨胀能力高）、Ca-膨润土（膨胀能力低）和酸性膨润土 3 种。

1934 年，Saywell 首次将膨润土用于葡萄酒的澄清，后又用于果蔬汁澄清。它的主要作用是通过吸附反应和离子交换作用除去蛋白质。在果蔬汁的 pH 值范围内，膨润土呈负电性，防止过多明胶的作用，同时对带正电性的成分也有澄清作用。

在通常情况下，膨润土总是与明胶或硅胶联合使用，很少单独使用。膨润土在果蔬汁澄清时的一般用量为 250~1000 g/1000 L。Mayer-Oberplan 提出，膨润土澄清果蔬汁的最适温度为 40~50℃，澄清葡萄酒时则为 20~25℃。

4. 单宁

单宁，又名单宁酸、鞣酸，是一类特殊的多酚化合物，是从栎树、苏摸鞣科植物和诃子等植物树皮中得到的一种鞣质，通常为黄色或褐色粉末，易溶于水。商品单宁酸的分子式为 $C_{75}H_{52}O_{46}$，由 9 分子没食子酸和 1 分子葡萄糖组成（图 6-9）。澄清剂单宁与果蔬原料中的单宁成分不同。

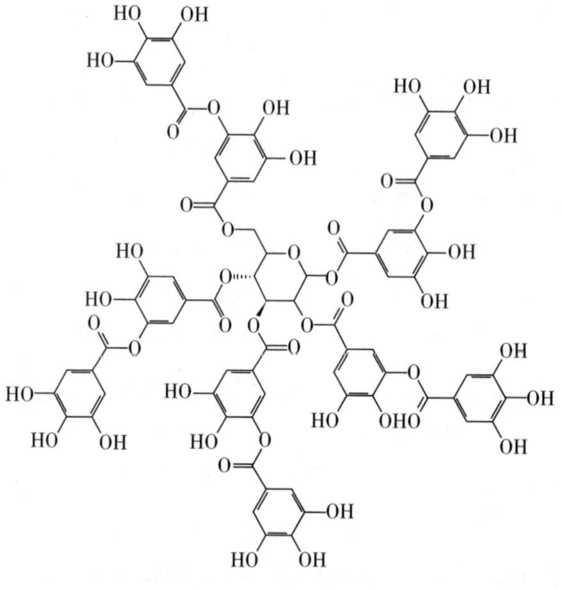

图 6-9　单宁的化学结构

单宁的酚羟基在果蔬汁澄清中起着重要的作用。酚羟基通过氢键与蛋白质的酰胺基结合后，形成不溶性的单宁—蛋白质复合体而沉降，同时捕获和清除其他悬浮的固体颗粒。作为澄清剂，单宁并不是单独使用，而是与明胶一起作用于单宁含量较低的果蔬汁中，并先于明胶加入果蔬汁中。这就是所谓的"明胶—单宁澄清法"。单宁的添加量一般在每 1000 L 果蔬汁 20~100 g。

5. 聚乙烯聚吡咯烷酮

聚乙烯聚吡咯烷酮（polyvinylpolypyrrolidone，PVPP）是乙烯基吡咯烷酮聚合而成的不溶于水、强酸、强碱和有机溶剂的交联聚合物(图 6-10)。

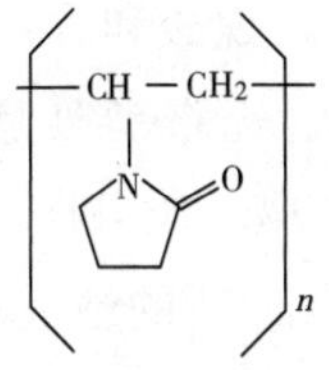

图 6-10　聚乙烯聚吡咯烷酮的结构

在 PVPP 的分子结构中,具有与聚合度数量相同的酰胺键,其中氧、氮均含有孤电子对,易形成氢键。因此,PVPP 澄清剂最基本的特征就是选择性吸附具有形成非对称共价键的氢原子的物质。氢原子形成的共价键的非对称性越强,PVPP 对其吸附能力越强。单宁是 PVPP 吸附的主要物质。由于 PVPP 对单宁的吸附,减缓了液体食品中单宁与蛋白质的缔合,因而可达到澄清的效果。

在发酵酒类(啤酒、黄酒、葡萄酒、果酒等)中,单宁是引起混浊的两种主要物质之一(另一种是蛋白质),且在一定程度上占主导地位。因此,PVPP 对单宁的吸附作用,提高了发酵酒类的稳定性。据钱俊青报道,PVPP 吸附单宁分子具有选择性,主要是吸附相对的质量为 500~3000 的单宁,而该相对的质量之间的单宁物质正是发酵酒类中的主要单宁。

6. 壳聚糖

壳聚糖(chitosan)是由自然界广泛存在的几丁质(chitin)经过脱乙酰作用得到的,化学名称为聚葡萄糖胺(1-4)-2-氨基-β-D-葡萄糖(图 6-11)。

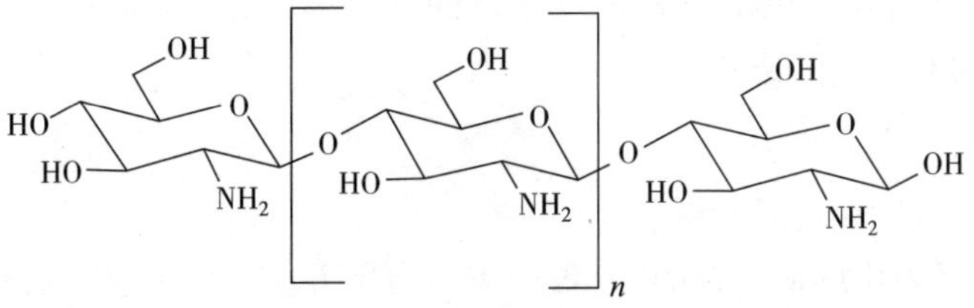

图 6-11　壳聚糖的结构

壳聚糖线性分子链上具有游离氨基,氮原子上的孤对电子使其呈现弱碱性,能从溶液中结合一个氢原子而成为带正电荷的聚电解质,可与蛋白质、果胶、纤维素等相互作用。此外,壳聚糖分子上的乙酰基可通过氢键作用结合酚类化合物。因此,壳聚糖分子澄清作用的机理可归纳为:利用分子中的带电基团或极性基团与各种有不同电荷的悬浮颗粒及可溶性混浊物质结合,借助壳聚糖自身的长链结构形成絮凝体沉降,达到澄清效果。

Spagna 等报道,由于壳聚糖对聚苯酚类化合物如儿茶酸、肉桂酸等具有较好的亲和性。当在纯葡萄酒中加入壳聚糖时,由于壳聚糖与聚酚类化合物的亲和作用,使葡萄酒由最初的淡黄色变为深金黄色,大大提高了葡萄酒的质量。夏文水和王璋研究了壳聚糖澄清苹果汁时各种混浊因子的变化,发现金帅苹果汁和国光苹果汁中的蛋白质和总酚分别降低

42.84%、44.06%和39.13%、41.83%。何志勇和夏文水在沙棘果汁中添加0.2~0.4 g/L的壳聚糖,45℃下澄清后,果汁中儿茶酸、阿魏酸和香豆酸完全被除去,没食子酸和槲皮素分别降低87%和62.5%。王岸娜等确认,壳聚糖处理猕猴桃果汁时,蛋白质的除去率为67.35%~72.70%,总酚的除去率为6.49%~16.44%。

许多研究都报道了壳聚糖澄清果蔬汁时的最适pH值在2.5~4.5之间。这是因为在酸性范围内,壳聚糖分子中的—NH₂与H⁺结合成—NH₃⁺而呈阳性,可与带负电荷的颗粒或组分相互作用而将它们除去。壳聚糖澄清果蔬汁时的一般用量为0.3~0.6 g/L,作用温度对澄清效果影响不大。

(二)影响澄清效果的因素

澄清温度、果蔬汁的pH值、澄清剂的用量等是影响果蔬汁澄清效果的主要因素

1.澄清温度

澄清温度会影响澄清剂的反应性能和果蔬汁的黏度。温度越高,果蔬汁黏度越低,澄清剂在果蔬汁中的分布越均匀,果蔬汁中的混浊物和絮状物凝集得越紧,越迅速,沉淀得越快。

澄清温度也会影响澄清剂的反应性能。一般地,提高澄清处理的温度,可以提高澄清反应的速率。但是,温度升高后,会增大微生物污染的危险。

此外,在澄清过程中,应尽可能保持温度的恒定,因为温度波动会使果蔬汁产生紊流运动,阻碍混浊颗粒的沉淀。

2.果蔬汁的pH值

大多数果蔬汁的pH值范围在2.8~4.2之间,尽管果蔬汁的pH值变化范围很窄,但这种变化对果蔬汁却有极大的影响。

二、助滤剂

过滤,是将悬浮液中的固、液两相有效分离的常用方法。借助过滤操作,可以得到清净的液体或获得作为产品的固体颗粒。

过滤操作是利用重力或人为造成的压差使悬浮液通过某种多孔介质,悬浮液中的固体颗粒被截留,滤液则通过介质流出。过滤的方式主要有两种,表面过滤和深层过滤。前者是指过滤过程中,悬浮液中的部分颗粒被孔径小于其直径的过滤介质所截留,继而在过滤介质的表面上逐步堆积,形成一个滤渣层,称作滤饼。在过滤操作时,悬浮液中的固体颗粒被截留于滤饼的表面,而透过滤饼的液体变成清净的滤液。后者过滤时固体颗粒并不在过滤介质表面形成滤饼,而是进入过滤介质的内部。在惯性和扩散作用下,进入介质内部的颗粒趋向通道壁面并借助静电与表面力附着其上,而液体将通过介质通道形成清净的滤液。表面过滤在食品加工中广泛使用,深层过滤常用于分离固体含量极少(颗粒的百分数小于0.1%)的悬浮液。

在过滤操作中,过程的推动力是滤饼两端的压差(ΔP),而过程的阻力则与操作变量

（单位过滤面积的累计滤液量 q）、悬浮液性质（黏度 η 和单位液体中的固体颗粒质量）及滤饼特性（空隙率 ε）等相关,即:

$$过程速率=\frac{过程的推动力(\Delta P)}{过程的阻力(r\varepsilon\eta q)}$$

其中, r 是与滤饼的空隙率 ε 相关的参数。

根据 Kozeny 公式,对滤饼两端的压差（ ΔP ）影响最大的因素是空隙率 ε。当其他条件不变时,空隙率 ε 从 0.5 降到 0.4,ΔP 将增加 2.8 倍。即当空隙率 ε 变小时,要获得相同的过滤效率,必须增大操作压力。

食品加工中,悬浮液中的颗粒所形成的滤饼在操作压力下会发生不同程度的变形,导致滤饼中的流动通道缩小,即空隙率 ε 变小,从而过滤阻力增大。为了减小过滤操作的阻力,提高过滤效率,可采用添加适当的助滤剂以增加滤饼的空隙率 ε。

所谓助滤剂,顾名思义是指帮助过滤、提高过滤效率的添加剂,通常是一些不可压缩的粉状或纤维状固体。作为助滤剂的条件除应满足食品安全的要求外,还包括:能悬浮于料液中;粒子大小有适当的分布;不含可溶性盐类和色素;具有化学稳定性。

硅藻土形成的滤饼空隙率 ε 可高达 85%。

我国允许使用的助滤剂及使用范围见表 6-16。

表 6-16　助滤剂及使用范围（GB 2760—2014）

种类	使用范围
高岭土	葡萄酒、果酒、黄酒、配制酒的加工工艺和发酵工艺
聚苯乙烯	啤酒的加工工艺
聚丙烯酰胺	饮料(水处理)的加工工艺、制糖工艺和发酵工艺
膨润土	葡萄酒、果酒、黄酒、配制酒、油脂、调味品和果蔬汁的加工工艺、发酵工艺
珍珠岩	啤酒、葡萄酒、果酒和配制酒的加工工艺、发酵工艺、油脂加工工艺

三、吸附剂

在液态食品加工过程中,常常会在溶液中混入有色、有味物质,以及少量可溶性杂质。这些物质的存在,会对最终产品的质量造成严重影响。因此,在加工过程中,必须将这些杂质完全除去。利用吸附剂处理是除去这类杂质的常用方法。

吸附剂是能有效地从气体或液体中吸附其中某些成分的固体物质。吸附剂一般有以下特点:大的比表面、适宜的孔结构及表面结构;对吸附质有强烈的吸附能力;一般不与吸附质和介质发生化学反应;制造方便,容易再生;有良好的机械强度等。吸附剂可按孔径大小、颗粒形状、化学成分、表面极性等分类,如粗孔和细孔吸附剂,粉状、粒状、条状吸附剂,碳质和氧化物吸附剂,极性和非极性吸附剂等。

吸附过程是在一定温度下,溶液与吸附剂接触后,颗粒外和毛细孔内的液体的浓度不同,在流动体系内可以达到动态平衡。在吸附过程中物质传递分成 4 个阶段:溶质穿过固体吸附剂颗粒外两相界面膜扩散进入毛细孔内;从毛细孔内流动相进入颗粒相的内表面;吸附于内表面的活性点上;溶质由内表面扩散进入固体的吸附剂的晶格内。吸附质的传递不是所有4个阶段都具有相同大小的阻力,某一阶段的阻力越大,克服此阻力产生的浓度梯度越大。在吸附过程中,通常吸附质通过颗粒表面边界膜,通过颗粒的毛细孔和整个颗粒内表面的扩散过程是主要的。在这一过程中,由于分子间范德华力的作用而产生吸附,从而对油脂中的色素、杂质进行吸附,而达到脱色、脱杂质的目的。

根据吸附过程中活性炭分子和被吸附物分子之间作用力的不同,可将吸附分为两大类:物理吸附和化学吸附(又称活性吸附)。在吸附过程中,当活性炭分子和被吸附物分子之间的作用力是范德华力(或静电引力)时,称为物理吸附;当活性炭分子和被吸附物分子之间的作用力是化学键时,称为化学吸附。物理吸附的吸附强度主要与活性炭的物理性质有关,与活性炭的化学性质基本无关。由于范德华力较弱,对被吸附物分子的结构影响不大,这种力与分子间内聚力一样,故可把物理吸附类比为凝聚现象。物理吸附时,被吸附物的化学性质仍然保持不变。由于化学键强,对被吸附物分子的结构影响较大,故可把化学吸附看作化学反应,是被吸附物与活性炭间化学作用的结果。化学吸附一般包含电子对共享或电子转移,而不是简单的微扰或弱极化作用,是不可逆的化学反应过程。物理吸附和化学吸附的根本区别在于产生吸附键的作用力。

吸附过程是被吸附物分子被吸附到固体表面的过程,分子的自由能会降低,因此,吸附过程是放热过程,所放出的热称为该被吸附物在此固体表面上的吸附热。由于物理吸附和化学吸附的作用力不同,它们在吸附热、吸附速率、吸附活化能、吸附温度、选择性、吸附层数和吸附光谱等方面表现出一定的差异。

1. 活性炭

活性炭(activated carbon)为黑色多孔性无味物质,分为圆柱状、颗粒状和粉末状。微孔直径一般为$1\sim6$ mm,微孔容积$0.6\sim0.8$ mL/g,比表面积$500\sim2000$ m^2/g。对有机高分子物质有很强的吸着力,对溶液中的微量成分、色素、臭气物质等均有很高的去除能力。最适pH值为$4.0\sim4.8$,最佳温度为$60\sim70℃$。

人类使用木炭的历史悠久。公元前450年的腓尼基商船,将饮用水储存在烧焦的木制桶里,这是18世纪前,海上饮用水的储存方法。印度教宗教文件中还提到利用沙子和木炭过滤和净化饮用水。1773年,舍勒(Carl Wilhelm Scheele)通过大量实验发现木炭的吸附能力并且可以吸附各种气体。1777年,报道了木炭热效应与吸附气体的能力,推动后来"冷凝吸附理论"的提出。1785年,舍勒研究在各种水溶液中使用木炭脱色。在这个时候,制糖行业一直在寻找一种有效地糖浆脱色的方法。但是,木材木炭在这个时候并没有特别有效地发挥这一作用,大概是因为孔隙度开发的程度尚未达到糖浆脱色所用木炭程度的要求。1794年,英国一家糖厂成功地生产出使用木炭脱色的糖浆。1805年,法国利用木炭脱色第一次大规模生产使用甜菜制备的糖浆。1805~1808年,Delessert在甜菜酿酒中成功地使用木炭脱色。1815年,大部分制糖行业已转用颗粒状骨炭作为脱色剂。1822年,佩恩

（Anselme Payen）研究了用动物性活性炭对甜菜糖进行脱色的工艺。他是第一个应用活性炭脱色的人。

2. 聚乙烯聚吡咯烷酮

聚乙烯聚吡咯烷酮（PVPP）是一种国内外普遍使用的提高啤酒稳定性的聚合高分子吸附剂。在 PVPP 结构中，含有与聚合度相同数目的酰胺键，其中的氧原子和氮原子上的孤电对易形成氢键。其基本特性就是选择性吸附具有非共价键氢原子的物质。氢原子形成的共价键的非对称性越强，则 PVPP 对其吸附能力越强。另外，由于氧、氮原子邻近而产生的场效应，PVPP 表现出更强的吸附能力。特别是对于酚类物质，具有较强的吸附能力和吸附选择性。因此，PVPP 常用于发酵酒的吸附剂，以提高其稳定性。研究表明：PVPP 对黄酒中的单宁存在着吸附极限，吸附过程可用 Freundlich 等温吸附方程描述，即：

$$\log a = 1.2 + 1.1 \log \rho$$

其中，a 为相对量，指吸附后单宁溶液的质量浓度，g/L；ρ 为单宁溶液的质量浓度，g/L。

3. 活性白土

活性白土（activated clay）是用黏土（主要是膨润土）为原料，经无机酸化处理，再经水漂洗、干燥制成的吸附剂，外观为乳白色粉末，无臭，无味，无毒，吸附性能很强，能吸附有色物质、有机物质。它在空气中易吸潮，放置过久会降低吸附性能。活性白土不溶于水、有机溶剂和各种油类中，几乎完全溶于热烧碱和盐酸中，相对密度 2.3~2.5，在水及油中膨润极小，广泛用于矿物油、动植物油脂、制蜡及有机液体的脱色精制。

我国允许使用的吸附剂及使用范围见表 6-17。

表 6-17　吸附剂及使用规则（GB 2760—2014）

吸附剂名称	使用范围
不溶性聚乙烯聚吡咯烷酮	啤酒、葡萄酒、果酒、黄酒、配制酒的加工工艺和发酵工艺
活性白土	配制酒的加工工艺和发酵工艺、油脂加工工艺、水处理工艺
离子交换树脂	啤酒、葡萄酒、果酒、配制酒、黄酒、罐头食品的加工工艺、水处理工艺、制糖工艺和发酵工艺
膨润土	葡萄酒、果酒、黄酒和配制酒、油脂、调味品和果蔬汁的加工工艺、发酵工艺
活性炭	可在各类食品加工过程中使用，残留量不需限定

复习思考题

1. 酶与酶制剂的区别？

2. 什么是食品加工助剂？有哪些分类？

3. 试分析酶制剂在肉类嫩化方面的应用，并列举常用的嫩化剂。

4. 影响澄清果汁稳定性的因素有哪些？酶制剂如何提高澄清果汁的稳定性？

5.试述脂酶在奶酪生产中的作用。

6.请阐述食品加工中泡沫产生的原因,并解释消泡剂的消泡原理。

7.豆腐生产中产生泡沫的原因是什么? 使用哪些消泡剂?

8.试分析果汁化学澄清的原理及影响因素。

9.吸附脱色的原理是什么? 举例吸附脱色在食品加工中的应用。

课件

思政小课堂

主要参考文献

［1］高向阳. 食品酶学［M］. 2 版. 北京:中国轻工业出版社,2016.

［2］天津轻工业学院食品工业教学研究室. 食品添加剂(修订版)［M］. 北京:中国轻工业出版社,1996.

［3］中国食品添加剂和配料协会. 食品添加剂手册［M］. 3 版. 北京:中国轻工业出版社,2012.

［4］刘钟栋. 食品添加剂原理及应用技术［M］. 2 版. 北京:中国轻工业出版社,2000.

［5］孙平. 食品添加剂［M］. 2 版. 北京:中国轻工业出版社,2020.

［6］孙宝国. 食品添加剂［M］. 3 版. 北京:化学工业出版社,2021.

［7］胡国华. 食品添加剂应用基础［M］. 北京:化学工业出版社,2005.

［8］郝利平,聂乾忠,周爱梅,等. 食品添加剂［M］. 4 版. 北京:中国农业大学出版社,2021.

［9］凌关庭. 天然食品添加剂手册［M］. 2 版. 北京:化学工业出版社,2008.

［10］阿什赫斯特. 食品香精的化学与工艺学［M］. 3 版. 汤鲁宏,译. 北京:中国轻工业出版社,2005.

［11］BAYINDIRLI A. Enzymes in Fruit and Vegetable Processing, Chemistry and Engineering Applications［M］. Boca Raton:CRC Press,Taylor & Francis Group,2010.

［12］BRANEN A L,DAVIDSON P M,SALMINEN S,et al. Food Additives(2nd Ed)［M］. New York:Marcel Dekker Inc. ,2002.

［13］DAVIDSON P N,SOFOS J H,BRANEN A L. Antimicrobials in Foods(3rd Ed)［M］. Boca Raton:CRC Press,Taylor & Francis Group,2005.

［14］EMBUSCADO M E,HHBER K C. Edible Films and Coatings for Food Applications［M］. Heidelberg:Springer Science and Business Media,2009.

［15］HASENHUETTL G L,HARTEL R W. Food Emulsifiers and Their Applications(2nd Ed)［M］. New York:Springer Science and Business Media,2008.

［16］METCHELL H. Sweeteners and Sugar Alternatives in Food Technology［M］. Ames:Blackwell Publishing Ltd,2006.

［17］O'BRIEN N L. Alternative Sweeteners(3rd Ed)［M］. New York:Marcel Dekker Inc. ,2001.

［18］PHILLIPS G O,WILLIAMS P A. Handbook of Hydrocolloids(2nd Ed)［M］. Cambridge:Woodhead Publishing Limited,2009.

［19］POKORNY J,YANISHLIEVA N,GORDON M. Antioxidants in Food,Practical Applications［M］. Cambridge:Woodhead Publishing Ltd,2001.

[20] WHITEHURST R J, LAW B A. Enzymes in Food Technology [M]. Sheffield: Sheffield Academic Press Ltd,2000.

[21] 高彦祥. 食品添加剂[M]. 2版. 北京:中国轻工业出版社,2019.

[22] 刘筼筼. 食品添加剂非法添加和滥用的法律规制研究[M]. 北京:中国政法大学出版社,2015.

[23] 刘明. 食品添加剂相关法律法规规定[J]. 中国卫生标准管理,2011,2(6):3.

[24] 国家卫生和计划生育委员会. GB 2760—2014. 食品安全国家标准　食品添加剂使用标准[S]. 北京:中国标准出版社,2014.

[25] 国家卫生和计划生育委员会. GB 15193.1—2014. 食品安全国家标准　食品安全性毒理学评价程序[S]. 北京:中国标准出版社,2014.

[26] 中华人民共和国卫生部. GB 14880—2012. 食品安全国家标准　食品营养强化剂使用标准[S]. 北京:中国标准出版社,2012.

[27] 中华人民共和国卫生部. GB 26687—2011. 食品安全国家标准　复配食品添加剂通则[S]. 北京:中国标准出版社,2011.

[28] 中华人民共和国国家卫生健康委员会,国家市场监督管理总局. GB 29938—2020. 食品安全国家标准　食品用香料通则[S]. 北京:中国标准出版社,2020.

[29] 中华人民共和国国家卫生健康委员会,国家市场监督管理总局. GB 30616—2020. 食品安全国家标准　食品用香精[S]. 北京:中国标准出版社,2020.

[30] 中华人民共和国卫生部. GB 28050—2011. 食品安全国家标准　预包装食品营养标签通则[S]. 北京:中国标准出版社,2011.